工事担任者

科目別テキスト
わかる総合通信［技術・理論］

第2版

リックテレコム

は し が き

本書は、電気通信事業法第73条に基づき実施される工事担任者試験において、総合通信の「端末設備の接続のための技術及び理論」科目を受験される方を対象としたテキストです。

本シリーズは、科目別重点学習用テキストとして、下記のような受験者の皆様に活用していただくことを目指したものです。

・新規受験者　：苦手科目を徹底的に克服したい方
　　　　　　　　受験科目を絞り、順次確実な合格をねらう方

・再受験者　　：前回不合格だった科目に再挑戦する方

科目を絞った重点学習テキストに求められる最大の条件は、

①短期間に　②誰にでも　③容易にわかるように編集されていることです。

本シリーズは、この3つの条件を実現するために、従来にない画期的な編集方法を採用しました。

試験の重要テーマを、図解としてすべて見開きページの右側にまとめたことです。

読者の皆さんは、この図解ページに目を通すだけで、重要語句や公式はもちろんのこと、試験のポイントを一覧することができます。

また、これまで理解しにくかった事項も、図解を通して内容の組み立てや関係がひとめでわかるため、直観的にその核心を理解することができます。

まず、左ページの文章で内容を深め、さらに右ページの図解で要点の確認と総整理を行ってみて下さい。短期間で、自然に無理なく、しかも確実にテーマの内容が修得できることでしょう。

さらに、各章の終わりには、「練習問題」を設けています。これまでに出題された試験問題等から重要なものを選んで掲載しており、これらの問題を解くことにより、出題のイメージをつかむとともに、現時点でどれだけ理解できているかを試すことができます。

本書は、2021年3月の発行以来ご好評をいただいてまいりました『工事担任者 わかる総合通信[技術・理論]』の改訂版です。初版の発行から今日に至る間に、JIS規格(日本産業規格)等の大幅な改定があり、また、試験の出題傾向も少しずつ変化してきました。本書では、これまでの実績をふまえ、さらに最新の情報を盛り込んでいます。

本書を活用し、受験者の皆様全員が合格されることをお祈りいたします。

2023年2月

編者しるす

受験の手引き

工事担任者資格試験(以下、「試験」と表記)は、一般財団法人日本データ通信協会が総務大臣の指定を受けて実施する。

1 試験種別

総務省令(工事担任者規則)で定められている資格者証の種類に対応して、第1級アナログ通信、第2級アナログ通信、第1級デジタル通信、第2級デジタル通信、総合通信の5種別がある。また、令和3年度から3年間は、旧資格制度のAI第2種およびDD第2種の試験も行われることになっている。

2 試験の実施方法

試験は毎年少なくとも1回は行われることが工事担任者規則で定められている。試験には、年2回行われる「定期試験」と、通年で行われる「CBT方式の試験」がある。

●定期試験

定期試験は、決められた日に受験者が比較的大きな会場に集合し、マークシート方式の筆記により行われる試験で、原則として、第1級アナログ通信、第1級デジタル通信、総合通信、AI第2種、DD第2種の受験者が対象となっている。

定期試験の実施時期、場所、申請の受付期間等については、一般財団法人日本データ通信協会電気通信国家試験センター(以下、「国家試験センター」と表記)のホームページにて公示される。

国家試験センターのホームページは次のとおり。

https://www.dekyo.or.jp/shiken

●CBT方式の試験

CBT方式の試験は、受験者が受験日時を選択してテストセンターに個別に出向き、コンピュータを操作して解答する方法で行われる試験である。対象となるのは、第2級アナログ通信および第2級デジタル通信の受験者である。

本書は、総合通信用の受験対策書なので、以降は**定期試験について説明**していく。

3 試験申請

試験申請は、インターネットを使用して行う。定期試験の試験申請の流れは、以下のようになる。

① 国家試験センターのホームページにアクセスする。

② 「電気通信の工事担任者」のボタン(「詳しくはこちら」と書かれた右側の円)を選び、工事担任者試験の案内サイトにアクセスする。

③ 「工事担任者定期試験」のメニューから「試験申請」を選び、定期試験申請サイトにアクセスする。

④ マイページにログインする。マイページを作成したことがない場合は、指示に従って新たにマイページアカウントを登録し、所定の情報を設定する。1つのアカウントでCBT試験、定期試験、全科目免除の各申請が行えるので、以降は、試験種別や試験方法等にかかわらずこのアカウントを使用する。

⑤ マイページ上で指示に従い試験を申し込む。なお、既に所有している資格者証と同等または下位の資格種別の申込みはできない。

⑥ 所定の払込期限まで(試験申込みから3日以内)に指定された方法で試験手数料を払い込む。

4 受験票

受験票は試験の日の2週間前までに発送される。受験票を受け取ったら、記載されている試験種別、試験科目、試験会場および試験日時(集合時刻)を確認する。

また、氏名および生年月日を記入し、所定の様式(無帽、正面、上三分身、無背景、白枠無し、縦30mm×横24mm)の写真(試験前6か月以内に撮影したもの)をはがれないように貼付する。写真の裏面には氏名と生年月日を記入しておく。

5 試験時間

総合通信では、「電気通信技術の基礎」および「端末設備の接続に関する法規」が1科目につき40分、「端末設備の接続のための技術及び理論」が80分である。3科目受験の場合は160分となり、その時間内での各科目への時間配分は自由である。

6 試験当日

試験当日の主な注意点は、以下のとおり。

① 試験場には必ず受験票を持参する。受験票を忘れたり、受験票に写真を貼っていない場合は、受験できなくなる。

② 試験室には受験票に印字されている集合時刻までに入り、自分の受験番号と一致する番号の席をさがして速やかに着席する。

③ 着席したら受験票を机上に置いて待機する。受験票は後で係員の指示に従い提出することになる。

④ 机上には、受験票のほか、鉛筆、シャープペンシル、消しゴム、アナログ式時計(液晶表示機能のないもの)を置くことができる。携帯電話やスマートフォンは電源を切って鞄などに収納し、机の上に置かないようにする。

⑤ 試験開始直前になると、係員から問題冊子と解答用紙(マークシート)が配布される。試験開始の合図があるまで、問題冊子を開いてはいけない。また、注意事項の説明があるので、話をよく聞くようにする。

⑥ 解答用紙への記入には、鉛筆またはシャープペンシルを使用し、マークするにあたっては、問題冊子の表紙に示されている「記入例」にならって、枠内を濃く塗りつぶすこと。ボールペンや万年筆で記入した答案は機械で読み取れないため採点されないので注意する。また、訂正する場合は、プラスチック消しゴムで完全に消してから訂正する。

⑦ 退室する場合は、係員の指示により解答用紙を提出する。問題冊子は持ち帰ることができる。

⑧ 不正行為が発見された場合または係員の指示に従わない場合は、退場を命じられることがある。この場合、採点から除外され受験が無効になる。

7 合格基準

「電気通信技術の基礎」「端末設備の接続のための技術及び理論」「端末設備の接続に関する法規」の3科目についてそれぞれ合否を判定し、3科目とも合格または試験免除になった場合にその種別の試験に合格したことになる。合格基準は、各科目とも、100点満点で60点以上となっている。

試験に不合格になっても、合格した科目がある場合には、その科目について次回以降の試験で免除申請をすることができる。ただし、科目合格には有効期限があり、免除が適用されるのはその科目に合格した試験の実施日の翌月から3年以内に行われる試験となっている。

8 試験結果の通知

試験結果(合否)は、試験の3週間後に「試験結果通知書」により受験者本人に通知される。また、マイページでも確認することができる。

9 資格者証の交付

試験に合格した後、資格者証の交付を受けようとする場合は、「資格者証交付申請書」を入手し、必要事項を記入のうえ、所定金額の収入印紙(国の収入印紙。都道府県の収入証紙は不可。)を貼付して、受験地(全科目免除者は住所地)を管轄する地方総合通信局または沖縄総合通信事務所に提出する。交付申請は、試験に合格した日から3か月以内に行うこと。

●本書活用上の注意

本書は、総合通信工事担任者の「端末設備の接続のための技術及び理論」科目のテキストとして構成されています。そのため、読者の皆様が第1級アナログ通信または第1級デジタル通信を受験される場合に必要な内容を効率的に学習できるよう、資格種別と出題分野との対応を下表に示します。受験する種別に応じて学習する範囲を表に基づき選択してください。

出題分野	細目	第1級アナログ通信	第1級デジタル通信
第1章 端末設備の技術	1 電話機	○	
	2 ファクシミリ	○	
	3 構内交換設備（PBX）	○	
	4 ISDNの端末機器	○	
	5 IP電話システムにおける各種端末		○
	6 LAN伝送技術		○
	7 無線LAN		○
	8 LAN構成機器		○
	9 電磁妨害・雷サージ対策	○	○
第2章 総合デジタル通信の技術	1 ISDNインタフェースの概要	○	
	2 ISDNインタフェース・レイヤ1	○	
	3 ISDNインタフェース・レイヤ2	○	
	4 ISDNインタフェース・レイヤ3	○	
第3章 ネットワークの技術	1 ネットワークの概要		○
	2 IPネットワークの技術		○
	3 ブロードバンドアクセスの技術		○
	4 HDLC手順	（参考）	○
	5 WANの技術		○
第4章 トラヒック理論	1 トラヒック理論	○	
第5章 情報セキュリティの技術	1 情報セキュリティ概要	○	○
	2 情報システムに対する意図的脅威	○	○
	3 電子認証技術とデジタル署名技術	○	○
	4 端末設備とネットワークのセキュリティ		○
	5 情報セキュリティ管理		○
第6章 接続工事の技術および施工管理	1 加入者線路設備	○	
	2 アナログ端末設備・ISDN端末設備の設置工事	○	2-2のみ
	3 テスタ	○	
	4 LANの設計・配線工事と工事試験		○
	5 施工管理・安全管理	○	○

contents

1

端末設備の技術

端末設備を事業用電気通信設備に接続するための工事や設置工事後試験を行うためには、端末機器の機能や動作概要、各種の規格などについて理解しておく必要がある。

ここでは、電話機、ファクシミリ装置、PBX、ISDN端末、LAN、IP電話装置、電磁妨害・雷サージ対策等について学習する。

1 電話機

1-1 電話機の基本機能と基本動作

1. 電話機の基本機能（図1）

(a)フックスイッチ機能

電話機の通話回路には、消費電力を削減したり回路自体を保護するために、通話の用がない場合は通電しないよう、送受器を上げ下ろしする機械的動作により作動するスイッチを設けている。

(b)ダイヤル機能

希望する通信相手と回線を接続するために自己の電話機が収容されている交換設備のダイヤル受信回路を電気的に作動させる機能であり、インパルス信号を送出する方式と音声周波数信号を送出する方式がある。

(c)着信表示機能

自己の電話機が収容されている交換設備から回線を接続する旨の信号（着信信号）があった際に、着信信号の到来・継続を電話機が音やランプまたはディスプレイにより認識させる機能である。

(d)送受機能

人間の音声を電気信号に変換して通話相手に送信し、受信した側は電気信号を音声に変換する機能である。

2. 電話機～交換設備間の接続動作

電話機と交換設備との間で制御に必要な情報のやり取りをするために、**加入者線信号方式**とよばれる約束事が定められている。

図2は、加入者線信号方式に基づく、電話機～交換設備間の一般的な接続動作シーケンスを示したものである。この接続動作の中で使用される主な信号について解説する。

①発信音（ダイヤルトーン：DT）

電話機の送受器を上げると、電話機の直流回路が閉じられ（**直流ループ閉結**）、交換設備から直流電流が流れる。また、同時に交換設備の直流ループ閉結を監視しているリレーが作動し、**発信音**（送受器を上げた時に聞こえる「ツー」という音）を電話機に対し送出する。これは、交換設備の起動が完了したと同時に、交換設備がダイヤル信号を受信できる状態になったことを示す。

②選択信号

ダイヤルパルス式の電話機の場合はパルス信号、押しボタンダイヤル式の電話機の場合はトーン信号を交換設備に対し送出する。これらの信号によって交換設備は回線の接続動作に入る。

③呼出信号（着信側）、呼出音（発信側）

交換設備は、着信側の電話回線を捕捉（そく）すると、着信側電話機に16Hz、75Vの信号（**呼出信号**）を送出する。着信側の電話機は、呼出信号を検知し、着信表示をする。また、着信側電話機の呼出中は発信側電話機に**呼出音**（リングバックトーン：RBT）が送出され、発信者は相手呼出中であることを認識できる。もし、着信側の電話機が使用中（話中）であれば、発信側電話機に**話中音**（ビジートーン：BT）が送出される。

電気信号の極性は、呼出中は通常の逆になっており、相手が応答すれば通常の極性に戻る。

④終話信号

通話が終わり、先に送受器を下ろした（掛けた）側の電話機が直流ループを開放する。これを終話といい、電流がON状態からOFF状態になることを**終話信号**という。

⑤切断信号

終話信号（直流ループ開放）を認識した交換設備は、相手電話機に終話した旨を伝えるため**話中音**を送出する。話中音を受信した側でも送受器を下ろし、電流がON状態からOFF状態になるが、これは**切断信号**といわれる。切断信号を検出した交換設備は、これ以降は**端末監視状態**（発呼信号待ちの状態）に戻る。

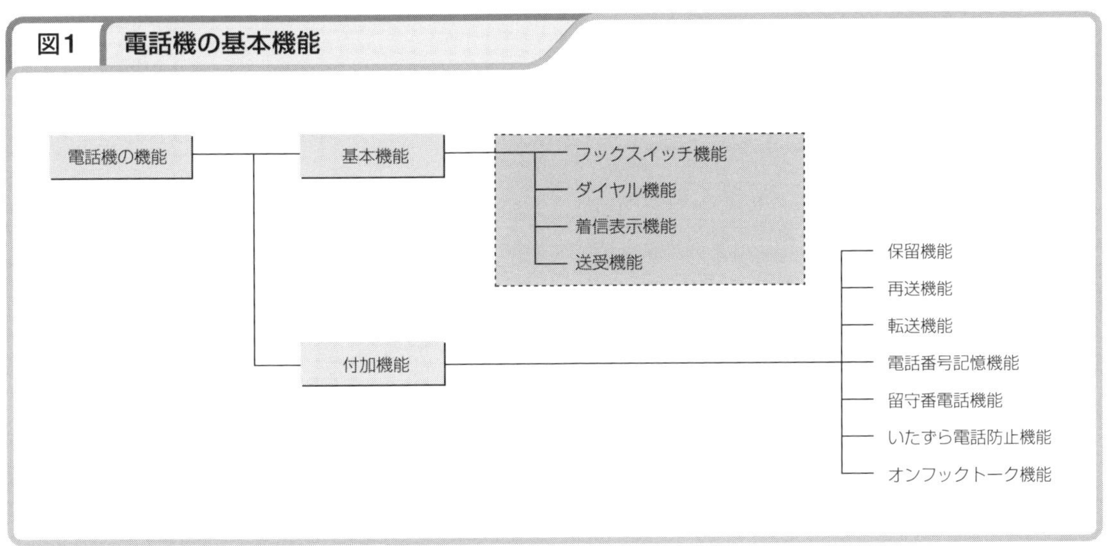

図1　電話機の基本機能

電話機の機能
基本機能
フックスイッチ機能
ダイヤル機能
着信表示機能
送受機能
付加機能
保留機能
再送機能
転送機能
電話番号記憶機能
留守番電話機能
いたずら電話防止機能
オンフックトーク機能

図2　電話機～交換設備の接続動作

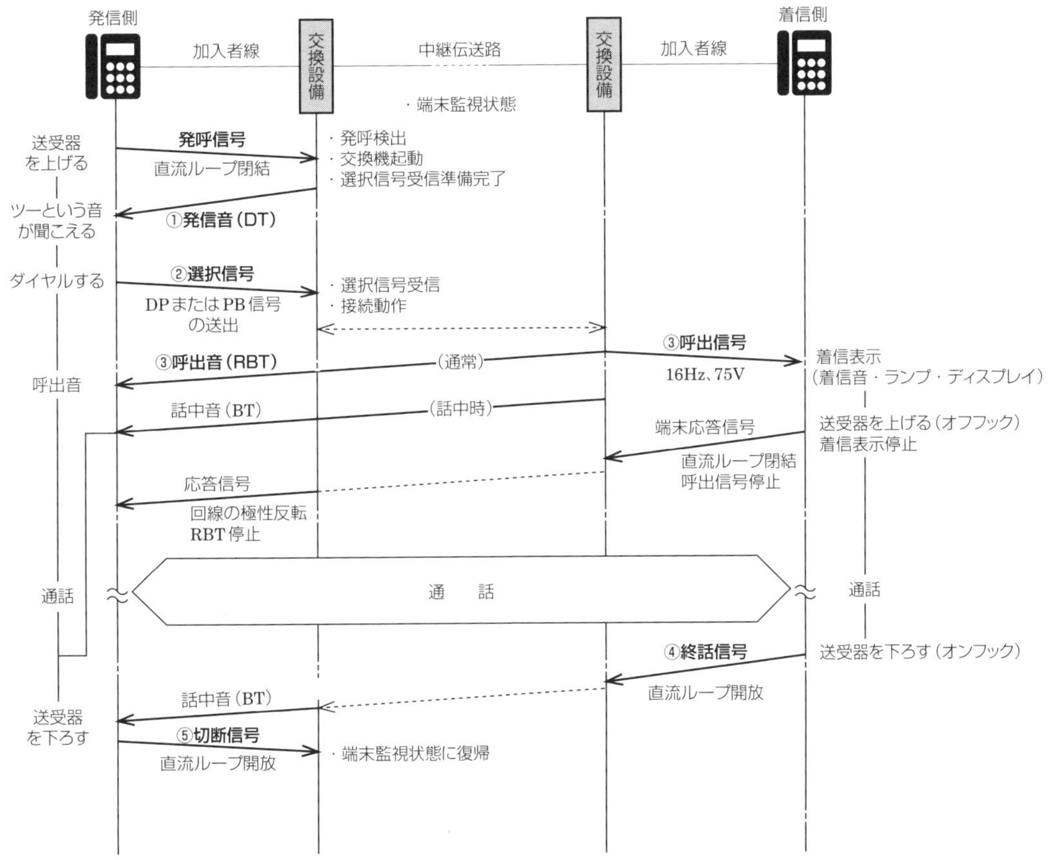

発信側
加入者線
交換設備
中継伝送路
交換設備
加入者線
着信側
・端末監視状態
送受器を上げる
発呼信号
直流ループ閉結
・発呼検出
・交換機起動
・選択信号受信準備完了
ツーという音が聞こえる
①発信音(DT)
ダイヤルする
②選択信号
DPまたはPB信号の送出
・選択信号受信
・接続動作
③呼出信号
16Hz、75V
着信表示
(着信音・ランプ・ディスプレイ)
③呼出音(RBT)
(通常)
呼出音
話中音(BT)
(話中時)
端末応答信号
送受器を上げる(オフフック)
着信表示停止
直流ループ閉結
呼出信号停止
応答信号
回線の極性反転
RBT停止
通話
通　話
通話
④終話信号
送受器を下ろす(オンフック)
直流ループ開放
話中音(BT)
送受器を下ろす
⑤切断信号
直流ループ開放
・端末監視状態に復帰

＊点線は交換設備相互間での信号のやりとりを示す

1-2 多機能電話機

ICやLSIなどの半導体技術の発達に伴い、小形で多機能、高デザイン性を実現した多機能電話機が市場に出回っている。多機能電話機の代表的な機能には、次のようなものがある。

(a)再ダイヤル機能

図1に示すように、直近の発信でかけた相手の電話番号がメモリに自動的に記録され、1つのボタンを押すだけでその電話番号を再び送出できる機能。ディスプレイ表示付き電話機には、最後の数コール分の電話番号を記憶し、選択できる機能を有するものがある。

(b)ワンタッチダイヤル(オートダイヤル)機能

通話頻度の高い電話番号や桁数の多い電話番号をメモリに登録しておくことにより、1つのボタンを押すだけでその電話番号を送出できる機能。

(c)スピーカ受話機能

時刻合わせや天気予報を聞きながらメモを取るような場合によく使用される機能で、スピーカボタンを押下するだけで送受器を手に取らずに電話機筐(きょう)体に内蔵されているスピーカによる受話を可能にした機能。

(d)オンフックダイヤル機能

スピーカボタンを押すことで、送受器を置いたままダイヤル信号の送出ができる機能。この機能はハンズフリー機能と連動している場合が多い。

(e)ハンズフリー機能

電話機筐体に内蔵されているスピーカ、マイクロホンなどを用いることにより、簡単なボタン操作で送受器を手に取らずに通話ができる機能。通話途中で送受器を上げて会話を続けることが可能で、送受器を上げると音声の入出力は筐体のスピーカ・マイクロホンから送受器に切り替わる。この機能を備えた電話機では、マイクロホン→送話増幅回路→防側音回路→受話増幅回路→スピーカ→マイクロホンのループによりハウリングが生じ、通話が不能になることが多い。このハウリング防止のため特に優れた防側音特性を必要とし、自動平衡形防側音回路が用いられている。

(f)保留機能

着信者を口頭で呼び出すときや、発信者にしばらく待ってもらう際に、着信側の音が相手に聞こえないようにした機能。また、相手に不快感を与えることを防ぐため、メロディを流すこともできる。機種によっては、メロディの曲目を変更することができるものもある。

(g)プリセットダイヤル機能

間違い電話をかけることを防止するために電話機のディスプレイにあらかじめ電話番号を表示し、誤りがないことを確認した後に発信用のボタンを押すと電話番号の送出を開始する機能。標準形電話機ではダイヤルボタンを押す度に信号が交換設備に送出される。

(h)いたずら電話防止機能

相手にとって不快な音を発信したり、相手の声を一時的に記憶しておき、ボタンを押して記憶した声を相手に送出することにより、いたずら電話を防止する機能。

(i)発信者番号表示機能(図2)

電気通信事業者との契約が必要な機能で、着信時に交換設備から送られてきたMODEM信号により相手電話番号の情報を受け取り、それを液晶ディスプレイ等で表示するもの。発信者番号表示サービスの契約をしている場合、L1線とL2線の極性反転時に交換設備から**情報受信端末起動信号**(CAR信号)が送られてくるが、CAR信号を受信することなくCAR信号以外の信号を受信した場合は、通常の受信動作に入る。

(j)ミックスダイヤル機能

ボタン操作により複数の機能ボタンや複合操作を可能にする機能。

(k)各種音量調整機能

受話の音量、呼出音の音量、スピーカの音量をボリューム調整つまみやボタン操作で任意に変更できる機能。

(l)音色・メロディ切替機能

利用者の好みに合わせて呼出音や保留時のメロディを変更できる機能。

表1　多機能電話機の付加機能

機能名称	特　　徴
(a)再ダイヤル	最後にかけた相手の電話番号を記憶
(b)ワンタッチダイヤル	回線ボタンなどに使用頻度の高い電話番号を記憶させておきワンタッチで自動ダイヤルする
(c)スピーカ受話	メモをとりながらの受話が可能
(d)オンフックダイヤル	オンフック状態で発信が可能
(e)ハンズフリー	オンフック状態で通話が可能
(f)保留	相手を待たせる際に電子メロディを流す
(g)プリセットダイヤル	電話番号を確認した後発信できる
(h)いたずら電話防止	不快な音や、相手の音をそのまま送る
(i)発信者番号表示	電話をかけてきた相手の電話番号を液晶ディスプレイ等で表示
(j)ミックスダイヤル	複数のボタン操作が可能
(k)音量調整	通話音、呼出音が調整可能
(l)音色・メロディ切替	呼出音、メロディを変更可能

図1　再ダイヤル

①ダイヤル操作時

相手選択信号を回線に送出するとともに、デジタルデータとしてメモリに記憶させる。

1 2 3 / 4 5 6 / 7 8 9 / ＊ 0 #　3834-8427　LSI　デジタルデータ記憶　メモリ　PBorDP信号送出

②再ダイヤルボタン押下時

メモリからデジタルデータが読み出され、そのデータをもとに相手選択信号が再生され、回線に送出される。

1 2 3 / 4 5 6 / 7 8 9 / ＊ 0 #　再ダイヤルボタン　ON　LSI　メモリ　3834-8427　デジタルデータ読出し　PBorDP信号送出

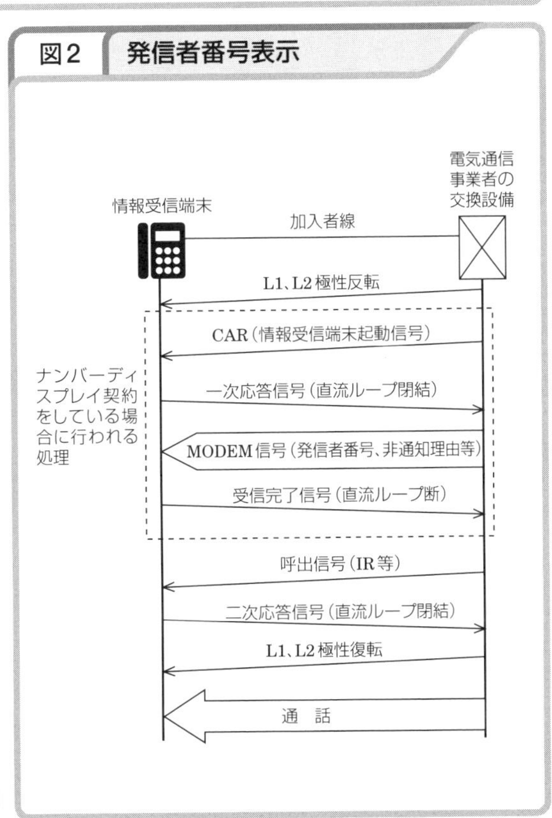

1-3 アナログコードレス電話機

1. アナログコードレス電話機の概要（図1）

(a)装置構成

コードレス電話の装置は、一般の電話機のコード（機ひも）部分を無線に置き換えたもので、固定部（接続装置）と携帯部（コードレス電話機）とで構成され、固定部により電気通信回線と有線で結ばれる。

・固定部（接続装置、親機）

固定部を構成する回路には外部インタフェース（I/F）、送受AF部、シンセサイザ部、送信部、受信部、送受共通部からなり、有線通信系と無線通信系の橋渡しの役割をもつ。

・携帯部（電話機、子機）

回路構成としては、送受AF部、シンセサイザ部、送信部、受信部、送受共通部のほかに、ダイヤル部、送受話部等がある。

(b)識別符号（IDコード）

コードレス電話機では、通話開始に当たっては、**89チャネル**（制御2、通話87）ある無線回線の中から空いているチャネルを選んで通話回線を形成するが、このとき、他の設備との誤接続があると、通話の混乱、誤課金、通話中の回線が切断される等の問題が生じる。このため、携帯部と固定部の間で識別符号を照合し、他の無線設備との誤接続の防止を図っている。

2. 小電力形コードレス電話機（図2）

アナログ方式のコードレス電話機には小電力形のものと微弱電波形のものとがある。

微弱電波形の規定条件が送信出力のみであるのに対し、小電力形では携帯部の送信周波数を**250MHz帯**、固定部の送信周波数を**380MHz帯**とし、また、変調方式として周波数変調方式を使用することが規定されているため、微弱電波形に比べて他の無線機からの影響を受けにくい。

(a)各部の構成と働き

・シンセサイザ部

送信・受信周波数に対応した89チャネル分の周波数を水晶発振器により作り出す。

・送信部

①低周波部……音声信号の増幅、過大音声入力の制限、制御信号の挿入、音声信号の帯域制限、秘話

②高周波部……周波数変調、高周波の増幅、高周波の帯域制限

・アンテナ部

アンテナの長さは使用電波の波長の1/4の整数倍が最も効率がよいが、小型化を考慮しコイルを使用して利得を向上させている。

・スプラッタフィルタ

音声周波数の上限は無線設備規則で3kHz以内であることと規定されている。スプラッタフィルタは、この上限値を超えた周波数の到来に対してカットする機能をもつフィルタである。

(b)マルチチャネルアクセス方式

無線周波数の効率的利用と他のコードレス電話機や無線局との電波干渉を防止するため、通話ごとに複数の通話チャネルのうち1チャネルを選択使用できるようにしている。

(c)バッテリーセービング方式

携帯部は、電池の消費を極力抑えるためにバッテリーセービング方式を採用している。固定部からの制御信号を間欠的に受信しているのも、このバッテリーセーブを行うためである。

(d)盗聴防止

小電力形コードレス電話機には、無線区間における盗聴を防止するため、**スペクトル反転方式**を用いたものや、固定部と携帯部が近接したとき、自動的に出力を低下させ、電波の届く範囲を狭くするものがある。

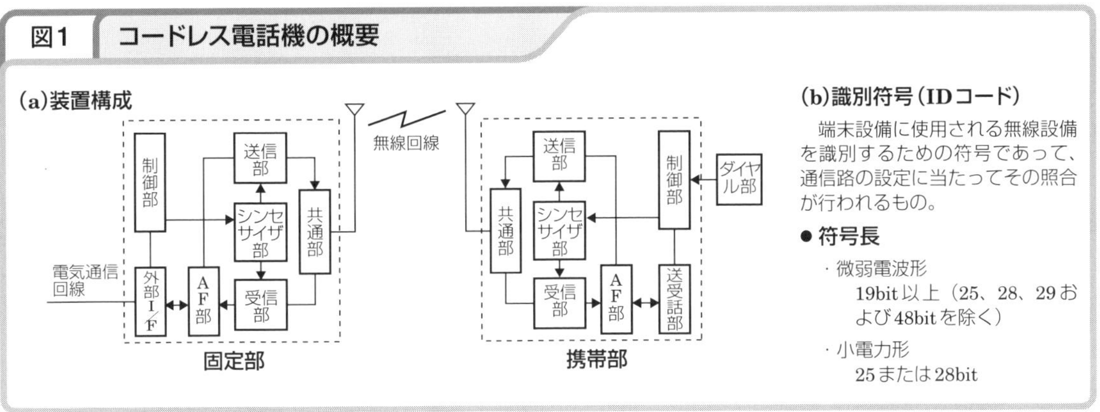

図1　コードレス電話機の概要

(a)装置構成

制御部
送信部
シンセサイザ部
共通部
受信部
AF部
外部I/F
電気通信回線
無線回線
固定部
送信部
共通部
シンセサイザ部
受信部
AF部
制御部
ダイヤル部
送受話部
携帯部

(b)識別符号（IDコード）

端末設備に使用される無線設備を識別するための符号であって、通信路の設定に当たってその照合が行われるもの。

● **符号長**

・微弱電波形
　19bit以上（25、28、29および48bitを除く）

・小電力形
　25または28bit

図2　小電力形コードレス電話機

送信低周波回路
送信高周波回路
スピーカ
ラインリレー
DP,HOOK
L1
L2
電気通信回線
スプラッタフィルタ
保留
PB発振器
PB
制御回路
周波数シンセサイザ
リンガ回路
ID ROM
受信低周波回路
受信高周波回路
電源回路
充電回路
380MHz帯
250MHz帯
受信高周波回路
受信低周波回路
受話器
スピーカ
周波数シンセサイザ
制御回路
ダイヤルスイッチ
ID ROM
送信高周波回路
送信低周波回路
送話器
電源回路
電池パック（6V）
コードレス電話機用接続装置
コードレス電話機
(DC＋12V)
AC100V
AC/DC変換回路

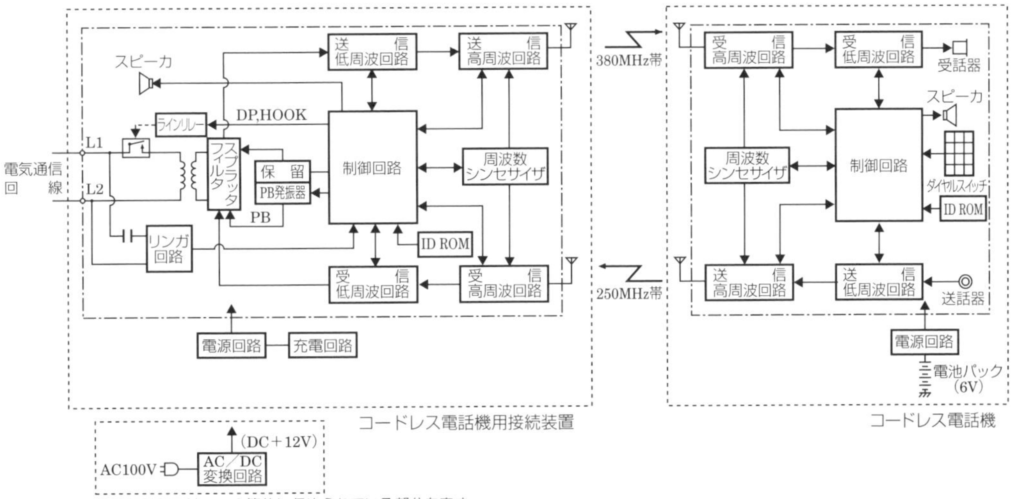

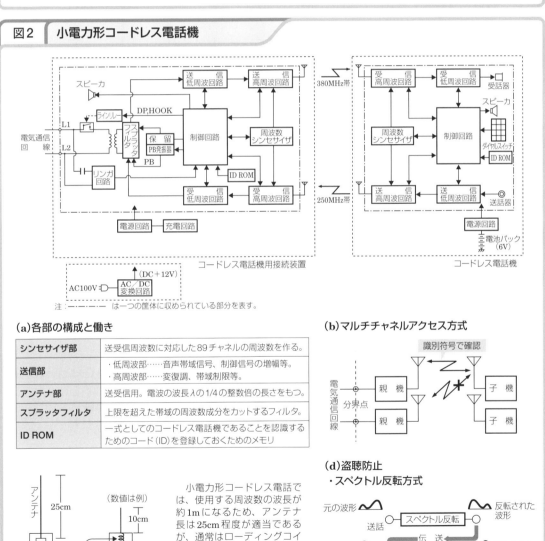

注：—・—・— は一つの筐体に収められている部分を表す。

(a)各部の構成と働き

シンセサイザ部	送受信周波数に対応した89チャネルの周波数を作る。
送信部	・低周波部……音声帯域信号、制御信号の増幅等。 ・高周波部……変復調、帯域制限等。
アンテナ部	送受信用。電波の波長λの1/4の整数倍の長さをもつ。
スプラッタフィルタ	上限を超えた帯域の周波数成分をカットするフィルタ。
ID ROM	一式としてのコードレス電話機であることを認識するためのコード（ID）を登録しておくためのメモリ

アンテナ
25cm
（数値は例）
10cm
ローディングコイル

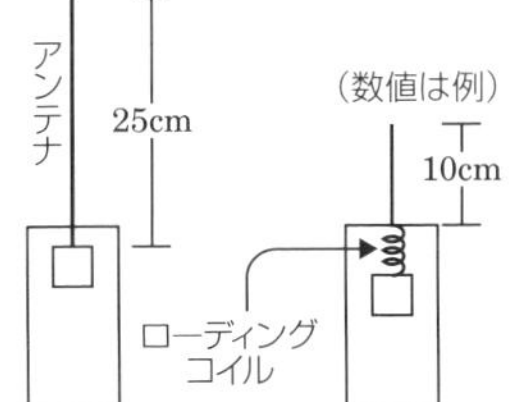

小電力形コードレス電話では、使用する周波数の波長が約1mになるため、アンテナ長は25cm程度が適当であるが、通常はローディングコイル等を直列に接続して性能を維持しながらアンテナを短くしている。

(b)マルチチャネルアクセス方式

識別符号で確認
電気通信回線
分界点
親機
親機
子機
子機

(d)盗聴防止

・スペクトル反転方式

元の波形
反転された波形
送話
スペクトル反転
伝送
復元された波形
スペクトル反転
受話

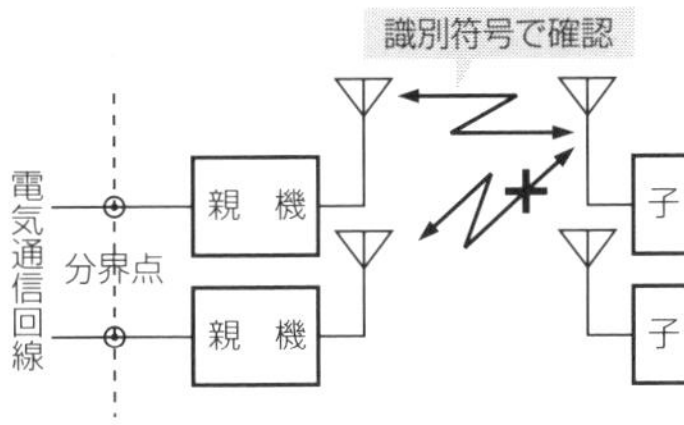

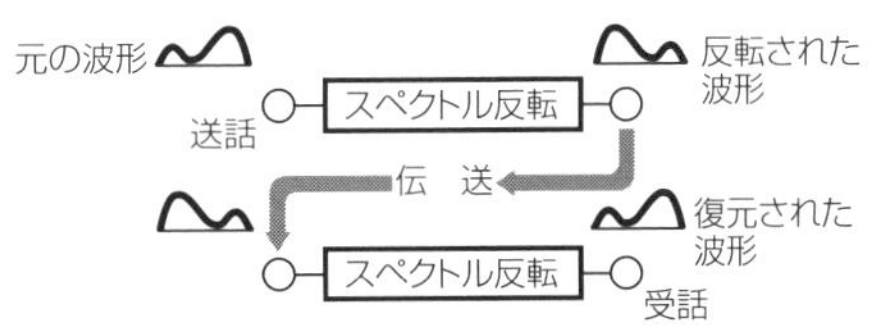

1-4 デジタルコードレス電話機、留守番電話機

1. デジタルコードレス電話機

デジタルコードレス電話は、無線回線部分で伝送される信号の方式をデジタル化したコードレス電話であり、さまざまな方式の規格がある。

(a)第二世代コードレス電話(図1)

最初に開発されたデジタルコードレス電話機は、1台の電話機でPHSサービス端末としての用途(公衆モード)とコードレス電話の子機としての用途(自営モード)を実現することを想定して開発されたため、接続装置(親機)と電話機(子機)との間で使用する無線周波数は、PHSと同じ規格の**1.9GHz帯**とされ、無線伝送速度は最大384kbit/sである。この方式のデジタルコードレス電話システムは、アナログコードレス電話を第一世代のコードレス電話システムとして、第二世代コードレス電話システムと呼ばれる。

● 公衆モード

屋外にいるときは、PHS端末として電柱やビルの屋上、あるいは地下街などに設置された電気通信事業者の簡易基地局に接続していた。なお、公衆PHSサービスは、2023年3月をもってすべて廃止された。

● 自営モード

家庭内や社屋内にいるときはデジタルコードレス電話の子機として接続装置(親機)に接続したり、トランシーバのような子機間通話に使用したりする。

(b)2.4GHz帯コードレス電話

コードレス電話の接続装置(親機)と電話機(子機)との間で使用する無線周波数を**2.4GHz帯**のISMバンドとしたコードレス電話システムである。このため、親機と子機との通話時には、一般に、電子レンジや無線LANの機器などとの**電波干渉**によるノイズが発生しやすいが、**周波数ホッピング**技術により電波干渉を発生しにくくしている。なお、法律的には電話装置ではなく小電力データ通信システムの無線局の無線設備として扱われる。

(c)第二世代コードレス電話の新方式

IP網等によるサービスの高度化に適応し、最大無線伝送速度が1Mbit/sを超える広帯域音声通信や、動画像通信等を可能としたものである。日本では、sPHS(Super PHS)方式およびDECT(Digital Enhanced Cordless Telecommunications)方式を参考にしたARIB STD－T101方式が採用されている。

● sPHS方式

従来の第二世代コードレス電話方式を改良したもので、接続装置(親機)と電話機(子機)との間で**1.9GHz帯**の周波数の電波を用いる。最大1.6Mbit/sの広帯域通信が可能である。

● ARIB STD－T101方式

ヨーロッパの標準化機構ETSIにより規格が策定され、世界的に普及している**DECT**を参考に策定した規格で、**1.9GHz帯**の周波数の電波を用いて最大1.1Mbit/sの広帯域通信が可能である。アクセス方式は、親機から子機への通信ではTDM／TDD方式が、子機から親機への通信ではTDMA／TDD方式が採用されている。

2. 留守番電話機

留守番電話機は、外出などの不在時における着信に対して自動的に応答し、発信者のメッセージを録音、再生することができるものである。メッセージの記録媒体には、磁気テープとICメモリがある。ICメモリを用いる場合、長時間のメッセージを録音するために、**ADPCM**(適応差分パルス符号変調)や**CELP**(符号励振線形予測)などの音声符号化方式を用いて音声データを高能率に圧縮しているものもある。留守番電話機の基本的な機能には、表1のようなものがある。基本的な回路構成を図2に、動作概要を表2に示す。

図1　第二世代コードレス電話機

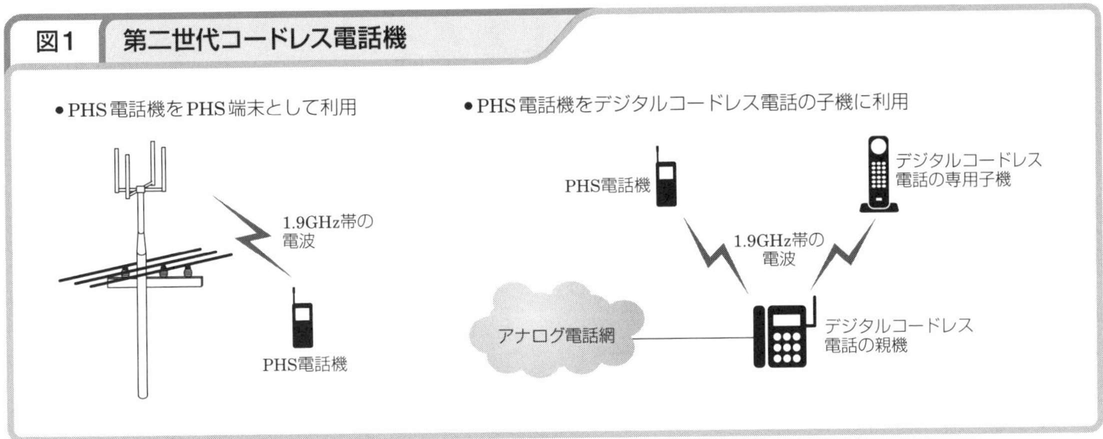

図2　留守番電話機の回路構成例

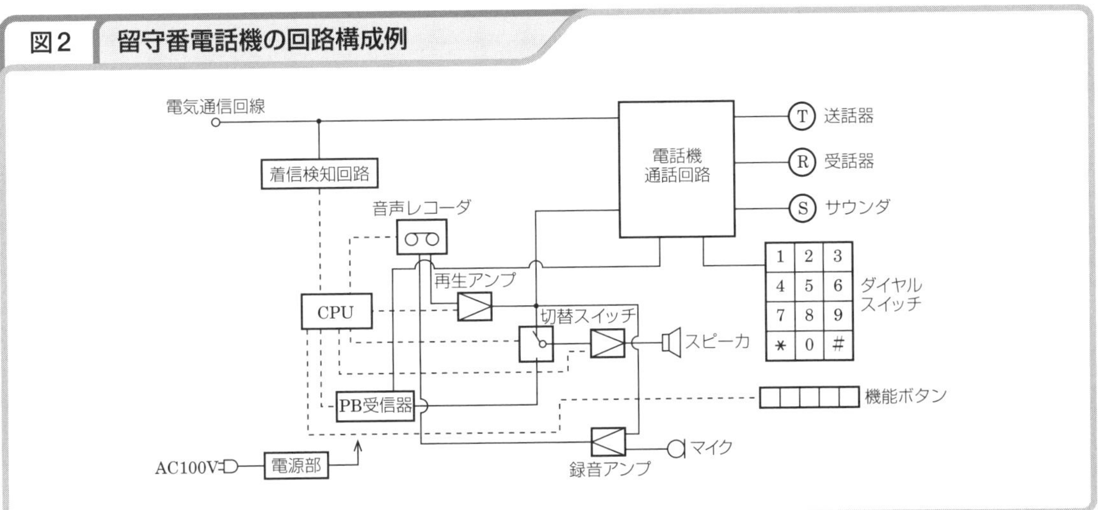

表1　留守番電話機の各種機能

自動応答・応答メッセージ送出	あらかじめ設定されたベル回数で自動的に応答し、応答メッセージを送出する。
用件メッセージの録音	応答メッセージ後発信者の用件をテープやICに録音する。
通話録音	通話中に会話を録音できる。
着信モニタ	自動応答設定時には応答メッセージおよび相手の声がスピーカから流れる。
遠隔操作	外出先の電話から暗証番号と決められたボタン操作で再生や録音等ができる。
伝言板	メモの代わりに家族等にメッセージを録音できる。テープレコーダ的な使用が可能。
トールセーバ	用件の有無により自動応答までのベル回数を自動的に変更できる。
自動呼出し	用件が録音されると自動的にワンタッチに記憶されている電話番号へ発信できる。

表2　留守番電話機の回路動作

切替スイッチ押下	切替スイッチを押下すると、通常の電話機機能から留守番電話機機能に切り替えられる。再び切替スイッチを押すと用件メッセージがある場合はそれを再生し、通常の電話機機能に復帰する。
応答メッセージ送出	16Hzの呼出信号を着信検知回路が検知し、CPUの制御により、テープレコーダ、再生アンプを動作させる。応答メッセージは、スピーカに流れるとともに通話回路を通り発信者に送出される。
用件の録音	応答メッセージ終了後“ピー”という音の直後にテープレコーダを録音モードにセットし起動させる(CPU制御)。
遠隔操作	外部からの暗証番号や操作ダイヤル信号は、通話回路を経てPB受信器へと伝わり、CPUへ信号を流す。CPUは暗証番号を確認した後に指示された動作を行うよう制御する。

1-5 コードレス電話のシーケンス

1. 発呼時(携帯部からの発呼)動作

①発呼信号

キャリアセンスを行い、空きチャネルを検知した後に識別符号(IDコード)を含む電波を送出する。

②発呼応答信号

固定部は、IDコードおよび空きチャネル情報、他のサービス機能関連情報を含んだ応答信号を返送する。

③チャネル切替完了信号

携帯部は通話用の空きチャネルに切り替えが終わるとチャネル切り替え完了信号を固定部に返送する。

④音声回路ON信号

固定部は、通話チャネルが確保されたことを検知すると、有線での通信と同様に直流ループ回路を閉結し、発信の意志を表す。それと同時に携帯部に対し音声回路ON信号を送出し、携帯部の音声回路をONにするよう指示する。

⑤発信音

音声回路がONになった携帯部には、交換設備から出される発信音が固定部を介して聞こえるようになる。

2. 着呼時動作、終話呼

(a)着呼時(携帯部で通話を行う場合)動作

着呼時は、最初に固定部の着信表示回路が作動し、それから若干の時間を置いて携帯部の着信表示が行われる。

①着呼信号

交換設備から16Hzの呼出信号が固定部に到達すると、固定部は、内部の着信表示回路を作動させると同時に携帯部へIDコードおよび通話チャネル情報、呼出信号を送出する。これらの情報を含んだ信号を着呼信号と呼ぶ。

②着呼応答信号

携帯部は、自分のIDコードを発出し、着信の準備ができていることを固定部に示す。また、チャネル切替完了信号を送出し、通話チャネルが確保できていることを伝える。

③着呼(リンガ鳴動)信号

固定部は、通話チャネルおよび携帯部が使用中でないことを検知すると、携帯部の表示機能を作動させるリンガ鳴動信号を送出させる。

④音声回路ON信号

着信表示が作動し、携帯部でオフフックすると、通話チャネルやIDコード等の情報を含んだオフフック信号を固定部に送出する。

オフフック信号を受信した固定部は、携帯部に対し音声回路ON信号を送出し、指定通話チャネルでの通話を可能にする。また、交換設備に対する応答の確認として直流ループ回路を閉結し、呼出信号停止を促す。

(b)終話

通話が完了し、オンフックすることを終話といい、固定部と携帯部間での信号のやり取りは次の手順で行われる。

①オンフック信号

通話が完了すると、携帯部のオンフックを行うが、IDコードと通話終了サインを含む信号を固定部に対し送出する。

②終話信号

オンフックを行い、待機状態に移行したことを示すための信号で、固定部に対して数回連続して送出する。

③切断信号(直流ループ開放)

固定部は終話信号を受信すると、交換設備に対し、通話終了のサインである直流ループ開放を行う。これ以降、交換設備は端末監視状態へ、固定部は待機状態へ戻る。

図1　発呼時（携帯部からの発呼）動作

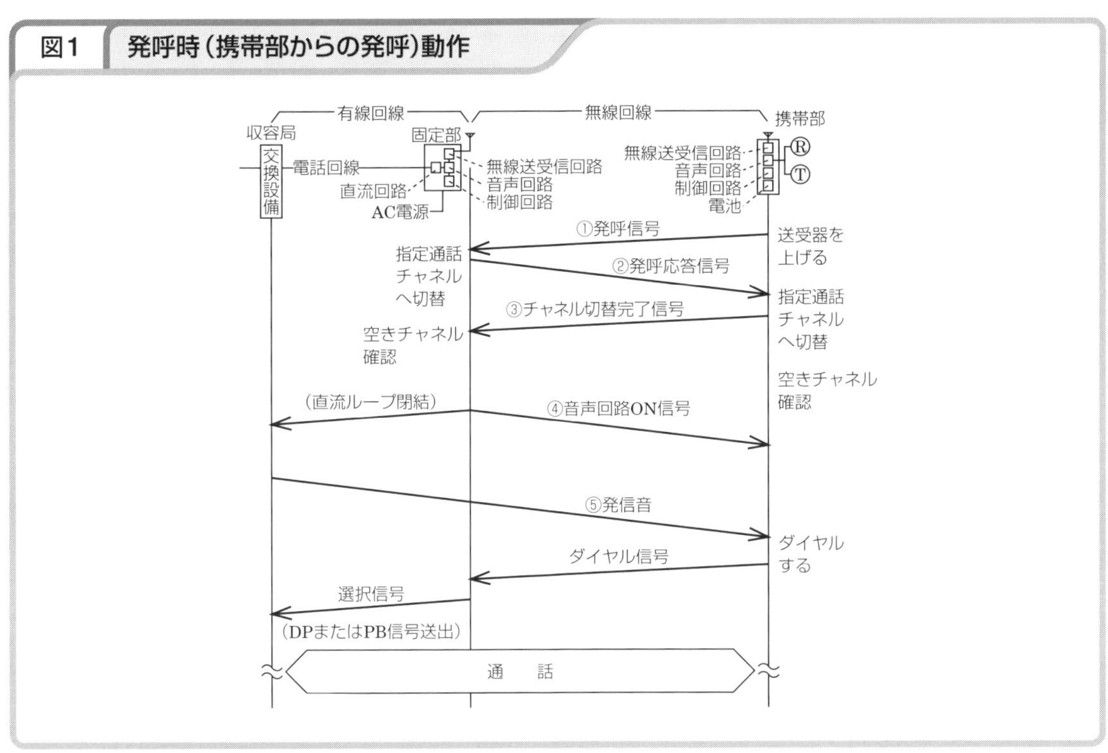

図2　着呼時動作、終話呼

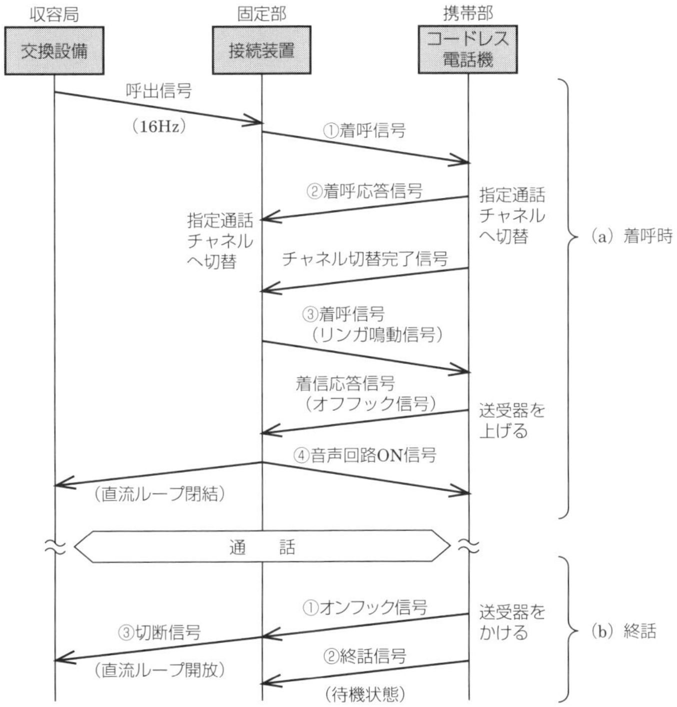

収容局
交換設備
固定部
接続装置
携帯部
コードレス電話機
呼出信号
（16Hz）
①着呼信号
②着呼応答信号
指定通話チャネルへ切替
指定通話チャネルへ切替
チャネル切替完了信号
③着呼信号
（リンガ鳴動信号）
着信応答信号
（オフフック信号）
送受器を上げる
④音声回路ON信号
（直流ループ閉結）
（a）着呼時
通　話
①オンフック信号
送受器をかける
③切断信号
（直流ループ開放）
②終話信号
（待機状態）
（b）終話

1-6 通話品質

1. 通話品質

通話品質とは、「よく聞こえる度合」を定量的に示したものである。通話品質は、送話者から受話者までの、すなわち“end to end”の全通話系の品質に影響されるが、一般に、送話品質、受話品質、伝送品質の3つに分けて取り扱われている。これらのうち、送話品質と受話品質は個人差が大きく、定量的に表示することは困難である。このため、通常は定量化および設備面での対応が可能な**伝送品質**をもって表す。

2. 通話品質の良否を示す尺度

(a)明瞭度(単音明瞭度)

日本語による通話系の評価尺度で、ランダムに100音節送出し、正確に受話された割合で表す。100音節は母音100単音、子音95単音の計195単音から成るが、これらを送話して正確に受話できた単音の割合を単音明瞭度という。

(b)自然度(ITU-T勧告P.800)

利用者がごく自然で快適な通話ができると判断し、満足しているかを5段階で評価するものを**平均オピニオン値(MOS)**といい、90%が「まあ良い」、「良い」、「非常に良い」と評価するように音量や帯域を設定するものである。

(c)音量(ラウドネス定格:LR)

音量の大小は、通話における重要な要因であるが、基準となる送話系と測定対象の送話系を同一にするようにアッテネータを調整するものである。この場合、一定の音量に調整された基準系(NOSFER)と通常の電話回線と同程度に調整された中間基準系(IRS)を導入し、被測定系の挿入損失(X_1)と、IRSの可変減衰器(X_2)を調整してNOSFERに合うようにしたときのX_1とX_2を比較し、その差を算出する。算出結果をラウドネス定格という。

3. 音声の受話を妨害する因子

(a)側音

送話者の発生音が送話器から入り通話回路を経て受話器から送話者の耳に聞こえる音を側音といい、通話には**適度に必要**である。

もし、側音の強い電話機を使用すると、送話者は無意識に発音を弱くしてしまうため、聞き取りにくい通話となってしまう。また、側音が非常に大きいとハウリングを生じることになる。逆に、側音が小さすぎると大きな声で話すようになり、これも相手には聞きづらい通話になってしまう。

(b)ハウリング(鳴音)

受話器やスピーカから出た自分の音声が、再び送話器から入って増幅され発振状態となる雑音をハウリングと呼ぶ。この雑音電流は、隣接する通信回線に漏えいし、他の利用者の通信や電気通信事業者の伝送設備に悪影響を与えることとなる。このため、一定値以上のリターンロスをとるようにすることが法令で義務づけられている。

(c)室内騒音

周囲の環境は、通話の際に大きな影響を及ぼす。送話時に周囲の雑音が大きいと受話音に雑音が混入して聞きづらい通話になってしまう。また、受話時に騒音が大きいと受話音量が相対的に小さく聞こえるため、明瞭な受話音が得られない。

(d)エコー(反響)

送話者自身の音声が、受話者側の受話器から送話器に音響的に回り込んで通話回線を経由して戻ってくることにより、送話者の受話器から遅れて聞こえる現象をエコー(反響)という。エコーには、受話者側の電話機で受話器から送話器に音響的に回り込む音響エコーと、伝送線路と電話機回路のインピーダンス不整合により通話信号が反射して起こる回線エコーがある。

図1　通話品質

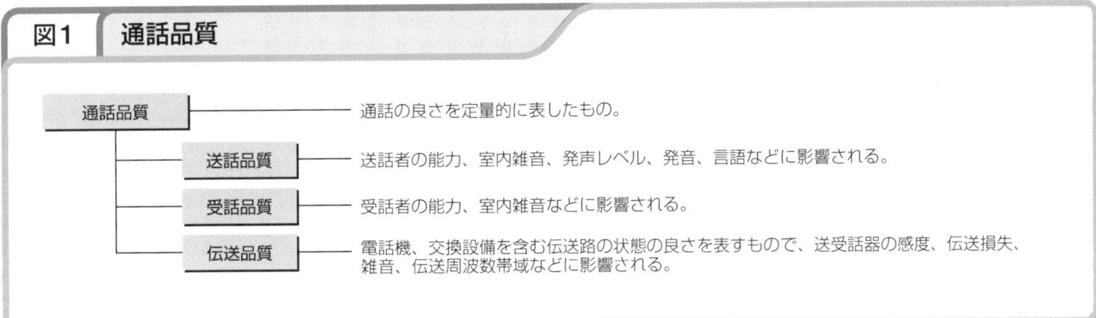

通話品質
通話の良さを定量的に表したもの。
送話品質
送話者の能力、室内雑音、発声レベル、発音、言語などに影響される。
受話品質
受話者の能力、室内雑音などに影響される。
伝送品質
電話機、交換設備を含む伝送路の状態の良さを表すもので、送受話器の感度、伝送損失、雑音、伝送周波数帯域などに影響される。

図2　品質の良否を表す尺度

(a)明瞭度(単音明瞭度)

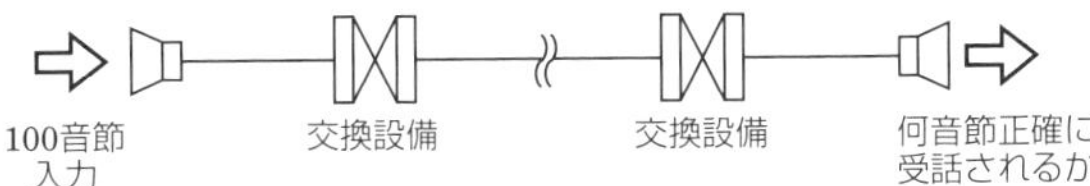

日本語100音節をランダムに配列した平等音節表を送話者が一定音量、速さで読み、受話者がそれを書き取る。

80%を品質目標値としていることが多い。

(b)自然度(ITU-T勧告P.800)

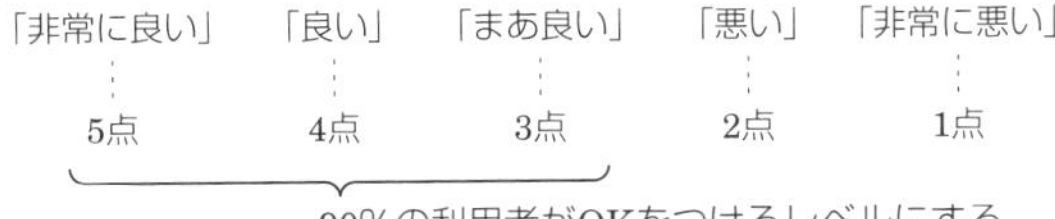

多数の被験者の採点結果をもとに、平均値（平均オピニオン評点）を求める。

雑音・騒音の変動、時々断、瞬断、反響など明瞭度やラウドネスでは評価しきれない要因を含んだサービス品質を表現できる。

(c)音量(ラウドネス定格：LR)

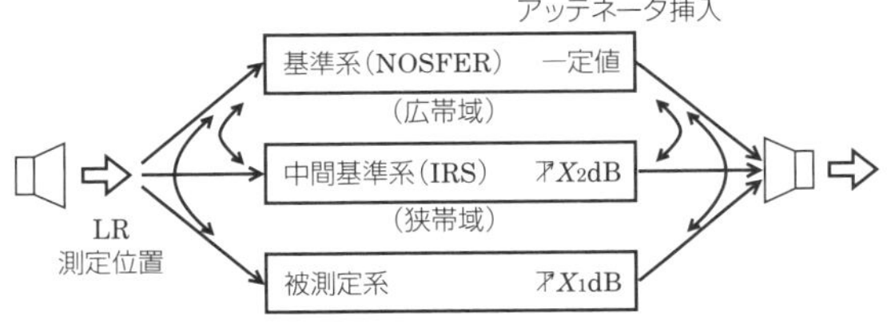

送話者が測定位置で送話し、予め一定の音量に調整されたNOSFERと同一の音量となるようにIRSの減衰量X_2を調整し、また、NOSFERと同一の音量となるように被測定系の減衰量X_1を調整したときのX_2とX_1の差

図3　音声の受話を妨害する因子

(a)側音

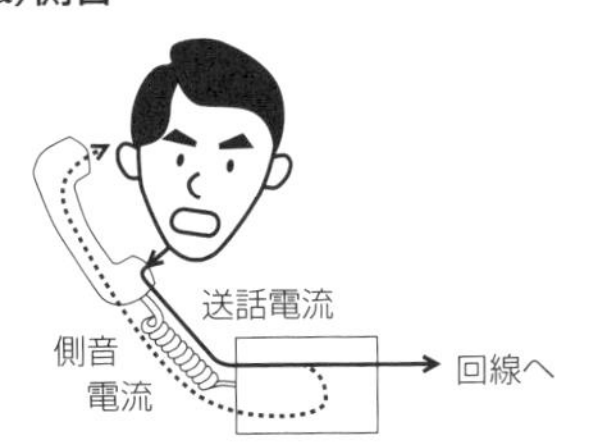

送話者の送話器から入り通話回路を経て送話者の受話器に届く自分の音声等をいう。

(b)ハウリング(鳴音)

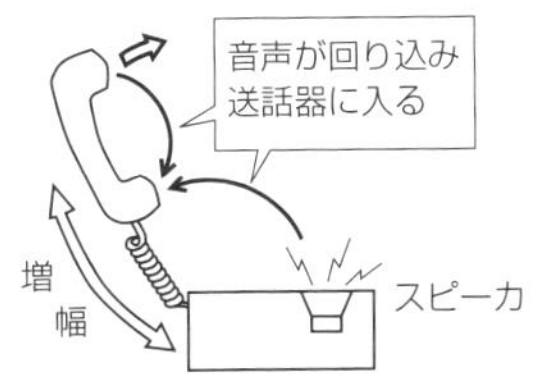

受話器やスピーカからの音声が再び送話器に入り増幅される。

(c)室内騒音

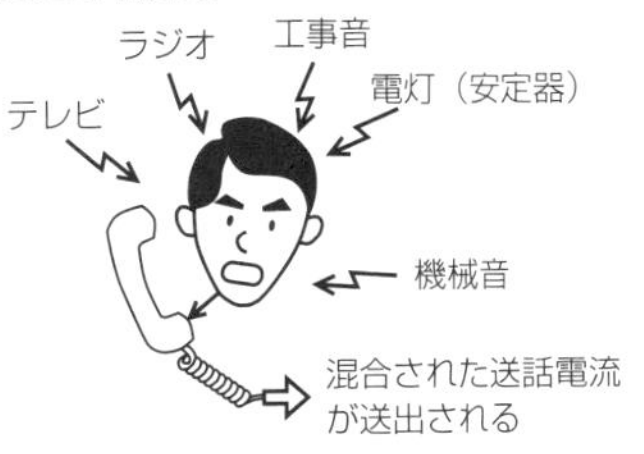

混合された送話電流が送出される。

2 ファクシミリ

2-1 ファクシミリ装置

1. 動作原理（図1）

ファクシミリ装置の基本動作は、まず送信側の装置にセットされた送信画原稿を一定の規則に従って送信走査し、光エネルギーを電気信号に変換（光電変換）し、伝送方式に応じて必要な処理（符号化、変調）を行い伝送路へ送出する。受信側では、伝送路からの信号を元の信号に戻すため送信側と逆の処理（復調、復号）を行う。復号された電気信号を光エネルギーや熱エネルギーに変換（記録変換）して記録画を記録紙の上に再現する。

2. 符号化・復号

ファクシミリ装置の扱う原稿の画素数はA4判原稿で数百万画素あり、画素の情報を1つ1つ送信すると長時間を要する。そこで画素の情報を圧縮して送信し、時間の短縮を図っている。送信側で圧縮を行うことを**符号化**といい、受信側で情報を元に戻すことを**復号**という（図2）。この符号化・復号には画素の白・黒情報の関係を利用した**冗長度抑圧符号化方式**が用いられる。

3. 変調・復調

G3ファクシミリでは、アナログ伝送路を利用するためファクシミリ装置内部で使用するデジタル信号をアナログ信号に変換して伝送路へ送出する（図3）。変調・復調部に14.4kbit/s ～ 2.4kbit/sのモデムを利用してデジタル信号をアナログ信号に変換するとともに情報の圧縮・伸張を行っている。

4. G3ファクシミリ

ファクシミリ装置のグループ3形（G3ファクシミリ）は電話網で使用され、ITU-T勧告**V.27ter**の4,800/2,400bit/sのデータ伝送用モデムが標準として用いられる。また、オプションとして**V.29、V.33、V.17**も使用可能で、14,400/12,000/9,600/7,200bit/sのモデムが用いられる。

(a)伝送制御手順

伝送制御はHDLC手順のフォーマットを使用して行う**バイナリコード手順**で行われ、伝送モードの標準は300bit/sの同期モードである。**呼の伝送フェーズ**は次の5つに分けられる（図4-1）。

A：呼設定　　D：メッセージ終了
B：確認　　E：呼解放
C：メッセージ伝送

T.30のバイナリコード手順のシーケンス例を図4-2に示す。原稿1枚分の画信号を送信し終えると相手装置に画信号終了信号（RTC）を送出してフェーズCからフェーズDに移行し終了処理を行うが、複数のページを連続して送る必要がある場合、装置扱者が介入せず自動的に順次送信できる。次ページが存在するときはその旨をマルチページ信号（MPS）により通知し、メッセージ正常受信信号（MCF）を受け取るとフェーズCに戻り次ページの画信号を送出する。こうして**フェーズC、Dの処理を繰り返し**た後、最終ページの画信号を送信し終わるとRTCに続いてページ終了信号（EOP）を送出し、MCFを受け取るとフェーズEに移行してDCN信号送出により呼を切断する。

(b)冗長度抑圧符号化方式

画像データはそのままでは冗長なため、伝送前に圧縮された形に符号化する。その方式は標準として**MH符号化方式（1次元）**が採用され、オプションとして**MR符号化方式（2次元）**・MMR（拡張MR）符号化方式が準備されている。また、カラーファクシミリでは**JPEG**が用いられている。

(c)走査方式

平面走査形のファクシミリであるため、同報通信やエラー訂正モード（ECM）を利用する場合は、画信号をメモリに蓄積する必要がある。

図1　動作原理

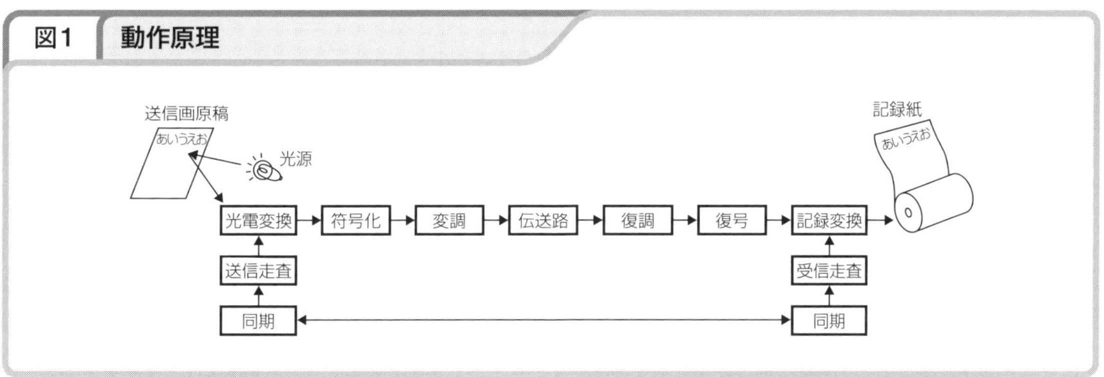

図2　符号化・復号

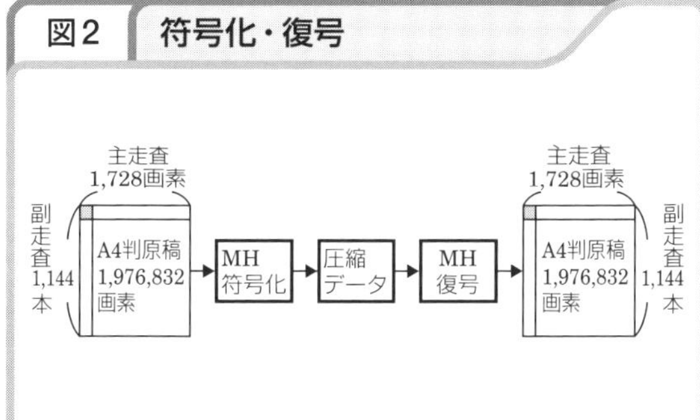

図3　変調・復調

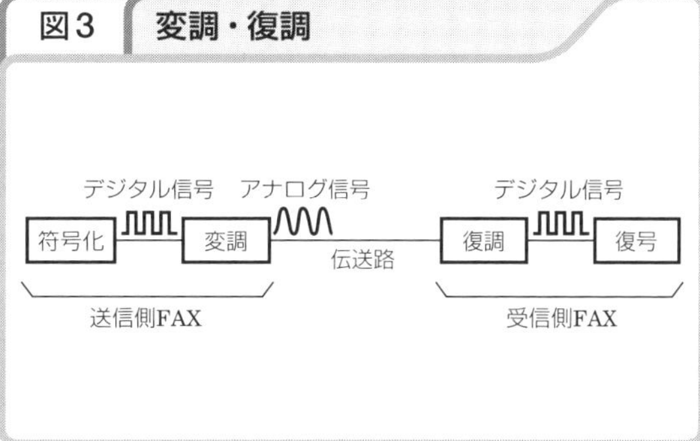

図4　G3ファクシミリ

● G3ファクシミリの特徴

・伝送速度が**2,400/4,800bit/s**のデータ伝送用モデムを使用（オプションとして14,400bit/sまで使用可）。
・制御信号の伝送に、ITU-T勧告**T.30**に基づく**バイナリコード手順**（伝送モードが**300bit/sの同期モード**）を用いる。
・**平面走査形**のため、同報通信を行う場合には送信原稿をいったんメモリに蓄積する必要がある。
・冗長性を抑圧するため、1次元符号化方式（**MH方式**）と2次元符号化方式（**MR方式**）を用いて伝送時間を短縮している。

● バイナリコード手順（バイナリ手順）

G1、G2ファクシミリ…トーナル手順
G3ファクシミリ………バイナリコード手順

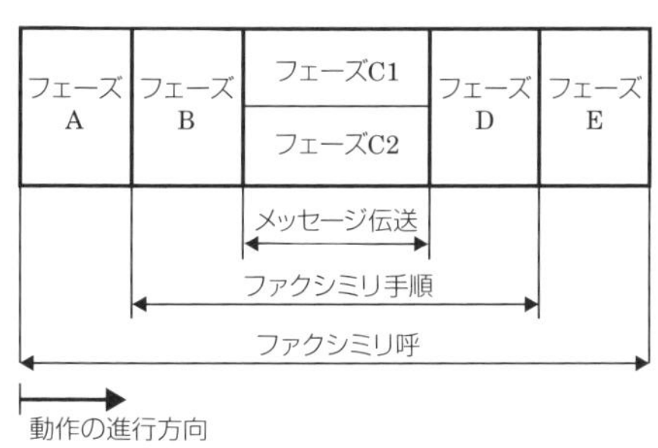

図4-1　呼の伝送フェーズ

フェーズA　：呼設定
　〃　B　：メッセージ伝送準備・条件確認
　〃　C1：インメッセージ手順（同期制御、誤り訂正等）
　〃　C2：メッセージ伝送
　〃　D　：メッセージ伝送終了および確認
　〃　E　：呼復旧（呼解放）

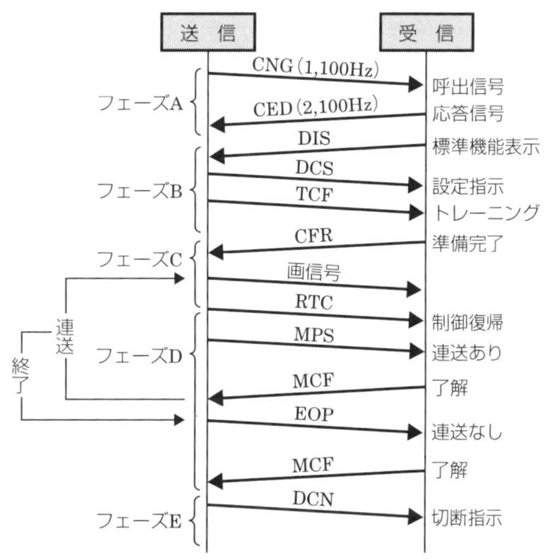

図4-2　バイナリコード手順のシーケンス例

3 構内交換設備（PBX）

3-1 PBX概説

1. PBXの方式

表1は、PBXの各種方式をまとめたものである。PBXの方式の変遷は、事業用の交換機と同様な技術的変遷をたどっている。手動式交換機に始まり、継電器、セレクタ、コネクタ等の電磁的に動作する部品を中心に構成した各種の方式を経てきたが、特に大きな節目は制御方式にマイクロプロセッサを用いることになったことと、デジタル交換方式の実用化である。

PBXの方式は種々の角度から分類される。継電器を主要部品とする手動式交換機やセレクタ、コネクタあるいは**クロスバスイッチ**等で構成した自動交換機は、一定の機能を得るように設計された回路に基づき各機構部品間を固定的に結線したもので、このような形式のものを電磁形、方式的には**布線論理方式**と呼んでいる。

布線論理方式の自動交換機でも、利用者の電話機操作に従い、逐一、セレクタやコネクタで接続動作を進めるステップバイステップ方式、交換接続に必要な少数の共通的制御回路を設け、その機能により各呼に応じて順番に接続動作を行う**共通制御方式**とがある。クロスバ式PBXや現行のデジタル式PBXは共通制御方式を受け継いでいる。

また、制御方式として交換接続や各種のサービスの機能を実現するために、あらかじめ製造されたプログラムによりプロセッサを制御して動作する方式を**蓄積プログラム制御方式**と呼んでいる。

一方、交換接続する通話路の観点から、機構スイッチや電子スイッチで信号をそのまま伝送する**空間分割形交換方式**と、デジタル信号のみ伝送する**時分割スイッチ**を採用した交換方式があり、現在は両者を併用したデジタル交換方式が主流となっている。

2. アナログ電子式PBX（図1）

電子式交換方式は、事業所用、PBXともに、アナログ方式がまず実用化された。

クロスバ方式ではマーカ、ナンバグループが中心になって接続動作を進めるが、アナログ電子式PBXでは、中央制御装置と主記憶装置がその役割をもち交換接続動作を制御する。

外線との発着信、内線相互接続等の動作もクロスバ方式とほぼ同様である。

なお、図1-2中、SVT（サービストランク類）は各種トランク（OGT、内線発信音送出・ダイヤルパルスの受信のORT、呼出信号送出のRGT、呼出音送出のRBT、その他のトランク類）をまとめて略記したものである。

3. デジタル式PBX（図2）

デジタル式PBXは、デジタル信号を**時分割スイッチ**を用いて交換接続する通話路を持つことを特徴としている。しかし、大きい設備規模のものでは**空間分割スイッチ**を併用する。

この方式では、デジタル信号で交換するので、通話等のアナログ信号を伝送するにはデジタル信号に変換する必要があり、逆に受話側ではアナログ信号に復元する必要がある。

したがって、アナログ信号をデジタル信号に符号化する回路とデジタル信号をアナログ信号に変換する回路を設ける。この符号化/復号の機能をもつ回路を**コーデック**という。

電気通信回線と内線は一般にアナログ信号を伝送するから、外線回路と内線回路にはコーデック（IC）を置き、信号の相互変換を行う。

また、デジタル信号の双方向伝送は困難であることから、送り、受けに分ける2線/4線相互変換回路も設けてある。

表1　PBXの方式

方式変遷＼分類		制御装置	制御方式	通話路信号	通話路	スイッチの種別	駆動方式
①手動式PBX	磁石式・共電式	個別制御	布線論理制御	アナログ信号	空間分割形通話路	プラグジャック、電鍵等	手動
②S×S式PBX（注2）						セレクタ・コネクタ等	電磁駆動
③クロスバ式PBX		共通制御				クロスバスイッチ	
④アナログ電子式PBX			蓄積プログラムとマイクロプロセッサによる制御				
⑤デジタル式PBX				デジタル信号	時分割形通話路（注1）	時分割スイッチ	電子回路

注1. 空間分割スイッチを使用するものもある。
2. S×S：ステップバイステップ

図1　アナログ電子式PBX

● **クロスバ式とアナログ電子式のPBXの比較**

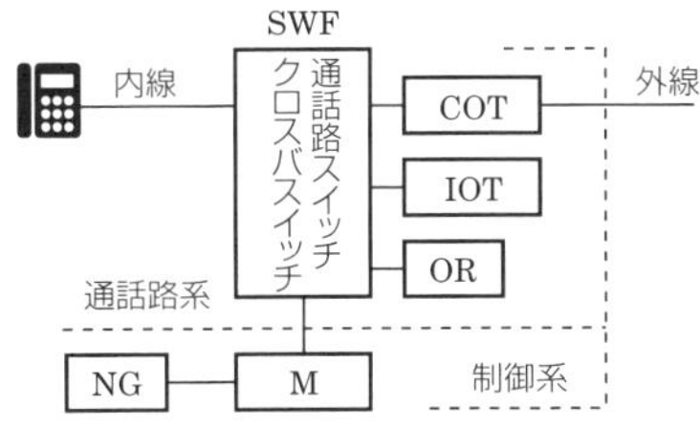

COT：外線トランク
（OGT、ICT、BWT等）
IOT：内線相互通話トランク
OR：発信レジスタ
NG：ナンバグループ
M：マーカ
SWF：スイッチフレーム

図1-1　クロスバ式PBX概略図

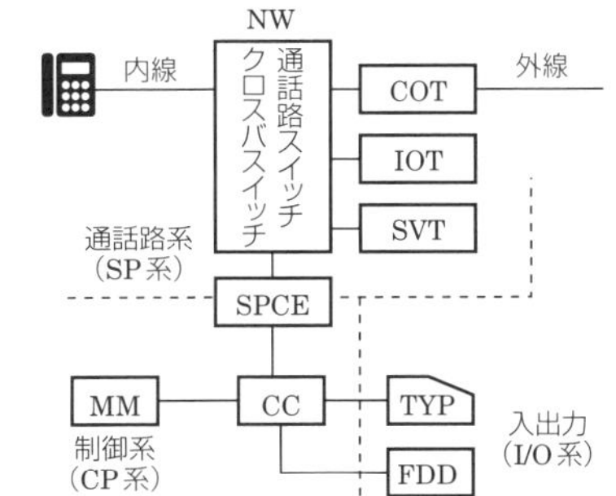

CC：中央制御装置
COT：外線トランク
（OGT、ICT、BWT等）
FDD：フレキシブルディスク
IOT：内線相互通話トランク
MM：メインメモリ
NW：スイッチネットワーク
SPCE：通話路制御装置
SVT：各種サービス用トランク類
TYP：タイプライタ

図1-2　アナログ電子式PBX概略図

図2　デジタル式PBX

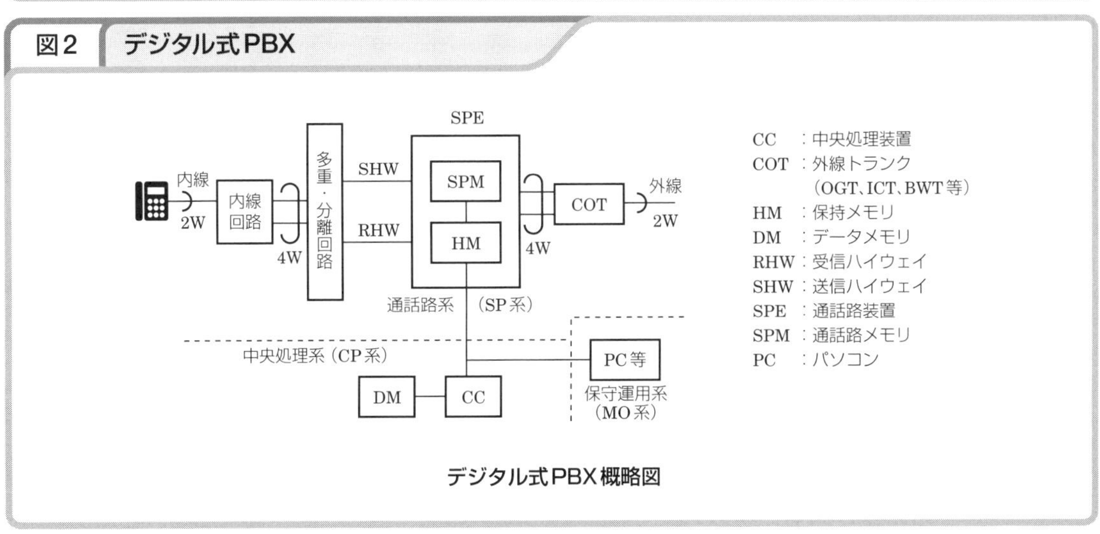

デジタル式PBX概略図

3-2 空間分割スイッチ

1. クロスバスイッチ

クロスバスイッチ概念図(図1)において、水平と垂直に置かれたバー、あるいはその交点に置いた継電器の接点を動作させ、たとえば、aの接点を閉じると入線pの信号は出線qに出力される。

かつては交換機の各種スイッチには、方式・機構は異なっても、このように空間に置かれた接点が広く用いられていた。その後時分割スイッチが実用化され、これに対応する用語として、これらのスイッチを**空間分割スイッチ**(空間スイッチ)と呼んでいる。

2. ANDゲートによる信号選択

図2は電子回路で構成した空間分割スイッチのスイッチ部分であり、水平路と垂直路の交点にAND論理回路のスイッチを置く。

2入力形のAND論理では、2つの入力がともに"1"(Hレベル)であるときのみ出力が"1"となる。

たとえば、入線にABCDEF…の各デジタル信号が順次送られてくるとき、出線に取り出す信号の時間位置(タイミング：タイムスロット)に合わせて制御信号を与える。

図2の場合、出線にデジタル信号ACDFを時間位置を変えないで取り出したいので、Aのタイミングのとき、制御線からpのハイレベルを与える。これによりA and pの論理により出線にデジタル信号Aが出力される。(以下同様)

3. 電子回路の空間分割スイッチ

図3は、図2のANDゲートをマトリクス状に配置した空間分割スイッチの構成である。

入線と出線の交点に配置されたANDゲートは、制御線からの制御信号により開閉され、#1から#nまでの入線上に多重化され送られてくるデジタル信号の中から、出線#1、#2、…に必要な信号を取り出す。

制御線からの制御信号は、内線電話機等の交換接続要求をもとに、どのタイミングにどのゲートを開閉するかの情報が書き込まれている制御メモリからデコーダを通じて送信されてくる。

4. 信号の流れ

図4は、空間分割スイッチの信号の流れを具体例で示したものである。#c制御メモリの2番地に#Mと書き込まれており、入ハイウェイ#Mのタイムスロットt_2の情報Yは、t_2の瞬間にゲートを開くことにより出ハイウェイ#1のタイムスロットt_2に移り、ハイウェイ間のタイムスロットの乗り換えを実行する。

呼処理プロセッサは交換処理の必要から、入ハイウェイの情報H,Y,Cを出ハイウェイ#1に出力させるため、出ハイウェイ#1を担当する制御メモリ#cに対し次のように指示する。

① タイムスロットt_1番地には、入ハイウェイ#2から取り込むため#2を記憶せよ。

② t_2番地には、入ハイウェイ#Mから取り込むので#Mを記憶せよ。

③ t_3番地には、入ハイウェイ#1から取り込むので#1を記憶せよ。

[1] 入ハイウェイ#2のt_1の情報Hは、qのゲートから出ハイウェイ#1のt_1へ出力される。

[2] 入ハイウェイ#Mのt_2の情報Yは、rのゲートから出ハイウェイ#1のt_2へ出力され、入ハイウェイ#1のt_3の情報Cはpのゲートから出ハイウェイ#1のt_3へ出力される。

結局、出ハイウェイ#1には、時間位置を変えることなく、t_1,t_2,t_3の順にH,Y,Cの情報が出力される。

図1　クロスバスイッチの動作

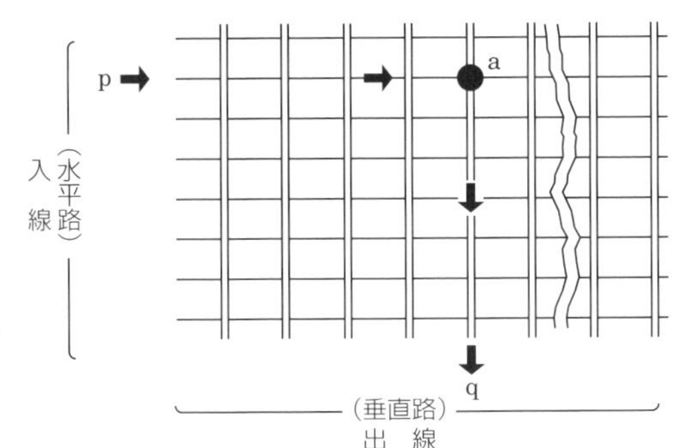

クロスバスイッチでは、各水平路と各垂直路の交点にはすべて接点があり、たとえば、a接点を閉じるとpの信号はqに出力される。

図3　電子回路の空間分割スイッチ

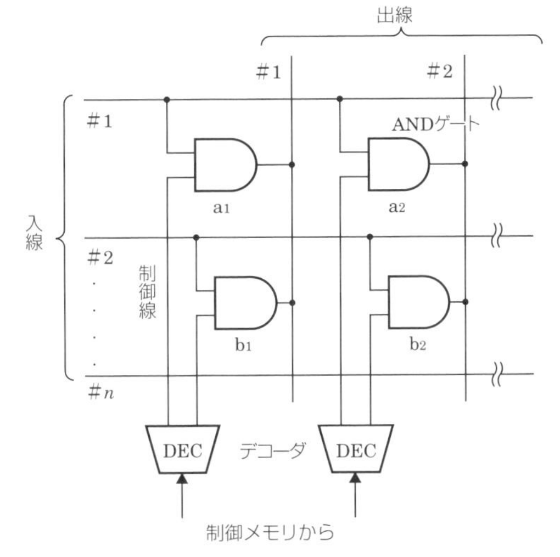

入線上の信号の中から指定する出線に取り出したい信号があるとき、制御メモリ→デコーダ→制御線からタイミングに合わせてANDゲートに“1”を与えると、AND論理に基づきその信号が出線に出力される。

図2　ANDゲートによる信号選択

● クロスバ接点部にANDのゲートをおく

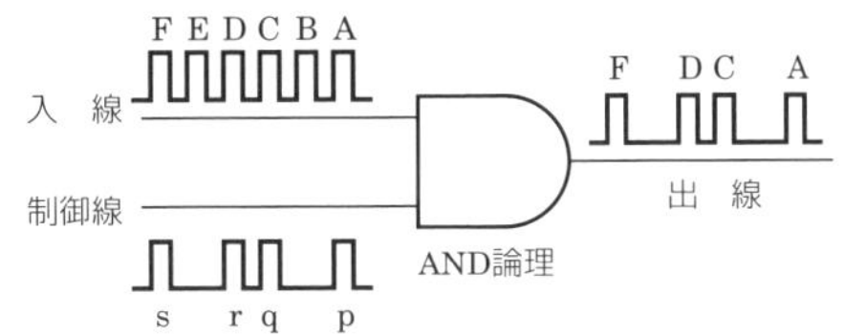

入線上を進むA～Fのパルスの中からACDFを出線で取り出すとき、たとえばAがゲートに入ったタイミングで制御線にHレベルpを与えると、A and p の論理により出線にAが出力される。

図4　信号の流れ

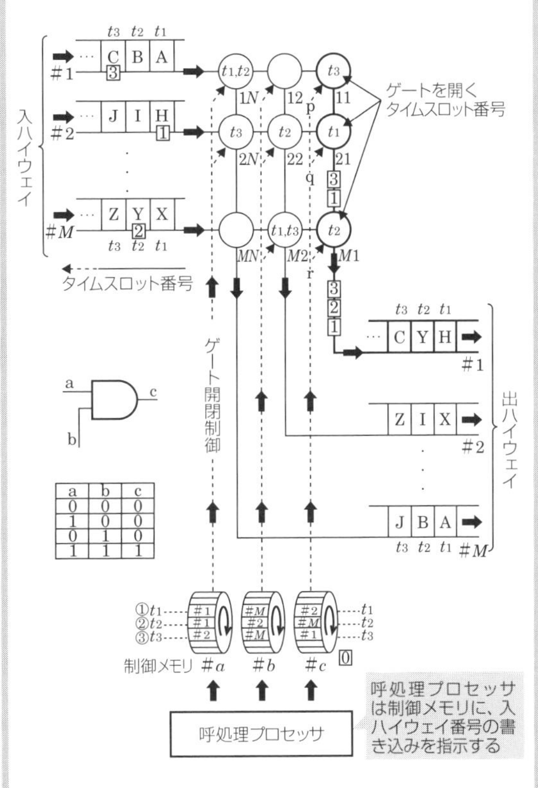

a	b	c
0	0	0
1	0	0
0	1	0
1	1	1

デジタル式PBXの空間分割スイッチは、一般に、複数本の**入・出ハイウェイ**、**時分割ゲートスイッチ**および**制御メモリ**から構成されている。

デジタル式PBXの空間分割スイッチでは、音声ビット列が多重化されたまま、**タイムスロット**の時間位置を変えないで、**タイムスロット**単位に**時分割ゲートスイッチ**の開閉に従い入ハイウェイから出ハイウェイへ乗り換える。制御メモリには、各**タイムスロット番号**に対応して**入ハイウェイ番号**が記録されている。

3-3 時間スイッチ

1. 時間スイッチの基本原理(図1)

時間スイッチは、入ハイウェイ上のタイムスロットを、出ハイウェイ上の任意のタイムスロットに入れ替えるスイッチである。

人間の視覚は厳密な忠実性がなく、これが映画やテレビの動画の原理になっている。聴覚も同様であり、音声周波数の2倍以上(電話では3.4kHz×2≦8kHz)の速さで音を裁断(サンプリング)し、その裁断した音を聞くと連続した原音と同様に聞こえる(シャノンの法則)。このため、複数の人の送話音を同一時間間隔で裁断し、各音片を順次並べて受話側に送り、指定する相手ごとに音片を配達すれば、原理的には1つの伝送路で多数の人が通話できる。しかし、これを実現するのは極めて困難である。そこで、音片を符号化して通話相手に配分し、受話側で符号を音声に戻して聞くようにすると、会話が混乱せず整然と通話できる。さらに、PCM多重化伝送中の各符号の並びを途中で入れ替えると、別の人と通話することになる。これが時間スイッチの原理となる。

2. 時間スイッチとその関連回路(図2)

- **ハイウェイ**:8bitのデジタル信号の通話用伝送路で、送信用(入)と受信用(出)がある。時間割付け(タイムスロット)がt_0からt_{255}までの256チャネルあり多重化される。
- **通話メモリ**:入ハイウェイ上の各タイムスロットの音声信号などを一瞬記憶するメモリで256チャネル分の記憶容量がある。記憶された信号の内容は制御装置から指示された順番で読み出され、各信号は出ハイウェイに送出される。
- **カウンタ**:通話メモリに対しタイムスロット内の情報を若番地から順に記憶させる制御を行うとともに制御メモリへクロックを送出する。
- **制御メモリ**:説明の便宜上、回転円筒形メモリで示しており、回転しながら通話メモリ番地の指示、読み出す番地の指示を通話メモリに対して順次行う。

3. 時間スイッチの動作原理

図3に内線電話機Aと外線Bの通話例を示す。

① 内線電話機Aからのアナログ信号は内線トランク#0のCOD(ここでは符号器)により8bitのデジタル信号Aに変換される。

② デジタル信号Aは送信ハイウェイに送り出されるが、この例では、タイムスロットt_aに乗る。

③ 送信ハイウェイのデジタル信号は順番書込みカウンタの制御により順次通話メモリに記録され、タイムスロットt_aのデジタル信号Aは、通話メモリ内のt_a番地に記録される。

④ 同様な順序により、外線Bからのアナログ信号Bはデジタル信号Bに変換され、タイムスロットt_b番地に記録される。

⑤ 交換機能の中枢、共通制御装置は、内線Aと外線Bの通話について制御メモリのアドレス(番地)t_aにタイムスロットt_bを、アドレスt_bにタイムスロットt_aを記録させる。

⑥ 制御メモリは、番地の書き込み・読み出しを繰り返し指示する。制御メモリt_a番地からタイムスロットt_bを読み出し、t_bのタイムスロットのとき通話メモリから信号Aを読み出して受信ハイウェイに送り出す。

⑦ 同様にタイムスロットt_aのとき信号Bを読み出し、受信ハイウェイに送り出す。

⑧ 以上の操作により、信号Aと信号Bはタイムスロットが入れ替わり、信号Aは外線トランクのDEC(ここでは復号器)へ、信号Bは内線トランク#0のDECへ送出され音声信号に復元されて通話が行われる。

図1　時間スイッチの基本原理

● 時分割多重方式の原理

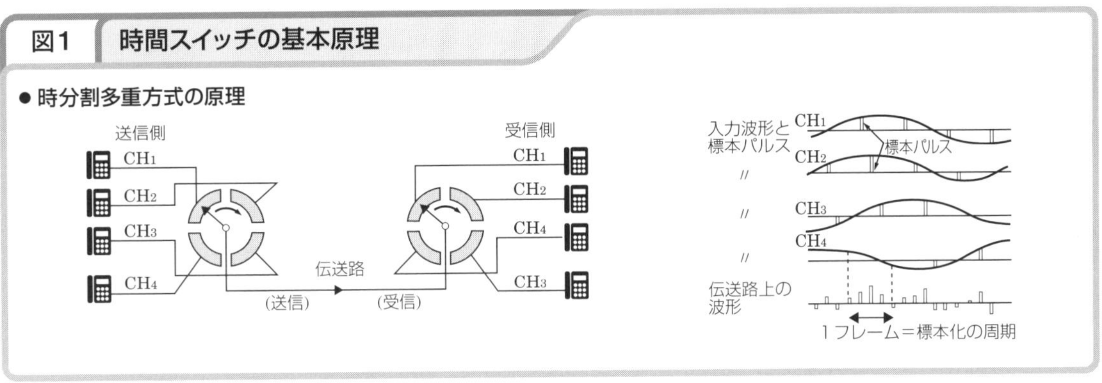

図2　時間スイッチとその関連回路

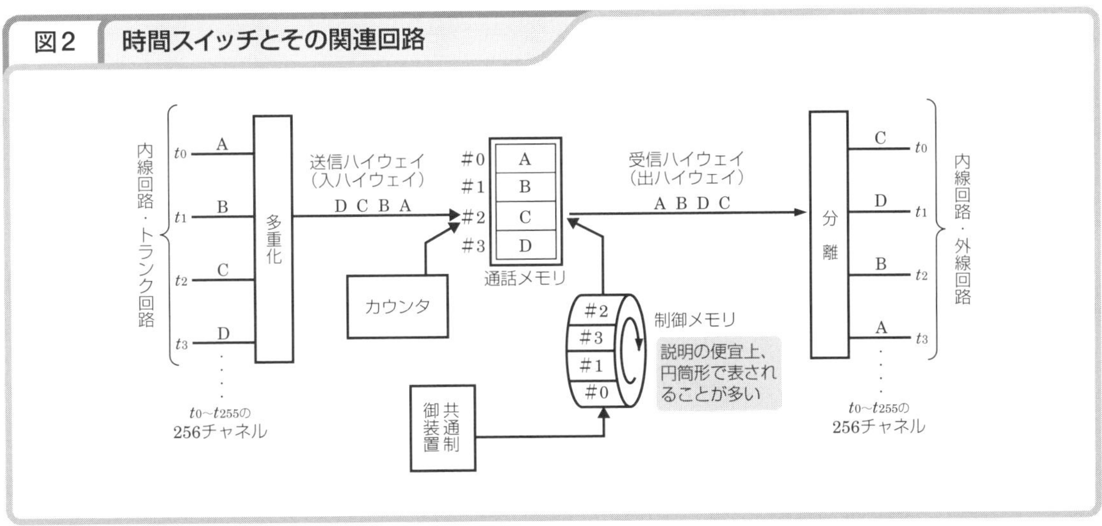

図3　時間スイッチの動作原理

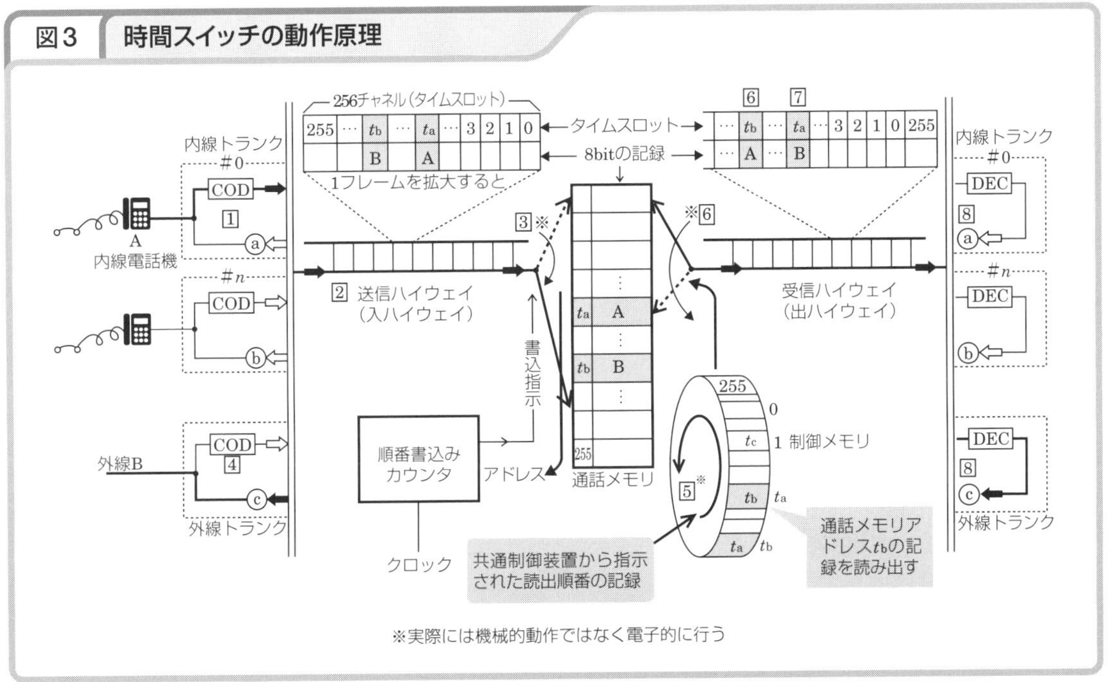

3-4 内線回路

1. デジタル式内線回路の特徴

デジタル式PBXの**内線回路**(**ライン回路**)のインタフェースは、電話機に対してはアナログ方式であり、時間スイッチ等の通話路に対してはデジタル方式である。

また、通話路はデジタル信号のみ通し、直流や呼出信号等を通し得ないので内線回路に特異な機能が必要になる。

デジタル式内線回路の主な特徴として、内線回路から呼出信号を送出すること、アナログ信号とデジタル信号を相互変換する回路を有すること、それに付随し、2線式アナログ回線を4線式デジタル通話路に変換することなどが挙げられる。

なお、デジタル式内線回路は、事業用交換設備の加入者回路とほぼ同様の機能を持ち、同じ用語も用いられる。

2. 内線回路各部の機能(図1)

(a) B (Battery-feed):通話電流供給

各内線電話機に対し、2個のトランジスタのベース電流を制御して通話用電流を定電流供給する。

(b) O (Overvoltage protection):過電圧保護

デジタル式交換機の各種回路には、LSI等の半導体が多用される。LSI等は高電圧の耐力が弱いので、回路を高電圧から保護する必要がある。

そこで、電圧に対し応答(反応)動作速度の速いツェナーダイオード、バリスタや3極避雷器等を組み合わせた過電圧保護回路を回線との接続箇所に設ける。

(c) R (Ringing):呼出信号送出

デジタル式交換機は、デジタル信号を交換接続するのでアナログ式交換機のように通話路を通じて呼出信号を送出することができない。そこで、各内線回路に呼出信号送出回路を設ける。

呼出信号は、半導体スイッチの制御線(図では省略)によりスイッチ開閉の制御を行い内線電話機へ送出される。

内線電話機が応答すると応答検出回路がこれを検出し、呼出信号を停止させるとともに内線が応答したことを監視・制御回路へ知らせる。

(d) S (Supervision):直流ループ監視

送受器のオンフック/オフフックすなわち内線ループの閉結・開放を監視し、電話機の発呼、ダイヤルパルスの受信および終話を検出し、交換制御部の中枢にそれらの情報を伝達する。

(e) C (Coder/Decoder):符号化/復号

内線電話機からのアナログ信号を8bitのデジタル信号に変換し、逆に通話路からのデジタル信号をアナログ信号に復元して電話機で通話できるようにする。実用回路では両機能を併せてIC化された**コーデック**が用いられている。

(f) H (Hybrid):2線/4線の相互変換

内線電話機からの2線式伝送路をデジタル方式の通話路を通し交換接続するため、4線式伝送路に変換する必要があり、送話路と受話路を分離する。また、その逆に4線式伝送路を2線式伝送路に変換しアナログ回線に接続する。

(g) T (Test):試験引き込み

内線回路および通話路を試験するため、多数の半導体スイッチを制御線(図では省略)で動作または遮断し試験回路に引き込む。

以上の各機能の名称の頭文字をとって並べると、**BORSCHT**となり、**ボルシュト機能**と呼ばれている。

表1　アナログ式とデジタル式の内線回路の比較

内線種別＼比較事項	通話電流供給	直流ループ監視	呼出信号送出	通過信号の種類	2線/4線変換回路
アナログ式	○	○	－	アナログ	無し
デジタル式	○	○	○	アナログ/デジタル	有り

時分割通話路は、－48Vなどの直流電流や、呼出信号、ハウラ音等の大電力信号を通すことができない。したがって、アナログ式交換機においてトランクで共通的に行っていた通話電流供給、呼出信号送出などの機能は内線回路側に設ける。

● 内線回路概要

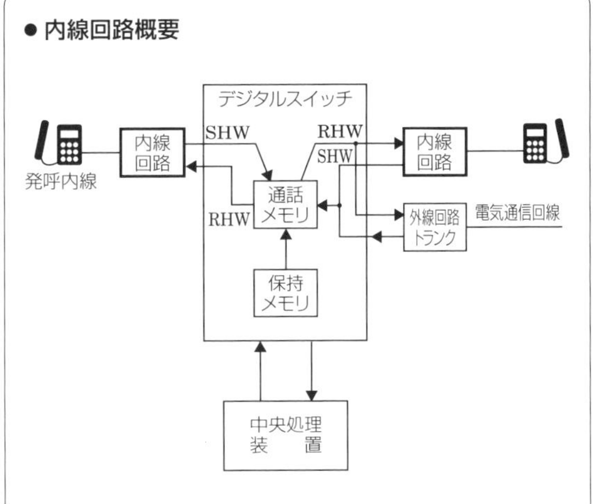

図1　デジタル式PBXの内線回路（デジタル交換機加入者回路）

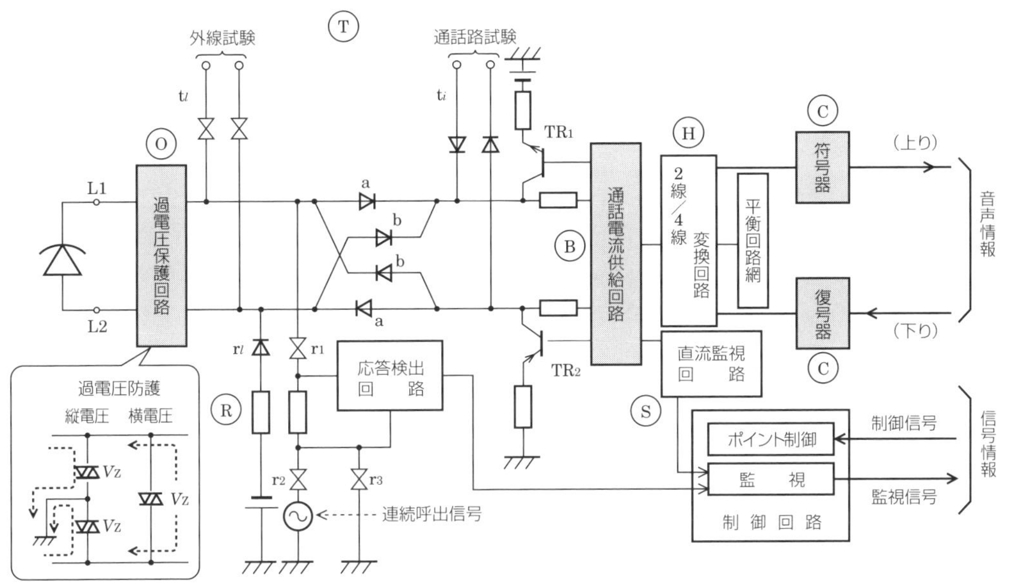

◎デジタル式の内線回路はBORSCHT（ボルシュト）の機能をもつ。
◎デジタル交換機ではPBXの内線回路と事業用交換機の加入者回路は同機能である。

〔参考〕
● ―▷|―　―▷◁―はpnpn形電子スイッチで制御線（省略）によりON/OFFされる。

● a、bは回線極性制御スイッチ
a-on、b-off　{L1 マイナス, L2 プラス}
a-off、b-on　{L1 プラス, L2 マイナス}

● rは呼出信号送出スイッチ
a-on、b-off
r_1-on
r_2-on、r_3-off
} のとき呼出信号送出

● t_i、t_lは試験用スイッチ
t_l-on、a-off、b-off
により外線側の試験可能

3-5 交換接続サービス機能

PBXのサービス機能については利便性に富む多くの種類が実用化されている。ここでは、それらの機能のうちいくつかの機能を簡記するが、サービス機能名称は統一されておらず、また機種により若干の機能差もある。

(a)内線アッドオン

内線aが内線bと通話中、内線aの操作により内線bとの通話をいったん保留し、内線cをダイヤルして呼び出し、通話する。

内線aがフッキング等の所定の操作をすると内線a、内線bそれぞれに内線cを加えた3者で通話できる。

(b)自動キャンプオン

内線aが内線bの番号をダイヤルしたところ、話中音が聞こえた。

'内線bは内線cと通話中である'

内線aは電話機により所定の操作を行い、オンフックして待つ。

内線bが通話を終えると自動的にPBXから内線aに呼出信号が送出される。

内線aがこれに応答すると、今度は内線bに呼出信号が送出され、内線bが応答すれば内線aは内線bと通話できる。

(c)コールトランスファ

内線aは内線bと通話中に内線cに通話を切り替えることとした。

そこで、内線aはフッキングと内線cの番号をダイヤルするなど所定の操作を行う。

PBXは内線cに呼出信号を送出し、内線cが応答すれば内線aは内線cとの通話に切り替わる。

(d)ページングトランスファ

受付台または内線aから、内線bを呼んだところbは不在であった。

内線aは所定操作により構内放送設備に接続してbの呼出しを行う。

bが放送を聞き、手近の内線電話機で所定の操作をすると、受付または内線aに接続される。

(e)コールパーク

内線aが外線pまたは内線bと通話中であるとき、内線aはその通話をコールパークの操作により保留した。(外線pまたは内線bの呼はパークゾーンという仮想の保留位置に保留される。)

内線cが所定の操作をすると、保留中の外線pまたは内線bの呼に接続され通話できる。

(f)ACD(着信呼配分)

外線pからの着信呼を受付電話機または受付台a、b、c、…で応答し処理する場合、着信呼を各受付台に順次均等に配分し処理負担に偏りを生じないようにする。

(g)シリーズコール(シリアルコール)

中継台の接続操作を経て、たとえば外線pと内線aが通話中に、外線pまたは内線bあるいはcの希望により外線通話を切断することなく、外線pを内線b、次いで内線cと順次接続替えする機能をいう。

この機能では、中継台経由の内線接続について中継台で所定の操作をしておくと外線pとの通話が終了した都度、外線pを保留状態とし中継台で外線pと再応対できる。そこで次々と他の内線へ接続替えする。

(h)内線リセットコール

中継台qまたは内線aから内線4321をダイヤルしたところ同内線は話中であった。

そのとき、中継台または内線aは、同内線番号の第1位の数字を変えてたとえば"5"をダイヤルすると内線4325を呼び出すことができる。

(i)内線代表

指定内線をAとすると、同グループへの着信はAに集中する。Aが空きであれば着信に応答するが、Aが話中であれば、同グループ内に設定してある順位に従い空き内線に着信する。

表1　サービス機能

(a)内線アッドオン

内線相互間の3者で、同時に内線通話ができる機能。

(b)自動キャンプオン

被呼内線が話中のとき、その内線を監視し、通話が終了後、自動的に呼び出す機能。

(c)コールトランスファ

通話中の内線がフッキングとダイヤル番号等所定の操作をすることにより、通話中の相手を第三者に対して転送することができる機能。

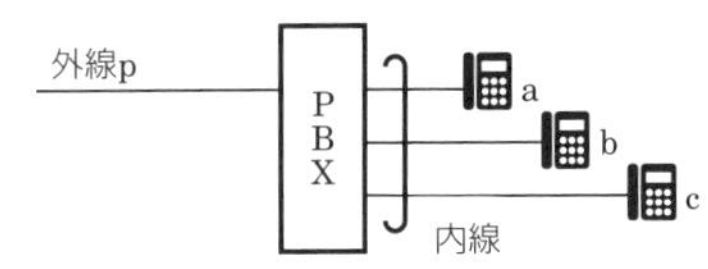

① アッドオン：a、b、cの3者通話
② 自動キャンプオン：aが操作をして待機すると、bの話中が解除されたとき自動呼出する。
③ コールトランスファ：aがbとの通話中に操作すると、aとcの通話に切り替わる。

(d)ページングトランスファ

外線からの着信呼を他の内線に転送したい場合に相手が不在のとき、構内放送により呼び出した後、応答した内線へ外線からの着信呼を転送する機能。

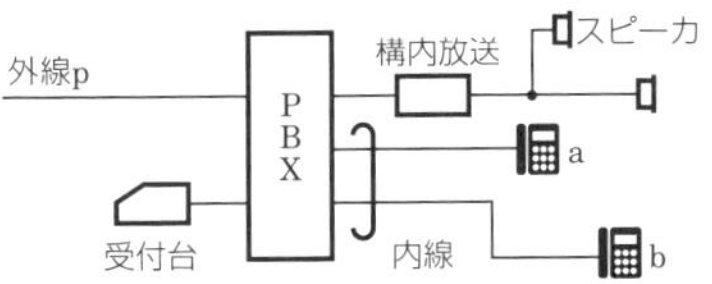

bが不在のため構内放送で呼びかけ、bが放送を聞き手近の電話機で応答操作すると保留中の外線pに接続される。

(g)シリーズコール

外線からの着信を複数の内線に順次接続したい場合、中継台の操作により、通話の終了した内線が送受器をかけても、外線を復旧させずに自動的に中継台に戻す機能。

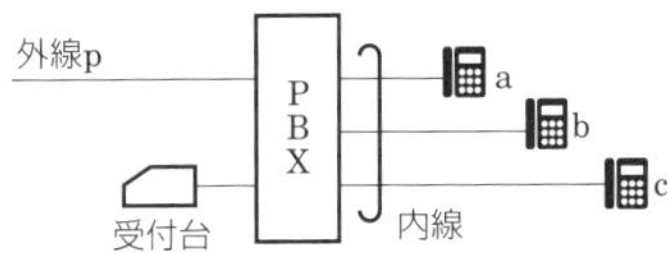

外線pと内線aの通話が終わると外線pは受付台保留となり内線bに再接続できる。同様にして内線c等へ順次接続替えできる。

(e)コールパーク

通話中の内線がフッキング等所定の操作をし、通話中の呼を保留したとき、保留した呼に、他の内線から特殊番号のダイヤル等所定の操作をすることにより応答できる機能。

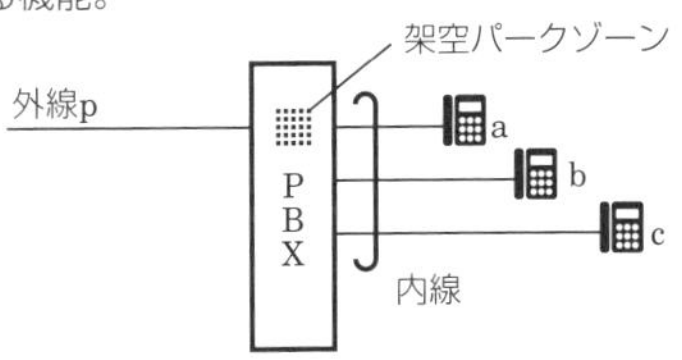

aがコールパーク保留をすると、その保留に対しa、b、cいずれでも再応答できる。

(h)内線リセットコール

被呼内線が話中のとき、再度異なる1位の数字のみをダイヤルすることによって、最終桁のみ異なる別の内線へ接続する機能。

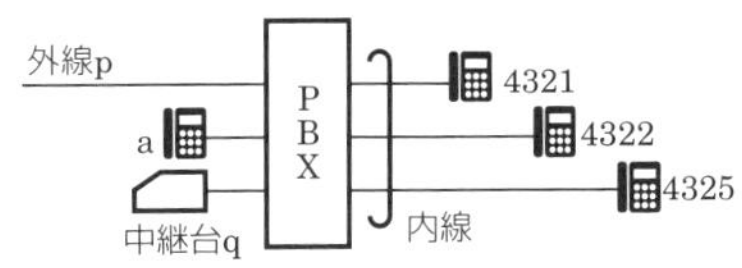

中継台等から内線4321をダイヤルし話中のとき“5”をダイヤルすると4325を呼び出す。

(f)ACD

外線着信呼を着信順に、効率よく均等に複数の受付台などへ自動的に接続する機能。

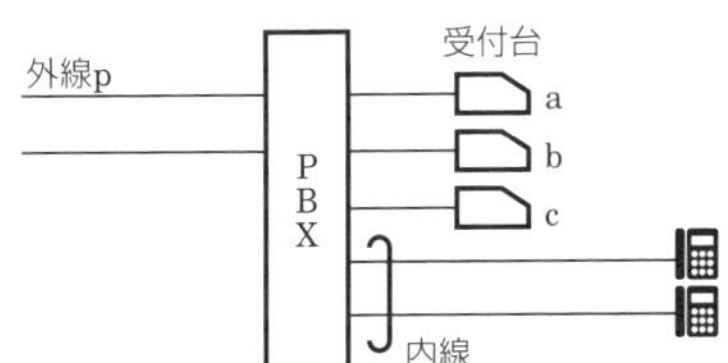

外線着信に応答処理する受付台a、b、cの負荷を均等に配分する。

(i)内線代表

グループ内に特定の番号（パイロット番号）を定めておき、その指定された内線番号の電話機が使用中に更に別の着信があった場合に、グループ内の他の空いている内線を選び、呼び出す内線代表のサービス機能。

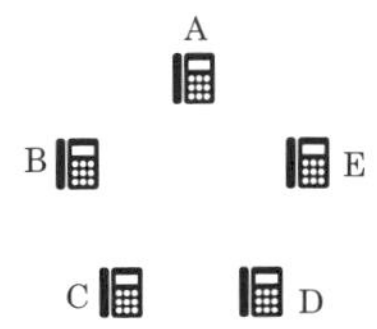

Aが使用中ならBに、Bも使用中ならCに、さらにCも使用中ならDに…と設定した着信順位に従い空き内線を探していき、空きが見つかればその内線に着信する。

3-6 その他の機能

1. データ通信の機能

デジタル式PBXは通話路がデジタル信号方式であるためOA機器との融和性に富みOA化の中核になる要素を備えている。

(a)モデムプール（共用モデム）

図1は、デジタル内線に接続した各パソコン（PC）が、電話網を通じてデータ通信を行うとき共通に利用するモデムを経由する接続路を設けた方式である。内線からはデジタルPBXのスイッチング機能により同接続路を経由させる。

(b)デジタル多機能電話機（図2）

デジタル式PBXはデジタル式内線を収容できるので、最少2心でデジタル方式の電話機と接続でき、電話機内マイクロプロセッサと各種用途のボタン等によりボタン電話機相当の機能を発揮できる。これを多機能電話機と呼ぶ。

多機能電話機には「機能ボタン」を有するものが多い。普通の内線電話機では1つの機能動作を得るために煩瑣（はんさ）なダイヤル操作を必要とするが、多機能電話機では「機能ボタン」にその機能を登録しておき、ワンタッチで機能を利用することができる。

また、各種機能の状態をランプやディスプレイに表示する機能を充実させたり、PCと連携して顧客情報等を外線ごとに管理できるものもある。

2. メールサービス

デジタル式PBXは、デジタル信号で交換接続を行うことから、各種の情報をメモリに保存し、随時それを読み出して利用することが可能である。音声や文書による広報、個人への親書等はいずれも符号化して蓄積装置に記録できるようになっており、これらを**メールサービス**という（図3）。たとえば、音声を蓄積しておき、後から配送したり、取り出したりして通信する**ボイスメール**がある。

3. 着信方式

(a)ダイヤルイン方式

ダイヤルインは、外線からPBXに収容されている内線に直接着信させる方式で、電気通信事業者との契約により実施される。PBXの内線にあらかじめ一般の電話番号と同じ形式の電話番号を割り当てておき、発信者がその番号で電話をかけると、図4のようなシーケンスにより、電気通信事業者の交換設備が電話番号を**内線指定信号**に変換してPBXに送出する。夜間、休日等は発信規制機能により着信専用に設定した外線に着信するようにし、不在の内線に着信しないようPBX側から収容局へL2線を使って地気を送出しておく。

(b)ダイレクトインダイヤル方式

PBXは外線から着信があるとトーキーなどで音声による一次応答を行う。発信者は一次応答（ガイダンス）に従い引き続きPB信号で内線番号等をダイヤルすると、所望の内線が呼び出される。

(c)ダイレクトインライン方式（図5）

この方式は、PBXのソフトウェアの設定により外線に対応させた内線に直接着信する。

4. ビハインドPBX

デジタル式PBXの内線回路にデジタルボタン電話装置の外線を接続して収容することができる。この形態は、一般に**ビハインドPBX**方式といわれ、デジタル式PBXの内線収容条件により内線数を増設できない場合や、デジタルボタン電話機で使い慣れた機能を利用したいがデジタル式PBXにその機能がない場合などに用いられる。ビハインドPBXに接続されている内線電話機から外線発信をするときは、原則として先頭に“0”を付加するが、親PBXの機能によりこの“0”付加を省略できる場合もある。

図1　モデムプール(共用モデム)

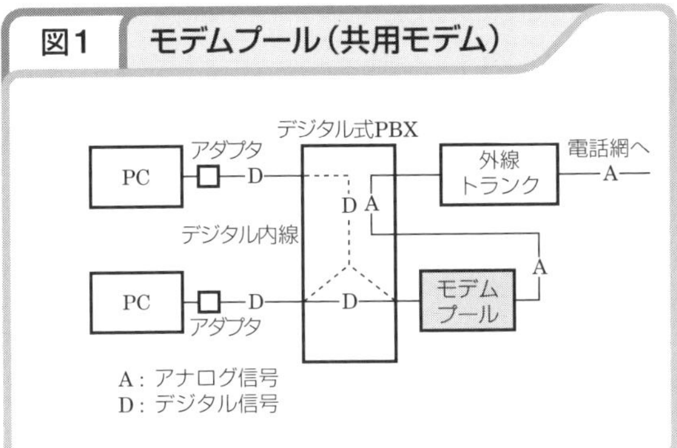

図2　デジタル多機能電話機

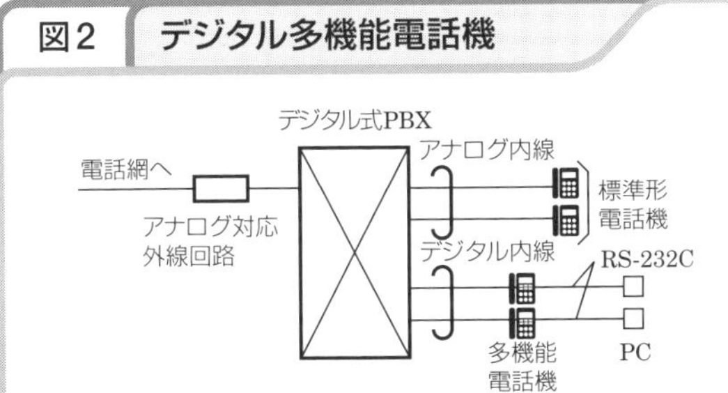

図3　メールサービス

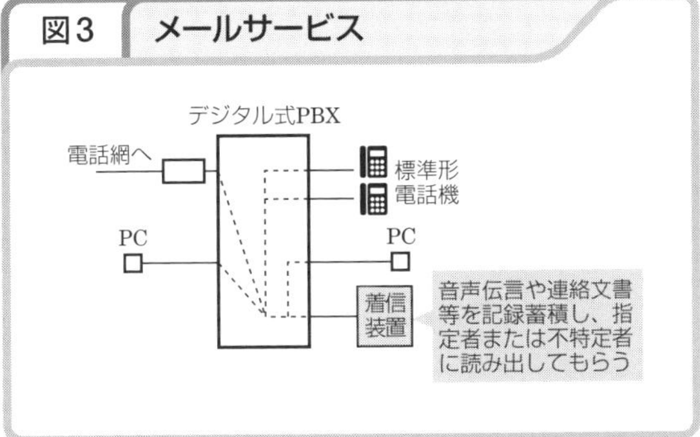

図4　ダイヤルイン方式

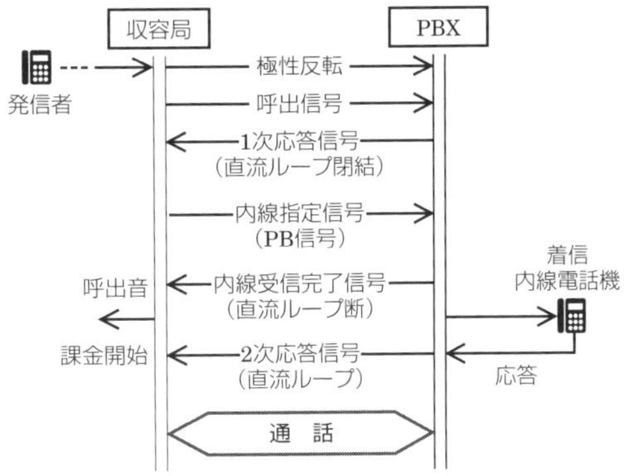

ダイヤルイン・シーケンス

図5　ダイレクトインライン方式

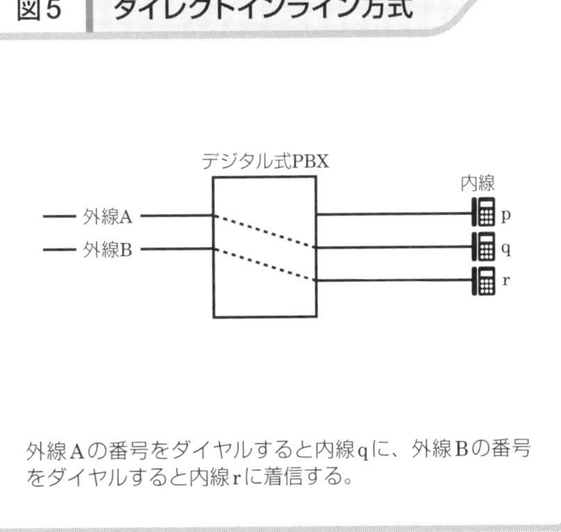

外線Aの番号をダイヤルすると内線qに、外線Bの番号をダイヤルすると内線rに着信する。

図6　ビハインドPBX

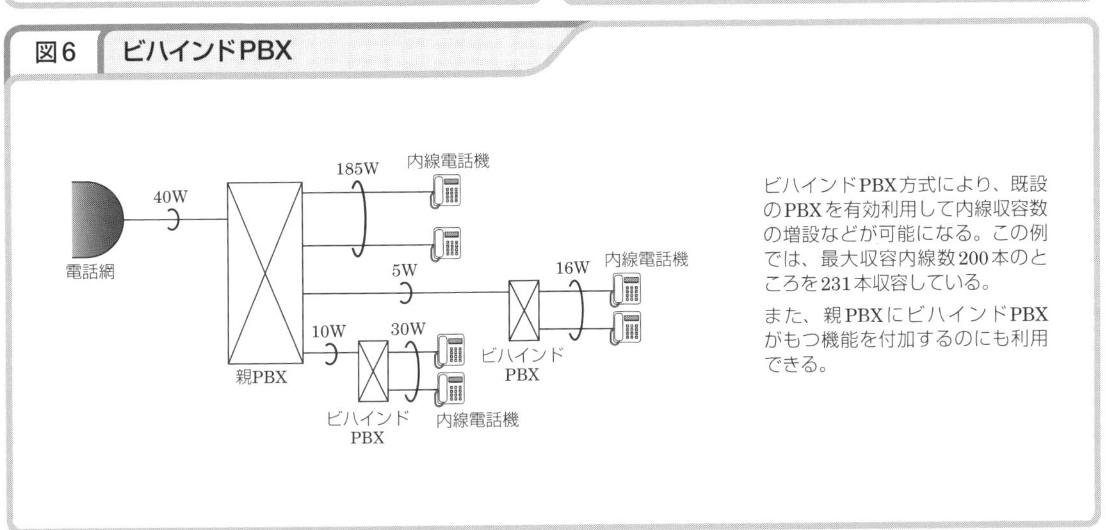

ビハインドPBX方式により、既設のPBXを有効利用して内線収容数の増設などが可能になる。この例では、最大収容内線数200本のところを231本収容している。

また、親PBXにビハインドPBXがもつ機能を付加するのにも利用できる。

4 ISDNの端末機器

4-1 主なISDN端末機器

ISDN（サービス総合デジタル網）は、その出現以前において、符号、音声その他の音響や影像の伝送が、電話網、ファクシミリ網、データ交換網などそれぞれの専用のネットワークで伝送交換されていたのを、統合された1つのシステムで扱えるようにしたネットワークである。1本の物理回線上に複数本のBチャネル（64kbit/sの速度で情報信号を送受信する）が設定されているので、1つの回線契約で、たとえば電話をしながら同時にファクシミリの送受信を行えるなど、従来のネットワークに比べて利便性が向上している。

ISDNが提供する情報転送には、回線交換モードとパケット通信モードの2つの通信モードがある。回線交換モードは、さらに、通話モードとデジタル通信モードに区分される。

通話モードは、1本のBチャネルを利用して、主として3kHz帯域の音声その他の音響の伝送を行うモードである。主な用途は電話であるが、ファクシミリなどの情報伝送にも利用できる。

デジタル通信モードは、1本のBチャネルを利用して、符号や影像の伝送を行うモードである。主な活用事例としては、G4ファクシミリ（A4サイズの原稿の画情報を3秒程度で伝送できる高速ファクシミリ）およびインターネットアクセスがある。なお、2本のBチャネルを束ねてあたかも1本のチャネルのように用い、一括伝送（バルク転送）を行うMP方式により、最大128kbit/sの速度での通信も可能になっている。

パケット通信モードは、BチャネルまたはDチャネル（基本ユーザ・網インタフェースでは16kbit/s、一次群速度ユーザ・網インタフェースでは64kbit/sの速度で主として制御信号を送受信するチャネル）を利用し、パケット交換方式による符号の伝送を行うモードである。主な活用事例としてはPOSシステムがあり、小売店での売上集計や商品の在庫管理および受発注、顧客情報データベースの照会などの通信に適している。

これらのモードは、通信を行う端末の種類や用途などにより、発信する呼ごとに選択される。なお、デジタル通信モードは2024年1月をもって提供を終了する予定である。

1. DSU内蔵TA（図1、図2）

ISDNに端末装置を接続して使用するには、伝送路終端や給電など、物理的および電気的に網を終端する**レイヤ1**の機能をもつ装置が必要である。これは、**DSU**（デジタル回線終端装置：Digital Service Unit）といわれる。

DSUは、LI点（配線設備とDSUの最初の接続点）のインタフェース機能を果たす加入者線インタフェース部と、T点のインタフェース機能を果たす端末インタフェース部に大きく分けられる。**加入者線インタフェース部**は、一般に、物理的に網を終端するための線路終端回路、線路特性によるひずみなどの線路損失を補償するための等化器、ブリッジタップによるエコーを補償するための等化器などで構成されている。**端末インタフェース部**は、一般に、バス接続された各端末と通信するための送受信回路などで構成されている。

また、従来のアナログ電話機やアナログファクシミリ等をISDNに接続するためには、電気・物理インタフェース、速度、プロトコルなどを相互に変換する必要がある。この変換処理を行う**端末アダプタ**を**TA**（Terminal Adapter）という。

ISDNの基本的な参照構成では、TAはDSUと従来機器の間に挿入するようになっている。ISDNのサービスが開始されても従来機器が多く残存してきたため、ユーザによるDSUの設置が認められるようになってからは、DSU内蔵のTAが一般に使用されている。

2. デジタル電話機（図3）

アナログ電話機をISDNで使用する場合は、TAやPBXを介して接続する必要があった。これに対して、ISDN対応のデジタル電話機は、電話機本体のコーデック回路で音声信号を64kbit/sのデジタル信号に符号化し、Bチャネルに載せることにより、通話機能を実現するため、DSUに直接接続して使用することができる。

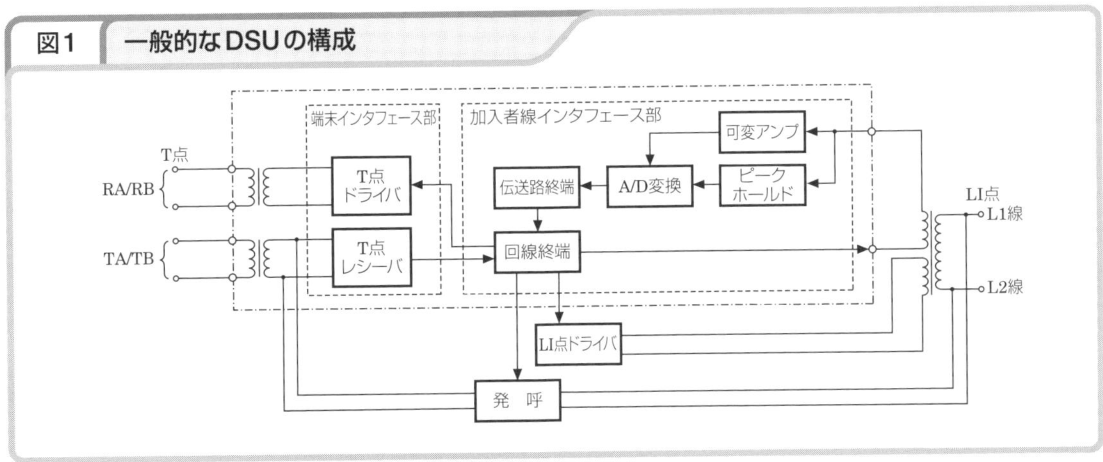

図1　一般的なDSUの構成

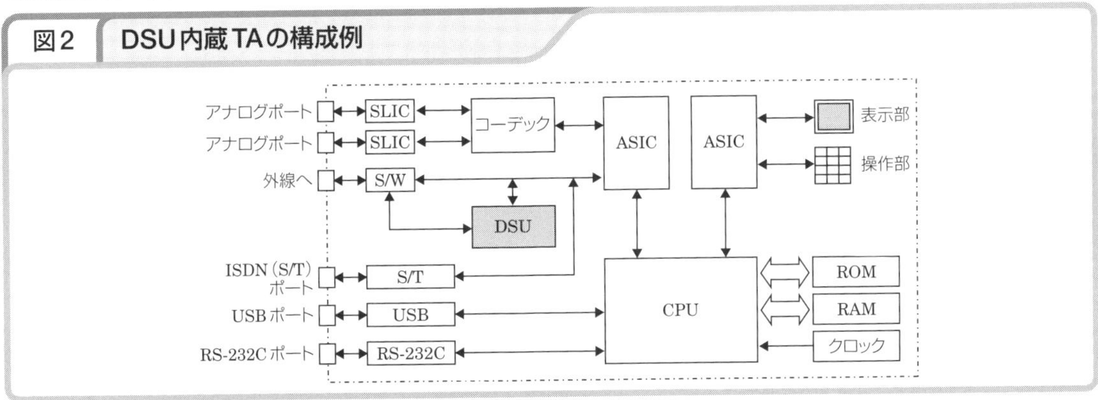

図2　DSU内蔵TAの構成例

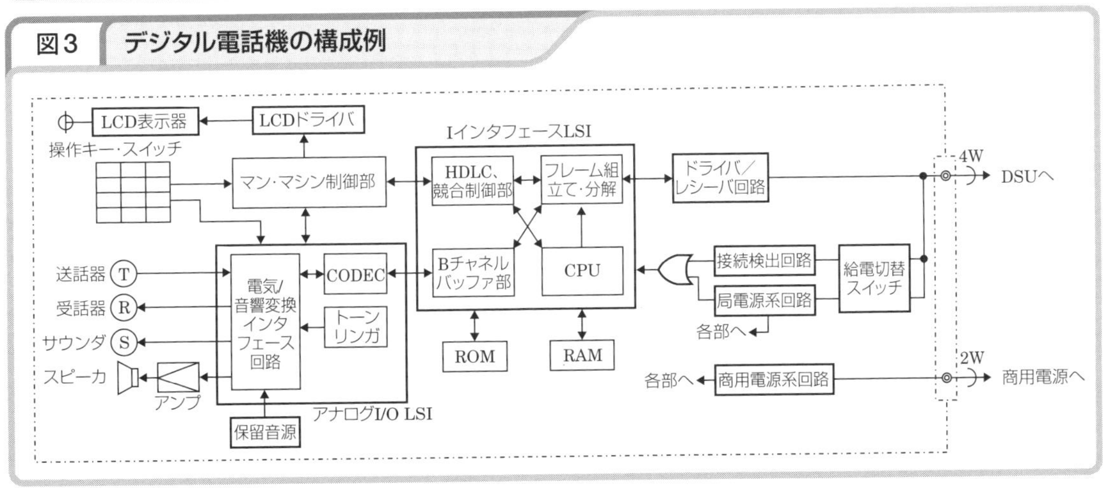

図3　デジタル電話機の構成例

5 IP電話システムにおける各種端末

5-1 IP電話機等

1. IP電話機

IP電話機は、IP-PBXとともに、その内線電話機としてわが国では2000年頃に登場した。外見は従来のビジネスホンと類似しているものの(図1参照)、**LANケーブルにより内線接続**する点で大きく異なる。

通話を開始する際には、IP-PBXやソフトスイッチなどのサーバを介して呼確立が行われるが、その後の音声パケットのやり取りは、相手端末と直接(エンド・ツー・エンドで)行う。したがって、IP電話機はアナログ/デジタル変換、符号化/復号(CODEC)、IPパケット化といった基本機能に加え、エコーキャンセラやゆらぎ吸収バッファといった音声品質を確保する機能も実装している。

プロトコルは呼制御サーバであるIP-PBXやソフトスイッチに依存し機種によって異なるが、**SIP**が現在の主流となっている。

2. IP-PBX

IP-PBX (IP-Private Branch eXchange)はIPに対応したPBXであり、2000年頃に企業を中心に導入され始めた。PCと同様にIPをプラットホームとすることにより、従来型PBXでは実現できなかった高度なサービス提供が可能になっている。

IP-PBXは、装置に直接接続されたIP電話機だけでなく、LANに接続されたIP電話機を制御することもできる。IP-PBXに**直接接続されたIP電話機**の場合は、**MACアドレスと電話番号等がIP-PBXに登録され**、これらを変換することにより内線機能および外線接続機能を実現する。また、**LANに接続されたIP電話機**の場合は、IP電話機がLANへ接続された時に**DHCPサーバからIPアドレスを取得**し、そのIPアドレスを**IP-PBXに通知**する。これによりLANに接続されたIP電話機まで含めて内線化できる。

IP-PBXには、専用に構成された装置を使用する**ハードウェアタイプ**と、汎用サーバにIP-PBX用の専用ソフトウェアをインストールする**ソフトウェアタイプ**がある。ソフトウェアタイプは新たな機能の追加が容易で、IPネットワークとの親和性が高いため1つの拠点にあるサーバから他の離れた拠点にある電話機を管理する**IPセントレックス**システムのようにシステム間の連携が実現できることなどから、近年では主流になってきている。

3. SIPサーバシステム

IP電話が普及し始めた当初は、ITU-T勧告で規定されているH.323プロトコルに対応したIP-PBXを事業所に設置して運用する方法が一般的だったが、現在では**SIP** (Session Initiation Protocol)といわれる呼制御プロトコルに対応した機器がほとんどである。このため、IP-PBXといえば**SIPサーバシステム**を指していることが多くなっている。SIPサーバシステムは、図2に示すように、SIPサーバ、SIPアプリケーションサーバ、およびIP電話機等の各種の端末で構成され、LAN上に配置される。LANはルータを介してIP網に、また、ゲートウェイを通じて従来電話網(PSTN)やIP電話網に接続される。

(a) SIPサーバ

SIPサーバは、システムの核となるサーバで、SIP基本機能、PBX機能、アプリケーション連携機能を有している。**本体サーバ**といわれることもある。

- **SIP基本機能**

SIP通信を行うために必要な機能で、**レジストラ**(Registrar)、**プロキシ**(Proxy)、**リダイレクト**(Redirect)の3種類がある。これらの概要を表1に示す。

● **PBX機能**

外線／内線の交換接続、内線相互接続、各種サービス機能などを実現する機能である。一般に、ユーザの運用形態に合わせて柔軟にカスタマイズすることができる。

● **アプリケーション連携機能**

H.323がISDNのシグナリングプロトコルなどをベースにしたバイナリ(0または1の数値で表現する)形式のプロトコルであるのに対して、SIPはHTTPのメッセージフォーマットなどをベースにした**テキスト形式**のプロトコルであるため、Webアプリケーションなどとの連携を容易に行うことができる。

(b) SIPアプリケーションサーバ

SIPサーバと連携して、SIP端末のプレゼンス(状態)を確認したり、Web電話帳やIM(インスタントメッセージ)のやりとりなど、さまざまなアプリケーションとの連携を容易に実現する。

4. IPボタン電話装置

IPボタン電話装置は、LAN配線を利用してIP電話機やPCを収容し、既存の電話用配線でデジタル多機能電話機やアナログ電話機を収容する装置である。通信にIPプロトコルを利用しており、**CTI** (Computer Telephony Integration) **機能**や**電話番号ルーティング機能**など多様な機能をもつものもある。

CTI機能を有するIPボタン電話装置では、CTIソフトウェアを用いて、主装置に接続されたPC上のデータを一元管理することができる。また、電話番号ルーティング機能は、入力した電話番号によってIP電話サービスに接続できるかどうかをブロードバンドルータユニットが自動的に判別して適切に処理する機能をいい、スライド発信機能、IP電話サービス迂回発信機能、市外局番付加発信機能がある。

図1　IP電話機の外観例

図2　SIPサーバシステム構築例

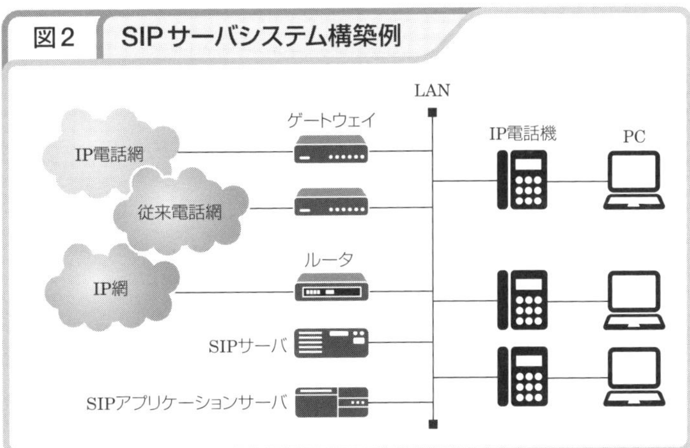

表1　SIP基本機能の要素

機能	説　明
レジストラ	ユーザエージェントクライアント(UAC)の登録を受け付ける
プロキシ	SIP端末の代理としてUACからの発呼要求などのメッセージを転送する
リダイレクト	UACからのメッセージを再転送する必要がある場合に再転送先を通知する

5-2 VoIPゲートウェイとVoIPゲートキーパ

1. VoIPゲートウェイ

既設のアナログ電話機やPBX等をIP電話で利用するには、送信側で**音声信号をIPパケットに変換**し、受信側で**IPパケットから音声信号に変換**する必要があるが、これらの処理を行う装置が**VoIPゲートウェイ**である。IP-PBX方式と異なり音声系の内線とLANの一本化はできないが、低コストでIP電話を導入できるメリットがある。

たとえば光回線を利用するIP電話加入者同士の通話では、アナログの音声信号はVoIPゲートウェイでIPパケット化され、光回線を経由してIP電話網まで伝送される。さらにIP電話網で中継されたIPパケットは、再度光回線を経由して相手先のVoIPゲートウェイまで届けられる。このとき相手先のVoIPゲートウェイでは、IPパケットをアナログ音声へと復元する送信時とは逆の変換が行われて、アナログ電話機で音声として再生される。

このような基本機能のほかに、通話するうえで音声品質が重要になってくる。VoIPゲートウェイにも一定の音声品質を確保するための各種機能が実装されている。その1つに受信側のゲートウェイにおいて有効になる「ゆらぎ吸収機能」がある。ネットワークが輻輳(ふくそう)すると、パケットの伝送遅延が大きくなり、受信側装置に到着するタイミングが変動するので、音声データの連続性が損なわれることがある。この現象を「**ゆらぎ**」または「**ジッタ**」という。この連続性が損なわれた音声データをそのまま再生すると、“途切れ”や“詰まり”のある音声になり、会話がスムーズでなくなる。

このため、受信したパケットをいったんバッファに格納し、パケット間隔を揃えてから復号処理を行い、再生することで、連続した音声を確保する。この機能が**ゆらぎ吸収機能**であり、パケットを格納するバッファは**ゆらぎ吸収バッファ**またはジッタバッファと呼ばれる(図1)。

表1にゆらぎ吸収機能以外の主な機能を示す。

2. VoIPゲートキーパ

VoIPゲートキーパは、ITU-T勧告H.323プロトコルに準拠したIP電話システムを構成する場合に利用される装置であり、その主な役割にアドレス変換機能と端末の登録機能がある。

従来の電話システムでは、通話相手の指定は電話番号(選択信号)により行っていた。これに対して、IPネットワークでは通信相手の指定にIPアドレスが用いられる。したがって、IP電話では、発信者がダイヤルした電話番号をIPアドレスに変換する必要があり、この機能を**アドレス変換機能**という。

VoIPゲートキーパを利用するシステムにおいて、発信者がダイヤルした電話番号は、H.323端末(VoIPゲートウェイやIP電話機など)からVoIPゲートキーパへ送られる(図2①)。VoIPゲートキーパは、その電話番号に対応するIPアドレスを検索し(②)、IPアドレスが見つかればそれを問い合わせ発信側の端末に返す(③)。こうして、端末は相手端末のIPアドレスを知り、相手と直接ネゴシエーションを行い呼を確立して通話を開始する(④)。

また、H.323端末は、ネットワークに接続する際にVoIPゲートキーパに対して登録要求を行い、登録が可能であればVoIPゲートキーパはその端末を登録する。この機能を**端末の登録機能**という。あらかじめアクセスを許可する端末をVoIPゲートキーパに設定しておくことにより、設定されていない端末からの登録要求を拒否し、ネットワークへの不正アクセスを防止できる。

なお、アドレス変換機能を端末自身に行わせたり、端末認証機能を認証サーバなどのセキュリティ装置で実施する場合は、VoIPゲートキーパは不要になる。

図1　ゆらぎ(ジッタ)とゆらぎ吸収

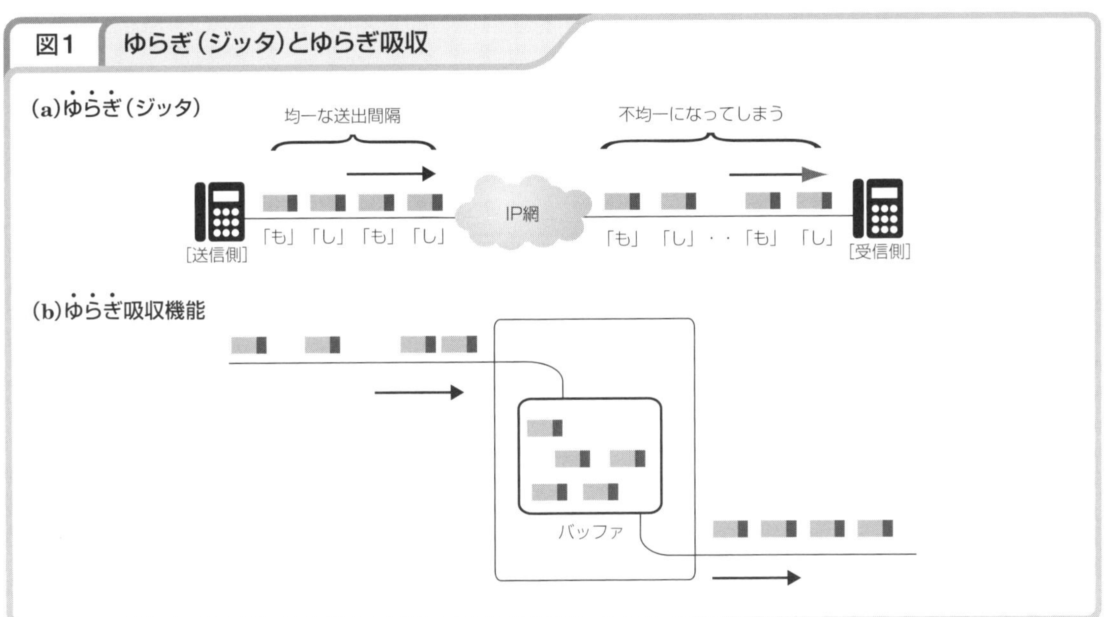

表1　VoIPゲートウェイのその他の機能

機　能	解　説
ハイブリッド機能	4線－2線を相互に変換する機能。たとえば、アナログ電話機を収容するタイプのゲートウェイの内部では4線の信号(上り/下りともに2本)を扱うが、2線式のアナログ電話機と接続するためにこの機能が利用されている。
アナログ/デジタル相互変換	アナログ信号からデジタル信号に、またはその逆の変換を行う機能。
コーデック	送信側においては符号化(COder)を、受信側においては復号(DECoder)を行う機能を合わせてCODEC(コーデック)と呼ぶ。IP電話ではITU-Tで標準化されているG.711やG.729aなどが利用される。
パケット変換	音声データに、宛先、送信元などの情報を示すヘッダを付加し、IPパケットを組み立てる機能。音声パケットに付加されるヘッダには、IPヘッダ、UDPヘッダ、RTPヘッダがある。
エコーキャンセラ	エコーを除去する機能。ゲートウェイの内部で擬似エコーを発生させて、実際のエコーと相殺させる。
パケットロス補完	ネットワークの経路上で、パケットが損失(ロス)した場合、直前のパケットをコピーして失われた部分を補填する機能。

図2　VoIPゲートキーパを利用した場合のコールフロー

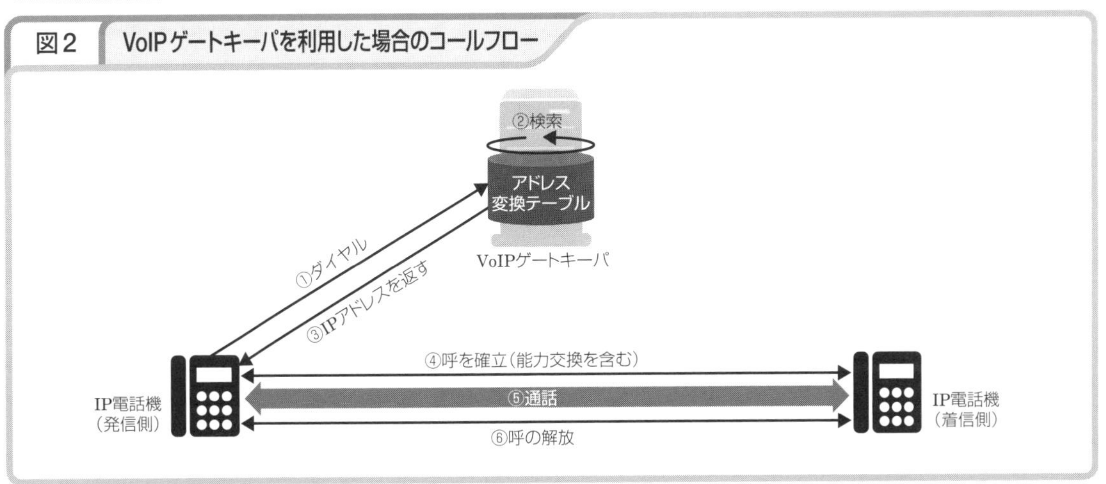

6 LAN伝送技術

6-1 LANの概要

1. LANとWAN

LAN（Local Area Network）は、オフィス、ビルディング、工場等の限られた敷地内で利用するデータ通信網をいう。LANは場所が限られているので、通信速度が数百kbit/s～数Gbit/sの通信網を構築することが容易である。

これに対して、本社と支社、あるいは関連会社など離れた地点間のLANどうしを接続し、広範囲に構築した通信網を**WAN**（Wide Area Network）という。さらに、WANの拡張形態として、世界中のLANが地球規模で接続された通信網を**インターネット**という。

WANもインターネットもLANどうしの接続は**ルータ**（router）で行われる。ルータは自分の宛先のアドレスのデータのみ受け取り、別の宛先のものであれば別のルータに転送する。

2. LANの基本構成

LANの基本構成（LANトポロジ）には、代表的なものとしてスター型、バス型、およびリング型の3種類がある（図1）。この基本構成は論理的な形態（**論理トポロジ**）であり、物理的な接続形態（**物理トポロジ**）では**スター型**の配線で構築されることが多い。

(a)スター型LAN

ネットワーク中央の制御装置（集線装置）に、ネットワークを構成する各通信機器（これらの集線装置および通信機器を**ノード**という）を個別に接続した構成である。各機器から出力されるデータは、すべて制御装置によりいったん受信され、制御装置はデータの宛先を調べて、該当する機器にそのデータを送出する。

(b)バス型LAN

ネットワークを構成する各通信機器（ノード）を、**バス**と呼ばれる1本の伝送路に接続した構成である。各ノードから出力されるデータは、バスに接続された他のすべてのノードで受信されるが、各ノードは受信したデータの宛先アドレスを調べて、自ノード宛のデータのみ処理する。あるノードから送出されたデータ信号は通信路を両方向に送信され、全ノードに伝搬した後、伝送路の両終端にあるターミネータ（終端器）に到達し、吸収され消滅する。

この構成では、ネットワークの制御機能の大半を分散させるため、各機器から出される送信要求がバス上で衝突を引き起こすことになる。この問題を解決するため、**CSMA/CD方式**のような、衝突の回避や衝突した場合にフレームを再送するアクセス制御の仕組みが必要になる場合がある。

(c)リング型LAN

ネットワークを構成する各通信機器（ノード）を順次接続し、リング状にした構成である。各ノードから出力されるデータ信号は、ケーブル上を一方向にのみ伝送される。各ノードでは受信したデータの宛先アドレスを調べて自ノード宛のデータを処理し、他のデータは次の機器に転送する。この構成では、ある機器の故障がネットワーク全体に影響を及ぼす危険性が高いため、故障対策が必要となり、トークンパッシング方式などのアクセス制御方式や二重ループ化が用いられる。

3. LANの種類と特徴

現在、多くの企業では事業所や拠点内の通信を行うネットワークとして、LANが構築されている。現在主流となっているLANの種類には、**イーサネット**（Ethernet）LANと**無線LAN**がある。また、かつてはトークンリングLANやFDDIなども普及していた。

(a)イーサネットLAN

イーサネットLANは、現在の企業ネットワークにおいて、最も多く採用されているLANの種別である。イーサネットの論理トポロジは基本的にはバス型であるが、物理的な接続形態には、1本の同軸ケーブルを複数のノードで共有するバス型と、制御装置を介してノードを接続するスター型がある。現在では、UTPケーブル(非シールド撚り対線)を用いて**スター型**の接続形態をとるものが一般的である。

伝送帯域(ビットレート)としては、初期の10Mbit/sから、100Mbit/s、1Gbit/s、10Gbit/sと多様なものが提供されている(6-3参照)。

(b)無線LAN

無線LANは、ノードをケーブルで接続する代わりに、**電波**を利用して接続し、データの送受信を行うLANの形態である(図2)。配線の制約が少ないことから、家庭内、あるいは企業内において普及しはじめている。

伝送帯域は使用している規格により異なり、最大11Mbit/s、54Mbit/s、150Mbit/s、433Mbit/sなどがある。

図1　LANのトポロジ

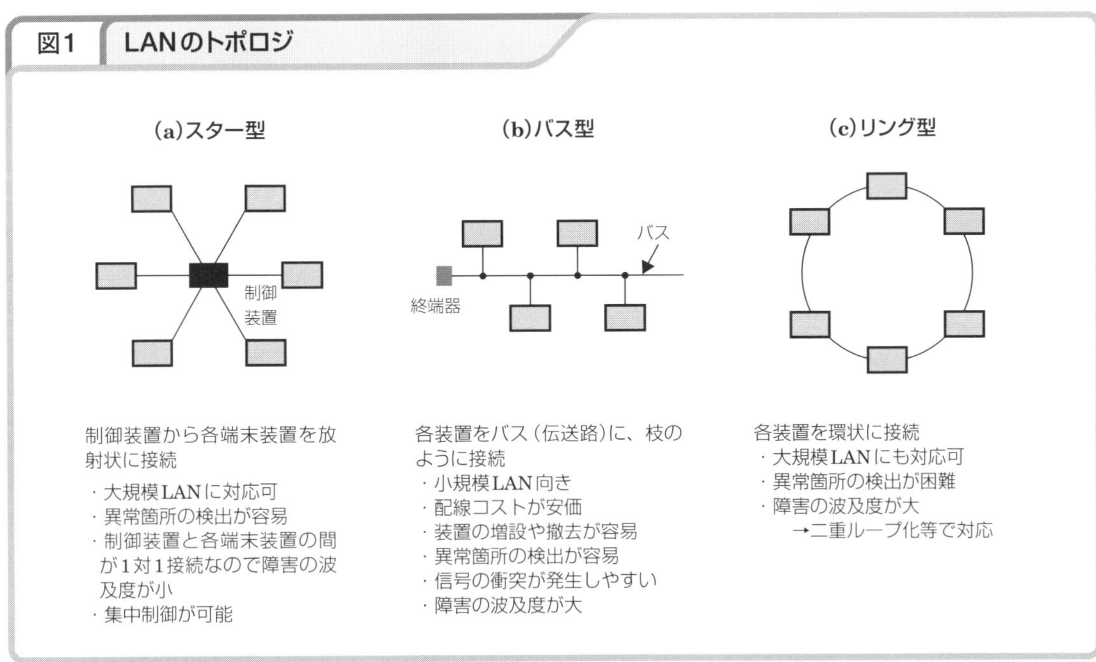

(a)スター型
制御
装置
制御装置から各端末装置を放射状に接続
・大規模LANに対応可
・異常箇所の検出が容易
・制御装置と各端末装置の間が1対1接続なので障害の波及度が小
・集中制御が可能
(b)バス型
バス
終端器
各装置をバス(伝送路)に、枝のように接続
・小規模LAN向き
・配線コストが安価
・装置の増設や撤去が容易
・異常箇所の検出が容易
・信号の衝突が発生しやすい
・障害の波及度が大
(c)リング型
各装置を環状に接続
・大規模LANにも対応可
・異常箇所の検出が困難
・障害の波及度が大
→二重ループ化等で対応

図2　無線LAN

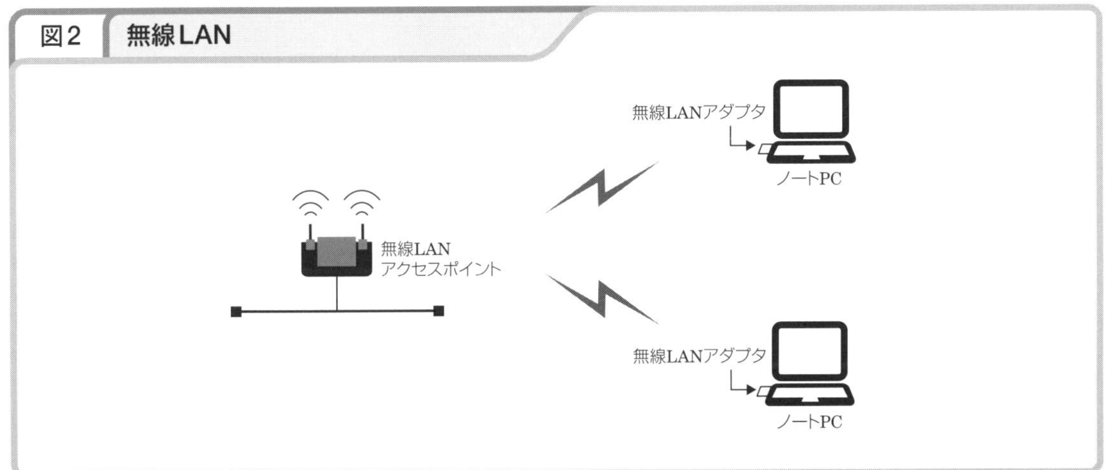

6-2 LANの伝送媒体

1. 有線方式LAN

有線方式のLANの伝送媒体は、サーバやPCなどのノードとLANスイッチなどの通信機器の間を接続するものである。代表的な伝送媒体としては、同軸ケーブル、ツイストペアケーブル、光ファイバケーブルなどがある。各ケーブルの構造は、図1のとおりである。

(a)同軸ケーブル

同軸ケーブルは、中心に伝送を行うための導体があり、そのまわりを絶縁体で覆ったものである。10BASE2や10BASE5のイーサネットにおけるバス配線に使用される。10BASE2では太さ5mmの細いケーブルが使用され、10BASE5では太さ10mmの太いケーブルが使用されている。現在では、UTPケーブルを使用したスター配線のイーサネットが多いため、同軸ケーブルが使用されることはほとんどなくなってきている。

(b)ツイストペアケーブル

ツイストペアケーブルは、2本1組の銅線を螺旋(らせん)状に撚(よ)り合わせたもの(**撚り対線**)が4組束ねられてできている。銅線を撚り合わせることにより、漏話雑音の影響を抑えることができる。外部ノイズを遮断するためのシールド加工が施されているものを**STP** (Shielded Twisted Pair)**ケーブル**といい、シールド加工が施されていないものを**UTP** (Unshielded Twisted Pair)**ケーブル**という。

STPケーブルは、工場などのノイズの多い場所やトークンリングLANに使用されている。ただし、現在では、トークンリングLANでもUTPケーブルが利用されることが多くなってきている。

UTPケーブルは、シールド加工が施されていないため外部からの誘導を受けやすく、ノイズの多い場所には不適ではあるが、企業における通常のオフィス環境での使用に関して全く問題がない。このため、現在最も一般的に使用されている。UTPケーブルは、表1のように伝送性能別に**カテゴリ**という名称の後に付く数字によってグレードが定められている。この中で最も普及しているのが、カテゴリ6 (CAT6)のものである。現在では、10GBASE-T (伝送速度10Gbit/s)に対応したオーギュメンテッドカテゴリ6(CAT6A)なども ある。

(c)光ファイバケーブル

光ファイバケーブルは、レーザ光を通すガラスや樹脂の細い繊維でできている。光ファイバには、光が通るコア(中心部)が細い**シングルモード光ファイバ**(**SMF**: Single Mode Fiber)とコア部分が太い**マルチモード光ファイバ**(**MMF**: Multi-Mode Fiber)の2種類がある。

SMFは、コアと呼ばれる光を伝送する中核部分を小さくし、光信号を1つのモード(経路)による伝搬のみに抑えるものである。SMFでは、光信号がファイバを通過するにしたがって、光信号のパワーを失っていくことによる減衰は発生するものの、多くのモードを使用することによる信号の到着時間の違いによるデータの喪失は発生しない。このため、長距離伝送や超高速伝送に適している。反面、ケーブルが高価であり、また折り曲げにも弱いという欠点がある。

MMFでは、光信号を伝搬するために多くのモードが存在する。いくつかの光信号が同時にファイバに送出されると、それぞれの光信号はそれぞれ別のモードを経由することになる。そして、異なったモードを経由した光信号は、到着時間も異なることになるため、光信号の分散が発生する。この光信号の分散は、データの喪失の要因となるため、長距離伝送や超高速伝送には不向きである。反面、ケーブルが比較的安価であり、折り曲げにも強いという利点がある。伝送速度が1Gbit/sのギガビット・イーサネットなどでは、MMFのケーブルが使用されることが多い。

2. 無線方式LAN

無線方式のLANでは、電波を伝送媒体として使用する。通信機器とPCなどのクライアント間をケーブルで接続することなく通信することが可能であるため、ケーブル配線は不要となる。現在、ワイヤレス環境として主流になりつつあるのは、無線LANである。無線LANでは、特定の周波数帯域をデータ通信に使用する。

表1　UTPケーブルの伝送性能区分

カテゴリ3	16MHzの性能要件を満足する配線部材
カテゴリ5e	100MHzの性能要件を満足する配線部材
カテゴリ6	250MHzの性能要件を満足する配線部材
カテゴリ6A	500MHzの性能要件を満足する配線部材

※ANSI/TIAによる分類。

図1　LANケーブルの構造

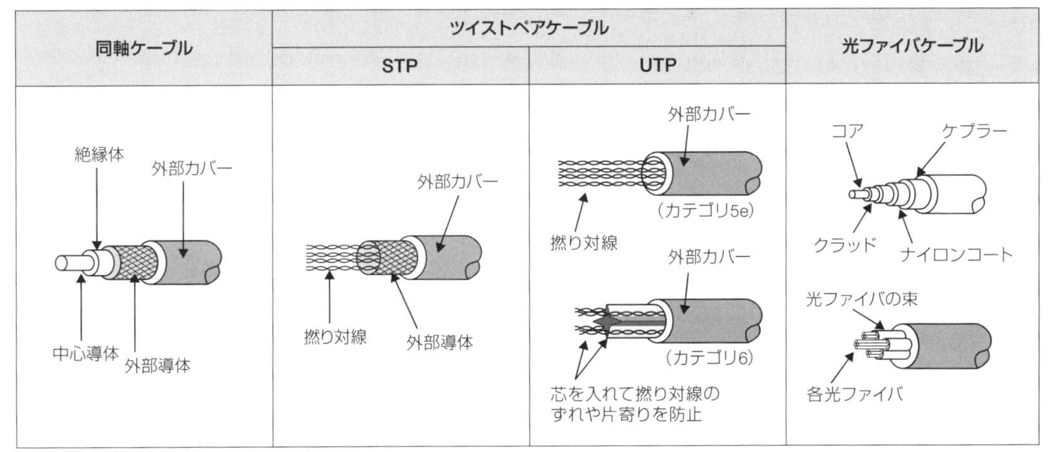

表2　伝送媒体の特徴

特　徴	同軸		ツイストペア		フラット	光ファイバ		無　線
	5mm	10mm	STP	UTP		SMF	MMF	
ノード間の距離	最大185m	最大500m	最大100m	最大100m	最大100m	最大40km	最大2km	最大100m程度
サポート速度	10Mbit/s	10Mbit/s	4/16Mbit/s 10Mbit/s 100Mbit/s 1Gbit/s 10Gbit/s	4/16Mbit/s 10Mbit/s 100Mbit/s 1Gbit/s 10Gbit/s	4/16Mbit/s 10Mbit/s 100Mbit/s 1Gbit/s 10Gbit/s	100Mbit/s 1Gbit/s 10Gbit/s	100Mbit/s 1Gbit/s 10Gbit/s	約2Mbit/s 11Mbit/s 最大54Mbit/s 最大600Mbit/s 最大6.93Gbit/s
コスト	比較的安価	比較的安価	比較的安価	安価	比較的安価	比較的高価	比較的安価	比較的高価なアダプタが必要。 配線の工事は安い。

6-3 イーサネットLANの種類

1. イーサネットLANとは

イーサネットLAN(Ethernet LAN)は、現在企業ネットワークにおいて、最も普及しているLANの形態である。イーサネットLANは、1979年にXEROX、Intel、DECの3社が共同してイーサネット仕様を開発したのがはじまりである。その後、**IEEE**[*1]**802委員会**において、802.3ワーキンググループが仕様を策定し、IEEE 802.3規格として標準化された。アクセス制御(MAC)方式には、**CSMA/CD方式**が使用されている(6-6参照)。

当初、イーサネットLANは、その伝送帯域が10Mbit/sであった。その後1990年代に入り、より高速なイーサネットLANとして、伝送帯域が100Mbit/sのファスト・イーサネット(FE:Fast Ethernet)が開発された。さらに、1Gbit/sのギガビット・イーサネット(GbE:Gigabit Ethernet)、および10Gbit/sイーサネットが登場している。

2. 初期のイーサネットLAN

イーサネットLANでは、データを符号化したデジタル信号を変調せずにそのまま送受信する。このようなデータ伝送方式をベースバンド方式と呼ぶ。イーサネットの種類を表現する'xxBASEy'規格におけるBASEはベースバンド方式を意味している。イーサネットは**10Mbit/s**の伝送帯域を提供するLANである。使用するケーブルにより、表1のような種類がある。

(a) 10BASE5と10BASE2

10BASE5や10BASE2イーサネットの物理的な接続形態は、1本の**同軸ケーブル**上に複数の端末を接続していく**バス型**である(図1)。

10BASE5イーサネットでは、両端に終端装置(ターミネータ)を付けた同軸ケーブルが使用される。10BASE5で使用されるケーブルの最大長は500mであるが、リピータを使用することにより、ケーブル長を延長することが可能である。

10BASE2イーサネットは、10BASE5と同様に、同軸ケーブルで構成される。10BASE2は、10BASE5と比較すると、細い同軸ケーブルが使用されるため、その最大長は、185mと短くなる。

なお、10BASE5と10BASE2においては、端末の接続、およびケーブルやコネクタの接続が不十分な場合には、LANセグメント全体が通信不可能になる。これらのLAN構成は、近年のLAN高速化への要求に伴い、より高速な種類のLANに移行されることが多く、実際に目にすることは少なくなってきている。

(b) 10BASE-T

10BASE-Tは、撚(よ)り対線のLANケーブルを使用してイーサネットを構成する。10BASE-Tでは、ケーブルを集線する機器(**ハブ**と呼ばれる)を設置し、これにカテゴリ3以上の**UTPケーブル**を用いて端末を接続する(図2)。したがって、10BASE-Tでの物理的な接続は、各端末はハブを中心とした**スター型**に接続される形態になる。端末のLANカードからハブまでの最大ケーブル長は**100m**である。10BASE-Tでは、10BASE5や10BASE2と異なり、個別の端末をネットワークに接続したり切り離したりしても、ネットワーク全体が通信不可になることはない。現在は、撚り対線のケーブルの中でも、カテゴリ5eのUTPケーブルが使用されることが多い。

(c) 10BASE-FL

10BASE-FLは、マルチモード光ファイバ(MMF)ケーブルを使用してLANを構成する。物理的な接続形態は、10BASE-Tと同様に、中心に光ファイバ対応のハブを設置したスター型である。LANケーブルに光ファイバを使用するため、ケーブルの最大長を2kmと長くできる。光ファイバを使用することにより、LANセグメント長を延ばすことが可能なため、ビルの縦系の配線や工場のような広い敷地における配線に使用されることが多い。

現在では、イーサネットの高速化が図られ、従来の10Mbit/sのLANを見かけることは少なくなってきている。また、物理的な接続形態(物理トポロジ)もスター型が主流である。

3. ファスト・イーサネット

ファスト・イーサネットは、アプリケーションの多様化により、従来の10Mbit/sのイーサネットでは伝送帯域が不十分になってきたことから、1995年にIEEE802.3uとして標準化された。

ファスト・イーサネットは、**100Mbit/s**の伝送

図1　10BASE5の接続形態

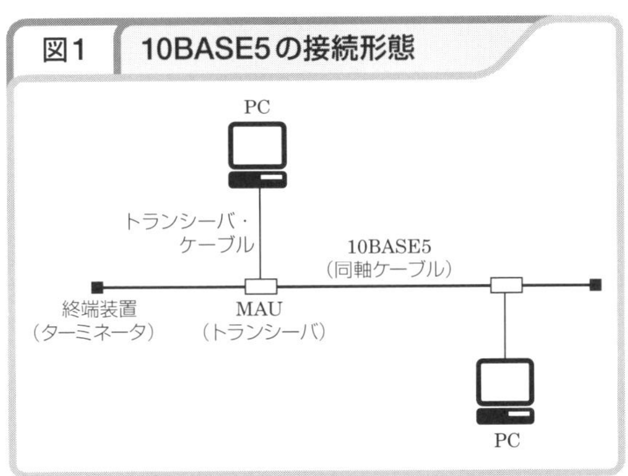

図2　10BASE-Tの接続形態

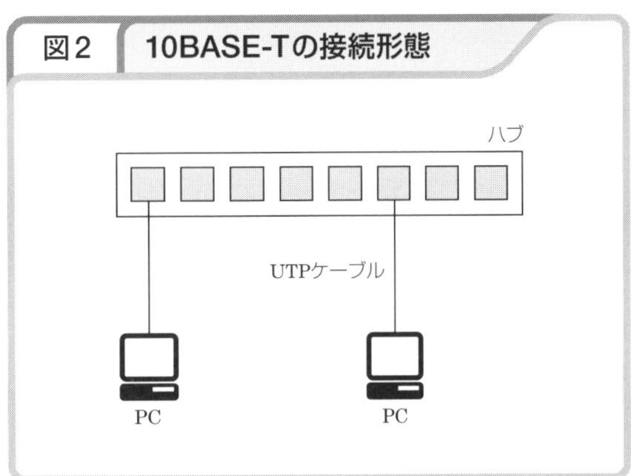

表1　イーサネットの種類

伝送路規格		伝送速度	適応する伝送媒体	線路インピーダンス	最大延長距離	物理トポロジ
10BASE2	802.3	10Mbit/s	5mm径の同軸ケーブル	50Ω	185m	バス型
10BASE5	802.3	10Mbit/s	10mm径の同軸ケーブル(二重シールド)	50Ω	500m	バス型
10BASE-T	802.3i	10Mbit/s	カテゴリ3以上のUTPケーブル等	100Ω	100m	スター型
10BASE-FL	802.3j	10Mbit/s	マルチモード光ファイバ(MMF)	−	2km	スター型

表2　ファスト・イーサネットの種類

伝送路規格		伝送速度	適応する伝送媒体	線路インピーダンス	最大延長距離	物理トポロジ
100BASE-T4	802.3u	100Mbit/s	カテゴリ3以上のUTPケーブル等	100Ω	100m	スター型
100BASE-TX	802.3u	100Mbit/s	カテゴリ5e以上のUTPケーブル等	100Ω	100m	スター型
100BASE-FX	802.3u	100Mbit/s	マルチモード光ファイバ(MMF)	−	412m(半二重) 2km(全二重)	スター型
			シングルモード光ファイバ(SMF)	−	20km	スター型

＊1　IEEE (Institute of Electrical and Electronic Engineers)：電気電子学会。電子部品や通信方式などの標準化を行っている組織。LANの技術の多くは、このIEEEで制定された技術が実質的な国際標準となっている。通常「アイトリプルイー」と呼ばれる。

帯域を提供するLANであり、使用するケーブルにより、表2のような種類がある。

100BASE-T4は、**UTPケーブル**を使用してLANを構成する。物理的な接続形態は、中心にハブを設置し、各端末を**スター型**に接続する形態である。UTPケーブルを使用して接続するため、最大ケーブル長は**100m**である。10BASE-Tで使用されていたカテゴリ3のケーブルをそのまま使用することもできるが、その場合4対の信号線を必要とする全二重伝送を行えなくなる。

100BASE-TXは、カテゴリ5e以上のUTPケーブルを使用してLANを構成する。中心にハブやLANスイッチを設置してスター型に接続する形態である。UTPケーブルを使用して接続するため、最大ケーブル長は10BASE-Tと同様100mである。100BASE-TX対応のLANスイッチは、ほとんどが10BASE-Tとの互換性があり、10BASE-Tと100BASE-TXの端末を混在させて1つのLANセグメントを構成することも可能である。

100BASE-FXは、マルチモード光ファイバ(MMF)ケーブルを使用してLANを構成する。接続形態は、中心にハブやLANスイッチを設置してスター型に接続する形態である。半二重伝送の場合には最大400mであり、全二重伝送の場合には最大2kmまで伝送可能である。このため、LANセグメントの延伸が必要とされる工場などの配線に使用されることが多い。

100BASE-TXと100BASE-FXは全二重によるデータ伝送が実装されているため、データ送信とデータ受信を同時に行うことが可能である。

4. 超高速イーサネット

イーサネットは、開発された当初の10Mbit/sから、100Mbit/s、1Gbit/s、さらには10Gbit/sへと進歩を遂げている。そして、ケーブルを集線する機器もハブからより高機能なLANスイッチへと進化している。現在は、同一のポートで10BASE-T、100BASE-TX、1000BASE-Tのいずれにも対応可能な10/100/1000BASE-Tのポートを搭載したLANスイッチも提供されている。これらの超高速LANの物理的な接続形態は、中心にLANスイッチを設置して**スター型**に接続する形態である。

(a)ギガビット・イーサネット

ファスト・イーサネットの登場後も、著しいトラヒックの増加に対応するため、さらに広帯域の高速なネットワークが必要とされるようになり、伝送帯域が**1Gbit/s**(1,000Mbit/s)のギガビット・イーサネットが登場し、1998年にIEEE802.3zおよびIEEE802.3abとして標準化された。

ギガビット・イーサネットは、使用するケーブルにより、表3のような種類がある。

1000BASE-CXは、2心の同軸ケーブル、あるいはSTPケーブルを使用してLANを構成する。最大伝送距離は25mと短く、特殊な同軸ケーブルを使用することから、標準規格としては存在するものの対応製品も少ない。

1000BASE-LXと**1000BASE-SX**はともにマルチモード光ファイバ(MMF)ケーブルを使用するが、光波長の違いにより区別されている。

1000BASE-LXでは1,310nm(1.31μm帯)の長波長が使用され、1000BASE-SXでは850nm(0.85μm帯)の短波長が使用されている。この場合の最大伝送距離は550mである。なお、1000BASE-LXでは、シングルモード光ファイバ(SMF)ケーブルを使用することも可能であり、この場合の最大伝送距離は5kmである。1000BASE-LXと1000BASE-SXは、データセンタなどの大規模なLANの基幹(バックボーン)LANを接続する用途で使用されることが多い。

1000BASE-Tは、10BASE-Tや100BASE-TXと同様に、UTPケーブルを使用してLANを構成する。そして、10BASE-Tや100BASE-TXと互換性のあるLANスイッチやLANカードが製品化されているため、今後、普及していくことが見込まれる。1000BASE-Tでは、UTPケーブルの4対ある心線をすべて使用することで、1Gbit/sのデータ伝送を実現している。10BASE-Tや100BASE-TXが2対の心線を使用しているのとは大きな相違点である。なお、**1000BASE-TX**は名称は類似しているが別の規格である。

(b) 10ギガビット・イーサネット

イーサネットは、ギガビット・イーサネットなどの開発による高速化の結果、従来のLANだけでなく、WANのバックボーン回線などへと用途が拡大した。そして、伝送媒体に光ファイバを用いる10ギガビット・イーサネット(10GbE)が、2002年にIEEE802.3aeとして標準化された。さらに、同軸ケーブルを用いる10GBASE-CXがIEEE802.3akとして、カテゴリ6A/7のツイストペアケーブルを用いる10GBASE-TがIEEE802.3anとして標準化された。

10ギガビット・イーサネットは、10Gbit/sの伝送帯域を提供するとともに、全二重伝送のみを実装している。このため、半二重伝送におけるアクセス制御に使用されていたCSMA/CD機能は省かれている。また、LAN用の仕様だけでなく、WAN用の仕様も標準化されている。その結果、IEEE802.3aeでは、表4、表5に示すような7つの規格が標準化されている。

現在、10ギガビット・イーサネットは、基幹ネットワークを接続するバックボーン部分に使用されている。企業のLANでは、基幹ネットワークの一部での使用にとどまっていることが多い。

10ギガビット・イーサネットの製品としては、LAN対応の製品が先行して実装されたため、LAN部分において適用が進んできている。

なお、WAN向けの仕様は、高速WANにおいて最も普及しているSONET/SDH[*2]技術の仕様に合わせることにより、イーサネットLANをそのままWANの世界に適用することを意図して標準化されている。WAN仕様の10ギガビット・イーサネットのデータ伝送速度がLAN仕様の10Gbit/sよりわずかに遅い9.2942Gbit/sに規定されているのはそのためである。

表3 ギガビット・イーサネットの種類

伝送路規格		使用ケーブル
1000BASE-CX	802.3z	2心平衡型同軸ケーブルまたはSTPケーブル
1000BASE-LX	802.3z	マルチモード光ファイバ(MMF)、あるいはシングルモード光ファイバ(SMF)
1000BASE-SX	802.3z	マルチモード光ファイバ(MMF)
1000BASE-T	802.3ab	カテゴリ5e以上のUTPケーブル等
(参考)1000BASE-TX	ANSI/TIA-854	カテゴリ6以上のUTPケーブル等

表4 10GbEの種類(LAN仕様)

伝送路規格	使用ケーブル
10G BASE-LX4	マルチモード光ファイバ(MMF)、あるいはシングルモード光ファイバ(SMF)で1,310nmの長波長を使用。WWDM(Wide Wavelength Division Multiplexing)の技術を用いて、10Gbit/sのデータを3.125Gbit/s×4に波長多重してデータ転送する。
10G BASE-SR	マルチモード光ファイバ(MMF)で850nmの短波長を使用
10G BASE-LR	シングルモード光ファイバ(SMF)で1,310nmの長波長を使用
10G BASE-ER	シングルモード光ファイバ(SMF)で1,550nmの超長波長を使用

表5 10GbEの種類(WAN仕様)

伝送路規格	使用ケーブル
10G BASE-SW	マルチモード光ファイバ(MMF)で850nmの短波長を使用
10G BASE-LW	シングルモード光ファイバ(SMF)で1,310nmの長波長を使用
10G BASE-EW	シングルモード光ファイバ(SMF)で1,550nmの超長波長を使用

*2 SONET/SDH (Synchronous Optical NETwork/Synchronous Digital Hierarchy):光ファイバを使用した高速デジタル通信に関する国際規格であり、ヨーロッパではSDH、アメリカではSONETと呼ばれることが多い。

6-4 デジタル伝送路符号

1. 伝送路符号方式の種類

LANでは、以下のような伝送方式や伝送路特性に合わせたさまざまなデジタル伝送路符号を使用している。

(a) RZ符号

「0」や「1」のビットに与えられたタイムスロットに、パルスが占有する時間率のことをパルス占有率という。RZ (Return to Zero)は、パルス占有率が100%未満であり、図1の①のように、1パルスの周期中に必ずゼロ点に戻る符号である。

(b) NRZ符号

NRZ (Non-Return to Zero)は、パルス占有率が100%である。図1の②のように、送信データが「0」のときに低レベル、「1」のときに高レベルとする符号である。光信号の伝送において出力が高レベルのときに発光、低レベルのときに非発光となる。

(c) NRZI符号

NRZI (Non-Return to Zero Inversion)も、パルス占有率が100%である。高レベルと低レベルの2つのレベルを変化させる符号であるが、図1の③のように、送信データが「0」のときにはレベル値は変化せず、「1」のときにレベル値が変化する。

(d) マンチェスタ符号

マンチェスタ符号(Manchester Codes)は、図1の④のように、1ビットを2分割し、送信データが「0」のときビットの中央で高レベルから低レベルへ、「1」のときビットの中央で低レベルから高レベルへ反転させる方式の符号である。

(e) 1B/2B、4B/5B、8B/10B、64B/66B

マンチェスタ符号のように、2値(Binary)の1ビットを2ビットに変換する方式のことを、1B/2Bという。同様に、4ビットのビット列を5ビットのコード体系に変換する方式を4B/5B、8ビットのビット列を10ビットのコード体系に変換する方式を8B/10B、64ビットのビット列を66ビットのコード体系に変換する方式を64B/66Bという。

(f) 8B6T符号

8B6T (8 Binary 6 Ternary Code)符号は、2値(Binary)の8ビットのビット列を「+」「0」「−」の3値(Ternary)を組み合わせた6種の信号のコード体系に変換する符号方式である。

(g) MLT-3符号

MLT-3 (Multi Level Transmit-3 Levels)符号は、図1の⑤のように、3つのレベル値を変化させる符号である。送信データが「0」のときにはレベル値は変化せず、「1」のときにレベル値が変化する。

(h) 8B1Q4符号

8B1Q4 (8 Binary to 1 Quinary Quartet)符号は、2値(Binary)の8ビットのビット列を1つのシンボルに変換する。1つのシンボルは、4組(Quartet)の信号からなり、1組の信号は、「−2」「−1」「0」「+1」「+2」の5値(Quinary)を組み合わせた信号である。

(i) PAM5、4D-PAM5

PAM5 (Pulse Amplitude Modulation 5-level：5値パルス振幅変調)は、電圧を5つのレベル値に変化させる。

2. 各種LAN規格と伝送路符号

(a) 10BASE

10BASE5 (IEEE802.3)や10BASE-T (802.3i)では、マンチェスタ符号を使用する。

(b) ファスト・イーサネット(IEEE802.3u)

伝送媒体にUTPケーブルを使う100BASE-TXでは、4B/5Bの変換後にMLT-3を使用する。また、100BASE-T4は、8B6TとMLT-3を使用する。

光ファイバを使う100BASE-FXは、4B/5BとNRZIを使用する。

(c)ギガビット・イーサネット

伝送媒体にUTPケーブルを使う1000BASE-T(802.3ab)では、8B1Q4および4D-PAM5(4 Dimensional PAM5：4次元PAM5)を使用する。すなわち、8B1Q4方式で符号化した5値4組の信号を4D-PAM5で4対を用いてそれぞれ同時に送信する。

また、光ファイバを使う1000BASEのSXやLX(802.3z)は、8B/10BとNRZを使用する。

(d)10Gビット・イーサネット(IEEE802.3ae)

10GBASEでは、10GBASE-R(SR、LR、ER)および10GBASE-W(SW、LW、EW)は、64B/66BとNRZを使用する。これに対して、WDM(波長分割多重)方式により信号を多重化して伝送する10GBASE-LX4は、8B/10BとNRZを使用する。

図1　LANで使用される主なデジタル伝送路符号

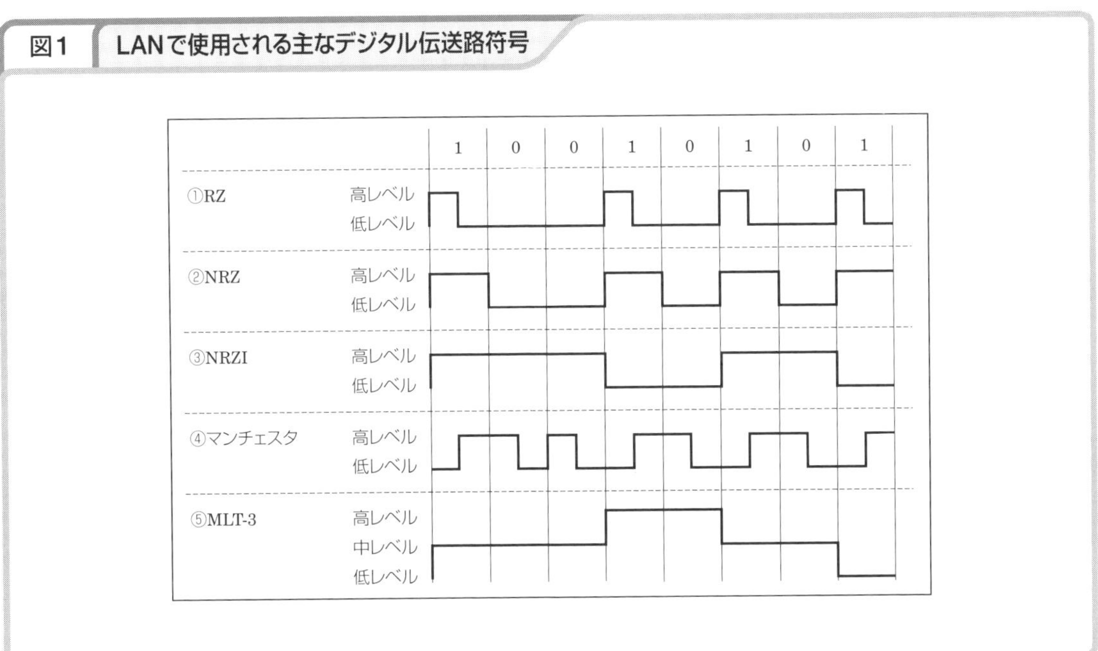

表1　主なイーサネットで使用される伝送路符号

伝送路規格		媒体	符号化・信号変調
10BASE5	IEEE802.3	同軸ケーブル	マンチェスタ
10BASE-T	IEEE802.3i	UTP	マンチェスタ
100BASE-TX	IEEE802.3u	UTP	4B/5B、MLT-3
100BASE-T4	IEEE802.3u	UTP	8B6T、MLT-3
100BASE-FX	IEEE802.3u	光ファイバ	4B/5B、NRZI
1000BASE-T	IEEE802.3ab	UTP	8B1Q4、4D-PAM5
1000BASE-SX/LX	IEEE802.3z	光ファイバ	8B/10B、NRZ
10GBASE-R	IEEE802.3ae	光ファイバ	64B/66B、NRZ
10GBASE-LX4	IEEE802.3ae	光ファイバ(4波長分割多重)	8B/10B、NRZ

6-5 LANのレイヤ2規定

1. LANの規格

LANの規格のうち、IEEE（電気電子学会）の802委員会が審議・作成しているものが標準的である。この規格は、OSI参照モデルのデータリンク層を2つの**副層（サブレイヤ）**に分けて標準化しているところに特色がある。下位の副層は物理媒体へのアクセス方式の制御について規定したもので、**MAC**（Media Access Control：媒体アクセス制御）**副層**という。また、上位の副層は物理媒体に依存せず、各種の媒体アクセス方式に対して共通に使用するもので、**LLC**（Logical Link Control：論理リンク制御）**副層**と呼ばれている。

2. フレームの仕様

(a) MAC副層のフレーム

- **プリアンブル**：同期をとるための固定ビットパターン（"10101010"の繰り返し）。受信側で信号の先頭の検出、クロック再生トリガに使用。
- **フレーム開始デリミタ**：プリアンブルの終わりを示す1バイト（1バイト＝8ビット）の固定ビットパターン（"10101011"）。
- **宛先アドレス**：送信先のMACアドレスが入る。イーサネットの場合6バイトで構成される。
- **送信元アドレス**：フレームの送信元（自ステーション）のMACアドレスが入る。
- **データ長**：上位レイヤ伝送単位（LLCフレーム）の長さが入る。2バイトで構成され、46～1,500の範囲の値が設定される。
- **パディング**：MACフレームの最小限のサイズを確保するために、LLCフレームが46バイトに満たない場合に挿入する。
- **フレーム検査シーケンス**：伝送誤り検出のためのフィールド。宛先アドレスからパディングまでが対象となっている。

(b) LLC副層のフレーム

- **宛先サービスアクセス点アドレス**：7ビットの実アドレスと1ビットのアドレス種別（個別かグループか）指定ビットからなる。
- **送信元サービスアクセス点アドレス**：7ビットの実アドレスとコマンド/レスポンス識別ビットからなる。
- **制御部**：コマンドおよびレスポンス機能を指定するために用いる。順序番号を含まない場合は1バイト、含む場合は2バイトで構成される。
- **情報部**：1バイトの整数（M）倍の値をとり、0の場合もある。Mの上限は使用する媒体アクセス制御手法に依存する。たとえば、CSMA/CD方式の場合最大1,492バイトになる。

(c) LLCフレームの分類（制御部の形式）

LLCフレームには、制御部の形式により3つの種別がある。

・情報転送（I）形式

I形式のLLCフレームは、データリンクコネクションの番号制情報転送に使用する。送信順序番号、受信順序番号、P/Fビットをもつ。

・監視（S）形式

S形式のLLCフレームは、I形式フレームの肯定応答、再送要求、一時中断要求などのデータリンク監視制御機能の実行に使用する。送信順序番号はもたないが、受信順序番号およびP/Fビットをもつ。

・非番号制（U）形式

U形式のLLCフレームは、使用する特定の機能に応じて付加的なデータリンク制御機能と非番号制情報転送を行うために、論理データリンクまたはデータリンクコネクションのいずれかで使用する。順序番号をもたないが、P/Fビットをもつ。

図1　LANの規格

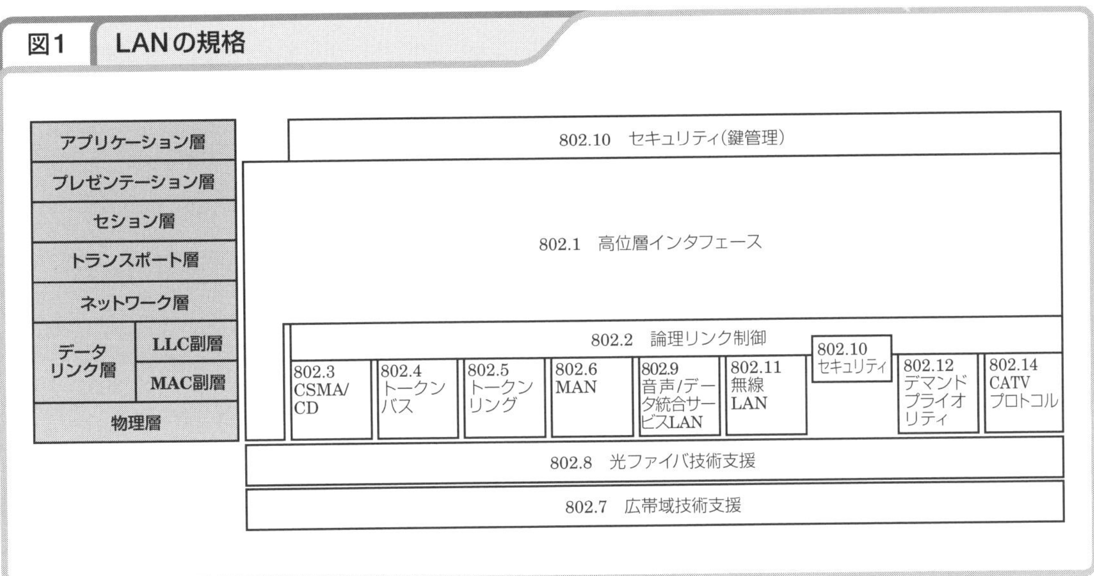

図2　フレームの仕様

(a) MAC副層のフレーム

プリアンブル(PA)	フレーム開始デリミタ(SFD)	宛先アドレス(DA)	送信元アドレス(SA)	データ長(L)	LLCフレーム	パディング(PAD)	フレーム検査シーケンス(FCS)
7	1	6	6	2	46～1,500		4

単位：バイト

(b) LLC副層のフレーム

宛先サービスアクセス点アドレス	送信元サービスアクセス点アドレス	制御部	情報部
1	1	1または2	*M*

単位：バイト

(c) LLCフレームの分類（制御部の形式）

	1	2	3	4	5	6	7	8	9	10～16
情報転送(I)形式	0	*N*(S)							P/F	*N*(R)
監視(S)形式	1	0	S	S	X	X	X	X	P/F	*N*(R)
非番号制(U)形式	1	1	M	M	P/F	M	M	M		

N(*S*)：送信順序番号
N(*R*)：受信順序番号
S：監視機能ビット
M：修飾機能ビット
X：未使用(=0)
P/F：コマンドの場合ポールビット
　　：レスポンスの場合ファイナルビット

6-6 媒体アクセス制御方式とフレーム構成

1. LANアクセス制御方式

LANの媒体アクセス制御(MAC：Media Access Control)方式とは、LANにおいてデータ転送を行うための制御方法である。代表的なものにトークン・パッシング方式とCSMA/CD方式があるが、ここでは、CSMA/CD方式を取り上げる。

2. CSMA/CD方式

CSMA/CD方式(Carrier Sense Multiple Access with Collision Detection：搬送波感知多重アクセス/衝突検出方式)は、イーサネットLANにおいて使用されているアクセス制御方式である。もともとイーサネットLANは、1本のケーブル上に複数の端末を接続し、ケーブル上の端末間でデータの送受信を行うものである。このため、複数の端末間で1つのケーブルを共用するための送信権制御が必要になるが、その方法がCSMA/CD方式である。

CSMA/CD方式(図1)では、データを送信したいノードは、LAN上の**キャリア・シグナル**(搬送波)を監視し、空いている状態かどうかを判断する(①)。空いている状態であれば、データ送信を開始する。このとき複数のノードが同時にデータを送信すると、データ送信に伴って発生する信号が衝突し、異常な電気信号が発生する。この異常な電気信号により、データが破損する(②)。このような信号が衝突する事象を**コリジョン**(衝突)と呼ぶ。データを送信したノードはこの異常な電気信号によるデータの衝突を検知すると、LAN上の端末に対してデータの送受信を中止するよう要求する。このデータの送受信の中止を要求する信号のことを**ジャム信号**と呼ぶ。そして、データ送信を中止して、ランダムな時間つまり**バックオフ時間**[*1]経過後に再度送信を行う(③)。

このように、CSMA/CD方式では複数のノードが同時にデータ送信を行った場合は、データの破損が発生する。イーサネットLANでは、多数のノードが同一のLAN上に存在すると、コリジョンによるパケットの衝突が多発する可能性がある。コリジョンが発生すると正常なデータ送信が不可能になりデータの転送効率が低下するため、スループットの低下を招くことになる。

従来、イーサネットLANの主流であった、10BASE-Tや100BASE-TXでは、個別の端末ごとに、同軸ケーブルではなく、UTPケーブルをLANスイッチに接続する構成となる。UTPケーブルでは、データの送信用と受信用で別々の線を使用するため、データの送信とデータの受信を同時に行う全二重通信が可能となる(図2)。端末間での全二重通信では、LANスイッチ内で送信用の信号と受信用の信号がスイッチングされる。全二重通信では、信号の衝突が発生することはないため、CSMA/CD方式によるコリジョン制御も不要になる。実際に最新の10ギガビット・イーサネットでは、CSMA/CD方式は標準規格から省かれている。

3. イーサネットLANのフレーム構成

イーサネットLANでは、データ伝送にイーサネット形式のフレームが使用される(図3)。

イーサネットフレームは、**プリアンブル**と呼ばれるフィールドから始まっている。プリアンブルは、フレーム送信の開始を認識させ、同期をとるためのタイミング信号の役割を果たしている。プリアンブルは、1と0の値が交互に並び、最後の64ビットめが1で終わる。

宛先アドレスフィールドには、送信の相手先となるノード(サーバやクライアントPCなど)のLANインタフェースの**MACアドレス**が入っている。一度に複数の宛先ノードに送信する場合には**マルチキャストアドレス**が用いられ、一斉同報する場合には**ブロードキャストアドレス**（放送形式）が使われる。送信元アドレスフィールドには、送信するノードのLANインタフェースのMACアドレスが入っている。タイプフィールドは、後続のデータに格納されているデータの上位層プロトコルを示したIDが設定される。TCP/IPの場合は、IPv4を示す0x0800などが入る。

データフィールドには、送信したいデータが格納される。TCP/IPの場合は、IPヘッダ以下のIPパケットが格納される。FCS（Frame Check Sequence）フィールドは、フレーム送信のエラーを検出するためのものであり、宛先アドレス、送信元アドレス、タイプ、データのフィールドから算出した**CRC**[*2]値を設定している。受信側でも同様のCRC値を算出し、FCSフィールドの値と一致しない場合には、フレーム送信中にエラーが発生したものとして、そのフレームを破棄する。

イーサネットでは、プリアンブルフィールドの8バイトを除いて、最小フレームサイズが64バイト、最大フレームサイズが1,518バイトと規定されている。ただし、実際に格納されるデータの最大長は、宛先アドレス、送信元アドレス、タイプ、FCSの各フィールドの長さを除いた、**1,500バイト**である。このフレームサイズの規定は、ファスト・イーサネットでも同様であるが、ギガビット・イーサネットおよび10ギガビット・イーサネットでは最小フレームサイズが512バイトと規定され、フレームサイズが512バイトに満たない場合はキャリア・エクステンションと呼ばれるダミーデータを付加する。

なお、ギガビット・イーサネットには、**ジャンボフレーム**と呼ばれる**1,500バイト**を超えるフレームにフレームサイズを拡張できる規格があり、一連の通信に関わる経路上のすべての機器、つまりLANアダプタ（NIC）、LANスイッチ、ルータなどが、この拡張フレームに対応している場合のみ使用できる。ジャンボフレームとして実際に使用可能なフレームサイズは、対応機器によってその最大長が異なっているため、使用する機器がサポートしているフレームサイズを確認したうえで利用する必要がある。

図1　CSMA／CD方式

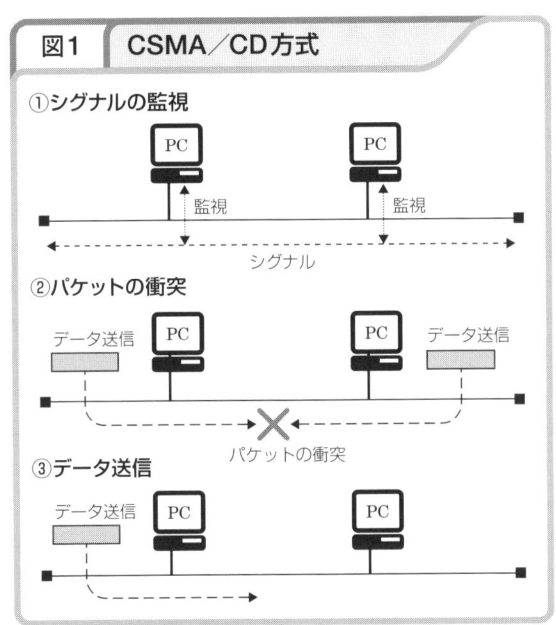

図2　全二重通信の例

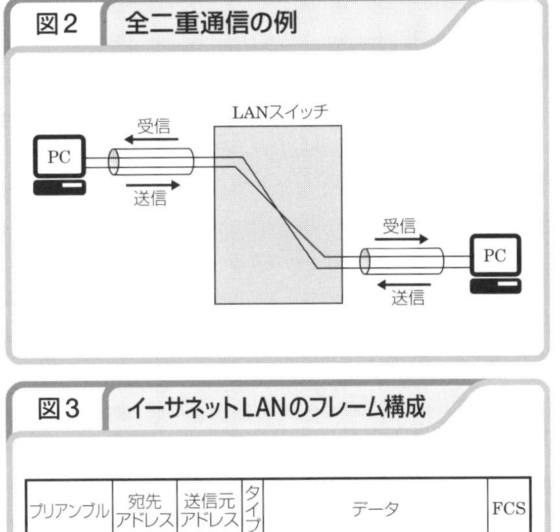

図3　イーサネットLANのフレーム構成

プリアンブル	宛先アドレス	送信元アドレス	タイプ	データ	FCS
8バイト	6バイト	6バイト	2バイト		4バイト

＊1　**バックオフ時間**：パケットの衝突が発生した際に各ノードが乱数をもとに算出する待ち時間のこと。パケットを再送して再度衝突が発生した場合には、前回の2倍の時間を待ち時間に設定する。

＊2　**CRC（Cyclic Redundancy Check）**：巡回冗長検査。連続して出現する誤り（バースト誤り）の検出が可能な誤り検出方式で、通信回線（WAN）やLAN上の伝送に使用される。

6-7 MACアドレスと相互接続

1. イーサネットLANのMACアドレス

各ノードが持つイーサネットLANのインタフェースには、**MACアドレス**[*1]と呼ばれるレイヤ2下位副層のアドレスが割り当てられる。MACアドレスは、ネットワークに接続される各ノードを特定するために使用される。たとえば、PCのイーサネットアダプタやルータのイーサネットインタフェースなど、LANと接続するインタフェース(NIC)は固有のMACアドレスを持つ。

MACアドレスは**48ビット**(6バイト)で構成される。このうち、先頭の24ビット(3バイト)はIEEEの管理の下で各ベンダを識別する値が割り当てられ、後半の24ビット(3バイト)は各ベンダが管理して割り当てる値になっている(図1)。このベンダが割り当てるMACアドレスのことを**グローバルアドレス**と呼び、インタフェースごとにユニークな(固有な)値となる。これに対して、ユーザ自らが管理して割り当てるMACアドレスをローカルアドレスと呼ぶ。現在では、IP通信が主流となってきているため、ローカルアドレスが使用されることは少なくなってきている。

グローバルアドレスまたはローカルアドレスいずれの場合も、LAN上の各ノードは、自ノード宛てのフレームのみを受信し、他ノード宛てのフレームは受信しない。

イーサネットLANのMACアドレスには、複数の宛先ノードを示したマルチキャストアドレスが規定されている。マルチキャストアドレスのうち、すべてのビットが1になったもの(ff-ff-ff-ff-ff-ff)を**ブロードキャストアドレス**といい、LAN上のすべてのノードが宛先となっている。

2. イーサネットLANの相互接続

拠点や事業所内のLANに接続される機器が多くなったり、または設置される範囲が広くなったりすると、1つのバスや**セグメント**[*2]に接続することができなくなるため、LANの伝送路を拡張する必要がでてくる。そのための手段として、バスやセグメントを分けて複数の伝送路(LAN)を構築して相互に接続する方法がとられる。あるいは、別々に構築された制御方式の異なるLANを接続して、別々のLANの端末機器が相互に通信を行ったり、資源を共有したりする必要性が生じることがある。また、拠点内にサーバが配置されないで遠隔地のサーバと接続するようなネットワークでは、サーバの代わりに、WAN回線にアクセスする通信機器(ルータなど)が配置される。

このようなLAN相互接続を行うための装置は、接続する機能レベル(OSI参照モデルの階層)によって、リピータ、ブリッジ、ルータなどのように種々の機器が利用される。また、LANの相互接続の形態にはカスケード型および階層型などがある。

(a)カスケード型接続

カスケード型は、部署やフロアなど一定の単位でLAN機器を設置し、各LAN機器を並列に接続する方法である。この方法では、一定の単位ごとにLAN機器が設置されるため、LAN配線が比較的に容易であり、接続するサーバやクライアントの台数を増やすことができる。

一方、トラヒック量の増加やノード数の増加により、スループットや応答時間に影響が出るおそれがある。

(b)階層型接続

階層型はコア(中核層)、ディストリビューション(分散層)、アクセスというように、通信機器の役割ごとに階層分けを行い、それぞれの階層ごとにモジュール化する方法である。各モジュール内では、スター型、カスケード型の接続が組み合わされる。インターネットデータセンタ(IDC)や大規模拠点などによく見られる構成である。

3. VLAN構成

LANスイッチにより構築されたLANでは、LANスイッチ上のノードをグループ化して通信できる範囲を限定することにより、**VLAN**（Virtual LAN：仮想LAN）を設定することができる。それぞれのVLANは、独立した1つのLANセグメントとみなすことができる（図3）。

このようにVLANとしてグループ化を行うことにより、グループ内のトラヒックが他に影響を及ぼすことを回避することができる。また、同時に、グループ間の通信ができなくなることにより、セキュリティを高めることも可能となる。なお、VLAN間の通信が必要な場合は、ルーティング機能やブリッジ機能により接続することで可能になる。

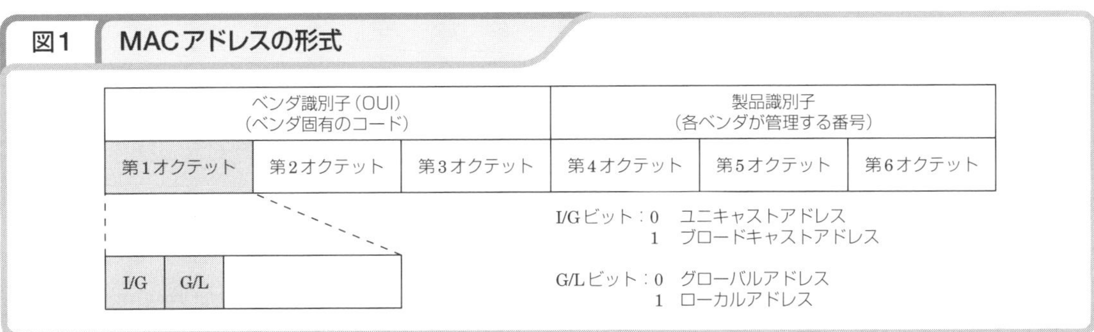

図1　MACアドレスの形式

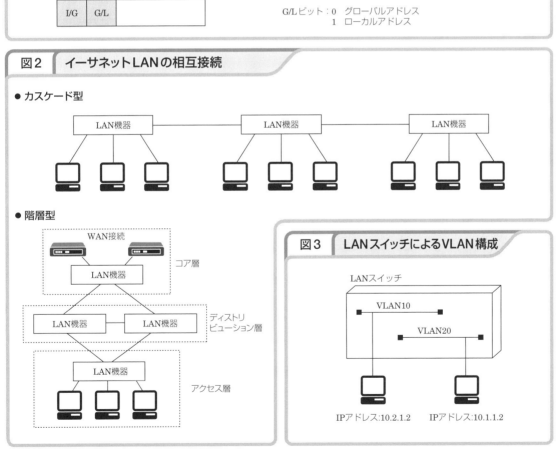

図2　イーサネットLANの相互接続

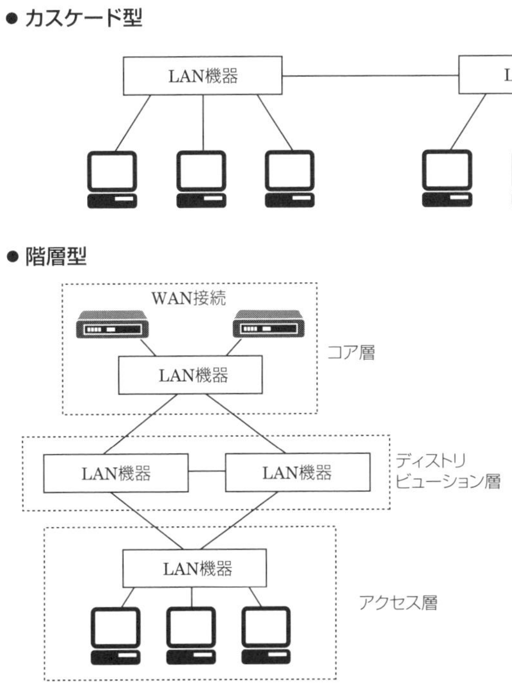

● カスケード型

LAN機器　LAN機器　LAN機器

● 階層型

WAN接続
LAN機器　コア層
LAN機器　LAN機器　ディストリビューション層
LAN機器　アクセス層

図3　LANスイッチによるVLAN構成

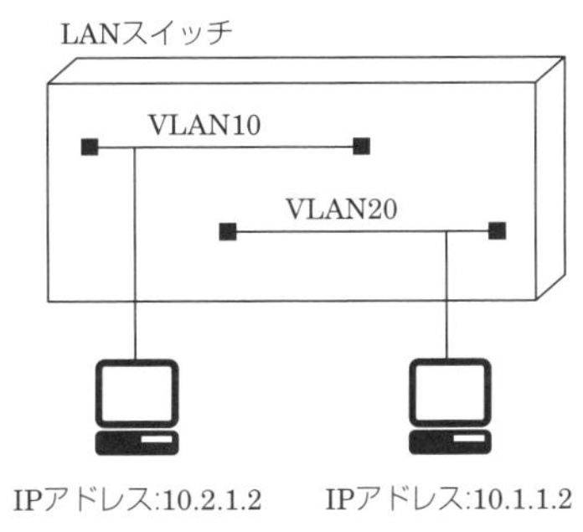

LANスイッチ
VLAN10
VLAN20
IPアドレス:10.2.1.2　IPアドレス:10.1.1.2

＊1　**MACアドレス**：物理アドレス、あるいはイーサネットアドレスと呼ばれることもある。
＊2　**セグメント**：LANセグメントともいう。ブリッジ、ルータまたは、LANスイッチによって区切られたネットワークの範囲。

7 無線LAN

7-1 無線LANの概要

1. 無線LANとは

無線LANは、UTPケーブルなどの電線を使わずに、電波を用いてネットワーク内の通信を行う方式のLANである。従来の有線LANでは、ケーブルの敷設が煩雑であり、オフィスのようなレイアウトの変更が多い場所ではその都度多大な労力を要した。また、一般宅内においてもLANで利用する部屋や場所を自由に選択できない場合が多かった(図1)。

このような場合に無線LANを用いると、配線の手間を省き自由な場所でLANを利用できる。無線LANは普及し始めた当初はオフィスでの利用のみにとどまっていたが、最近では製品の低価格化、WPS(Wi-Fi Protected Setup)等による接続設定の簡易化など、導入しやすい環境が整ってきていることから、個人宅での利用が増加している(図2)。

2. 無線LANの機器構成

無線LANは、無線LANアダプタ、アクセスポイント、およびレイヤ2スイッチなどの機器により構成される。

(a)無線LANアダプタ

PCなどのノードが無線LANを使用してサーバや他のPCとの間で通信を行うためには、PCに無線LANアダプタを装備して、適切に設定する必要がある。無線LANが登場して間もない頃は、PCの拡張スロットにカード形の無線LANアダプタを挿入する方式が主流であったが、その後USBコネクタに取り付けるものが普及し、現在では出荷時に既に無線LAN機能を本体に内蔵しているPCが多くなってきている。無線LANアダプタは、ベンダや機種によって、サポートする標準規格やセキュリティ機能などが異なる。

(b)アクセスポイント

アクセスポイントは、無線によりノード間の通信を中継する機器である。有線LANとの接続ポートを持つものが多く、無線LAN環境と有線LANとの間を接続するブリッジとしても機能する。また、家庭用ではアクセスポイントを内蔵したブロードバンドルータが普及している。メーカや機種によりサポートする標準規格やセキュリティ機能などに違いがある。

3. 無線LANの通信形態

無線LANの通信形態には、参加しているノード間で直接通信する**アドホックモード**と、アクセスポイントを介して通信する**インフラストラクチャモード**がある。

アドホックモードを利用するには、通信を行うノードどうしで同一の識別子(**SSID**:Service Set Identifier)を設定しておく必要がある。工場出荷時に設定してある場合もあるがそのまま利用するのは避け、できるだけ外部から類推しにくいものにする。

インフラストラクチャモードは、SSIDを設定しなくても利用できる。しかし、それでは不特定の機器から接続される(**Any接続**)ことになり、セキュリティ上問題があるため、通常はアクセスポイントの設定によりAny接続を拒否する。Any接続を拒否する設定にすると、アクセスポイントに設定してあるSSIDと同一のSSIDが設定してあるノードのみが接続可となり、異なるSSIDのみが設定されているノードやSSIDを空欄またはAnyに設定してあるノードからはアクセスできなくなる。ただし、電波は空中を伝わるため、アクセスする権利がなくても信号の傍受は可能であり、Any接続を拒否しても強固なセキュリティを確保したことにはならない。

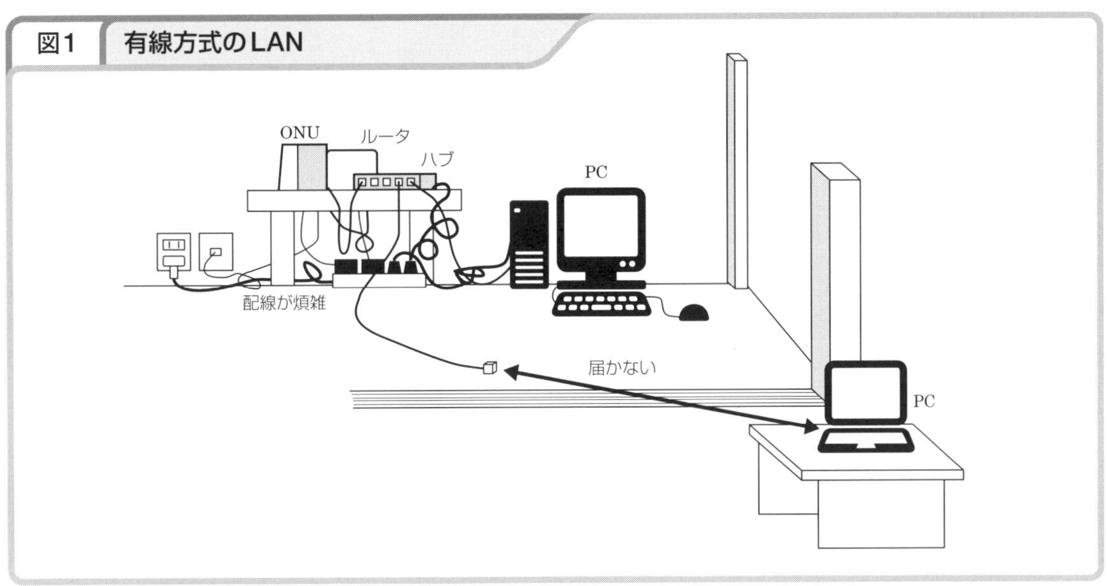

図1　有線方式のLAN

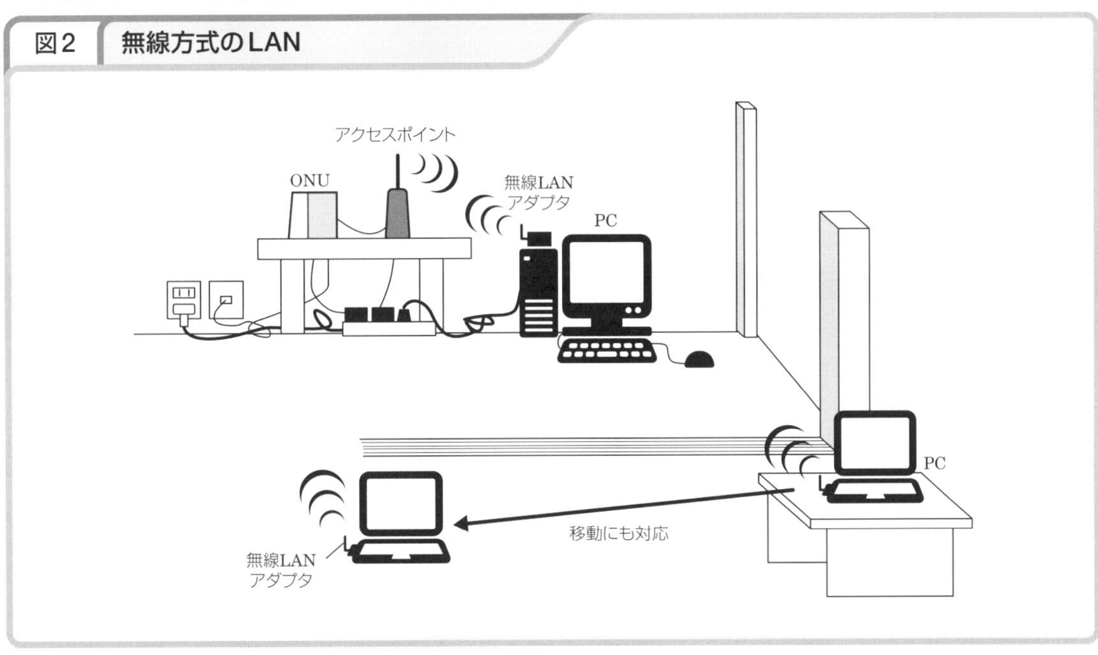

図2　無線方式のLAN

図3　無線LAN構築に必要な機器

7-2 無線LANの規格、アクセス制御

1. 無線LANの標準規格

無線LANでは、IEEE(電気電子学会)により複数の標準規格が制定されており、それぞれサポートする伝送速度や使用周波数などが異なる。

(a) IEEE802.11a

5.15G ~ 5.35GHzおよび5.47G ~ 5.725GHzの**5GHz帯**の周波数の電波を使用し、一次変調には64QAM方式を、伝送(二次変調)の方式[*1]には**OFDM**(直交周波数分割多重)を採用している。最大伝送速度は**54Mbit/s**で、最大到達距離は約100mである。使用する周波数帯域が他の方式と比べて高いので、遮蔽(へい)物の影響を受けやすい。また、伝送損失が大きく最大到達距離も短くなるので、無線LANアクセスポイント(AP)の設置場所等への配慮が必要になる。

(b) IEEE802.11b

2.4GHz帯(2.4G ~ 2.5GHz)の周波数(**ISMバンド**[*2])の電波を使用し、プリアンブルは802.11のDSSS(スペクトル直接拡散)方式により変調するが、データ部の変調にはDSSS方式を改良して高速化した**CCK**(相補符号変調)方式を採用している。最大伝送速度は**11Mbit/s**で最大到達距離は100 ~ 300mである。

(c) IEEE802.11g

2.4GHz帯の周波数の電波を使用し、一次変調に64QAM、二次変調に**OFDM**方式を採用している。最大伝送速度は**54Mbit/s**で最大到達距離は100 ~ 300mである。なお、802.11aとは変調方式は同じであるが互換性はない。また、802.11bに対し上位互換性を持たせていることから、実効速度は802.11aに比べて若干遅くなっている。

(d) IEEE802.11n

2.4GHz帯または**5GHz帯**の周波数の電波を使用し、一次変調に64QAM、二次変調に**OFDM**方式を採用している。1つのデータを分割し複数のアンテナを用いて同時に送受信する**MIMO**(Multiple Input Multiple Output)技術や、複数の無線チャネルを束ねて用いる**チャネルボンディング**等による大容量化が実現されており、最大伝送速度は理論値で65M ~ 600Mbit/sである。

(e) IEEE802.11ac

5GHz帯の周波数の電波を使用し、一次変調は従来の64QAMに加えて256QAMの選択が可能になり、二次変調には**OFDM**方式を採用している。20MHz帯域幅のチャネルを4つ束ねた80MHz帯域幅のチャネルを必須とし、さらにこれを2つ束ねた160MHz帯域幅のチャネルを利用可能とすることで、大容量化が図られている。また、電波の指向性を高めてより遠くへ飛ばす**ビームフォーミング**技術や、ビームフォーミングと空間多重によりAPから複数端末へ下り方向の同時通信を可能にする**MU-MIMO**などの技術により、**6.93Gbit/s**の最大伝送速度を実現した。

(f) IEEE802.11ax (Wi-Fi6)

2.4GHz帯または**5GHz帯**の周波数の電波を使用し、一次変調に1,024QAMが追加され、二次変調に**OFDMA**方式を採用している。MU-MIMOの双方向化や、他の端末が通信中でも与える影響が小さければ通信を許容するspatial reuse技術などにより、最大伝送速度を**9.6Gbit/s**とした。

(g)その他の標準規格

IEEE802.11eは、無線LANにおいて音声伝送などを行う場合に必要となるQoS機能を規定している。また、**802.11i**や**802.1X**ではセキュリティ機能を確保するための規格を規定している。

2. CSMA/CA方式

無線LANのアクセス制御には、**CSMA/CA**(搬送波感知多重アクセス/衝突回避)方式が使用さ

れ、これにより無線上でのデータの衝突(**コリジョン**)の発生を回避している。

CSMA/CA方式では、データを送信しようとする無線端末は、まず、他の無線端末から使用周波数帯の電波(搬送波；**キャリア**)が送出されている(ビジー状態)か、送出されていない(アイドル状態)かのチェック(**キャリアセンス**)を行う。もしビジー状態ならアイドル状態になるまで待機する。アイドル状態であればデータを送信するが、直ちにデータの送信を開始するのではなく、データの衝突を回避するため**IFS** (Inter-Frame Space)**時間**と呼ばれる一定の時間が経過した後、さらに端末ごとに発生させた乱数に応じたランダムな時間(**バックオフ時間**)だけ待ち、他の無線端末からの電波の送出がないことを確認してからデータを送信する。

しかし、このような衝突回避策をとっていても、データ送信のタイミングが複数の無線端末間で偶然に一致してしまった場合や、**隠れ端末問題**がある場合には、データの衝突が起こる。無線LANでは、データの送受に電波を用いるので、衝突を検知することが困難である。このため、衝突の有無を**ACK** (Acknowledgment)という応答フレームにより確認する。受信端末は、データを正常に受信すると、送信端末にACKを返す。送信端末はこのACKの受信により、無線上で衝突が起こることなくデータの授受が完了したと判断する。

一方、送信端末が一定時間ACKを検出できなければ、衝突やノイズなどによる通信障害がありデータが受信端末に到達していないとみなして、データ再送信の手順に入る。

表1　無線LANに関連するIEEE規格

IEEE規格	概　要	特徴・備考
802.11	使用周波数帯2.4GHz(ISMバンド)の無線LAN	・伝送速度：2Mbit/s ・変調方式：(一次)DQPSK方式、(二次)DSSS方式
802.11a	使用周波数帯5.15G～5.25GHz(W52)、5.25G～5.35GHz(W53)および5.47G～5.725GHz(W56)の無線LAN	・伝送速度：36Mbit/s～54Mbit/s ・変調方式：(一次)64QAM方式、(二次)OFDM方式 ・5.15GHz～5.35GHzは屋外での使用に免許が必要
802.11b	使用周波数帯2.4GHz(ISMバンド)の無線LAN	・伝送速度：11Mbit/s ・変調方式：(一次)CCK方式、(二次)DSSS方式
802.11g	使用周波数帯2.4GHz(ISMバンド)の無線LAN	・伝送速度：54Mbit/s ・変調方式：(一次)64QAM方式、(二次)OFDM方式 ・802.11bと互換性あり(プリアンブルをDSSSで変調するため実効速度が802.11aよりも遅くなる)
802.11n	使用周波数帯2.4GHz(ISMバンド)、または、5.15G～5.25GHz(W52)、5.25G～5.35GHz(W53)および5.47G～5.725GHz(W56)の無線LAN	・伝送速度：65Mbit/s～600Mbit/s ・変調方式：(一次)64QAM方式、(二次)OFDM方式 ・MIMO、チャネルボンディング等により従来規格との互換性を維持しながら高速・大容量化を実現
802.11ac	使用周波数帯5.15G～5.25G(W52)、5.25G～5.35G(W53)および5.47G～5.725GHz(W56)の無線LAN	・伝送速度：433M～6.93Gbit/s ・変調方式：(一次)256QAM方式、(二次)OFDM方式 ・ビームフォーミング、MU-MIMO等により複数台の端末との同時通信を実現
802.11ax	使用周波数帯2.4GHz(ISMバンド)、または5.15G～5.25G(W52)、5.25G～5.35G(W53)および5.47G～5.725GHz(W56)の無線LAN	・伝送速度：9.6Gbit/s ・変調方式：(一次)1024QAM方式、(二次)OFDMA方式 ・セキュリティ技術にWPA3を採用

＊1　無線LANでは、送信するデジタルデータの値に応じて搬送波の振幅や位相などを変化させる一次変調を行い、さらにこの一次変調された信号を別の符号で変調(二次変調)してから送信する。二次変調は、通信路を多重化したり、電波干渉の影響を軽減したり、雑音耐性を高めたりするために行う変調で、通信を秘匿する効果もある。

＊2　**ISM (Industrial,Scientific and Medical) バンド**：電波の産業や科学、医療への利用を容易にするために周波数帯域や空中線電力などの条件を定めたもの。無線LANでは2.4GHz近辺の周波数帯域を利用し、出力が10mW以下なら無線局の免許を不要としている。電子レンジの誘電加熱方式もこの帯域の電磁波を使用しているため、2.4GHz帯の周波数の電波を使用する無線LANで通信を行っているときに電子レンジを使用した場合、通信が途絶したりスループットが大幅に低下したりする。このような干渉による不具合を回避するため、スペクトル拡散変調方式の採用や5GHz帯の周波数を使用する無線LANへの移行といった対策が必要になる。

7-3 無線LAN構築時の注意点

無線LANを構築する際には、以下の点に注意したい。

1. 規格の混在

無線LANの規格には、いくつかの種類があることは既に学んだ。1つのアクセスポイントに対してこれらの規格が複数混在すると、転送速度が低下する原因となる。たとえば、802.11gは802.11bとの互換性を保つためにプリアンブル部をDSSS方式により変調することでオーバヘッドが大きくなりスループット(実効転送速度)が低下する。家庭内、部署内など特定の利用者のみでアクセスポイントを共用するのであれば、規格を統一しておきたい。

2. 電波の干渉

無線LANは、無線端末(無線LANアダプタ)とアクセスポイント間で決めた無線周波数帯(チャネル)を使って通信を行う。複数のアクセスポイントで同じチャネルを使うと、電波の干渉により速度低下を招くので、チャネルの設定は図1のように5チャネル以上離すとよい。

また、電子レンジ、一部のコードレスホン、bluetooth対応機器なども2.4GHz帯(ISMバンド)の電波を利用していることから、802.11b/gなどではこれらとの電波干渉によりスループットの低下や通信の途絶が起こることがある。一方、802.11a/acや一部のnなど5GHz帯の無線LANではこのような問題は生じない。

3. 隠れ端末問題

同じアクセスポイントを利用する無線端末の位置が互いに離れている場合や、間に障害物がある等の場合には、CSMA/CA方式により衝突回避を行っていても、送信中の無線端末からのキャリアを検出することができずにチャネルが空き状態であると誤判断してデータの送信を開始し、その結果データの衝突が起こることがある。これは、データ送信中の無線端末が存在することを認識できない(隠れ端末がある)ことから、**隠れ端末問題**といわれる。

図2は隠れ端末が存在するときの無線LANについて例示したものである。無線端末STA1とSTA3の間およびSTA2とSTA3との間において、いずれも障害物によりキャリアが到達しない状態でキャリアセンスが有効に機能しない場合、データの衝突の頻度が増し、これが**スループット**特性を劣化させる要因となっている。

この隠れ端末問題を解決策するために、図3のように**RTS**(Request to Send：送信要求)**信号**および**CTS**(Clear to Send：受信準備完了)**信号**という2つの制御信号を用いて衝突を回避する方法(RTS/CTS制御)がとられる。データの送信を開始しようとする無線端末(STA1)は、それに先立ち、RTS信号を送信してアクセスポイント(AP)に送信要求を行う。RTS信号を受信したAPは、CTS信号を返送して、RTSを送信した無線端末(STA1)にデータの送信を許可する旨を通知する。このとき、他の無線端末(STA2とSTA3)はRTS信号を受信できなくても、CTS信号を受信できるので、データを送信しようとしている無線端末が存在することを知ることができる。

RTS信号およびCTS信号には、**NAV**(Network Allocation Vector)**時間**というアクセスポイントと送信要求をした無線端末の間の通信で伝送媒体を占有する時間の情報が含まれており、これらの制御信号を受信した他の無線端末は、通知されたNAV時間の間送信を停止する。このようにして、隠れ端末が存在する場合でも、データの衝突が生じにくいようにしている。

図1　電波の干渉

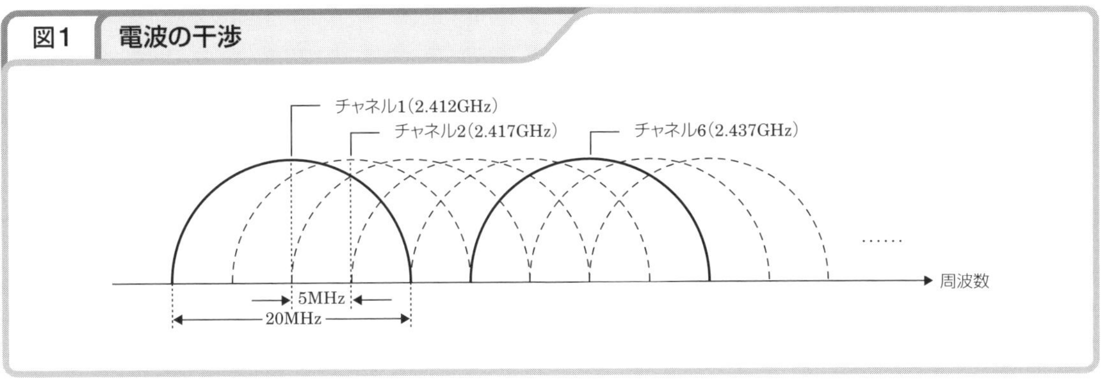

図2　隠れ端末問題

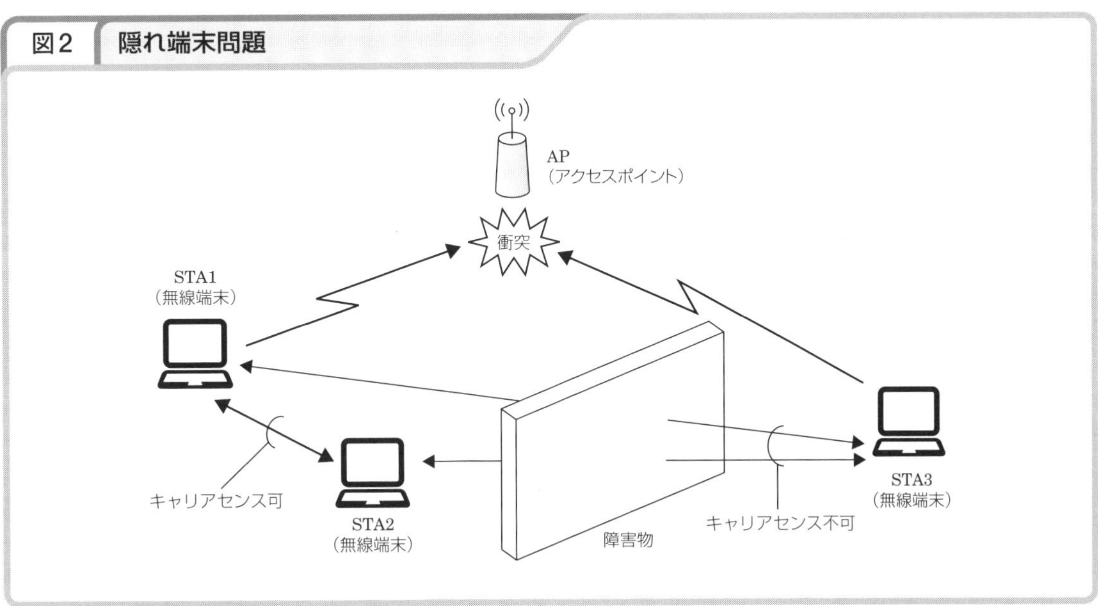

図3　隠れ端末問題の解決策

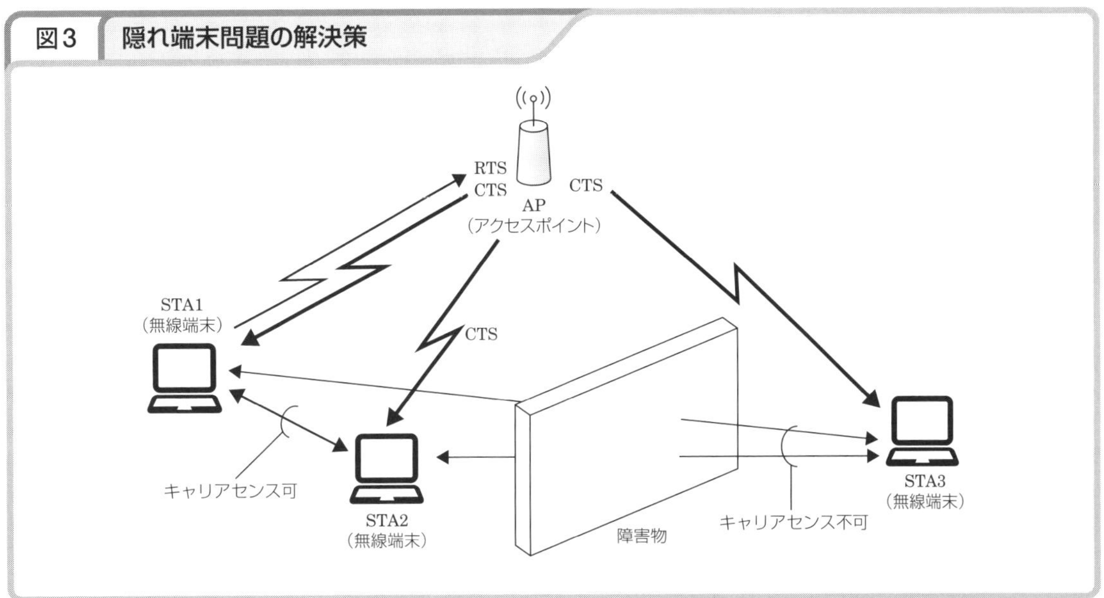

8 LAN構成機器

8-1 集線装置

1. ハブ

(a)ハブとは

ハブは、単体で1つのLANセグメントを構成する通信機器であり、リピータハブ、あるいはシェアードハブともよばれる。これはLANに接続するノード(PCやサーバなど)の集線装置としての機能を持つ。LANに接続するノードは、LANケーブルによりハブに接続され、ハブを介して相互に通信を行う。主に10BASE-Tで使用されるが、100BASE-TXに対応した製品もある。

ハブは**レイヤ1**(物理層)で動作し、スター型やカスケード型(ハブ同士を接続したもの)のLANトポロジに対応する。イーサネットLANに対応したハブの構成は、論理的にはバス型であるが、物理的にはスター型となる(図1)。接続しているすべてのノードで同じ伝送速度にする必要があるため、10Mbit/sまたは100Mbit/sのいずれか一方のみの対応となる。

イーサネットLANでは、ネットワークの全長と信号が転送される速度から最小フレーム長は512ビット(64バイト)と規定されている。この最小フレーム長は、従来の10BASE-Tやファスト・イーサネットの100BASE-TXでも同様である。

(b)ハブの接続構成

LANに接続するノード数が多い、あるいはノードが接続する場所が点在している場合には、ハブをカスケード型に接続してLANを構成する。

イーサネットLANのアクセス制御方式であるCSMA/CD方式では、複数のノードが送信したフレームに衝突が発生した場合、すべてのノードでジャム信号を認識できる必要がある。送信していたノードがフレームの送信を完了する前にジャム信号を受け取り、フレームの送信が失敗したことを認識することができるように、イーサネットLANでは、最小フレーム長やハブの多段構成の台数の制限が規定されている。

ハブをカスケード接続した多段構成の場合、1つのLANセグメントで、10BASE-Tでは最大**4台**まで、100BASE-TXではクラス2[*1]のもののみ最大**2台**までが許容されている(図2)。100BASE-TXでは、LANの伝送速度は100Mbit/sと高速化が図られているが、ハブ自体の伝送遅延は変わっていない。このため、フレームの伝送時間に占めるハブの伝送遅延が大きくなり、フレームの伝送中に衝突が発生したとしても、フレームを送信したノードにジャム信号が伝わる前に送信が完了してしまうおそれがある。この問題を避けるために、100BASE-TXでは、ハブの多段構成を2台まで、ハブ～ハブ間の距離を**5m**以下に制限している。

ハブを使用したLAN構成においては、あるノードが送信したフレームはハブに接続しているすべてのノードに送信される。このため、ノード数が増えるとネットワーク全体の負荷が高くなり、各ノードが送信したフレームの衝突頻度が高くなる。その結果、すべてのノードが同時に10Mbit/s(または100Mbit/s)の実効速度を得られなくなる。この実効速度の低下を避けるため、最近ではLANスイッチが使用されることが多くなっている。

2. LANスイッチ

(a) LANスイッチとは

LANスイッチもハブと同様に単体で1つのLANセグメントを構成し、LANに接続するノードの集線装置としての機能を持つ。各ノードは、LANケーブルによりLANスイッチに接続され、LANスイッチを介して相互に通信を行う。LANスイッチは、スター型、カスケード型、および階層型のLANトポロジに対応可能である。

LANスイッチには、レイヤ2の機能のみを実装している**レイヤ2スイッチ**(または**L2スイッチ**、**スイッチングハブ**)と、レイヤ2機能に加えてレイヤ3のルーティング機能を付加した**レイヤ3スイッチ**(**L3スイッチ**)がある。レイヤ3スイッチは、使用可能な接続インタフェースに違いがあるが、機能的にはルータ(8-3参照)と同様である。

(b) LANスイッチの動作

LANスイッチは、受信したフレームの送信元MACアドレスとポートの組をアドレステーブルに登録していき、各ポートに接続されたノードの情報を保持する。そして、接続ノードからフレームを受信すると、アドレステーブルを検索して宛先MACアドレスに該当するポートを見つけ、そのポートのみにフレームを送信する。その宛先MACアドレスがアドレステーブルに登録されていないフレームの場合は全ポートから送出する。このようにして全ポートに転送されるフレームを少なくし、ネットワーク全体の負荷を軽減する。イーサネットLANに対応したLANスイッチの物理構成はハブと同様であるが、フレームは基本的に宛先ポートのみに伝送されるのがハブとの大きな違いである(図3)。

(c) LANスイッチのフォワーディング方式

LANスイッチがフレームを宛先のノードに転送するフォワーディング方式として、ストアアンドフォワード方式、カットアンドスルー方式およびフラグメントフリー方式がある。

・ストアアンドフォワード方式

ポートから受信したフレーム全体をメモリ上に

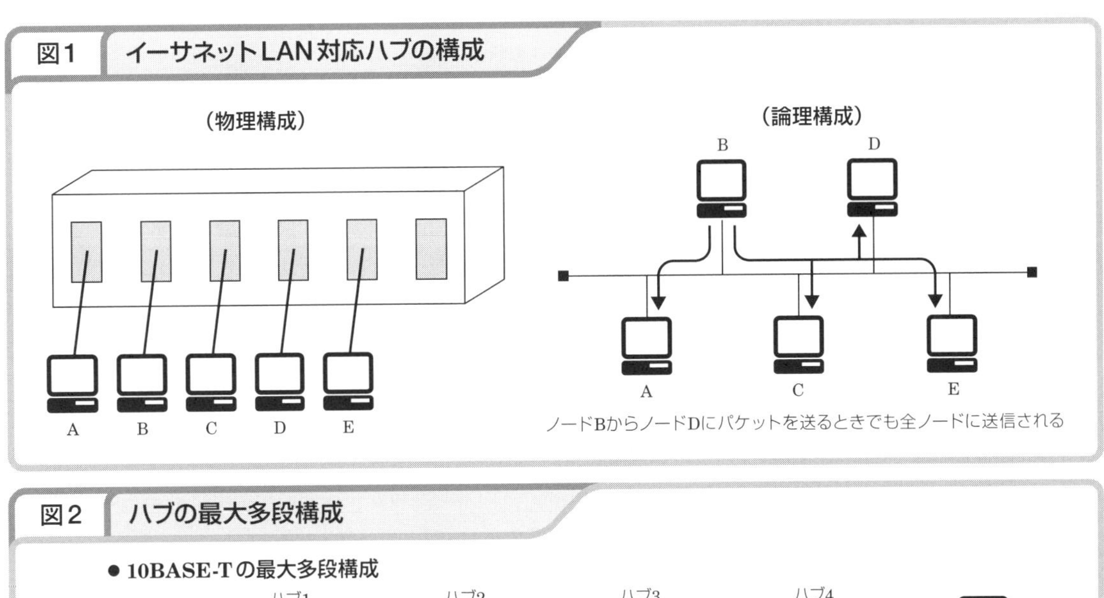

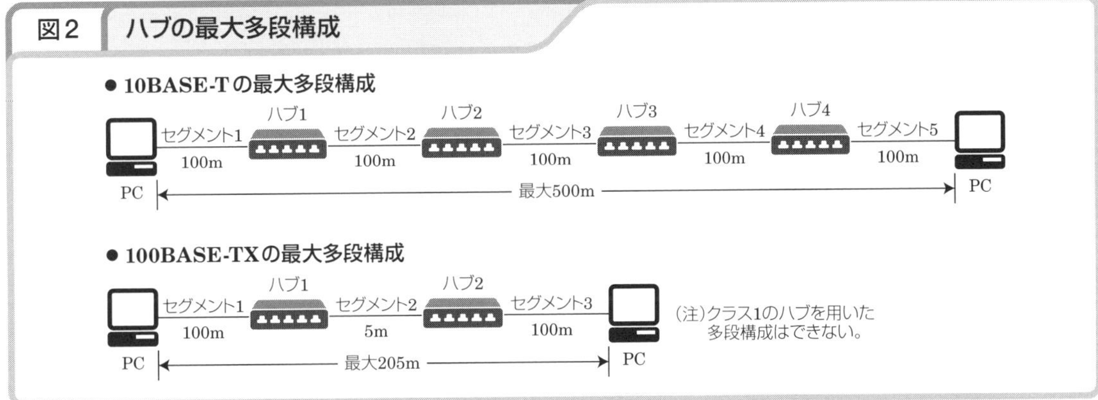

＊1　**クラス2**：100BASE-TXなどのファスト・イーサネットに対応したリピータハブにはクラス1のものとクラス2のものがあり、クラス2のリピータハブは入力された信号を単に増幅・整形して出力するだけである。これに対して、クラス1のリピータハブは入力された信号をいったん復調・復号し、符号方式の変換と再変調を行って出力するため遅延が大きくなることから、1つのLANセグメントで1台しか使用できない。

ストア(保存)し、誤り検査を行って異常がなければ中継(LANスイッチ内のMACアドレステーブルを検索して宛先のポートにフレームを転送すること)を行う方式である。フレーム全体をメモリ上にストアするため、CRC符号によるフレーム検査シーケンス(FCS)の値を使用してフレームの誤り検査を行うことができる。

以前はメモリへの入出力の遅延時間が大きかったため、ストアアンドフォワード方式はフレームの転送速度が遅かったが、現在ではLANスイッチの性能向上により、フレームの転送速度が向上してきている。そして、フレームのストアによる遅延よりも、フレームの誤り検査の方が、不要なトラヒックの増加を避ける意味から重要になってきている。このため、現在ではストアアンドフォワード方式のLANスイッチが主流である。

・カットアンドスルー方式

フレーム全体をストアするのではなく、有効フレームの先頭から6バイト(宛先MACアドレス(DA))を読み込んだ時点でMACアドレステーブルから出力先のポートを検索してフレームを中継する方式である。カットアンドスルー方式では、フレームが破損していたり、誤りを含んだものであったりしても、フレームはそのまま中継されてしまう。このため、不必要なトラヒックが増加する。

・フラグメントフリー方式

イーサネットLANの最小フレーム長である64バイトを読み込んだ時点で誤り検査を行い異常がなければフレームの中継を行う。64バイトに満たない場合には破損フレームとして破棄するため、破損フレームの転送を避けることができる。

(d)LANスイッチの接続構成

イーサネットLAN用のスイッチでは、伝送速度が10Mbit/sと100Mbit/sの両方に対応している機器が多い。これらの機器では、10Mbit/s対応のノードと100Mbit/s対応のノードを同一のスイッチに接続して、相互に通信させることが可能である。また、最近では、ギガビット・イーサネットLANや10ギガビット・イーサネットLANに対応するLANスイッチが登場している。このため、サーバ側にギガビット・イーサネットなどの高速のLANポートを割り当て、クライアントPC側には100Mbit/sなどのポートを割り当てるようなネットワークを構成することができる。

LANスイッチでVLAN(仮想LAN)を構成することも可能である。それぞれのVLANは独立した1つのLANセグメントとみなすことができ、VLAN間の通信は、ルーティングやブリッジ機能により接続することになる。通常、1つのVLANは1つのIPサブネットとして構成される(図4)。

3. オートネゴシエーション機能

イーサネットLANの伝送速度として、10Mbit/sや100Mbit/sなどの異なる標準規格が定義されている。また、通信モードに関しても、半二重と全二重の規格がある。そのため、イーサネットLANの構築では、伝送速度や通信モードの異なるLAN機器を接続することがある。これらの標準規格の違いを自動的に検知し伝送速度や通信モードを最適化して決定するために、**オートネゴシエーション機能**が提供されている。この機能は、IEEE 802.3uのファスト・イーサネット規格で規定されている。

オートネゴシエーション機能は、LANアダプタ(NIC)とLANスイッチ間で動作する。オートネゴシエーション機能を実装しているLANアダプタとLANスイッチを接続すると、双方の機器が互いに**FLP**(Fast Link Pulse)信号を送信する。このFLP信号には、それぞれの機器がサポートするイーサネットの種類の情報が含まれており、双方がともにサポートするイーサネットのうち、最も優先度の高いものをポート設定に採用する。FLP信号で設定される優先順位は表1のとおりである。

LANアダプタとLANスイッチのいずれかの機器がオートネゴシエーション機能に対応していない、あるいはオートネゴシエーションに失敗したときには、FLP信号により伝送速度や通信モードを自動設定することができない。このような場合、次のような方法でポートを設定する。

・LANポートでフレームが送受信されていない状態では、10BASE-Tのポートは**NLP**（Normal Link Pulse）信号を送出し、100BASE-TXのポートはアイドル信号を送出している。これらの信号を識別することにより、伝送速度を識別することが可能である。

・オートネゴシエーションの設定をしているポートでは、通信モードとして半二重モードの選択を行うことが多い。

LANアダプタとLANスイッチ間の接続において、ポートの設定が同じ伝送速度であっても、通信モードが全二重と半二重に不一致の状態であると、通信不可や通信不安定の原因になるおそれがあるので注意が必要である。

なお、UTPケーブルを使用するギガビット・イーサネットに対してオートネゴシエーション機能をもつLAN機器も提供されている。

図3　LANスイッチの構成

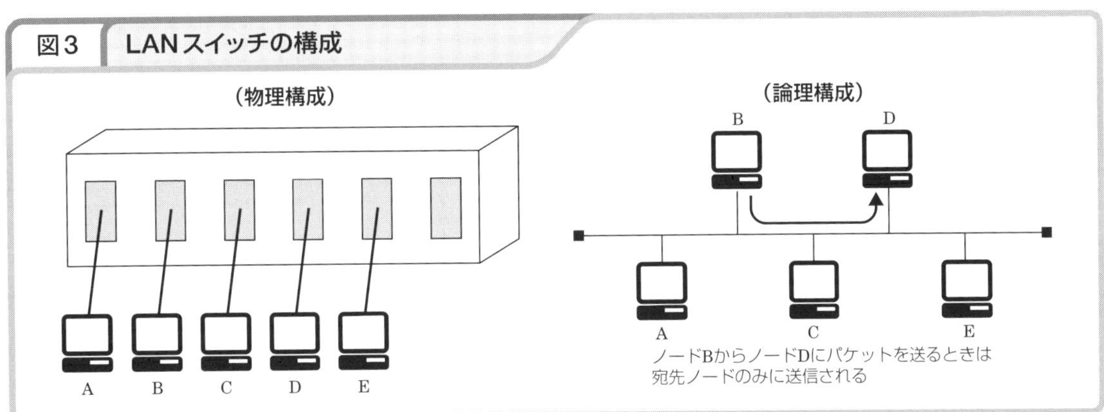

図4　LANスイッチのVLAN構成

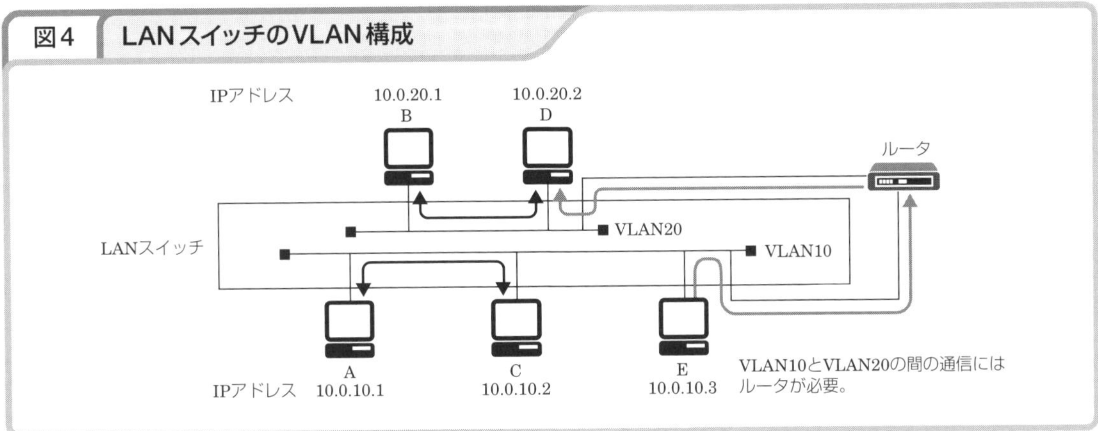

表1　オートネゴシエーションの優先順位

優先順位	伝送速度・通信モード
1	100BASE-TX・全二重
2	100BASE-TX・半二重
3	10BASE-T・全二重
4	10BASE-T・半二重

※代表的なイーサネットのみを記載

8-2 LAN間接続装置(1)

1. リピータ

リピータ(Repeater)は、OSI参照モデルにおける**レイヤ1**(物理層)の通信機器であり、ケーブル上を流れる電気信号の再生や中継を行い、LANセグメントの距離を延長するために使用する。

接続する通信機器間の距離が長く、LANケーブルで接続しただけでは信号が減衰してしまうことにより通信できない場合などに、リピータを使用して信号を中継する(図1)。

ただし、リピータを数多く経由すると、電気信号に歪みが発生して判別することが困難になったり、遅延が生じてフレームの衝突検出ができなくなったりするため、イーサネット環境などでは、3台程度のリピータしか経由することができない。

2. ブリッジ

複数のLANセグメント間で、SNAやNetBEUIなどのルーティング機能を持たないプロトコルを使用して通信を行うためには、LANセグメント間をブリッジ(Bridge)で接続する必要がある。

ブリッジは、**レイヤ2**(データリンク層)のMACアドレスに基づいて、複数のLAN間でMACフレームを中継、転送する機器である。ブリッジは、接続されている端末のMACアドレスを登録しておき、到着したフレームの宛先MACアドレスと登録されているMACアドレスを照合した後、該当のポートからフレームを送信する。宛先のMACアドレスが登録されていない場合には、到着したポート以外の全ポートからフレームを送信する。

現在では、ブリッジ機能のみを持つ通信機器は少なくなっており、ブリッジ機能を持ったルータで代用することが多い。ブリッジには使用しているLANの形態により、次の3種類がある。

(a)トランスペアレントブリッジ

トランスペアレントブリッジ(Transparent Bridge)は、複数のイーサネットLANを相互に接続するためのものである(図2)。

イーサネットLANの環境では、接続している各インタフェースのMACアドレスはインタフェース装置ごとにユニークな(固有な)ものであり、複数のインタフェースが同一のMACアドレスを持つことはない。したがって、フレームのMACアドレスからフレームの転送先が特定される。

(b)ソースルートブリッジ

ソースルートブリッジ(Source Route Bridge)は、複数のトークンリングLANを相互に接続するためのものである(図3)。

トークンリングLANでは、接続しているリングが異なれば、複数のインタフェースが同一のMACアドレスを所有することができる。また、各リングにはリング番号が、各ブリッジにはブリッジ番号が割り振られる。

トークンリングLANで使用するフレームには、RIF(Routing Information Field)という経路情報を設定するフィールドがあり、ここに経由するLANのリング番号とブリッジ番号が設定され、フレームが経由する経路が特定される。

(c)トランスレーショナルブリッジ

トランスレーショナルブリッジ(Translational Bridge)は、イーサネットLANとトークンリングLANなどのフレーム形式の異なるLAN間を接続するためのものである(図4)。

トランスレーショナルブリッジでは、トークンリングLANにおいて付加されるRIF情報の付けはずしや、イーサネットLANとトークンリングLAN間のMACアドレスの反転処理[*1]などを行う。

また、トークンリングLANでは最大フレーム長が16kバイトであるが、イーサネットLANでは最大フレーム長が1,500バイトである。このため、トークンリングLAN側から1,500バイトを超えるフレームを受信した場合には、そのフレームを破棄する。

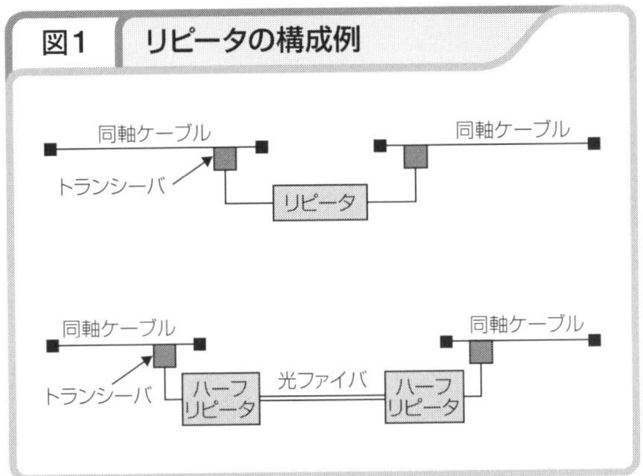

図1　リピータの構成例

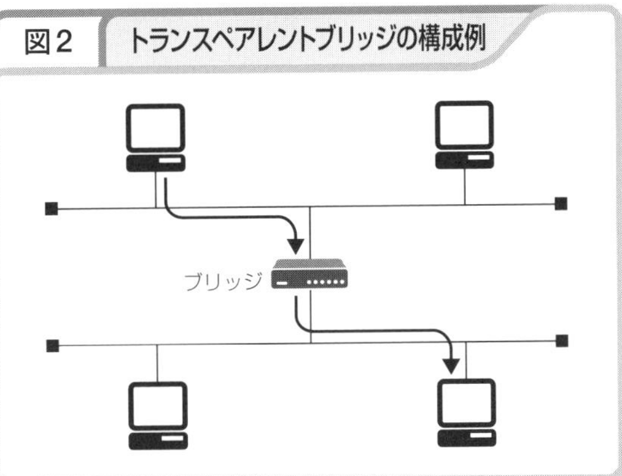

図2　トランスペアレントブリッジの構成例

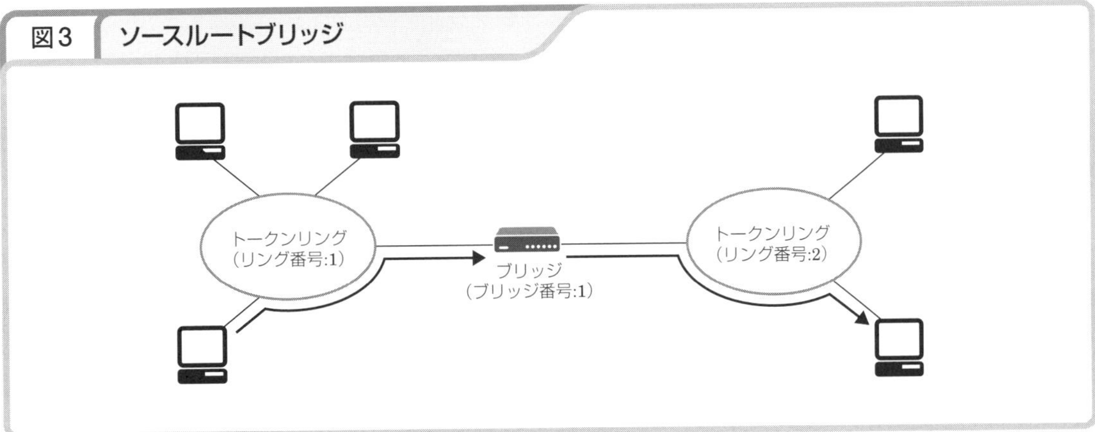

図3　ソースルートブリッジ

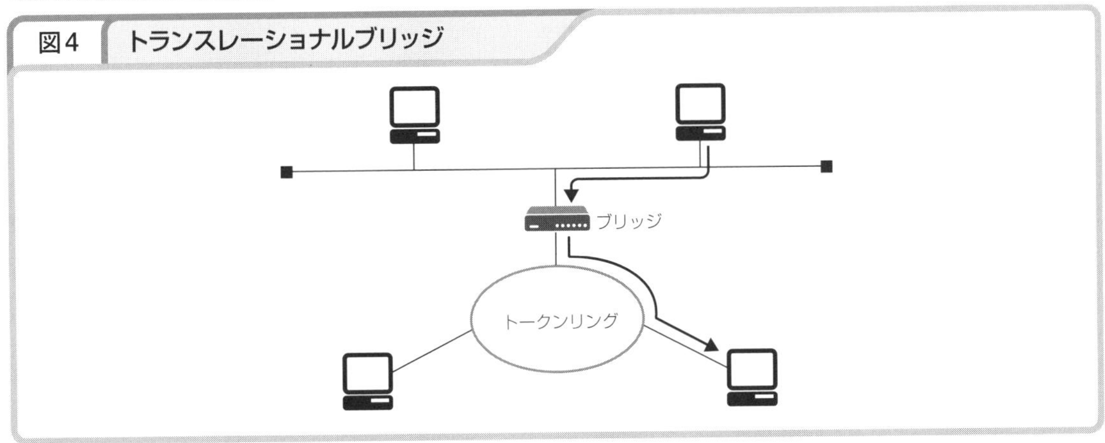

図4　トランスレーショナルブリッジ

＊1　**MACアドレスの反転処理**：イーサネットLANとトークンリングLANでは、MACアドレスのビットを読む方法が異なり、バイト単位でビットを読む順序が逆になる。
例）イーサネット　：00034789491C
↓
トークンリング：00C0E2919238

8-3 LAN間接続装置(2)

1. ルータ

ルータ(Router)は、IPやIPX[*1]などのようなOSI参照モデルにおける**レイヤ3**(ネットワーク層)のプロトコルによる**ルーティング機能**を提供する機器である。ブリッジがレイヤ2(データリンク層)レベルの中継処理を行うのに対して、ルータはIPアドレスを用いたレイヤ3レベルの中継処理を行い、異なるネットワークアドレスを持つネットワーク間を接続する。

ルータは、WANを含む大規模なネットワーク環境やLANだけで構築されるような中小規模のネットワーク環境のいずれにおいても使用される。WAN環境では、企業ネットワーク内の別々に構築された事業所(拠点)ごとのネットワークを、WANにより相互に接続して通信を行う場合などにルータが利用される(図1)。また、LAN環境においては、複数のLANセグメント間におけるルーティング処理を行う機器として使用されることがある(図2)。ルータが持つ特徴は以下の(a)～(c)のとおりであるが、いずれも機種によってサポート範囲は異なるので、利用に際しては注意を要する。

(a)多彩なインタフェース対応

ルータには、さまざまな種類のWANインタフェースを収容できる。複数の通信プロトコルに対応しているルータは**マルチプロトコルルータ**といわれる。なお、当該ルータに対応していない通信プロトコルのパケットは、ルータにより破棄される。

(b)ルーティングプロトコルのサポート

OSPFやRIPなど、さまざまなルーティングプロトコルをサポートするが、機種によって対応するプロトコルが異なることがある。

(c)各種制御機能

パケットフィルタリングやIPsecなどによるセキュリティ対応、およびトラヒック種別ごとの優先制御機能を実装している。また、SNAやNetBEUIなどのIP以外の通信プロトコルを、IPにカプセル化[*2]して、IPネットワーク上を転送する機能も提供する。ルータは、これらのさまざまなインタフェースや機能を実装しているため、多様な通信サービスや、ネットワークに対する要件に対応することが可能である。ルータの機種選択にあたっては、接続インタフェースの種類とポート数、必要とする機能、トラヒック処理能力などの面から検討を行う必要がある。

2. レイヤ3スイッチ(L3スイッチ)

レイヤ3スイッチ(L3スイッチ)は、通常のLANスイッチつまりL2スイッチに、レイヤ3レベルの**IPルーティング**などの機能を追加したものである。L3スイッチでは、**ASIC**[*3]と呼ばれるハードウェアによる処理でIPルーティング機能を実現している[*4]。現在では、ルータとL3スイッチの機能はほとんど差がなくなってきている。そのため、同一拠点内において複数のVLAN間の通信を行う場合には、L3スイッチを使用したルーティング構成をとることが多くなってきている。

近年は、IP-VPNサービスや広域イーサネットサービスのように、LANインタフェースによる接続が可能な通信サービスが提供されるようになっている。このため、同一拠点内での接続およびWAN経由による他拠点との接続には、同一機種で対応することが可能なL3スイッチの使用が増加している。

しかし、L3スイッチでは、ISDN回線やシリアル回線などのWAN接続インタフェースを収容することができないことがあり、その場合はやはりルータが使用される。また、IP以外のプロトコルをIPにカプセル化する機能、トラヒックの優先制御や帯域制御機能などの特別の対応が求められる場合も、ルータが使用されることがある。

3. ルーティング

ルータおよびL3スイッチの基本的な機能にルーティング(経路選択制御)がある。ルーティングとは、パケット(IPデータグラム)を宛先まで転送するために、網の伝送効率の向上と伝送遅延時間の短縮を図りながら、パケットごとに最適経路を選択することをいう。

ルーティング方式には、経路選択のための情報があらかじめルータの**ルーティングテーブル**に設定される**スタティックルーティング**と、ルータ間で常に網の状態の情報を交換しトラヒックの変動や網内の故障などがあればそれに応じてルーティングテーブルを自動的に更新する**ダイナミックルーティング**がある。

スタティックルーティングは、経路情報が宛先ごとに固定的に設定されているため、情報の管理が容易で、網の状態の監視のためのやりとりがないといった利点がある。ただし、網内で輻輳(ふくそう)や故障が発生しても代替経路に切り替えて情報を転送する処理ができない、ノードの追加・変更等に対して設定管理に手間がかかるなどの欠点がある。

一方、ダイナミックルーティングは、網の状態変化に伴いルーティングテーブルを動的に変化させるので、障害などが発生しても、その時点で選択可能な経路のうち伝送遅延時間が最小になるものを選べるようになっている。

図1　WAN経由の拠点接続構成例

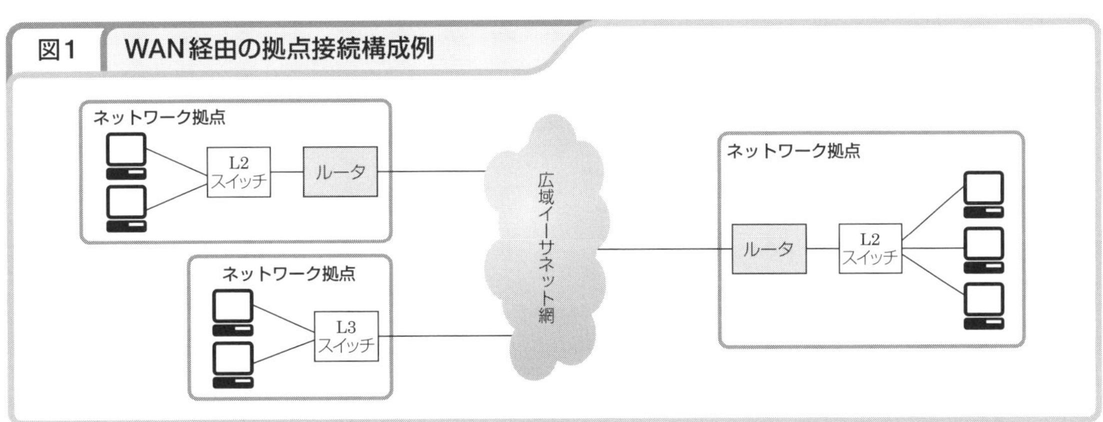

図2　ルータによるLAN間接続例

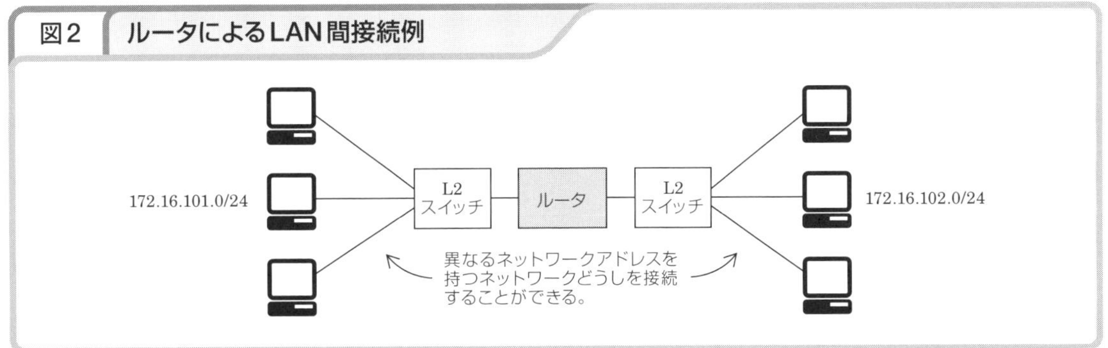

＊1　**IPX (Internetwork Packet eXchange)**：ノベル社のサーバ製品であるNet Wareが使用するプロトコルのことで、レイヤ3のネットワーク層、およびTCP/IPと同様のルーティング機能を持つ。

＊2　**カプセル化**：あるプロトコル用の形式を持つパケットをそのまま他のプロトコルのユーザデータ部としたパケットに組み立てること。

＊3　**ASIC (Application Specific Integrated Circuit)**：特定の目的のために開発された集積回路のこと。ハードウェア処理が行われるため、通常、ソフトウェア処理よりも処理能力が高い。

＊4　一方、先述のルータではソフトウェア上の処理でルーティングが行われている。L3スイッチとルータの相違点の1つは、L3スイッチでは処理がハードウェア上で行われているのに対して、ルータではソフトウェアにより行っていることであると考えて良い。

8-4 PoE機能

1. LANケーブルを用いた給電

通信機器を動作させるためには電力が必要である。旧来の機器では電源アウトレット（コンセント）や電源タップ、延長コードなどを介して電力を供給していたため、新たな電気配線工事が必要になったり、ケーブルレイアウトが複雑で管理に手間がかかるなど不便な点があった。

この対策として、イーサネットのLANケーブル心線を通じて15W程度の電力を供給する方式が提唱され、2003年にIEEE802.3afとして標準化された。これは一般に**PoE**（Power over Ethernet）といわれる。PoEにより、電源のとりにくい場所への端末の設置が可能になった。そして、2009年にはIEEE802.3atが策定され、旧来のafを引き継いだType1と、30W程度の電力供給を可能にするType2の仕様が規定された。さらに、2018年には、IEEE802.3btが策定されて、IEEE802.3atのType1とType2をほぼそのまま引き継ぎ、新たに60Wまでの電力供給を可能にするType3と、90Wまでの電力供給を可能にするType4の仕様が追加された。

PoEにおける給電側の機器は**PSE**（Power Sourcing Equipment）と呼ばれ、受電側の機器は**PD**（Power Device）と呼ばれる。PSEは一般にPoE対応スイッチ等が該当し、接続機器を検出して給電を行ったり、電源のON/OFFによる再起動を行ったり、ケーブルの断線を検出して給電を停止したりすることができる。PDには無線LANアクセスポイントやネットワークカメラ、IP電話機などがあり、既設のコンセントの位置に制約されず、商用電源の配線工事をすることなく設置することができる。

2. 電力クラス

たとえば、Type1の規定では、PSEは1ポート当たり直流48V（動作範囲**44～57V**）で最大**15.4W**の電力をPDに供給でき、PDの最大使用電力は直流**37～57V**の範囲で**12.95W**とされている。しかし、PDは必ずしも規定された最大の電力を必要とするわけではないため、環境への配慮という昨今の社会的要請から、節電を目的として0～8の**電力クラス**が設定されている。

3. 給電開始までの流れ

PSEは、接続された相手端末がPoE対応のPDであることを検知してから給電を開始する。給電開始までの手続は、検出（DETECT）フェーズと分類（CLASSIFICATION）フェーズの2段階で行われる。**検出フェーズ**では、PSEは端末が接続されると2.8～10Vの電圧を加えて25kΩ以上の抵抗があった場合はその端末をPDとみなし、給電を行うこととする。次の**分類フェーズ**はそのPDがどの電力クラスに属する機器であるかを判定するためのもので、15～20Vの電圧を加えて判定する。この際、安全性を考慮して電圧を加える時間を75ms以下、流れる電流を100mA以下とする。また、IEEE802.3bt対応機器では、PSEがPDの最大電力を測定し、その電力を供給する自動クラス分けも可能になった。この分類フェーズはオプションであり、行われない場合もある。

4. 給電方式

Type1およびType2における給電は、LANケーブルの4対（8心）のうち2対（4心）を用いて行い、10BASE-Tまたは100BASE-TXにおける信号線を利用して給電する**オルタナティブA**（Alternative A）と、空き線を利用して給電する**オルタナティブB**（Alternative B）の2つの方式が規定されている。また、Type3では2対または4対を用い、Type4では4対を用いて給電を行う。

図1　PoEの構成

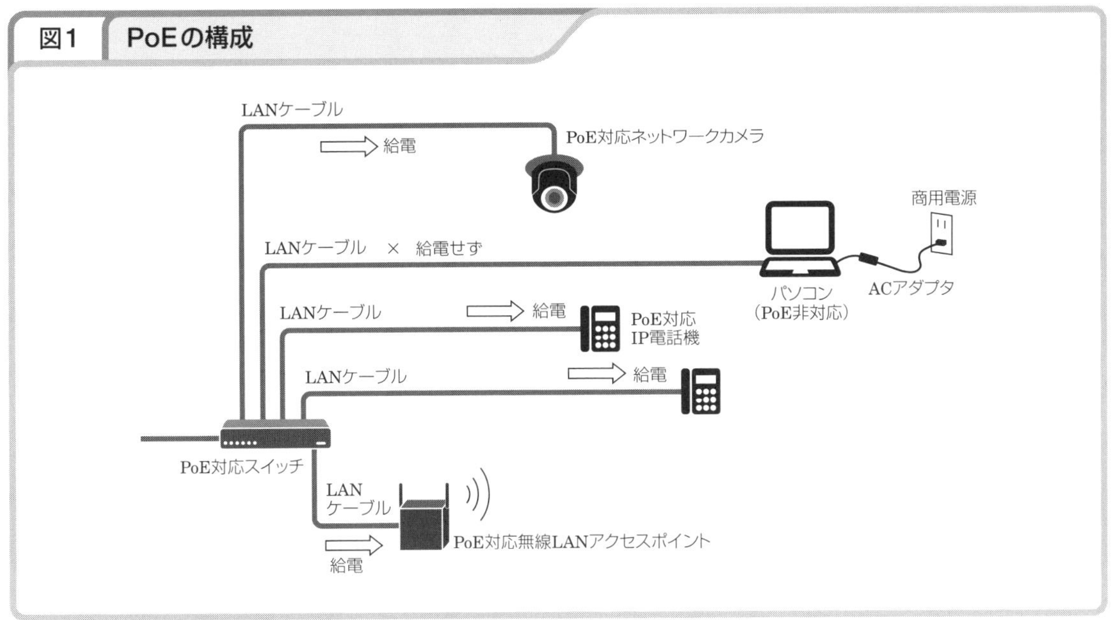

表1　PoEの規格

<table>
<tr><th rowspan="2">クラス</th><th rowspan="2" colspan="4">規格（タイプ）</th><th rowspan="2">用途</th><th rowspan="2">対応
ケーブル</th><th rowspan="2">給電方法</th><th colspan="2">PSEの最大出力</th><th colspan="2">PDの最大使用</th><th rowspan="2">最大電流〔mA〕</th></tr>
<tr><th>電力〔W〕</th><th>電圧〔V〕</th><th>電力〔W〕</th><th>電圧〔V〕</th></tr>
<tr><td>0</td><td rowspan="4">1</td><td rowspan="5">2</td><td></td><td></td><td>デフォルト</td><td rowspan="4">カテゴリ3/5e以上</td><td rowspan="5">オルタナティブA、Bのどちらか一方</td><td>15.4</td><td rowspan="4">44～57</td><td>12.95</td><td rowspan="4">37～57</td><td rowspan="4">350</td></tr>
<tr><td>1</td><td rowspan="6">3</td><td></td><td>クオータパワー</td><td>4.0</td><td>3.84</td></tr>
<tr><td>2</td><td></td><td>ハーフパワー</td><td>7.0</td><td>6.49</td></tr>
<tr><td>3</td><td></td><td>フルパワー</td><td>15.4</td><td>12.95</td></tr>
<tr><td>4</td><td></td><td></td><td>PoE Plus</td><td rowspan="5">カテゴリ5e以上</td><td>30</td><td>50～57</td><td>25.5</td><td>42.5～57</td><td rowspan="3">600</td></tr>
<tr><td>5</td><td></td><td></td><td></td><td rowspan="4">PoE Plus Plus</td><td rowspan="4">4対すべてを用いる</td><td>45</td><td rowspan="4">52～57</td><td>40</td><td rowspan="4">51.1～57</td></tr>
<tr><td>6</td><td></td><td></td><td></td><td>60</td><td>51</td></tr>
<tr><td>7</td><td></td><td></td><td></td><td rowspan="2">4</td><td>75</td><td>62</td><td rowspan="2">960</td></tr>
<tr><td>8</td><td></td><td></td><td></td><td>90</td><td>71.3</td></tr>
</table>

※電力等の数値は1ポート当たりの値。

図2　PoEの給電方式

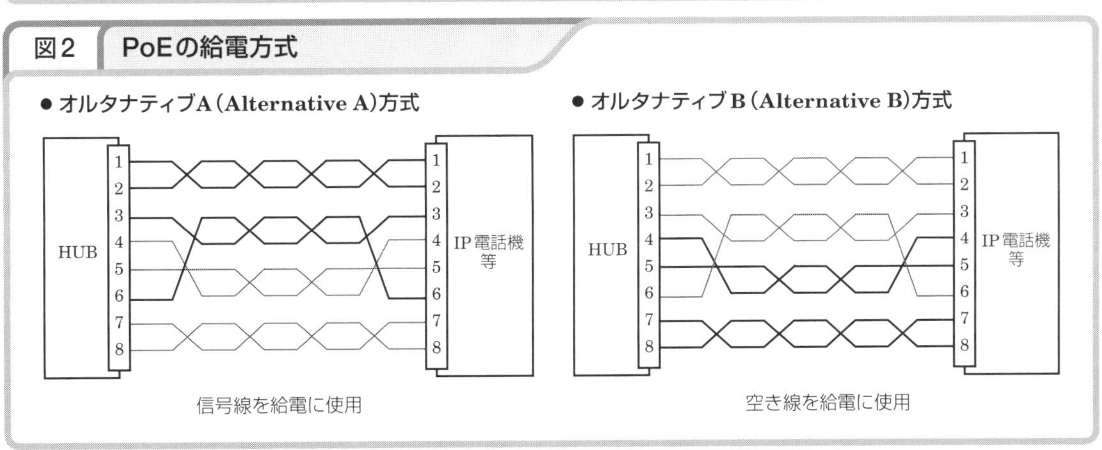

9 電磁妨害・雷サージ対策

9-1 電磁妨害・雷サージ対策

1. 雷サージ

雷の放電などにより瞬間的に発生する異常高電圧・過電流を**雷サージ**という。商用電源を使用している通信機器では、一般に、通信系の接地と電源系の接地が分離している。図1において、通信線に雷サージが誘起されると、保安器の接地抵抗Rによる地電位の上昇により電圧Eが宅内機器に印加される。電源線は柱上変圧器にて片線アースに接続されており、保安器アース点と柱上アース点とで電位差が生じ、その間をサージ電流が流れ込むことになる。雷サージ電圧には、通信線の不平衡などにより通信線間に誘起される**横サージ電圧**（ノーマルモード）と、通信線と大地との間に誘起される**縦サージ電圧**（コモンモード）がある。

2. 雷害対策

電気通信設備の雷害には、一般的に、落雷時の直撃雷電流が通信装置などに影響を与える**直撃雷**による雷害と、落雷時の直撃雷電流によって生ずる**電磁界**によってその付近にある通信ケーブルなどを通して通信装置などに影響を与える**誘導雷**による雷害とがある。電気通信設備を設置している建造物にあっては、アンテナなどの屋外設備、通信線路設備、電源設備などからの雷サージの侵入経路が多数あることを念頭に置いて、適切な対策を講じる必要がある。雷防護対策としては、バイパス、等電位化、絶縁などが挙げられる。

(a)バイパス（サージ電流の迂回(う)）

雷サージが侵入するおそれがある箇所に、1個以上の非線形素子を内蔵している**SPD**（サージ防護デバイス；Surge Protective Device）を設置し、雷などからの過渡的な過電圧を制限し、サージ電流を分流する。

通信機器などの低圧の機器では電圧制限形SPDが使用され、このデバイス内には、非直線性の電圧―電流特性をもつバリスタ、アバランシブレークダウンダイオードなどの素子が用いられている。

(b)等電位化

通信用接地、電力用接地の接地間の電位差をなくすために、**等電位化**を行う。等電位化の方法の1つに、すべての接地を環状に連接する**環状連接接地方式**がある。これは、各接地間に電位差が発生している時間が非常に短くて済む利点がある。

なお、光ファイバ心線はガラスまたはプラスチックを素材としているため、電気を通さないが、テンションメンバ（抗張力体）が金属製である場合、テンションメンバからの放電により光ファイバが損傷を受けることがあるため、テンションメンバを接地バーに連接して接地しなければならない。

3. 建築物等の雷保護（JIS A 4201）

雷保護システムの設計、施工にあたって適合しなければならない規格が、JIS A 4201（建築物等の雷保護）に規定されている。

これによると、電気通信設備などの被保護物を雷の影響から保護するために使用するシステムを**雷保護システム**といい、雷保護システムは、雷撃を受ける受雷部システム、雷電流を受雷部システムから接地システムへ流すための引下げ導線および雷電流を大地へ流し拡散させるための接地システムの3つの部分からなる**外部雷保護システム**と、被保護物内において雷の電磁的影響を低減させるために外部雷保護システムに追加する**内部雷保護システム**に分けることができる。内部雷保護システムのうち、雷電流によって離れた導電性部分間に発生する電位差を低減させるため、その部分間を直接導体またはサージ保護装置によって行う接続を**等電位ボンディング**という。

接地システムの**接地極**（大地と直接電気的に接

触し雷電流を大地へ放流させるための接地システムの部分またはその集合）には、1つまたは複数の**環状接地極**（図3のような大地面または大地面下に建築物等を取り巻き閉ループを構成する接地極）、垂直（または傾斜）接地極、放射状接地極または**基礎接地極**（図4のような建築物等の鉄骨または鉄筋コンクリート基礎によって構成する接地極）を使用しなければならないとされている。

4. EMIとEMC

(a)電磁障害（EMI）

近年、各種電気機器の電子化が進み、矩形波が使用されることが多くなった。矩形波からは高次の高調波が空間に放出され、これが電磁ノイズとなり、電気通信設備の性能や動作に悪影響を及ぼすことがある。また、無線送信設備の送信電波が通話などの通信機能に妨害を与える問題も増加している。一方、通信機器が自ら発生する電磁ノイズにより、他の装置に悪影響を及ぼすこともある。このように、ある発生源から電磁エネルギーを放出する現象を**電磁エミッション**というが、周辺装置から発生する電磁ノイズの影響（電磁妨害）による機器、装置またはシステムの性能の低下を**電磁障害**（**EMI**：ElectroMagnetic Interference）という。

図1　雷サージ

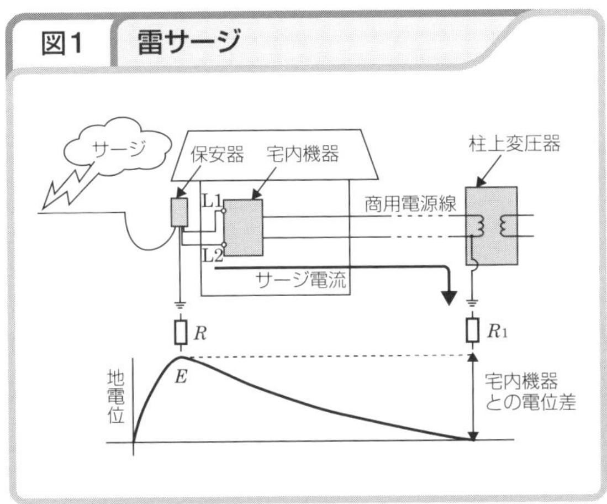

図2　等電位化

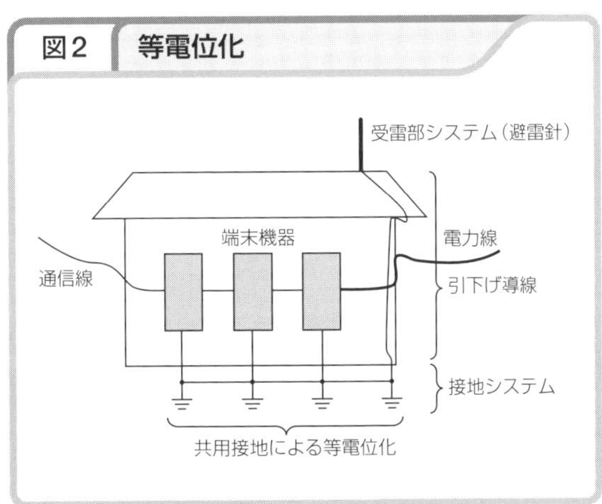

図3　環状接地極の例

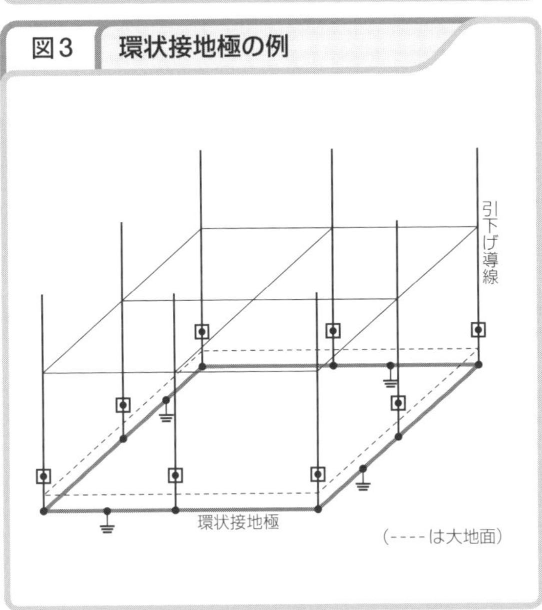

図4　基礎接地極の例

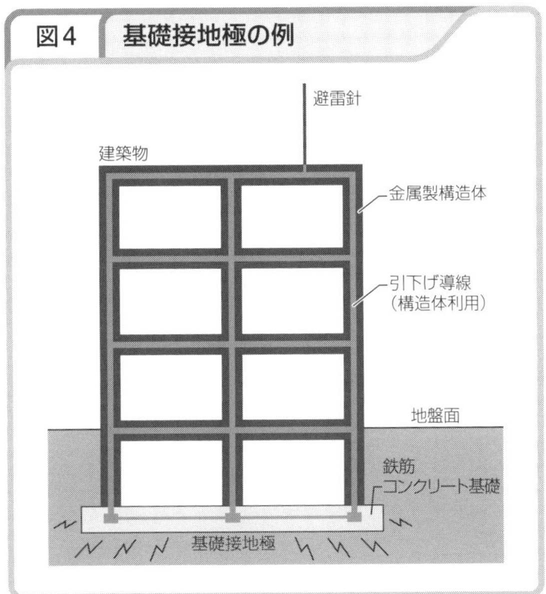

(b)電磁両立性(EMC)

通信機器や通信設備には、他の装置やシステムに許容できないような電磁妨害を与えないようにする対策と、電磁妨害が存在する環境で、機器、装置またはシステムが性能低下せずに動作することができる能力(**イミュニティ**)が求められる。これらの対策および能力に対処することを**電磁両立性**(**EMC**：ElectroMagnetic Compatibility)という。

電磁両立性を実現するため、自ら発生する電磁ノイズを外部に拡散しないことと同時に、外部からの電磁ノイズの侵入を防止するため、次のような設計や施工がなされている。

● フェライト材料を用いたEMIフィルタの活用

EMI対策には、**フェライト**材料を用いたトロイダルコアやクランプフィルタが用いられることが多い。フェライトは、酸化鉄を主成分とする磁性材料であり、絶縁効果がある。また、パーソナルコンピュータ(PC)や事務機など高速クロック信号で動作するデジタル機器から放射される数百MHz～数GHzという高周波の電磁妨害波に対する抑止にも効果があるといわれている。

トロイダルコアは、外径寸法が3～6cm程度のドーナツ形の部品で、これにケーブルを巻き付けて使用する。アナログ電話端末などの配線に使用される2線程度の平衡対ケーブルでの使用には適しているが、UTPケーブルや同軸ケーブルの場合は、曲率半径の制限や太さなどの問題があるため、使用することはできない。また、設置工事の後に装着するのは難しい。

一方、**クランプフィルタ**は、円筒を縦に2つに割ったような小さな部品を樹脂製のケースに収めたものである(図5)。電線を通す、あるいは巻き付けてから蓋を閉じればよいので、作業が容易であり、ネットワークを構築した後でもケーブルを切断することなく装着することができる。UTPケーブルや同軸ケーブルの場合は坑に1回通すだけであるが、ACアダプタのDC(直流)線や電話用ケーブルなら3～4回巻き付けてノイズ電流を抑制する効果を高めることもできる。

● 電磁シールドの活用

接地されていない高導電率の金属で電子機器を完全に覆う方法である。外部誘導ノイズに対する既設端末設備のシールド(遮蔽(へい))対策として用いられている。

● コモンモードチョークコイルの活用

屋内線などの通信線から通信機器に侵入し、通信に妨害を与える雑音には、さまざまな種類がある。このうち、電界・磁界により誘起される誘導雑音であって、通信線と大地との間に発生する縦電圧によるものを**コモンモードノイズ**(同相ノイズ)という。縦電圧が誘起される原因はいろいろあるが、屋内線などの通信線がワイヤ形の受信アンテナとなって放送波などの電波を拾うこともその一つである。この縦電圧を通信機器の内部回路が検波して、雑音となる。コモンモードノイズ対策として、図6のように線路の末端に**コモンモードチョークコイル**を挿入し縦電圧を減衰させる方法がある。

5. VCCI技術基準

テレビ受像機やラジオ等の近傍にデジタル制御信号等を用いた通信機器を設置すると、その機器から空中に放射される高調波成分が雑音の原因となることがある(図7)。パーソナルコンピュータ(PC)やマイコン制御の各種装置は、デジタル制御信号を用いているが、デジタル制御信号は矩形波であるから、高次の高調波の発生は避けられない。このため、高い周波数の電磁波が漏洩し、空中に放射されて、放送電波の受信障害を引き起こすおそれがある。

その対策として、漏洩電磁波について、情報機器業界の自主規制団体である**VCCI(情報処理装置等電波障害自主規制協議会)**が一定の基準(VCCI技術基準)を設けており、会員企業はその基準に従い、装置の設計・製造・適合確認試験を行っている。VCCI技術基準への適合性が確認された機器については、その確認を行った会員企業がVCCIに届け出ることになっており、正しく届出を行った機器の製品には、ラベルまたはマークを表示して出荷することになっている。

VCCI技術基準では、情報技術装置(ITE)を使用される環境によってクラスAとクラスBの2種類に区分している。

(a) VCCIクラスA情報技術装置

クラスA情報技術装置の妨害許容値を満たすが、クラスB情報技術装置の妨害許容値を満たさないすべての情報技術装置をいう。

(b) VCCIクラスB情報技術装置

クラスB情報技術装置の妨害許容値を満たす装置であり、主に家庭環境(ラジオやテレビ受像機を情報技術装置から10m以内の距離で使用するような環境)で使用されることを意図した装置をいう。具体的には、パーソナルコンピュータ、携帯用ワードプロセッサ、およびこれらに接続される周辺装置、ファクシミリ装置などが挙げられる。

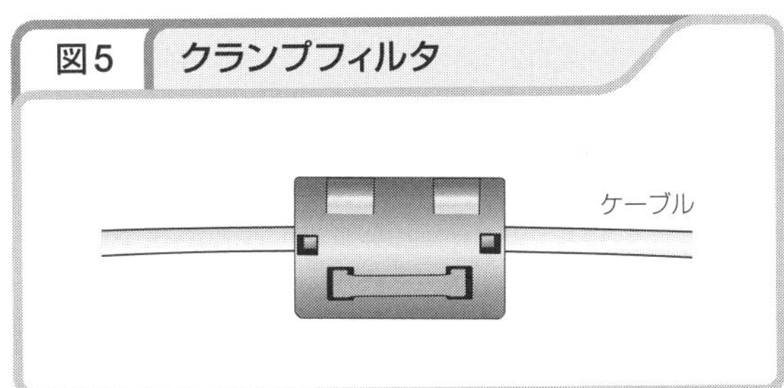

図5　クランプフィルタ

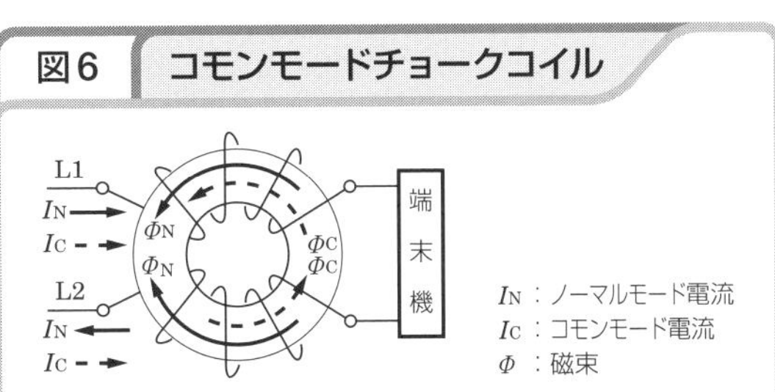

図6　コモンモードチョークコイル

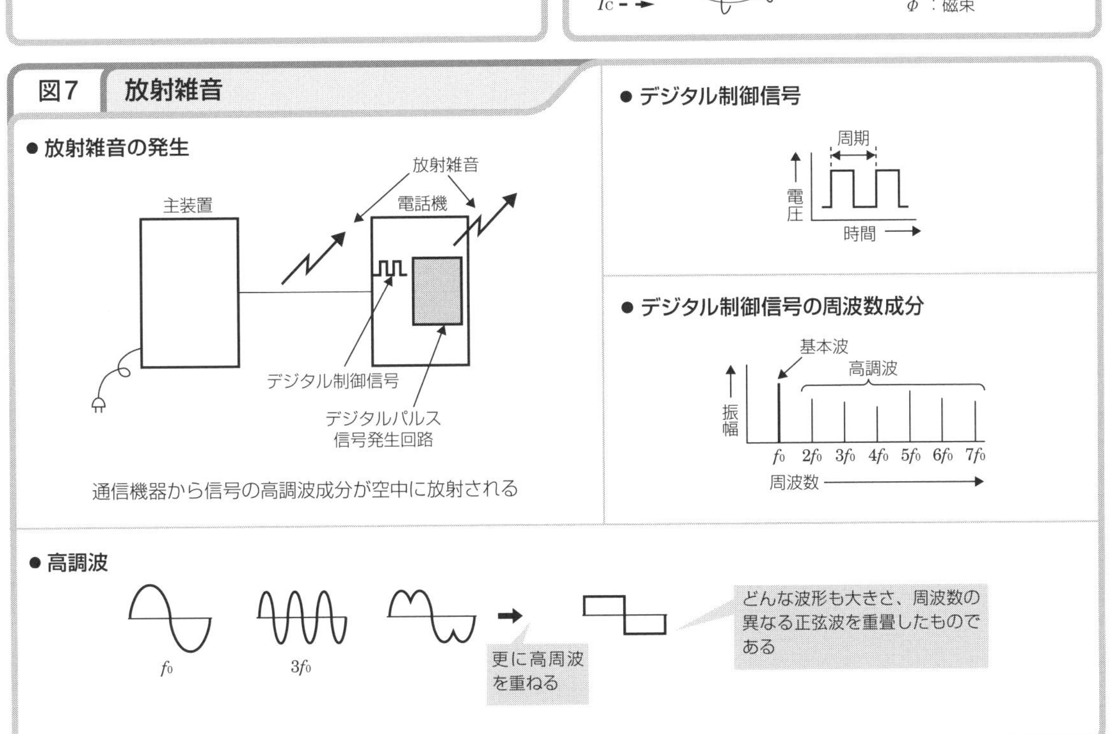

図7　放射雑音

練習問題

（解答は292頁）

問1

参照

次の各文章の［　　］内に、それぞれの［　　］の解答群の中から最も適したものを選び、その番号を記せ。

(1) 多機能電話機の機能について述べた次の二つの記述は、［　　］。

☞18ページ
1-2 多機能電話機

A 電話機の内蔵メモリに、回線ボタンなどに対応してあらかじめダイヤル番号を記憶させておき、当該ボタンを押下するだけで記憶させたダイヤル番号を選択信号として送出できる機能は、ワンタッチダイヤル、オートダイヤルなどといわれる。

B 外線に発信するとき、ダイヤルボタンを押して相手の電話番号を電話機のディスプレイに表示させ、確認、訂正などの後、選択信号として送出できる機能は、セーブダイヤルといわれる。

［① Aのみ正しい　② Bのみ正しい
③ AもBも正しい　④ AもBも正しくない］

(2) DECT方式を参考にしたARIB STD－T101に準拠するデジタルコードレス電話機では、子機から親機へ送信を行う場合における無線伝送区間の通信方式として、［　　］が用いられている。

☞22ページ
1 デジタルコードレス電話機

［① FDMA／FDD　② TDMA／TDD
③ CSMA／CD　④ SDMA／TDD
⑤ CDMA／FDD］

(3) DECT方式を参考にしたARIB STD－T101に準拠するデジタルコードレス電話システムは、複数の通話チャネルの中から使用するチャネルを選択する場合に、他のコードレス電話機や無線設備などとの混信を防止するため、チャネルが空きかどうかを検出する［　　］といわれる機能を有している。

☞24ページ
3 発呼時（携帯部からの発呼）動作

［① プリセレクション　② P2MPディスカバリ
③ キャリアセンス　④ ネゴシエーション
⑤ ホットライン］

(4) アナログ電話機での通話について述べた次の二つの記述は、[　　]。

A　送話者自身の音声が、受話者側の受話器から送話器に音響的に回り込んで通話回路を経由して戻ってくることにより、送話者の受話器から遅れて聞こえる現象は、一般に、側音といわれる。

B　送話者自身の音声や室内騒音などが送話器から入り、電話機内部の通話回路及び受話回路を経て自分の耳に聞こえる音は、一般に、回線エコーといわれる。

［① Aのみ正しい　② Bのみ正しい　③ AもBも正しい　④ AもBも正しくない］

☞26ページ
3　音声の受話を妨害する因子

(5) 文書ファクシミリ伝送手順はITU－T勧告T.30で規定されており、グループ3ファクシミリ端末どうしが公衆交換電話網(PSTN)を経由して接続されると、送信側のファクシミリ端末では、T.30で規定するフェーズAの呼設定において、一般に、[　　]信号として断続する1,100ヘルツのトーンを受信側のファクシミリ端末に向けて送出する。

［① CNG　② SDT　③ CED　④ CED　⑤ SETUP］

☞28ページ
4　G3ファクシミリ

(6) カラーコピー複合機にはファクシミリ機能を有するものがあり、カラーファクシミリの画信号の冗長度抑圧符号化としては、一般に、静止画像データの圧縮方法の国際標準規格である[　　]が用いられている。

［① MH　② MR　③ JPEG　④ MMR　⑤ JBIC］

☞28ページ
4　G3ファクシミリ

問2

次の各文章の[　　]内に、それぞれの[　　]の解答群の中から最も適したものを選び、その番号を記せ。

(1) デジタル式PBXの空間スイッチにおいて、音声情報ビット列は、時分割ゲートスイッチの開閉に従い、多重化されたまま[　　]の時間位置を変えないで、[　　]単位に入ハイウェイから出ハイウェイへ乗り換える。

［① カウンタ　② チャネル　③ フレーム　④ レジスタ　⑤ タイムスロット］

☞32ページ
4　信号の流れ

(2) デジタル式PBXの空間スイッチは、一般に、複数本の入・出ハイウェイ、[　　　] 及び制御メモリから構成されている。

［① 通話メモリ　② トランクメモリ
③ バッファメモリ　④ 時分割ゲートスイッチ
⑤ カウンタ回路］

☞32ページ
3 電子回路の空間分割スイッチ

(3) デジタル式PBXの時間スイッチについて述べた次の二つの記述は、[　　　]。

A 時間スイッチにおける通話メモリには、入ハイウェイ上の各タイムスロットの音声信号などが記憶される。

B 時間スイッチは、入ハイウェイ上のタイムスロットを、出ハイウェイ上の任意のタイムスロットに入れ替えるスイッチである。

［① Aのみ正しい　② Bのみ正しい
③ AもBも正しい　④ AもBも正しくない］

☞34ページ
1 時間スイッチの基本原理
2 時間スイッチとその関連回路

(4) 図は、デジタル式PBXの内線回路のブロック図を示したものである。図中のXは [(ア)] であり、Zは [(イ)] を表す。

［① リングトリップ回路　② 変調器
③ 2線－4線変換回路　④ 通話電流供給回路
⑤ 復調器　⑥ 復号器　⑦ 過電圧保護回路
⑧ 符号器　⑨ ハイインピーダンス回路］

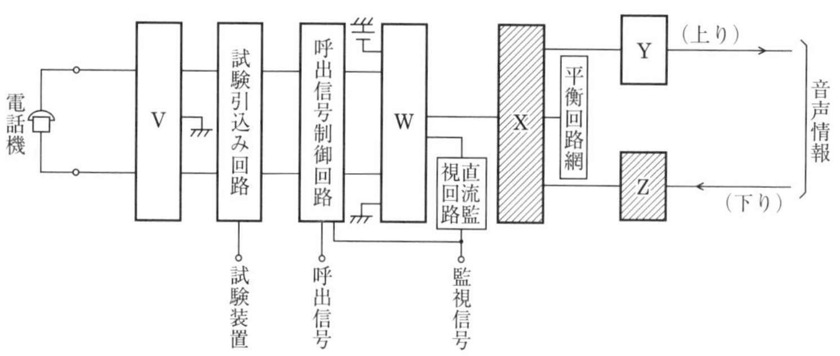

☞36ページ
2 内線回路各部の機能

(5) デジタル式PBXが有する機能のうち、外線からPBXに収容されている内線に直接着信させるため、外線からPBXへの着信時にトーキーなどで一時応答をした後、引き続きPB信号で内線番号をダイヤルさせるものは、[　　　] 方式といわれる。

［① ダイヤルイン　② ダイレクトインダイヤル
③ コールバック　④ ダイレクトインライン
⑤ 分散中継台］

☞40ページ
3 着信方式

(6)　電話は、一般に、オンラインリアルタイムの通信に利用され、相手不在、相手話中等の場合には通信が成立しない。これらの不便を解消するために実用化されたのが、音声をいったん蓄積しておき、後から配送したり、取り出したりして通信する ［　　］ メールである。

［①　テキスト　　②　メッセージ　　③　データ　　④　ボイス］

☞40ページ
2　メールサービス

問3

次の各文章の ［　　］ 内に、それぞれの［　　］の解答群の中から最も適したものを選び、その番号を記せ。

(1)　ISDN基本ユーザ・網インタフェースにおけるデジタル回線終端装置について述べた次の二つの記述は、［　　］。

A　端末インタフェース部は、一般に、バス接続された各端末と通信するための送受信回路、ブリッジタップによるエコーを補償するための等化器などで構成されている。

B　加入者線インタフェース部は、一般に、物理的に網を終端するための線路終端回路、線路特性による伝送信号のひずみなどに起因して生ずる線路損失を補償するための等化器などで構成されている。

［①　Aのみ正しい　　②　Bのみ正しい
③　AもBも正しい　　④　AもBも正しくない］

☞42ページ
1　DSU内蔵TA

(2)　ISDN基本ユーザ・網インタフェースにおけるデジタル回線終端装置について述べた次の二つの記述は、［　　］。

A　伝送路終端や給電など、物理的及び電気的に網を終端する機能を持つ。

B　OSI参照モデルのレイヤ2に等しい機能を持つ。

［①　Aのみ正しい　　②　Bのみ正しい
③　AもBも正しい　　④　AもBも正しくない］

☞42ページ
1　DSU内蔵TA

(3)　デジタル電話機がISDN基本ユーザ・網インタフェースを経由して網に接続され、通話状態が確立している場合、デジタル電話機の送話器からのアナログ音声信号は、［　　］ のコーデック回路でデジタル信号に変換される。

［①　デジタル加入者線交換機　　②　端末アダプタ
③　デジタル回線終端装置　　④　電話機本体
⑤　変復調装置］

☞42ページ
2　デジタル電話機

問4

次の各文章の[   ]内に、それぞれの[   ]の解答群の中から最も適したものを選び、その番号を記せ。

(1) IP－PBX及びIPセントレックスについて述べた次の二つの記述は、[   ]。

☞44ページ
2 IP-PBX

A IP－PBXにはIP－PBX用に構成されたハードウェアを使用するハードウェアタイプと、汎用サーバにIP－PBX用の専用ソフトウェアをインストールするソフトウェアタイプがあり、ハードウェアタイプは、一般に、ソフトウェアタイプと比較して新たな機能の実現や外部システムとの連携が容易であるとされている。

B IPセントレックスサービスでは、一般に、ユーザ側のIP電話機は、電気通信事業者側の拠点に設置されたPBX機能を提供するサーバなどにIPネットワークを介して接続される。

[① Aのみ正しい　② Bのみ正しい
③ AもBも正しい　④ AもBも正しくない]

(2) SIPサーバの構成要素のうち、ユーザエージェントクライアント(UAC)からの発呼要求などのメッセージを転送する機能を持つものは[   ]サーバといわれる。

☞44ページ
3 SIPサーバシステム

[① プロキシ　② ロケーション　③ リダイレクト
④ DHCP　⑤ SIPアプリケーション]

(3) 外線インタフェースとしてIPインタフェースを持たないデジタル式PBXをIPネットワークに接続するには、一般に、デジタル式PBXへの付加装置として[   ]といわれる変換装置が用いられる。

☞46ページ
1 VoIPゲートウェイ

[① ダイヤルアップルータ　② 光ADM
③ VoIPゲートウェイ　④ ケーブルモデム
⑤ IPセントレックス]

問5

次の各文章の[   ]内に、それぞれの[   ]の解答群の中から最も適したものを選び、その番号を記せ。

(1) IEEE802.3aeとして標準化されたWAN用の[   ]の仕様では、信号光の波長として850ナノメートルの短波長帯が用いられ、伝送媒

☞54ページ
4 超高速イーサネット

体としてマルチモード光ファイバが使用される。

［① 10GBASE－SR　② 10GBASE－LR
③ 10GBASE－SW　④ 10GBASE－EW
⑤ 1000BASE－SX］

(2) 10GBASE－LRの物理層では、上位MAC副層からの送信データをブロック化し、このブロックに対してスクランブルを行った後、2ビットの同期ヘッダの付加を行う ＿＿＿ といわれる符号化方式が用いられている。

☞56ページ
2　各種LAN規格と伝送路符号

［① 1B／2B　② 4B／5B　③ 8B1Q4
④ 8B／10B　⑤ 64B／66B］

(3) ネットワークインタフェースカード(NIC)に固有に割り当てられたMACアドレスは、＿＿＿ バイト長で構成され、先頭の3バイトはベンダ(メーカ)識別番号(Organizationally Unique Identifiers)などといわれ、IEEEが管理、割当てを行っている。

☞62ページ
1　イーサネットLANのMACアドレス

［① 4　② 6　③ 8　④ 12　⑤ 16］

(4) IEEE802.11において標準化された無線LANの特徴などについて述べた次の二つの記述は、＿＿＿ 。

A　5GHz帯の無線LANでは、ISMバンドとの干渉によるスループットの低下がない。

B　変調方式にOFDM(Orthogonal Frequency Division Multiplexing直交周波数分割多重)を用いているものは、6.9GHz帯の無線LANである。

☞66ページ
1　無線LANの標準規格
☞68ページ
2　電波の干渉

［① Aのみ正しい　② Bのみ正しい
③ AもBも正しい　④ AもBも正しくない］

(5) IEEE802.11標準の無線LANの環境として、同一アクセスポイント(AP)配下に無線端末(STA) 1とSTA2があり、障害物によってSTA1とSTA2との間でキャリアセンスが有効に機能しない隠れ端末問題の解決策として、APは、送信をしようとしているSTA1からの ＿＿＿ 信号を受けるとCTS信号をSTA1に送信するが、このCTS信号は、STA2も受信できるので、STA2はNAV期間だけ送信を待つことにより衝突を防止する対策が採られている。

☞68ページ
3　隠れ端末問題

［① CFP　② NAK　③ FFT
④ RTS　⑤ REQ］

問6

次の各文章の［　　］内に、それぞれの［　　］の解答群の中から最も適したものを選び、その番号を記せ。

(1) ネットワークを構成する機器であるレイヤ2スイッチは、受信したフレームの［　　］を読み取り、アドレステーブルに登録されているかどうかを検索し、登録されていない場合はアドレステーブルに登録する。

☞70ページ
2 LANスイッチ

［① 送信元MACアドレス　② 送信元IPアドレス
③ 宛先MACアドレス　④ 宛先IPアドレス
⑤ マルチキャストアドレス］

(2) スイッチングハブのフレーム転送方式におけるフラグメントフリー方式では、有効フレームの先頭から［　　］フレームを転送する。

☞70ページ
2 LANスイッチ

［① 宛先アドレスまでを受信した後、フレームが入力ポートで完全に受信される前に
② 宛先アドレスと送信元アドレスまでを受信した後、フレームが入力ポートで完全に受信される前に
③ 64バイトまでを受信した後、異常がなければ
④ FCSまでを受信した後、異常がなければ］

(3) ネットワークを構成する機器であるレイヤ3スイッチについて述べた次の二つの記述は、［　　］。

☞76ページ
3 レイヤ3スイッチ

A レイヤ3スイッチは、ルーティング機能を有しており、異なるネットワークアドレスを持つネットワークどうしを接続することができる。

B レイヤ3スイッチを使用することにより、VLAN (Virtual LAN)を構成し、VLANとして分割したネットワークを相互に接続することができる。

［① Aのみ正しい　② Bのみ正しい
③ AもBも正しい　④ AもBも正しくない］

(4) IEEE802.3at Type1として標準化されたPoEの規格では、電力クラス0の場合、PSEの1ポート当たり直流44～57ボルトの範囲で最大［　　］を、PSEからPDに給電することができる。

☞78ページ
2 電力クラス

［① 350ミリアンペアの電流　② 450ミリアンペアの電流
③ 600ミリアンペアの電流　④ 30ワットの電力
⑤ 68.4ワットの電力］

(5)　IEEE802.3at Type1又はType2として標準化されたPoEについて述べた次の二つの記述は、［　　　］。

☞78ページ
4　給電方式

A　Type1の規格には、UTPケーブルの4対全てを使用して給電する方法がある。

B　Type2の規格で使用できるUTPケーブルには、カテゴリ5e以上の性能が求められる。

［① Aのみ正しい　② Bのみ正しい
③ AもBも正しい　④ AもBも正しくない］

問7

次の各文章の［　　　］内に、それぞれの［　　］の解答群の中から最も適したものを選び、その番号を記せ。

(1)　電気通信設備の雷害には、落雷時の雷電流によって生ずる強い電磁界により、その付近にある通信ケーブルや電力ケーブルを通して通信装置などに影響を与える［　　　］によるものなどがある。

☞80ページ
2　雷害対策

［① 直撃雷　② 側撃雷　③ 逆流雷
④ 誘導雷　⑤ 接地雷］

(2)　通信機器は、自ら発生する電磁ノイズにより周辺の他の装置に影響を与えることがあり、JIS C 60050－161：1997EMCに関するIEV用語では、ある発生源から電磁エネルギーが放出する現象を、［　　　］と規定している。

☞81ページ
4　EMIとEMC

［① イミュニティ　② 電磁エミッション　③ 電磁環境
④ 電磁障害　⑤ 電磁両立性］

(3)　放送波などの電波が通信端末機器内部へ混入する経路において、屋内線などの通信線がワイヤ形の受信アンテナとなることで誘導される［　　　］電圧を減衰させるためには、一般に、コモンモードチョークコイルが用いられている。

☞81ページ
4　EMIとEMC

［① 正 相　② 逆 相　③ 帰 還
④ 線 間　⑤ 縦］

2

総合デジタル通信の技術

ISDN（サービス総合デジタル網）は、各種メディアの信号をデジタル形式で統合して取り扱う通信網として開発されたもので、その規格はITU-Tで勧告化されている。

ここでは、主としてインタフェースの構造、信号形式、伝送制御手順、呼制御手順等について学習する。

ISDNは、OSI参照モデルの階層構造に基づいて体系化がなされているので、レイヤ別に特徴を整理して学習するとわかりやすい。

1 ISDNインタフェースの概要

1-1 ISDNインタフェース

1. ISDNインタフェースの特徴

ISDNに関する国際標準は、ITU-Tが**Iシリーズ**として勧告している。利用者が接続する端末とISDNネットワーク(網)の間のプロトコルを**ユーザ・網インタフェース**といい、OSI参照モデルの第1層～第3層について規定したものが**I.400**シリーズ勧告である(図1)。

ISDNのユーザ・網インタフェースは、次の特徴を有している(図2)。

① 1つの物理インタフェース上で、電話、ファクシミリ、パケット交換など複数の通信サービスの同時利用が可能である。

② 同一インタフェース上で、発信する呼ごとにパケット交換か回線交換かを選択できる。

③ 1つの物理インタフェース上に同時に複数の端末の接続が可能である。

④ 端末の移動性(ポータビリティ)の確保が可能である。

⑤ 基本ユーザ・網インタフェース用の加入者線では、停電時にも電話機能を維持できるよう、局給電が行われる。

2. 参照点と機能群

(a)参照点

ISDNユーザ・網インタフェースでは、端末と網との接続形態を図3のようにモデル化し、それぞれの参照点について標準化を行っている。

参照点には、**T点**、**S点**、**R点**の3つがあるが、I.400シリーズインタフェースが規定されているのはT点およびS点である。基本ユーザ・網インタフェースでは、T点およびS点において2B＋D構造のチャネルが提供される。R点はI.400シリーズ以外のインタフェースが適用され、Xシリーズ、Vシリーズインタフェースなどが用いられる。

(b)機能群

表1に示す各種の機能を実現するための装置やソフトウェアを表すものである。

● NT1

加入者線伝送路の終端、端末と網の物理的・電気的接続、同期、給電、競合制御等の**レイヤ1**の機能を表す。データ網のデジタル回線終端装置(DSU)に相当する。

● NT2

端末相互間で情報を正確に送受信するための伝送制御(**レイヤ2**機能)、および通信相手までの通信パスの設定や解放、サービス内容の解釈などの機能(**レイヤ3**機能)を行うほか、多重、交換、集線、保守などの各種の機能を表す。代表的な装置にPBXがある。

なお、PBX等の集線・交換機能を使用しない場合はNT2を省略することができ、このとき参照点のT点とS点は一致すること(縮退したS、T点)になるので、**S/T点**と呼ばれる。

● TE1

I.400シリーズインタフェースを有する端末の機能を表す。デジタル電話機等の**ISDN標準端末**に相当する。

● TE2

I.400シリーズインタフェース以外のインタフェースを有する端末の機能を行う。パケット形態端末などのXシリーズや、従来のアナログ電話機やG3ファクシミリなどのVシリーズのインタフェースで接続する**非ISDN端末**に相当する。

● TA

I.400シリーズインタフェース以外のインタフェースからI.400シリーズインタフェースへ変換する機能を表す。非ISDN端末をISDNに接続する場合に伝送速度やプロトコルの変換を行う**端末アダプタ**となる。

図1　ISDNの勧告体系

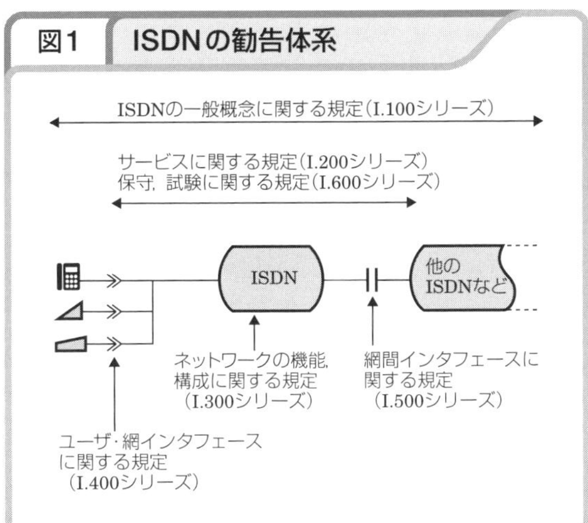

図2　特徴

① 複数通信サービスの同時利用が可能

② 回線交換とパケット交換を呼ごとに選択可能

③ 複数の端末の接続が可能

④ 端末の移動性を確保

⑤ 停電時にも最低限の通話を維持できる局給電(基本アクセスのみ)

図3　参照点

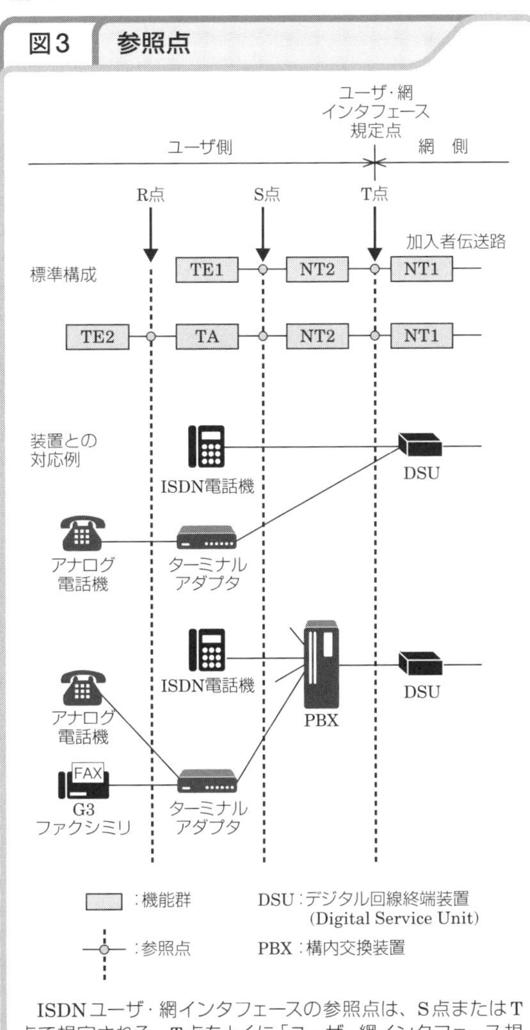

ISDNユーザ・網インタフェースの参照点は、S点またはT点で規定される。T点をとくに「ユーザ・網インタフェース規定点」とよぶ。

表1　機能群

名称	機　能	装置例
NT1 (Network Termination 1)	伝送路終端等のレイヤ1の機能をもつ装置	デジタル回線終端装置(DSU)
NT2 (Network Termination 2)	端末とNT1の間に位置し、交換や集線などのレイヤ1～3に関する機能をもつ装置	PBX
TE1 (Terminal Equipment type 1)	ISDNユーザ・網インタフェースに接続可能な端末(ISDN標準端末)	デジタル電話機等
TE2 (Terminal Equipment type 2)	Vシリーズインタフェース、Xシリーズインタフェース等の既存のユーザ・網インタフェースに接続可能な端末(非ISDN端末)	アナログ電話機、G3ファクシミリ、パケット形態端末などの既存の端末装置
TA (Terminal Adapter)	非ISDN端末であるTE2をISDNユーザ・網インタフェースに接続するためのアダプタ	プロトコル変換装置

1-2 チャネル、インタフェースの種類、加入者線伝送方式

1. チャネルタイプ

ISDNにおける論理的な通信路はチャネルといわれ、その種類(チャネルタイプ)は、転送する情報の種別や速度に応じて次の3つに分類される。

(a) Bチャネル

デジタル音声、データパケット等のユーザ情報を伝送するための**64kbit/s**のチャネルである。このため、**情報チャネル**ともいわれる。回線交換モードでもパケット交換モードでもユーザ情報の伝送が可能である。回線交換の制御信号(シグナリング情報)を伝送することはできない。

(b) Dチャネル

信号チャネルともいわれ、回線交換の呼制御信号を伝送するために使用される。1つのDチャネルで複数端末の呼制御が可能である。伝送速度は、基本ユーザ・網インタフェースで**16kbit/s**、一次群速度ユーザ・網インタフェースで**64kbit/s**である。呼制御情報の伝送のほか、パケット交換モードのユーザ情報も伝送できる。

(c) Hチャネル

Bチャネルを6本あるいは24本束ねて1つのチャネルとして使用することにより、ユーザ情報を高速に伝送するのに用いていたチャネルである。回線交換の非制限デジタル通信モードにおいて、高速ファクシミリ、高速データ、画像情報などの伝送に使用されていたが、現在は提供されていない。

2. インタフェースの種類とチャネル構造

ISDNにおいて、DSUがユーザに提供するユーザ・網インタフェースには、基本インタフェースと一次群速度インタフェースの2種類がある。

(a)基本ユーザ・網インタフェース

一般家庭や小規模事業所に適用することを想定したインタフェースである。2本の独立したBチャネルと1本のDチャネルからなる**2B＋D**のチャネル構造を有しており、最大**144kbit/s**の情報伝送ができる。

(b)一次群速度ユーザ・網インタフェース

大規模事業所などにおけるPBX等への適用を想定したインタフェースである。BチャネルとDチャネルをすべて1つのインタフェースに収容する場合にはBチャネル23本と1本のDチャネルからなる**23B＋D**、同一アクセス構成内の他のインタフェースとDチャネルを共用する場合にはBチャネル24本の**24B/D**のチャネル構造をとることができ、最大**1,536kbit/s**の情報伝送ができる。

3. 加入者線伝送方式

(a)基本アクセスメタリック加入者線伝送方式

ISDN基本ユーザ・網インタフェースを提供するDSUと電気通信事業者のOCUとの間の加入者線には**2線式の平衡型メタリックケーブル**が用いられる。この加入者線上での伝送方式はISDN基本アクセスメタリック加入者線伝送方式といわれ、TTC標準JT－G961で規定されている。

この方式では、**TCM**(時間軸圧縮多重)技術を用いた**時分割方向制御(ピンポン伝送)**により、上り・下りの双方向で信号の同時伝送を可能にしている。2B＋Dの一方向の伝送速度は144kbit/sであるが、網への上り伝送では、DSUは2B＋Dのデータを2.5ms(360ビット)ごとに区切り、先頭に16ビットのヘッダを付加し末尾に1ビットのパリティビットを付加した377ビットのバーストフレームを組み立て、伝送時間を2.5msの半分以下の1.178125msに圧縮する。よって、符号速度は**320kbit/s**となる。送信後、2.5msの半分の1.25msから伝送時間を引いた0.071875の間に回線側から**受信信号**が送られてくる。下り伝送では符号速度320kbit/sの信号を1.178125msの間受信し、そ

の後直ちに受信信号を網に返送する。

(b)一次群速度インタフェース用光加入者線伝送方式

ISDN一次群速度ユーザ・網インタフェースを提供するDSUと電気通信事業者のOCUとの間の加入者線には**2心の光ファイバ**を用いた双方向伝送が行われる。この加入者線上での伝送方式はISDN一次群速度インタフェース用光加入者線伝送方式といわれる。この方式では、伝送路符号に**CMI符号**を用いる。送信するデータのビット値が「0」のときは、"LH"の光信号に変換する。また、ビット値が「1」のときは、"LL"と"HH"が交互に出現する光信号に変換する。

表1　チャネルタイプ

種類	チャネルタイプ		チャネル速度	記　　事
情報	B		64kbit/s	ユーザ情報を運ぶ情報チャネル
	H	H0	384kbit/s	高速のユーザ情報を運ぶチャネル（一次群速度インタフェースの非制限デジタル通信モードのみ）
		H1	1,536kbit/s	
信号	D		（基本I/F）16kbit/s （一次群速度I/F）64kbit/s	端末－網、端末－端末間の制御信号等を運ぶ信号チャネル パケット形式のユーザ情報を運ぶことも可能

※Hチャネルについては、日本国内では既にサービスを終了している。

図1　ISDNユーザ・網インタフェースの種類

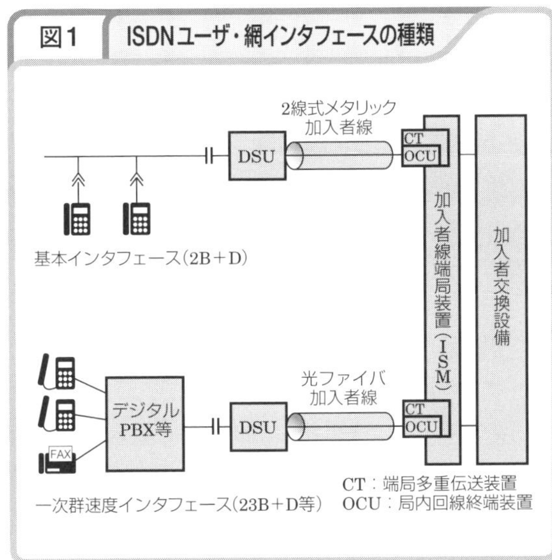

図2　インタフェース構造

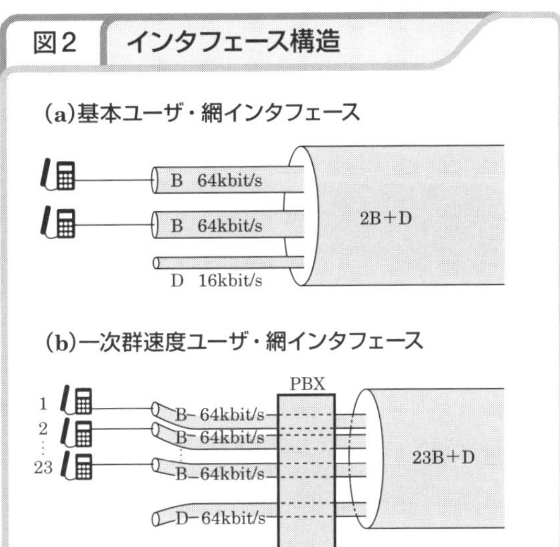

図3　時分割方向制御

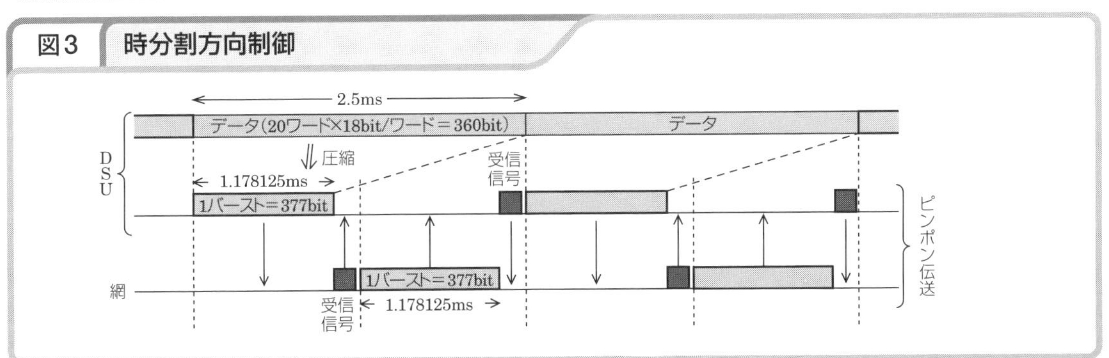

2 ISDNインタフェース・レイヤ1

2-1 基本ユーザ・網インタフェースレイヤ1(1)

1. 国際ISDN番号計画

国際ISDNの番号は、ITU-T勧告**E.164**で規定され、国を識別する国番号(CC)、国内の事業者を識別する国内宛先番号(NDC)、その事業者の加入者を識別する加入者番号(SN)より構成されている。番号の桁数については、国番号は3桁以内、トータルの最大桁数は**15桁**とされている。ただし、この中には、国際番号であることを示す"00"等のプレフィックスやエスケープコードは含まない。

また、ISDN番号では1本の加入者線に接続された複数の端末から通信相手端末を随意に選択し指定するためのサブアドレスが定義されている。**サブアドレス**は最大40桁と規定されており、発呼時に呼設定メッセージで指定すると、網内をそのまま転送され、着信側のユーザ・網インタフェースまで届けられる。サブアドレスにより、PBX等の内線まで個別に指定することが可能となる。

2. 基本インタフェースのレイヤ1構造

ISDN基本ユーザ・網インタフェースの**レイヤ1**の仕様は、ITU-T勧告**I.430**(TTC標準JT-I430)で規定されている。

(a)フレーム構成(図1)

NTとTE間の信号は、**フレーム**という伝送単位でやりとりされる。フレームは、2B+Dのチャネルビットおよび、フレーム同期用ビット(Fビット)やDチャネル競合制御用のDエコーチャネルビット(Eビット)などのレイヤ1制御のためのビットで構成されている。1フレームの大きさは**48ビット**で、これを**250μs**周期で転送するので、NTとTE間のレイヤ1ビットレートは**192kbit/s**となる。

(b)伝送路符号形式(図2)

伝送路符号には、負荷時間率100%の**AMI符号**(Alternate Mark Inversion codes)が使用されている。AMI符号では、0をパルスあり、1をパルスなしに対応させ、さらにパルスの極性を交互に反転させて伝送する。

AMI符号におけるフレーム同期は、バイポーラバイオレーションによって識別される。これは、フレームの最初となるパルスの前後では、パルスの極性を反転せずに極性を同一とすることにより、フレームの区切りを識別するものである。バイオレーションとは規則違反のことであるが、パルスの極性を交互に伝送するという規則に従わないことによりフレームの同期点を抽出するという意味で使用している。

同期確認はパルスの極性の反転のみ確認すればよいので、ポイント・ツー・ポイント配線の場合は端末と網間の配線時のプラスとマイナスの極性については問題にする必要がない。

(c)伝送符号誤り監視方式

ビット誤りが集中して発生するバースト誤りの検出が可能な**CRC**(図3)が採用されている。

(d)ケーブル(図1)

T点では、全二重通信が可能となるよう**4線式の平衡型メタリックケーブル**が使用されるが、NTから交換局までの伝送路には**2線式の平衡型メタリックケーブル**を採用し、電話網の加入者線を転用できるようになっている。2線式で全二重データ伝送を実現する方法として代表的なものにピンポン伝送方式とエコーキャンセラ方式があるが、日本国内では、漏話耐力が大きくハードウェアの規模が小さくて済むこと等を考慮して**ピンポン伝送方式**を採用している。

(e)配線構造

端末と網を1対1で接続する**ポイント・ツー・ポイント形式**と1本の回線に複数の端末が接続できる**ポイント・ツー・マルチポイント形式**(バス配線)が提供されている。ポイント・ツー・マルチポイント形式の場合、最大**8台**の端末を接続できる。

図1　フレーム構成およびケーブル

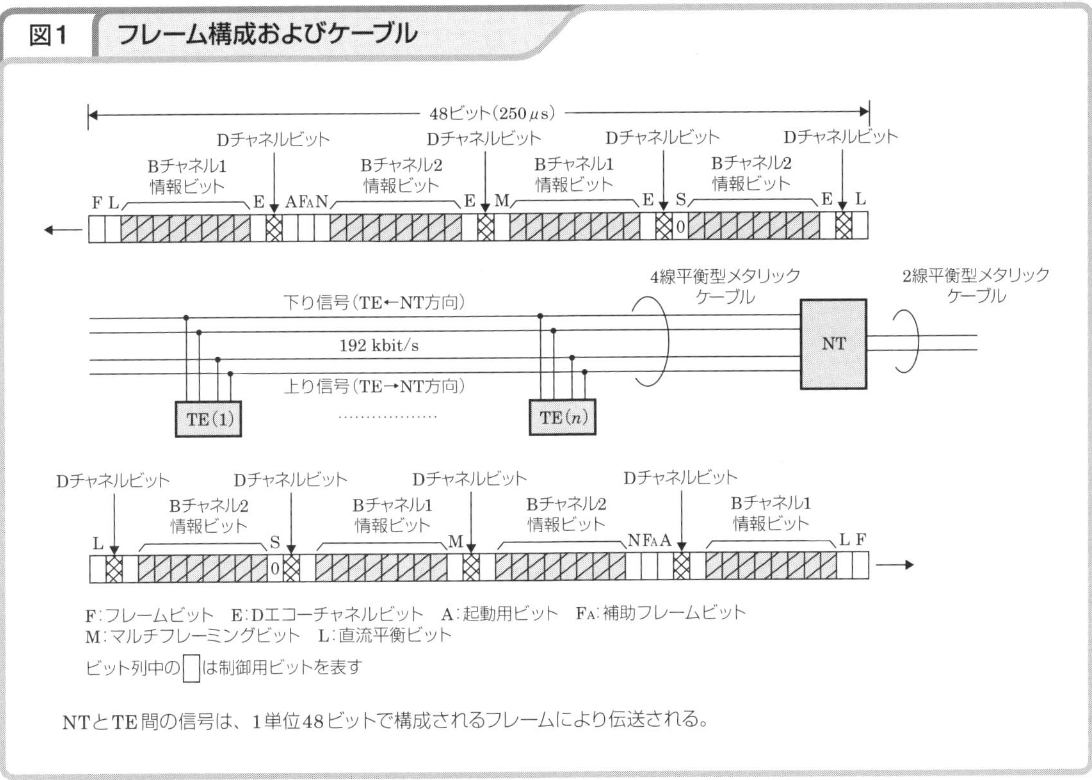

NTとTE間の信号は、1単位48ビットで構成されるフレームにより伝送される。

図2　伝送路符号形式(負荷時間率100%のAMI符号)

Fビット(フレームビット)

1 0 0 1 1 1 0 0 1 1 0 1 0 1 1 0 1 0 0 1

正極
バイオレーション

負極
バイオレーション

フレームの開始点

本来はパルス
の極性は交互

バイオレーションにより、フレーム同期を行う。
本来は、正極パルスと負極パルスは交互に現れるが、フレームの最初のFビットの前後では、極性を同一とし(バイオレーション)、フレームの始まりを識別する。

図3　CRC方式

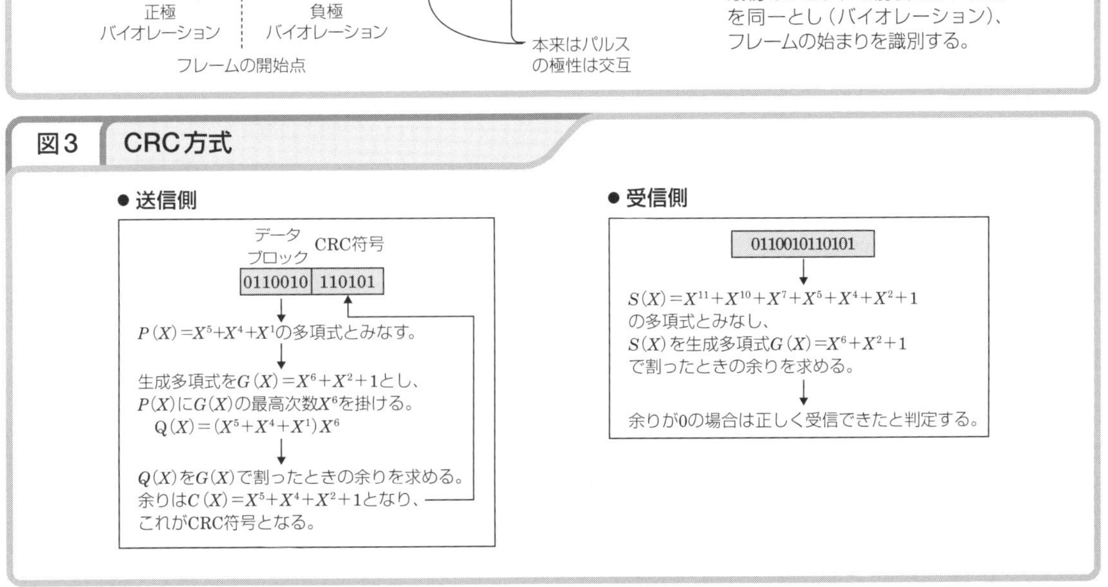

● 送信側
データ
ブロック
CRC符号
0110010 110101
P(X)=X⁵+X⁴+X¹の多項式とみなす。
生成多項式をG(X)=X⁶+X²+1とし、
P(X)にG(X)の最高次数X⁶を掛ける。
Q(X)=(X⁵+X⁴+X¹)X⁶
Q(X)をG(X)で割ったときの余りを求める。
余りはC(X)=X⁵+X⁴+X²+1となり、
これがCRC符号となる。
● 受信側
0110010110101
S(X)=X¹¹+X¹⁰+X⁷+X⁵+X⁴+X²+1
の多項式とみなし、
S(X)を生成多項式G(X)=X⁶+X²+1
で割ったときの余りを求める。
余りが0の場合は正しく受信できたと判定する。

2-2 基本ユーザ・網インタフェースレイヤ1(2)

1. レイヤ1動作モード

ISDN基本ユーザ・網インタフェースにおける動作モードには、ポイント・ツー・ポイントモードと、ポイント・ツー・マルチポイントモードがある。

(a)ポイント・ツー・ポイントモード

ポイント・ツー・ポイント配線構成とポイント・ツー・マルチポイント配線構成のどちらにも適用可能な動作モードで、ユーザ・網インタフェース規定点(T点)またはS点における送信・受信の各方向に対して、いかなる場合でもただ1つの送信部と1つの受信部が動作状態になっている場合をいう。

(b)ポイント・ツー・マルチポイントモード

ポイント・ツー・マルチポイント配線構成のみに適用される動作モードで、T点またはS点において、2台以上のTE(送信部・受信部の組)が同時に動作状態になっている場合をいう。

2. Dチャネル競合制御(図1)

ISDN基本ユーザ・網インタフェースのバス配線では、1本の加入者線に複数の端末が接続されるため、各端末が共通で利用するDチャネル上では呼制御信号の衝突が生じるおそれがある。この衝突を防止するため、Dチャネル上では**エコーチェック方式**により信号の競合制御を行っている。

この方式では、Dチャネル上で発生した信号をNTがDエコーチャネル(Eチャネル)で端末にそのまま折り返し、端末が送信した信号とNTで折り返された信号を照合する。正常なら端末が送信した信号とNTで折り返された信号は一致するが、他の端末からの信号が衝突するとこれらが一致しなくなる。信号の衝突を検出した端末は送信を停止し、Dチャネルが空くのを待って再送を行う。この方式では、DチャネルとNTで折り返されてくるEチャネルの信号を比較するため、ケーブルが長いと時間がずれて正しい比較ができなくなるので、ケーブル長が配線構成ごとに制限されている。

3. 給電方式(図2、図3)

ISDNに接続されている端末装置は、一般に商用電源を用いて動作するが、わが国のISDNでは停電時にも通話を可能とするため、交換局からDSU(NT)に加入者線を通して**局給電**が行われている。DSUの起動時(L2線がL1線に対して正電位となるリバース極性時)には、交換局からDSUへ線路に39mAの直流を重畳して給電し、DSUの停止時(L1線がL2線に対して正電位となるノーマル極性時)には線路に60Vの定電圧が印加される。また、DSUから端末(TE)へは信号線を利用して最大**420mW**の制限給電が行われている。

4. 起動・停止手順(図4)

ISDN基本ユーザ・網インタフェースのレイヤ1では、INFO信号を用いて通信の必要の有無に応じインタフェースの活性/不活性化を行う。ここでは、TEからの起動手順の概要を説明する。

①停止状態のときはNTとTEの相互間でINFO0(“1”の無信号状態)が継続的に送受される。
②TEのレイヤ1機能は上位レイヤからの起動要求に従い、NTに起動要求INFO1(“00111111”)を送信する。
③NTはTEにフレーム同期信号INFO2(A=“0”、B1=“0”、B2=“0”、D=“0”、E=“0”)を返す。
④TEはフレーム同期信号INFO3(同期フレーム)をNTに送信し、同期が確立したことを知らせる。
⑤NTのレイヤ1機能は上位機能に起動通知を行い、TEにフレーム同期確立信号INFO4(A=“1”)を送信する。こうして起動が完了し、以後、上位レイヤの通信が可能になる。

図1　Dチャネル競合制御

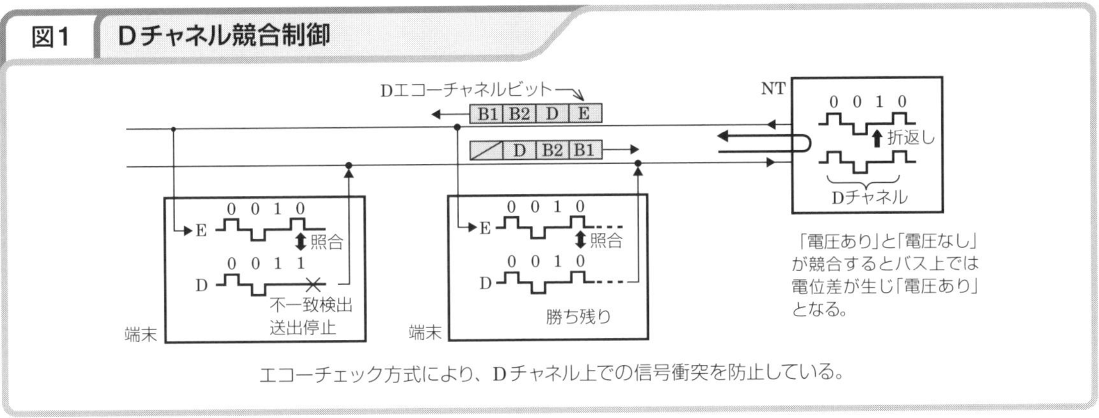

エコーチェック方式により、Dチャネル上での信号衝突を防止している。

図2　局給電（遠隔給電）

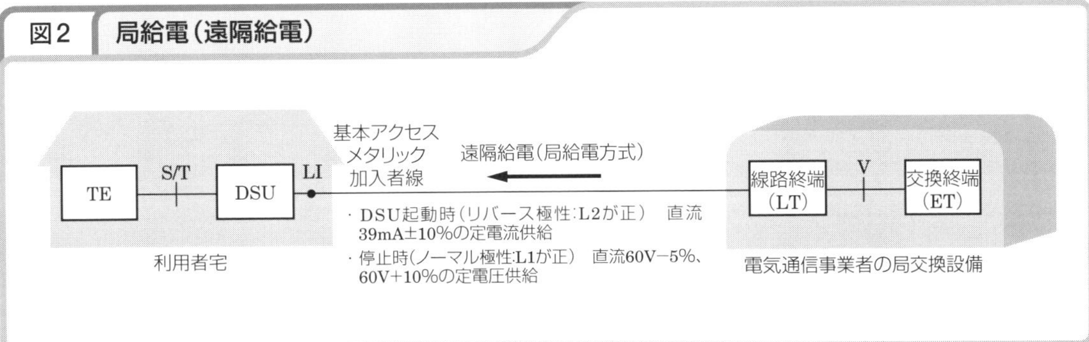

図3　DSUから端末への給電

● **ファントムモード給電**：DSU（NT）から端末（TE）に信号線を利用して給電を行う方式。

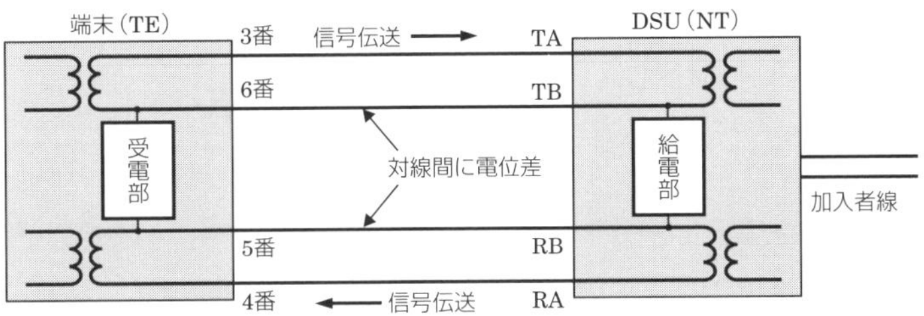

DSU（NT）は上りと下りの対線間に34〜42Vの電位差を与えて端末（TE）に最大420mWの電力を供給する。

図4　レイヤ1起動手順

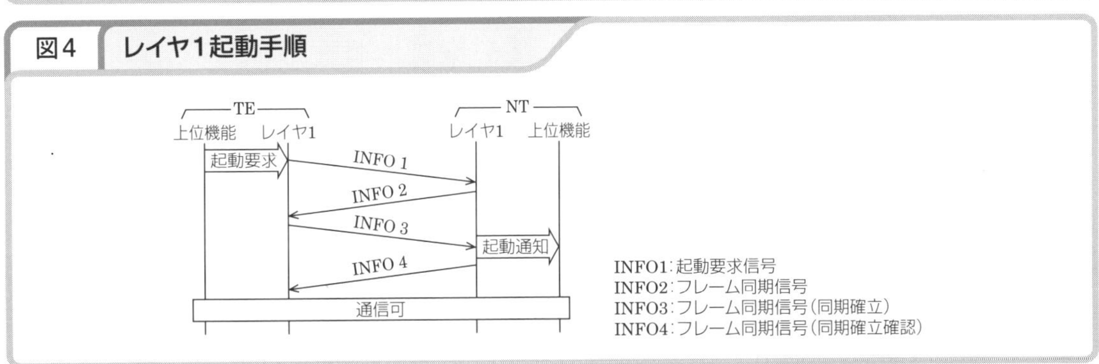

2-3 一次群速度ユーザ・網インタフェースレイヤ1

ISDN一次群速度ユーザ・網インタフェースのレイヤ1仕様は、ITU-T勧告I.431（TTC標準JT-I431）に規定されている。

1. フレーム構成（図1）

ISDN一次群速度ユーザ・網インタフェースのフレームは、同期、保守、エラー検出用の**Fビット**と8ビットのタイムスロット24個で構成される。このタイムスロットをBチャネルの情報転送用として使用するほか、Dチャネルが必要な場合は24番目のタイムスロットが割り当てられる。

このFビットと24個のタイムスロットの合計1＋8×24＝**193ビット長**のフレームを1フレーム当たり0.125ms（8,000フレーム/秒）で転送するので、物理速度（1回線の伝送速度）は**1,544kbit/s**（1.544Mbit/s）となる。

2. マルチフレーム構成

ISDN一次群速度ユーザ・網インタフェースでは、1フレーム（193ビット）を24個集めて1つの**マルチフレーム**を構成している。このため、合計24個のFビットをフレーム同期信号、誤り検出、リモートアラーム表示に使用することができる。

図2は、24個のFビットが出現順にどの用途に割り当てられるかを示したものである。

(a) FAS

マルチフレームを定義するマルチフレーム同期信号（FAS）は、4フレームごとに出現するFビットで形成され、2進パターン“001011”を繰り返す。

(b) eビット

eビット（e_1 ～ e_6）は、4フレームごとのFビットで形成され、CRC符号を用いた伝送誤りの検出に使用する。

(c) mビット

mビットは、2フレームごとのFビットで形成され、“1111111100000000”の繰り返しパターンによりユーザ・網インタフェースでレイヤ1能力が消失したことを示すリモートアラーム表示（RAI信号）に使用する。

3. 伝送路符号形式

ISDN一次群速度ユーザ・網インタフェースでは、伝送路符号に図3のような**B8ZS符号**を用いる。B8ZS符号では、0をパルスなし、1を正または負のパルスありとし、0が8個連続した場合には1を含む特殊な信号パターン（直前のパルスがプラスの場合は000＋－0－＋とし、直前のパルスがマイナスの場合には000－＋0＋－とする）に置き換える。一次群速度ユーザ・網インタフェースではビット同期などのタイミング信号を受信信号から抽出する**従属同期方式**を採用しているため、このバイオレーションにより、パルスなしの状態が長く続いても網と端末の間で同期がはずれないようにしている。

4. ケーブル（図4）

T点においては、ISDN基本ユーザ・網インタフェースと同様に**4線式の平衡型メタリックケーブル**を使用する。また、DSU ～ OCU間の一次群速度アクセス加入者線伝送路には、高速伝送に適した**光ファイバケーブル**を用いる。

5. 配線構造

ISDN一次群速度ユーザ・網インタフェースの配線構造は**ポイント・ツー・ポイント形式のみ**で、ポイント・ツー・マルチポイント配線は提供されないため、**Dチャネル競合制御は不要**となる。

また、電気通信事業者側からの遠隔給電や、DSUと端末の間での給電は行われず、各装置は商用電源などにより動作する。

6. 起動および停止

ISDN一次群速度ユーザ・網インタフェースは、**常時起動状態**にあるため、ISDN基本ユーザ・網インタフェースに必要であった起動／停止手順は不要である。

図1　フレーム構成

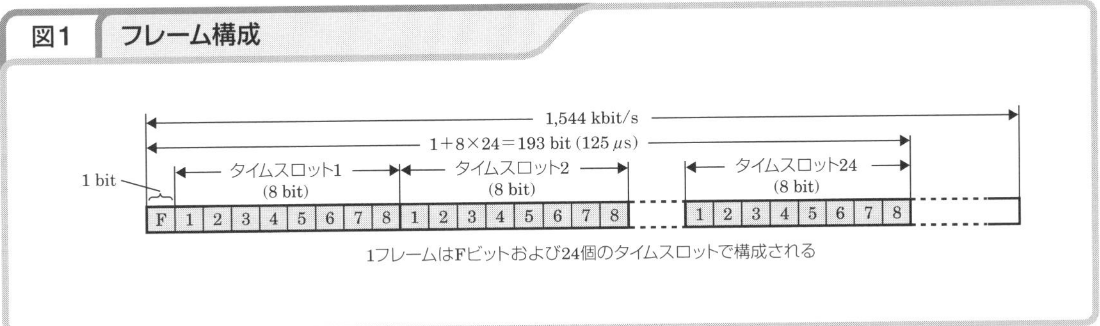

図2　Fビットの割当て

フレーム番号		1	2	3	4	5	6	7	8	9	10	11	12	13	14	15	16	17	18	19	20	21	22	23	24
Fビットの割当て	FAS				0				0				1				0				1				1
	eビット		e_1				e_2				e_3				e_4				e_5				e_6		
	mビット	m		m		m		m		m		m		m		m		m		m		m		m	

FAS：マルチフレーム同期信号
eビット：CRC-6による誤り検査用
mビット：RAI（Remote Alarm Indication）信号用

図3　伝送路符号形式（B8ZS符号）

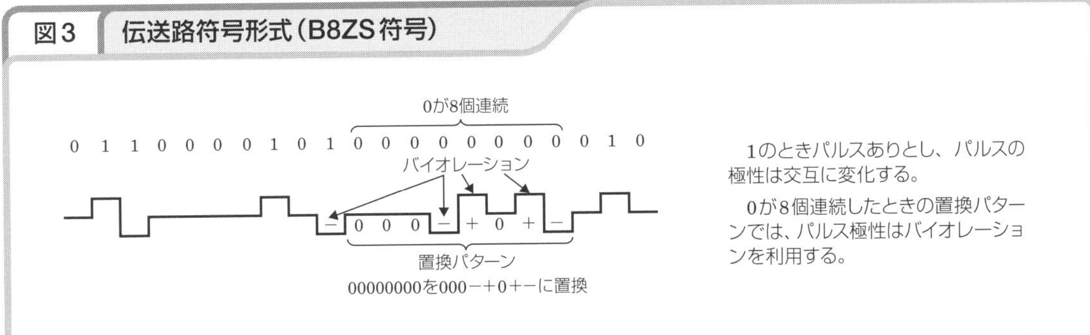

1のときパルスありとし、パルスの極性は交互に変化する。

0が8個連続したときの置換パターンでは、パルス極性はバイオレーションを利用する。

図4　ケーブル

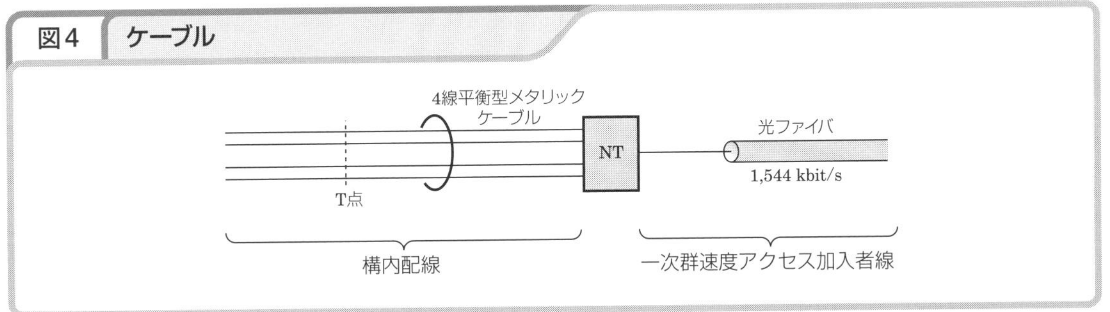

3 ISDNインタフェース・レイヤ2

3-1 ISDNインタフェースレイヤ2(1)

1. LAPDの概要

レイヤ2は、端末と網の間の**Dチャネル上**で情報が正しく転送されるよう、誤り制御、再送手順、順序制御などを行う機能であり、ITU-T勧告**I.440**(TTC標準JT-Q920)で総論が、**I.441**(JT-Q921)で詳細仕様が規定されている。Dチャネル上でのレイヤ2のプロトコルは**LAPD**(Link Access Procedure on the D-channel)と呼ばれ、HDLC手順の非同期平衡モードで動作するLAPBにISDN特有の機能を追加したものであり、次の特徴がある。

① 1つのインタフェース上で複数の端末がレイヤ2リンクを同時に設定することができる(図1)。

② 1つのチャネル上で呼制御信号とパケット情報の両方を同時に伝送することができる(図2)。

③ 放送形のリンクにより複数の端末に同じ情報を転送することができる。

以上のようにLAPDでは、1つの物理的な回線で同時に複数のレイヤ2リンクを確立し、各リンクで独立に情報転送が可能である。これを**多重LAP**という。これにより、1つのDチャネル上で呼制御信号とユーザデータの情報転送が可能となり、また、バス上に接続された個々の端末と網の間で同時に情報転送ができる。

2. LAPDとLAPBの比較(図3)

LAPDは、LAPBとフレーム構成は同じであるが、アドレスフィールドが拡張され、また、制御フィールドの規定が一部異なっている。これにより、LAPDはLAPBにはない以下の機能を有している。

(a)多重LAP

LAPBのフレームでは、1バイトのアドレスフィールドで端末側のメッセージか網側のメッセージかを区別している。これに対し、LAPDではアドレスフィールドを2バイトに拡張し、Dチャネルで転送する情報が呼制御信号かパケット情報かを識別するための**サービスアクセスポイント識別子(SAPI)**と、バス配線に接続されている端末を識別するための**端末終端点識別子(TEI)**という2種類のサブフィールド*1を設け、複数のデータリンクを個別に管理している。これにより、LAPDでは、1つの物理回線上に複数の独立したポイント・ツー・ポイントリンクを設定して、情報を同時に転送することができる。

(b)放送形リンク

バス配線上に複数の端末を接続する構成では、多重LAP機能を拡張して網から全端末へ同一の情報を同時に転送することを可能にした**放送形リンク**(ポイント・ツー・マルチポイントリンク)の設定も可能となっている。着信時の呼設定メッセージなどバス配線上の全端末が同時に受け取る必要のある情報の転送に適している。

放送形リンクでは非確認形情報転送モードで情報が転送されるが、この場合、情報転送には**UI**(非番号制情報)**フレーム**が用いられる。UIフレームは非番号制(Unnumbered)フレームの一種であり、順序番号(シーケンス番号)を含まない。UIフレームで転送される情報にエラーが検出されても再送手順によるエラー回復は行われず、そのフレームは破棄される。

(c)モジュロ128による高速転送

LAPBでは、制御フィールドに含まれるシーケンス番号については3ビットのモジュロ8が基本とされ、7ビットのモジュロ128はオプションとしている。モジュロ128は、モジュロ8に比べてより多く連続してデータフレームを送信でき、その結果、より高いスループットが実現できる。LAPDでは同一のDチャネル上で高速データ転送を可能とするため、モジュロ128のみをサポートしている。

図1　複数端末との多重リンク

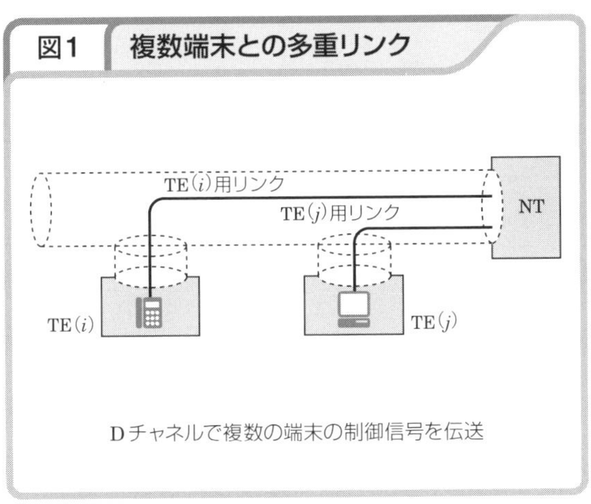

図2　異なるサービスの種類の多重リンク

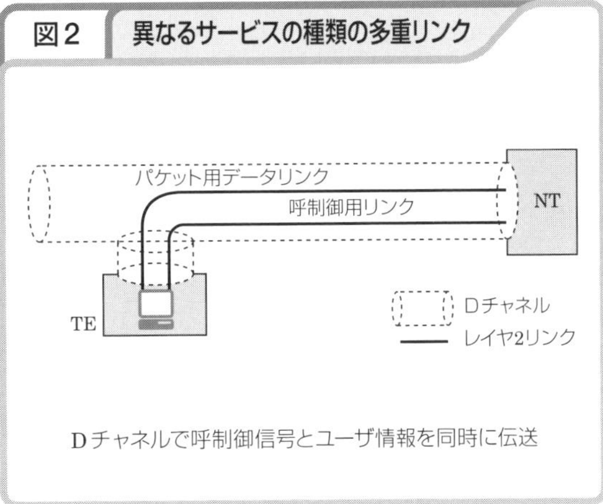

図3　LAPDとLAPBの比較

● LAPDのフレーム

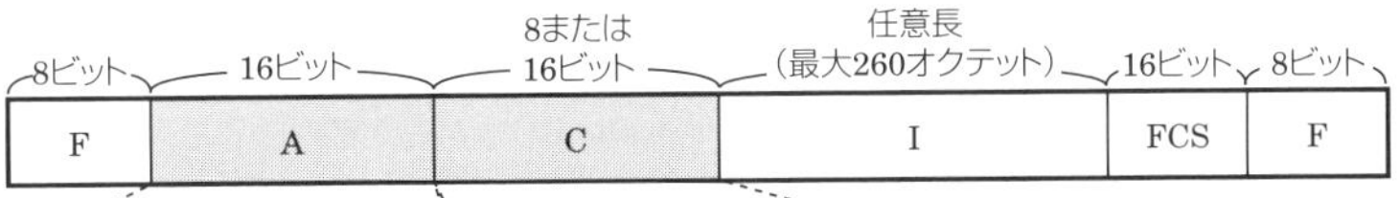

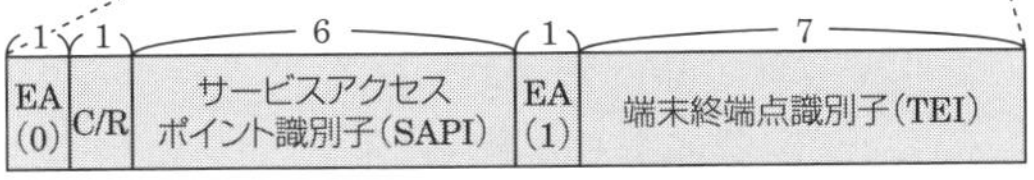

F	A	C	I	FCS	F
8ビット	16ビット	8または16ビット	任意長（最大260オクテット）	16ビット	8ビット

A（アドレス部）

EA(0)	C/R	サービスアクセスポイント識別子(SAPI)	EA(1)	端末終端点識別子(TEI)
1	1	6	1	7

EA:拡張表示
C/R:コマンド／レスポンス表示

C（16ビットの場合）

フレームの種類	1	2	3	4	5	6	7	8	9	10	11	12	13	14	15	16
情報転送フレーム(I)	0	N(S)							P	N(R)						
監視フレーム(S)	1	0	S						P/F	N(R)						
非番号制フレーム(U)	1	1	M		P/F	M										

N(S):送信シーケンス番号　7ビット
N(R):受信シーケンス番号　7ビット
M:修飾ビット
S:監視機能ビット

● LAPBのフレーム

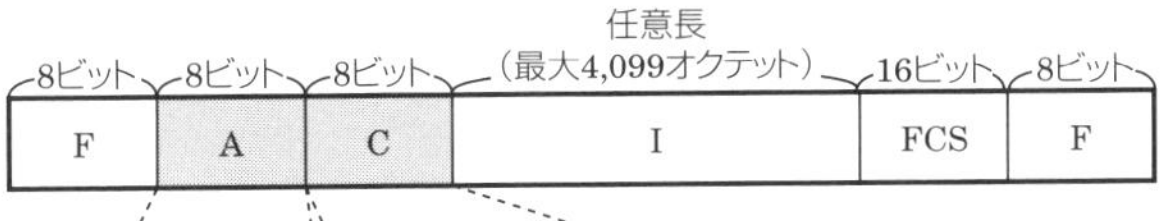

F	A	C	I	FCS	F
8ビット	8ビット	8ビット	任意長（最大4,099オクテット）	16ビット	8ビット

A

網側アドレス	0 0 0 0 0 0 0 1
端末側アドレス	0 0 0 0 0 0 1 1

C

フレームの種類	1	2	3	4	5	6	7	8
情報転送フレーム(I)	0	N(S)			P/F	N(R)		
監視フレーム(S)	1	0	S		P/F	N(R)		
非番号制フレーム(U)	1	1	M		P/F	M		

N(S):送信シーケンス番号　3ビット
N(R):受信シーケンス番号　3ビット

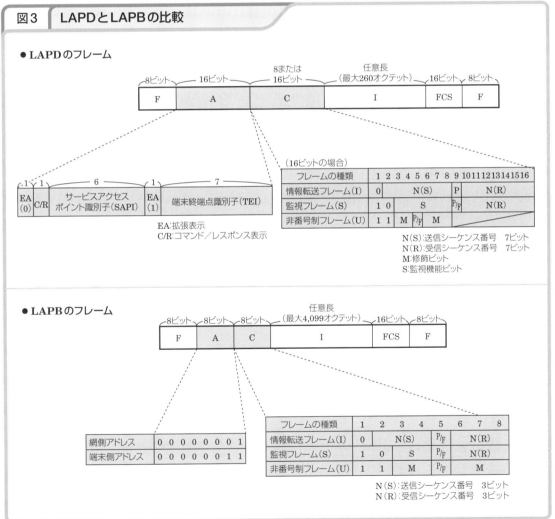

＊1　このSAPI（Service Access Point Identifier）とTEI（Terminal Endpoint Identifier）によりデータリンクコネクション識別子（DLCI：DataLink Connection Identifier）を構成し、DLCIを用いて、1つの物理回線上に設定された複数のデータリンクを個別に管理できる。

3-2 ISDNインタフェースレイヤ2(2)

1. DLCI

LAPDでは、1つの物理コネクション上に同時に複数のデータリンクコネクションを設定し、それぞれ独立した情報転送が可能である。各データリンクコネクションは、フレームのアドレスフィールドに含まれるSAPIおよびTEIで構成された**DLCI**(DataLink Connection Identifier)といわれる識別子で識別される。

SAPI(Service Access Point Identifier)は、Dチャネルで伝送される情報が呼制御用の信号か、ユーザ情報の信号かの識別をするための識別子である(図1)。SAPIは6ビットで構成され64種類のサービスを識別できるが、現在は呼制御信号用(0)、ユーザ情報用(16)、管理手順用(63)の3種類が規定され、残りは将来の予備としている。

TEI(Terminal Endpoint Identifier)はバス上に接続された複数の端末のうちどの端末の情報かを識別するためのものである(図2)。TEIは7ビットで構成されているため0～127の値をとることができ、0～63が加入時設定用、64～126が自動設定用、127が放送形リンク用に割り当てられる。

自動設定用は、端末が接続されると網(交換設備)が自動的にTEI値を割り当てるもので、他の端末と同じ番号が付与されないよう網が管理する。これにより、端末を移動してどこのジャックでも自由に抜き差しすることができる。TEI値を127(7ビットを全て1)に設定すると、バス上に接続されたすべての端末に同じ情報が伝送される。

2. TEI管理手順(図3、図4)

TEI値を自動設定する場合、端末はTEI割当要求をUIフレームのID要求メッセージにより網に送出する。このメッセージには、**動作表示**A_i、**参照番号**R_iが含まれ、また、SAPIには63が設定される。最初はまだ自分のTEI値が決まっていないので、TEI値を設定するA_iに127を、R_iには端末でランダムに生成した値を設定して網に送出する。

網はTEI値を指定するために、放送形式によりすべての端末にID割当メッセージを転送する。このとき、メッセージには割当要求をした端末が設定したR_iの値を乗せてあるので、端末はメッセージの中のR_iの値と自分で設定した値を比較して自分宛てのメッセージかどうかを識別する。TEIの値は、TEI割当メッセージのA_iの値で表示される。

3. 情報転送手順

LAPDの情報転送手順には、フレームの送達確認を行う確認形情報転送手順と送達確認を行わない非確認形情報転送手順がある。

(a)確認形情報転送手順(図5)

転送されたレイヤ3情報が正しく相手端末に届いたかどうかをレイヤ2で確認する手順であり、ポイント・ツー・ポイントリンクでの情報転送に用いられる。情報の転送は**情報(I)フレーム**で行い、個々のフレームに付与された順序番号を受信側でチェックして順序誤りやフレーム抜けが検出された場合REJフレームにより再送の通知を行う。また、**フロー制御も可能**である。

(b)非確認形情報転送手順(図6)

転送したレイヤ3情報が正しく相手端末に届いたかどうかをレイヤ2で確認しない手順であり、ポイント・ツー・ポイントリンクでも放送形リンクでも適用可能である。放送形リンクでは送信相手が複数であるため、情報の送達確認や再送制御が困難となり、この手順を採用せざるを得ない。レイヤ3情報は**UIフレーム**で転送されるので、伝送エラーが検出されても**エラー回復は行われない**。

図1　SAPI

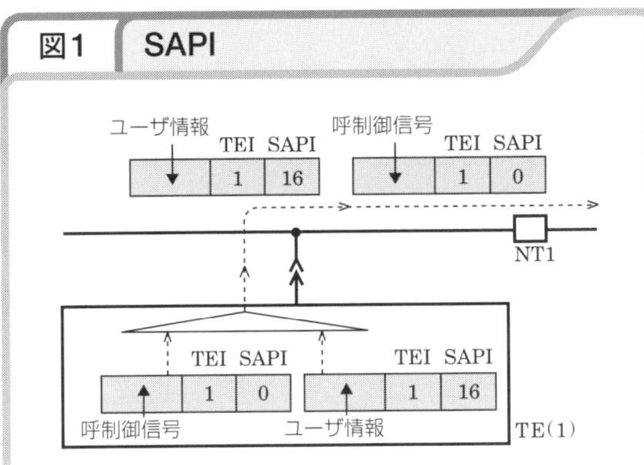

呼制御信号のときはSAPI＝0に、ユーザ情報のときはSAPI＝16に設定する。

図2　TEI

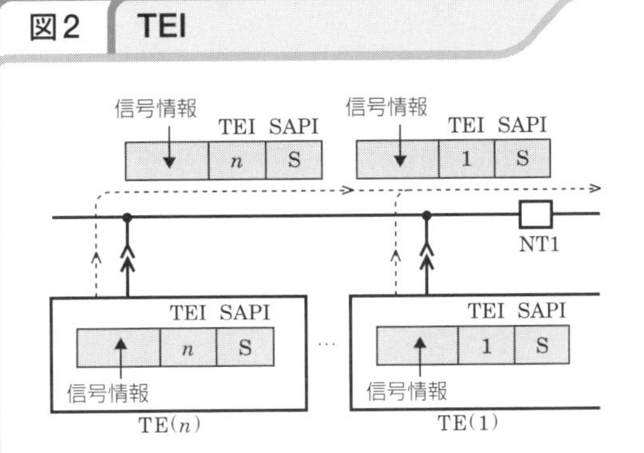

TEIにより、Dチャネルの情報がどの端末のものかを識別する。

図3　TEIの自動割当

● **割当可能な場合**

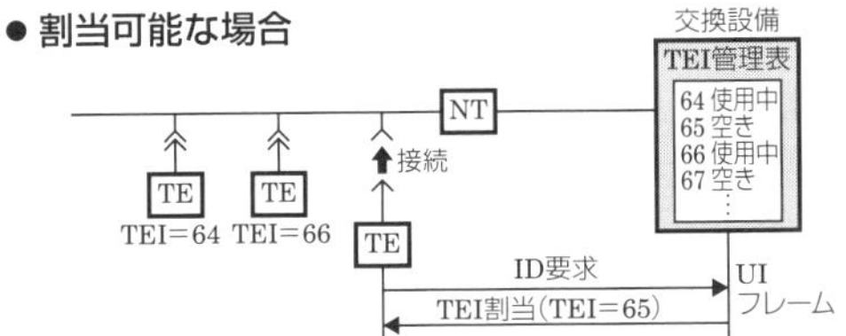

網(交換設備)はTEI管理テーブルを参照し、空きTEI値があればその値を割り当てる。

● **割当不可能な場合**

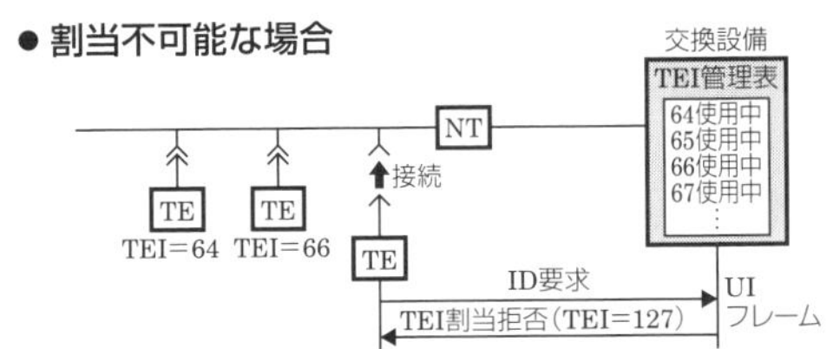

空きTEI値がなければ、網(交換設備)はTEI値を127にセットし、TEI割当拒否メッセージとして返送する。

図4　TEI割当手順

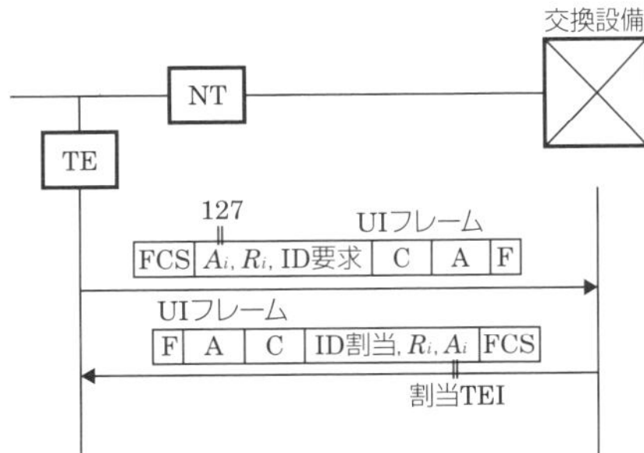

A_i(動作表示)：割当TEIの表示に用いる。

R_i(参照番号)：乱数発生器により生成した0～65,535の数値を暫定的に付与し、複数の端末を識別するために用いる。

ID要求メッセージでは常にA_i＝127で、ID割当メッセージではA_iは網(交換設備)が割り当てた値をとる。

図5　確認形情報転送手順

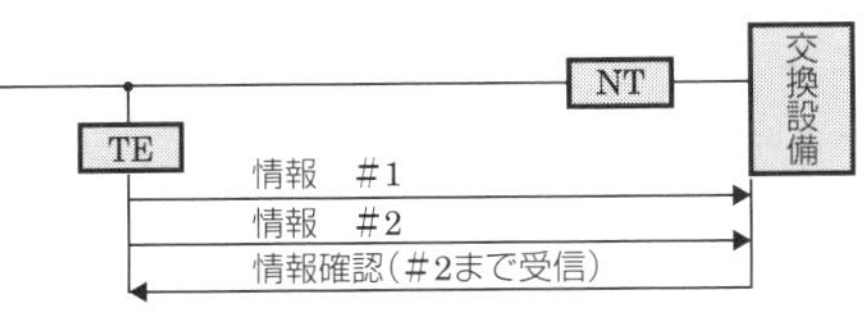

順方向により、フレームの送達確認を行う。エラー回復手順およびフロー制御手順が可能である。

図6　非確認形情報転送手順

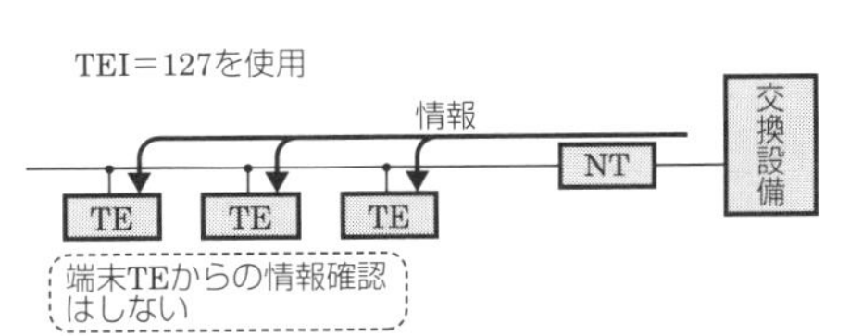

ユーザデータをUIコマンドにより伝送する。エラーが検出されても回復手順は行われず、そのフレームは廃棄される。

4 ISDNインタフェース・レイヤ3

4-1 ISDNインタフェースレイヤ3(1)

1. レイヤ3の概要

レイヤ3では、レイヤ2の情報転送機能を利用して呼制御情報を端末と網との間で送受信し、情報チャネルの設定、維持、解放等の制御が行われる。レイヤ3のDチャネル上の呼制御プロトコルは、ITU-T勧告**Q.931**(TTC標準JT-Q931)で規定されている。この他、パケット交換モードのパケット転送機能を受け持ち、このときのプロトコルは、X.25パケットレイヤプロトコルが適用される(図1)。

Q.931で規定されているメッセージフォーマットは、すべての種類のメッセージに含まれる共通の情報要素とメッセージ種別により異なる個別の情報要素からなる(図2)。共通の情報要素には**プロトコル識別子**、**呼番号**、**メッセージ種別**がある。呼番号は、Dチャネル上で扱う呼制御信号がどの呼の信号かを識別するためのものである。ISDNでは、共通のDチャネルで呼制御を行うため、呼ごとに呼番号が設定される。

個別の情報要素は、メッセージの種別により、付加する内容や長さが異なっている。たとえば、呼設定メッセージの場合は、発着番号、発着サブアドレス、伝達能力、チャネル識別子、パケット交換固有の情報等が設定される。

2. 回線交換モードの呼制御手順(図3)

ISDNの端末が通信を行う場合、その通信制御はDチャネル上で行われる。まず、発信端末は、**呼設定メッセージ(SETUP)**を網に送出する。このとき呼設定メッセージの個別情報要素により、相手先番号、使用するチャネル番号、要求する伝達能力等が伝達される。網は受付可能であれば**呼設定受付メッセージ(CALL PROC)**を発信端末に返送し、呼設定の確認をとるとともに発信端末に使用するBチャネルを指定する。

発信端末から受け付けた呼設定メッセージは着信端末にそのまま送出される。着信端末は、その伝達能力の受け付けが可能であれば**応答メッセージ(CONN)**を網に返送する。バス上の複数の端末に着信したときは、最初に応答した端末が着信端末となり、**応答確認メッセージ(CONN ACK)**によりその端末が指定される。**呼出信号(ALERT)**は着信端末が呼出中であることを発信端末に通知するために用いられる。

網は、着信端末から応答メッセージを受信すると、発信端末に対してそのまま応答メッセージを送出し、エンド・ツー・エンドのパス設定が完了したことを通知する。以上の手順はDチャネルで行われ、これにより両端末間においてBチャネルで**回線交換モード**が設定される。

3. 中断/再開の手順(図4)

通信の中断/再開の一般的な手順は、まず、呼の中断を行いたい端末は網に対して中断メッセージを送出する。これに対して、中断が可能であれば網は中断確認メッセージを端末に返す。呼が中断されるとそれまで使っていた呼番号は解放され、再開時には新たな呼番号が付与される。ISDNでは1つのレイヤ2のデータリンク上で複数の異なる呼を制御するため、レイヤ3のメッセージがどの呼の制御用であるかを識別するために呼番号が付与される。呼番号は呼が設定されるたびに網から自動的に設定される。一方、中断呼に対応して設定された呼識別は、その呼が中断呼である間は同一アクセス構成上の他のインタフェースには適用されない。また、Bチャネルは呼が再開するまで保留される。中断呼の再開時には、再開メッセージを網に送り、網は端末に再開確認メッセージを返す。再開は中断から一定時間内に行う必要があり、一定時間内に再開しない場合は網がこの呼を強制的に解放する。

図1　レイヤ3プロトコルの位置付け

レイヤ	プロトコル			
7	任意（他の標準プロトコルを適宜使用）			
6				
5				
4				
3	情報チャネル呼制御	X.25パケットレイヤ（ISDN用付加機能）	端末相互で合意した任意のもの	X.25パケットレイヤ
2	LAPD		端末相互で合意した任意のもの	X.25 LAPB
1	レイヤ1プロトコル			
適用対象	呼制御	パケット通信	回線交換	パケット通信
	Dチャネル		Bチャネル	

レイヤ3では、レイヤ2の機能を利用して、呼制御情報を端末と網との間で送受信する。

- 新たに規定したプロトコル
- 既存のプロトコルを拡張したプロトコル
- 既存のプロトコル

図2　Q.931メッセージフォーマット

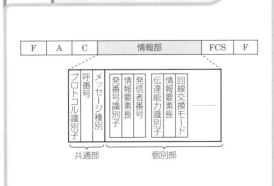

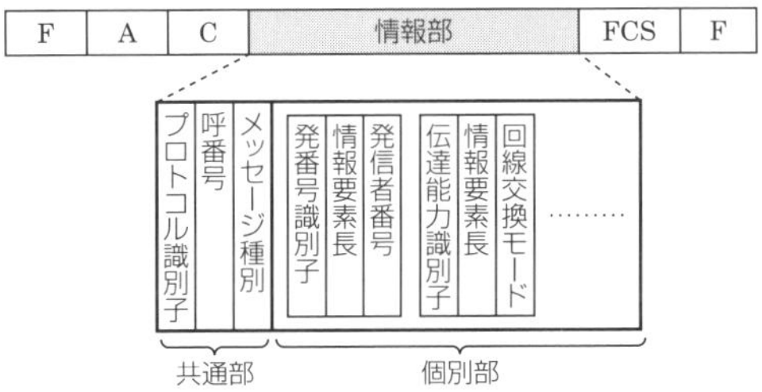

図3　回線交換モードの呼制御手順

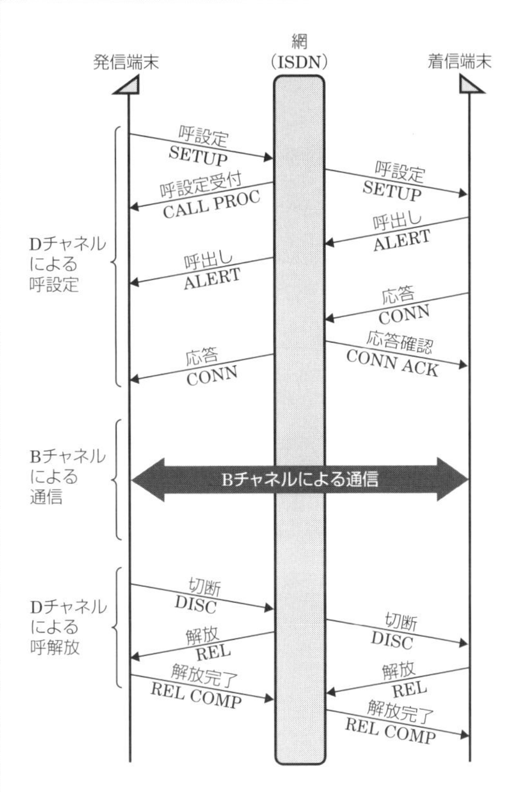

呼の制御は、Dチャネル上で各種信号メッセージの授受により行われる。

図4　中断/再開の手順

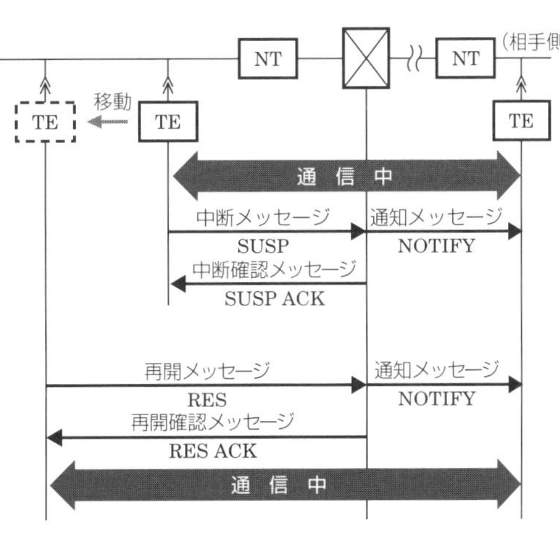

中断中は呼が再開されるまでBチャネルは保留される。

4-2 ISDNインタフェースレイヤ3(2)

1. パケット通信モードの設定

ISDN基本ユーザ・網インタフェースにおけるパケット通信モードには、パケットの送受信をBチャネルで行う**Bチャネルパケット通信**と、Dチャネルで行う**Dチャネルパケット通信**がある。

(a) Bチャネルパケット通信

伝送速度は64kbit/sで、パケット長が128または256オクテット(バイト)のレギュラーパケットに加え、512、1,024、2,048、4,096オクテットのロングパケットも伝送できる。このため、比較的データ量の多い通信に適している。

Bチャネルパケット通信を行う場合、通信の開始に先立ち、**Dチャネル信号手順**の呼設定メッセージで転送モードや端末〜網間で使用するBチャネルの設定を行う。Bチャネルの設定が完了すると、**X.25**プロトコルの制御信号を送受して、Bチャネル上にデータリンクを設定する。その後、パケット形態端末の通信シーケンスによりBチャネル上でパケット通信を行う。

(b) Dチャネルパケット通信

伝送速度は基本ユーザ・網インタフェースの場合は16kbit/s、一次群速度ユーザ・網インタフェースの場合は64kbit/sで、パケット長についてはレギュラーパケットのみ伝送可能である。チャネルの設定を行わずにパケット通信を開始できる。

2. パケット通信モードの呼制御手順

ISDNでパケット通信サービスを提供する場合、ISDN内に**パケット処理機能(PH機能：Packet Handler)**を持たない**ケースA**とISDN自体がPH機能を持ち、パケット通信サービスを提供する**ケースB**の2つの形態が規定されている。

(a)網がPH機能を持たない場合(ケースA)

ケースAでは、ISDNは単に端末と既存のパケット交換網の間に物理的な回線を提供するだけである。この方式により通信を行う場合、発信端末は、まず、Dチャネルを使用して、アクセスユニット(ISDNとパケット交換網との網間接続を行う装置)との間で回線交換モードの通信を行うためのパスをBチャネル上に設定する。通信パスが確立すると、発信端末は、X.25の手順に従いCRパケット(発呼)をBチャネル上に送出する。続いてISDNは着信端末との間でBチャネル上に通信パスの設定を行い、Bチャネルを用いてCN (IC)パケット(着呼)を送出する。

ケースAでは、ISDN端末は単にパケット交換網内の端末ということになるため、受けられるサービスは既存のパケット交換網が提供するもののみになる。

(b)網がPH機能を持つ場合(ケースB)

ケースBでは、ISDN自体がパケット通信サービスを提供できる。また、ケースAのパケット通信ではBチャネルしか利用できないが、ケースBの場合はBチャネルまたはDチャネルのどちらのチャネルでもパケット通信が可能である。

Bチャネルでパケット通信を行う場合は、ケースAと同様の発呼手順(ここではパケット交換モードを指定)でPH装置との間の通信パスをBチャネル上に設定する。通信パスの確立後は、X.25の手順に従ってCRパケットが送出され、以降のシーケンスはケースAと同じになる。

Dチャネルでパケット通信を行う場合は、直接、端末とPH機能との間でX.25手順による発呼パケットを送出する。Dチャネルは、本来は呼制御信号をやり取りするためのチャネルであるが、Dチャネルでパケット通信を行う場合は、制御信号の送受の合間にパケットを伝送する。

ケースBでは、ISDN内にPH機能を持つことにより、パケット通信に関してISDN特有の付加サービスを受けることができる。

図1　Bチャネルパケット通信

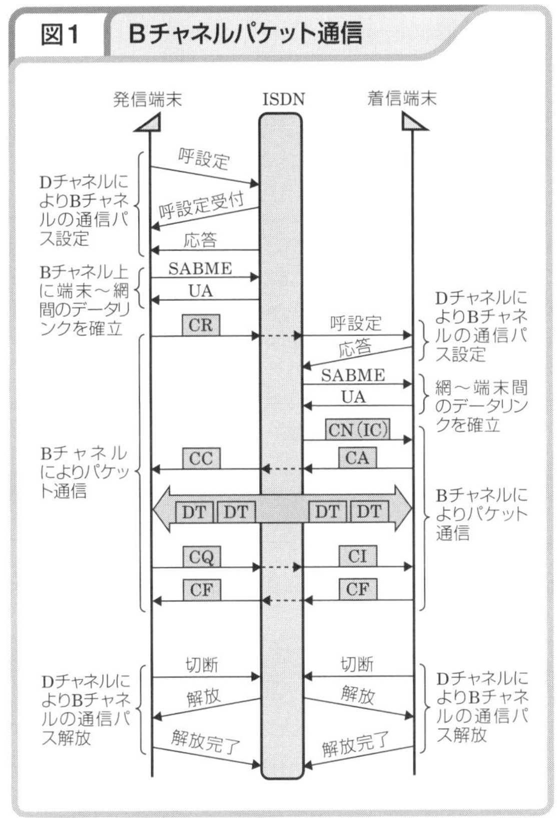

図2　Dチャネルパケット通信

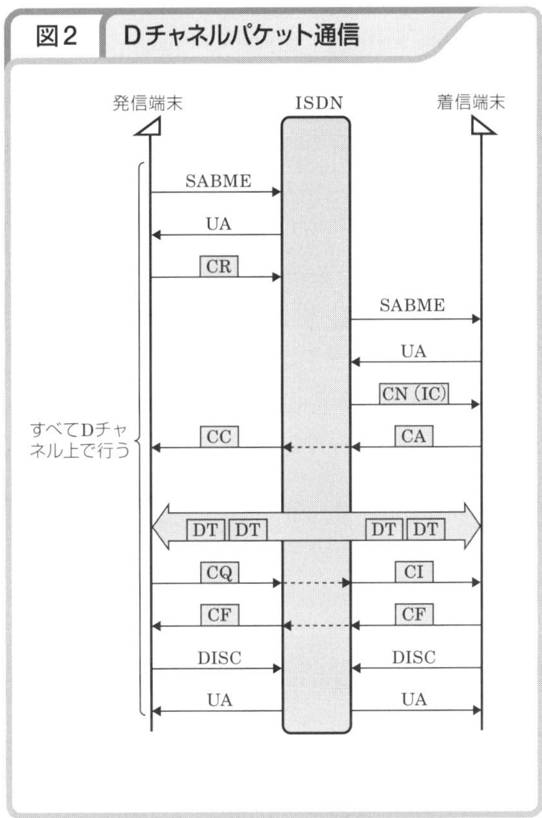

図3　網がPH機能を持たない場合（ケースA）

● Dチャネルにより、Bチャネルのパスを設定する。

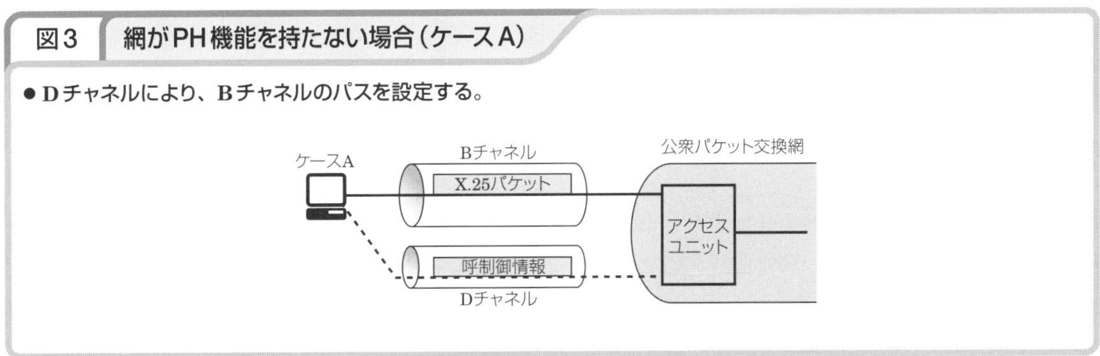

図4　網がPH機能を持つ場合（ケースB）

● ISDNは、パケット処理機能を提供する。

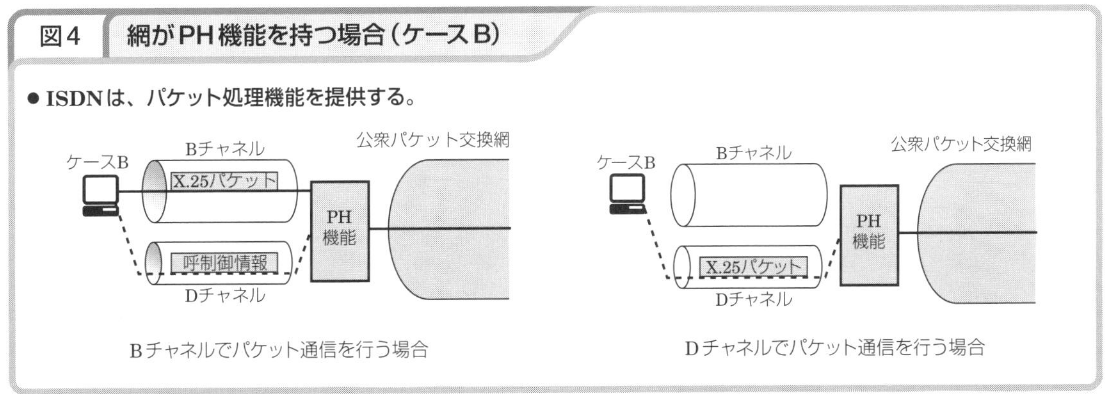

Bチャネルでパケット通信を行う場合

Dチャネルでパケット通信を行う場合

練習問題

(解答は293頁)

問1

参照

次の各文章の ____ 内に、それぞれの[　]の解答群の中から最も適したものを選び、その番号を記せ。

(1) ISDN基本ユーザ・網インタフェースにおける参照点について述べた次の二つの記述は、 ____ 。

A　S点は、アナログ端末などの非ISDN端末を接続するために規定されており、TAを介して網に接続される。

B　R点は、NT1とNT2の間に位置し、主に電気的・物理的な網機能について規定されている。

[① Aのみ正しい　② Bのみ正しい
③ AもBも正しい　④ AもBも正しくない]

☞94ページ
2　参照点と機能群

(2) ISDN基本ユーザ・網インタフェースにおける機能群の一つであるNT2について述べた次の記述のうち、誤っているものは、 ____ である。

[① 網終端装置2といわれ、一般に、TEとNT1の間に位置する。
② 交換、集線及び伝送路終端の機能がある。
③ レイヤ2及びレイヤ3のプロトコル処理機能がある。
④ 具体的な装置としてPBXなどが相当する。]

☞94ページ
2　参照点と機能群

(3) ISDN基本ユーザ・網インタフェースにおける使用チャネルについて述べた次の二つの記述は、 ____ 。

A　パケット交換モードにより通信を行う場合、ユーザ情報は、Bチャネル及びDチャネルで伝送できる。

B　回線交換モードにより通信を行う場合、呼設定情報など呼制御用のシグナリング情報は、Bチャネルで伝送できる。

[① Aのみ正しい　② Bのみ正しい
③ AもBも正しい　④ AもBも正しくない]

☞96ページ
1　チャネルタイプ

(4) 1.5メガビット／秒方式のISDN一次群速度ユーザ・網インタフェースにおいて、1回線の伝送速度は1.544メガビット／秒であり、1回線を用いて最大 ____ の伝送が可能である。

[① 23B + D　② 24B + D　③ 31B + D
③ 39B + D　④ 63B + D]

☞96ページ
2　インタフェースの種類とチャネル構造

問2

次の各文章の［　　］内に、それぞれの［　　］の解答群の中から最も適したものを選び、その番号を記せ。

(1) ISDN基本ユーザ・網インタフェースのレイヤ1におけるフレームは、1フレームが各チャネルの情報ビットとフレーム制御用ビットなどを合わせた48ビットで構成され、［　　］マイクロ秒の周期で繰り返し送受信される。

［① 125　② 192　③ 250　④ 384　⑤ 512］

☞98ページ
2　基本インタフェースのレイヤ1構造

(2) TCM伝送方式を用いた、ISDN基本アクセスメタリック加入者線伝送方式について述べた次の二つの記述は、［　　］。

A　伝送路符号にはマンチェスタ符号が用いられ、伝送符号誤り監視方式にはパリティチェック方式が用いられている。

B　符号速度は320キロボー、フレームの繰り返し周期は2.5ミリ秒である。

［① Aのみ正しい　② Bのみ正しい
③ AもBも正しい　④ AもBも正しくない］

☞98ページ
2　基本インタフェースのレイヤ1構造
☞96ページ
3　加入者線伝送方式

(3) ISDN基本ユーザ・網インタフェースのレイヤ1におけるポイント・ツー・ポイントモードでは、参照点［　　］における送信・受信の各方向に対して、いかなるときでもただ一つの送信部と一つの受信部が動作状態になっている。

［① Tのみ　② Sのみ　③ Rのみ
④ T又はS　⑤ S又はR］

☞100ページ
1　レイヤ1動作モード

(4) ISDN基本ユーザ・網インタフェースのレイヤ1では、複数の端末が一つのDチャネルを共用するため、アクセスの競合が発生することがある。Dチャネルへの正常なアクセスを確保するための制御手順として、一般に［　　］といわれる方式が用いられている。

［① エコーチェック　② CDMA　③ TDMA
④ CSMA／CD　⑤ 優先制御］

☞100ページ
2　Dチャネル競合制御

(5) ISDN基本ユーザ・網インタフェースで用いられるデジタル回線終端装置において、網からの遠隔給電による起動及び停止の手順が適用される場合、デジタル回線終端装置は、［　　］極性のときに起動する。

☞100ページ
3　給電方式

［① L1線がL2線に対して正電位となるノーマル
② L2線がL1線に対して正電位となるノーマル
③ L1線がL2線に対して正電位となるリバース
④ L2線がL1線に対して正電位となるリバース］

(6) ISDN基本ユーザ・網インタフェースのレイヤ1において、TEとNT間でINFOといわれる特定ビットパターンの信号を用いて行われる手順であり、通信の必要が生じた場合のみインタフェースを活性化し、必要のない場合には不活性化する手順は、［　　］の手順といわれる。

☞100ページ
4 起動・停止手順

［① 応答・切断 ② 起動・停止 ③ 接続・解放
④ 開通・遮断 ⑤ 設定・解除］

(7) 1.5メガビット／秒方式のISDN一次群速度ユーザ・網インタフェースを用いた通信の特徴などについて述べた次の記述のうち、誤っているものは、［　　］である。

☞96ページ
1 チャネルタイプ
☞102ページ
1 フレーム構成
5 配線構造

［① 1回線の伝送速度は、1.544メガビット／秒である。
② Dチャネルのチャネル速度は、64キロビット／秒である。
③ NT1とTEの間は、ポイント・ツー・ポイントの配線構成をとる。
④ DSUに接続される端末(ルータなど)は、PRIを備えている。
⑤ 最大12回線の電話回線として利用できる。］

(8) 1.5メガビット／秒方式のISDN一次群速度ユーザ・網インタフェースにおけるフレーム構成について述べた次の二つの記述は、［　　］。

☞102ページ
2 マルチフレーム構成

A 4フレームごとのDチャネルビットで形成される特定の2進パターンがマルチフレーム同期信号パターンとして定義されている。

B 1マルチフレームは193ビットのフレームを24個集めた24フレームで構成される。

［① Aのみ正しい ② Bのみ正しい
③ AもBも正しい ④ AもBも正しくない］

(9) ISDN一次群速度ユーザ・網インタフェースにおいては、ビット同期などのタイミング信号を受信信号から抽出する［　　］同期方式を採用している。

☞102ページ
3 伝送路符号形式

［① 独 立 ② 相 互 ③ 従 属
④ フレーム ⑤ 伝 送］

問3

次の各文章の　　　　内に、それぞれの[　　]の解答群の中から最も適したものを選び、その番号を記せ。

(1) ISDN基本ユーザ・網インタフェースにおけるLAPDについて述べた次の二つの記述は、　　　　。

☞104ページ
2　LAPDとLAPBの比較

A　ポイント・ツー・マルチポイントリンクは、放送形リンクともいわれネットワーク側からバス配線上の複数端末に同じ情報を転送するときに用いられている。

B　ポイント・ツー・ポイントリンクを用いてユーザ情報を転送するときは、通信する端末には、端末終端点識別子(TEI)が割り当てられていなければならない。

[①　Aのみ正しい　②　Bのみ正しい
③　AもBも正しい　④　AもBも正しくない]

(2) ISDN基本ユーザ・網インタフェースにおいて、一つの物理コネクション上に複数のデータリンクコネクションが設定されている場合、個々のデータリンクコネクションの識別を行うために用いられる識別子は、　　　　といわれ、SAPIとTEIから構成される。

☞106ページ
1　DLCI

[①　DLCI　②　VPI　③　VCI
④　DNIC　⑤　LAPB]

(3) ISDN基本データ・網インタフェースにおける非確認形情報転送手順について述べた次の二つの記述は、　　　　。

☞106ページ
3　情報転送手順

A　非確認形情報転送手順では、情報フレームの転送時に、誤り制御及びフロー制御は行われない。

B　非確認形情報転送手順は、ポイント・ツー・ポイントデータリンク及びポイント・ツー・マルチポイントデータリンクのどちらにも適用可能である。

[①　Aのみ正しい　②　Bのみ正しい
③　AもBも正しい　④　AもBも正しくない]

問4

次の各文章の ☐ 内に、それぞれの[ ]の解答群の中から最も適したものを選び、その番号を記せ。

(1) ISDN基本ユーザ・網インタフェースにおけるレイヤ3のメッセージの共通部は、全てのメッセージに共通に含まれており、大別して、プロトコル識別子、呼番号及び ☐ の3要素から構成されている。

☞108ページ
1 レイヤ3の概要

[① 宛先アドレス　② 送信元アドレス
③ ユーザ情報　④ メッセージ種別
⑤ 情報要素識別子]

(2) 図は、ISDN基本ユーザ・網インタフェースにおける回線交換呼の基本呼制御シーケンスの一部を示したものである。図中のXの部分のシーケンスについては、☐ チャネルが使用される。

☞108ページ
2 回線交換モードの呼制御手順

[① 16キロビット／秒のB　② 32キロビット／秒のB
③ 64キロビット／秒のB　④ 16キロビット／秒のD
⑤ 32キロビット／秒のD　⑥ 64キロビット／秒のD]

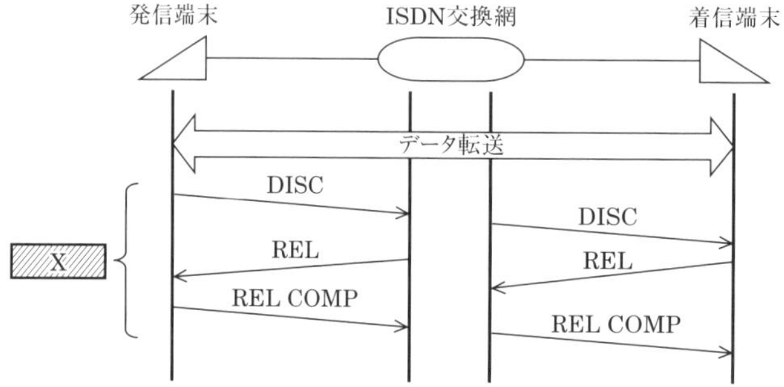

(3) ISDN基本ユーザ・網インタフェースにおける回線交換モードでは、通信中の端末を別のジャックに差し込んで通信を再開する場合などに呼中断／呼再開手順が用いられる。この手順の特徴について述べた次の二つの記述は、☐ 。

☞108ページ
3 中断/再開の手順

A 呼の再開時には、中断呼がそれまで使っていた呼番号がそのまま利用される。

B 中断呼に割り当てられた呼識別は、呼の中断状態の間に同一インタフェース上の他の中断呼に適用されない。

[① Aのみ正しい　② Bのみ正しい
③ AもBも正しい　④ AもBも正しくない]

3

ネットワークの技術

高速・大容量のデータ通信が可能となった「ブロードバンド」時代の到来は、インターネットの普及に拍車をかけ、通信の世界はここ数年で大きな変化を遂げている。データ通信の主流はTCP/IPとなり、音声通信においても従来の回線交換方式から「IP電話」に代表されるようなIP通信が普及しつつある。

ここでは、現在のネットワーク技術の主流であるTCP/IPの基礎をはじめ、VoIP、各種アクセス技術、HDLC手順、広域ネットワーク等について概要を学習する。

1 ネットワークの概要

1-1 通信方式・伝送方式

1. 通信方式(図1)

(a)単方向通信方式

送信側と受信側が決まっていて常に一方向だけの情報を伝送する方式である。放送がこの方式であるが、データ通信ではあまり例がない。

(b)半二重通信方式

双方向の通信はできるが、片方の端末が送信状態のとき他方の端末は受信状態となる方式であり、同時に双方向の通信はできない。この方式は1本の伝送路で双方向の通信を行う場合に用いられるものであり、端末とセンタ(コンピュータ)の間の通信に多く利用されている。

(c)全二重通信方式

それぞれの方向の伝送路を二重に設定し、同時に双方向の通信を可能とした方式である。装置間を結ぶ伝送路が2本必要となるため経済性は劣るが伝送効率が良い。コンピュータ相互間や通信制御装置相互間の通信に利用される。

2. 回線接続方式(図2)

(a)ポイント・ツー・ポイント接続方式

2地点間を1対1の関係で接続する方式であり、2地点間で伝送すべきデータ量が多い場合に効果的である。

(b)ポイント・ツー・マルチポイント接続方式

1本の通信回線を各地点で分岐し、複数個の端末を接続する方式であり、多数の端末と通信を行う場合に経済的な構成となる。

3. 直列・並列伝送方式(図3)

(a)直列伝送方式

一般に、データ端末では複数ビットで構成された符号を1単位として入出力が行われているが、この並列になっているビット列を1ビットずつ順次直列的に伝送する方式である。この方式では、ビット列の区切りを受信側に知らせるための同期をとる必要がある。1本の伝送路でデータを伝送することができるため、通常、長距離のデータ伝送に用いられる。

(b)並列伝送方式

符号を構成する各ビットに1本ずつ伝送路を割り当て、同時に伝送する方式である。この方式は、伝送効率が良く、多量のデータを伝送する場合に適しているが、伝送路の数が多くなる。同一室内など端末相互間が近接している場所では、伝送路の数を増やすことが容易であることからこの方式が利用されている。

4. 通信形態(図4)

(a)コネクション型通信

フレームやパケットのヘッダ等でリンク(論理的な通信路)を指定して情報を転送する通信の方式をいう。呼の発生・終結の度に相手端末との間でリンクを設定・解放するための手続きが必要になりオーバヘッドが増大するが、呼ごとに送達確認や順序制御、誤り発生時の再送制御等が可能であるため信頼性が高い。

アナログ方式の公衆電話網やISDNなどがこの方式を採用している。

(b)コネクションレス型通信

ヘッダ等で相手端末のアドレスを指定して情報を転送する通信の方式である。相手端末の存在や状態を認識しないまま情報を送信するので信頼性には劣るが、呼設定や解放の手続きが不要なため通信の高速化に有利である。

コネクションレス型通信の代表的なプロトコルにIPやUDPがある。

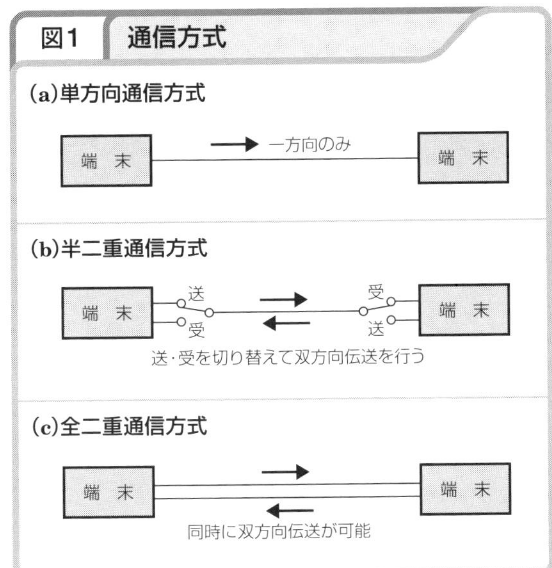

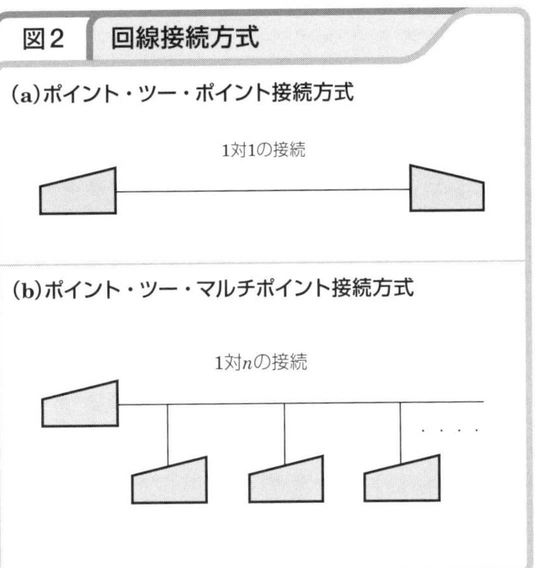

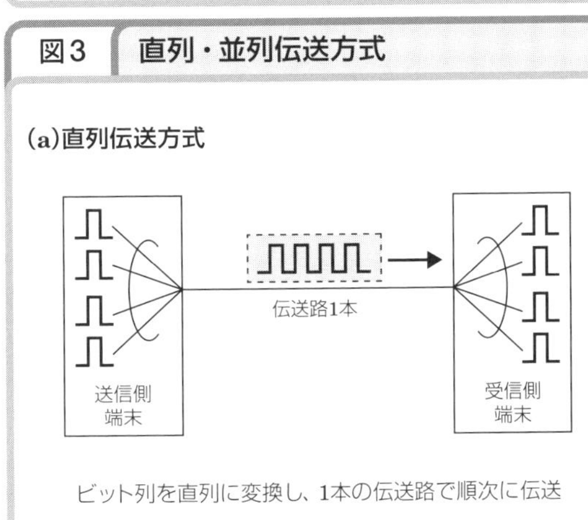

ビット列を直列に変換し、1本の伝送路で順次に伝送

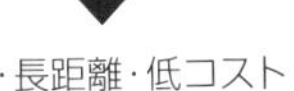

低速・長距離・低コスト

(b)並列伝送方式

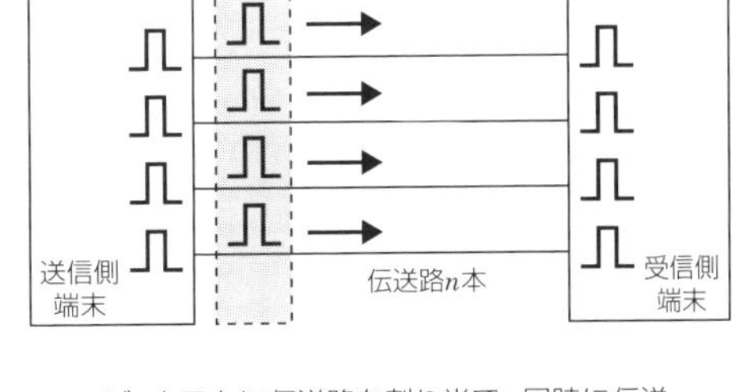

1ビットごとに伝送路を割り当て、同時に伝送

高速・短距離・高コスト

図4　コネクション型通信とコネクションレス型通信

● コネクション型通信

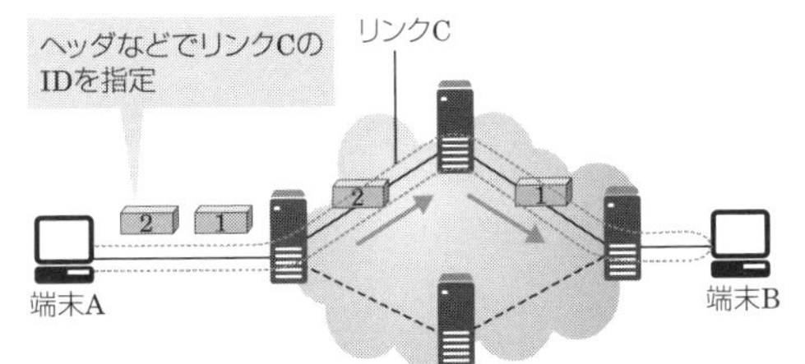

宛先までの経路が決まっていて、常に同じ経路を通る。

● コネクションレス型通信

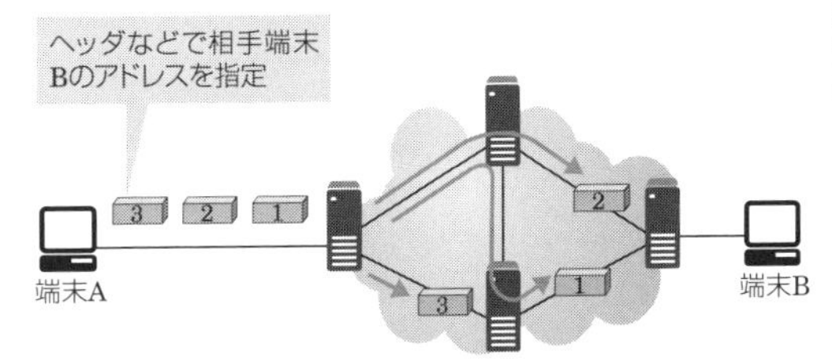

宛先だけが決まっていて、宛先までの途中の経路はいつも同じとは限らない。

2 IPネットワークの技術

2-1 IPネットワークの概要

1. IPネットワーク

LANは、オフィス、ビル、工場等の限られたエリア内で利用するデータ通信網をいう。これに対して、離れた地点間のLAN同士を接続した広範囲の通信網をWAN（Wide Area Network）という。さらにWANの拡張形態として世界中のLANが地球規模で接続されたものが**インターネット**（internet）である。

インターネットは、IP（Internet Protocol）技術により情報を転送するものが現在の主流である。IP技術を基盤とした通信網を総称して**IPネットワーク**といい、インターネットのほかにイントラネット、エクストラネットなどがある。インターネットは全世界のネットワークやコンピュータを相互に接続した巨大な通信網で、誰でも利用することができる。これに対して、イントラネットは、企業（組織）内の閉じた環境で利用することを目的として構築されたものである。また、エクストラネットは、複数の企業間で電子商取引や電子データ交換などを行うために、それぞれの企業のイントラネットを相互に接続したものである。

2. TCP/IPの基礎

広義の「TCP/IP」はインターネット標準の通信プロトコルの総称として用いられるが、その中核となるのがIPとTCP（Transmission Control Protocol）である。

(a) IP

IPは、他の通信プロトコルが使用する基盤となるネットワーク層の通信プロトコルである。そして、通信機器（ノード）を識別するためのIPアドレス、転送処理回数の上限すなわち生存時間（TTL：Time To Live）の確認、サービスタイプ（TOS：Type Of Service）フィールドを利用した優先制御および帯域保証などの機能を持つ。IPが送受信を行う伝送単位（PDU：Protocol Data Unit）をIPデータグラムというが、一般に**IPパケット**と呼ばれることが多い。上位プロトコルからのデータはIPパケットのデータフィールドに格納され、IPヘッダに記述されているIPアドレス情報に従い、ネットワークを経由して相手先のコンピュータに送り届けられる。

IPは**コネクションレス型**の通信であり、パケットが正しく相手に届いたかどうかを確認する仕組みを持たず、パケットを転送する枠組みだけを提供する。このため、**オーバヘッド**（コンピュータ内の処理）が少なくて済み、通信の高速化が実現できる。一方、パケット伝送の誤り制御や再送の機能を持たないため、信頼性は高くない。

(b) TCP

IPネットワークにおいて信頼性を高めたデータ通信を実現するためには、IPの上位プロトコルであるTCPを使用する。TCPは、パケットの誤り制御や順序制御／再送制御、通信相手の処理能力に合わせたフロー制御やネットワークの輻輳（ふくそう）制御などの機能を持つ、信頼性の高い**コネクション型**のプロトコルである。つまり、TCPは「コネクション」と呼ぶ通信路を相手のコンピュータとの間で設定し、このコネクションの開始、維持、終了を行う。そして、上位プロトコルからのデータはTCPの伝送単位であるセグメント（TCPパケット）に格納され、このコネクションを通って正しく相手先に送り届けられる。

TCPを利用する上位プロトコルには、電子メールの転送に使用されるSMTP（Simple Mail Transfer Protocol）や、ファイル転送で使用されるFTP（File Transfer Protocol）、WWW（World Wide Web）の参照に使用されるHTTP（Hyper Text Transfer Protocol）などがある。

(c) UDP

IPの上位プロトコルには、TCPのほかに、UDP(User Datagram Protocol)がある。TCPとは異なり、**コネクションレス型**のプロトコルであるため、データの送達確認やフロー制御を行わない。したがって、IP通信の信頼性を高めるものではなく、より信頼性の高いデータ通信を実現するためには、さらに上位のプロトコルで制御を行う必要がある。ただし、TCPと比較するとコンピュータの処理負荷が軽く、高速で効率の良い通信が可能になっている。UDPを利用する上位プロトコルとしては、ネットワーク管理プロトコルの1つであるSNMP(Simple Network Management Protocol)や、動画像や音声など実時間性が要求されるデータストリームを伝送するRTP(Realtime Transport Protocol)などがある。つまり、コンピュータの処理負荷を軽減したい上位プロトコルはUDPを利用している。

図1　IPネットワークの構成

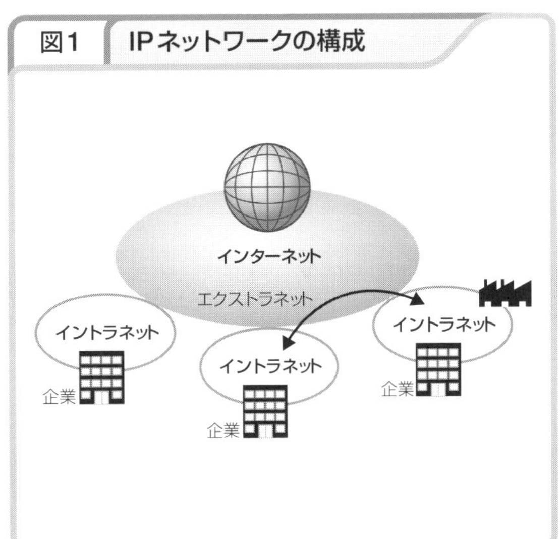

図2　TCPとUDPの信頼性

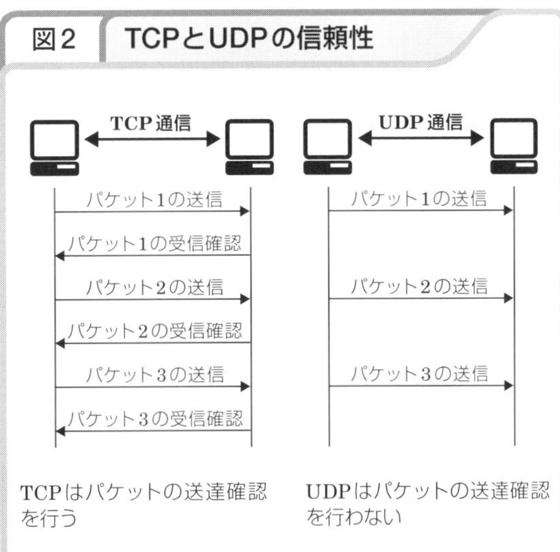

図3　IPパケットの構成

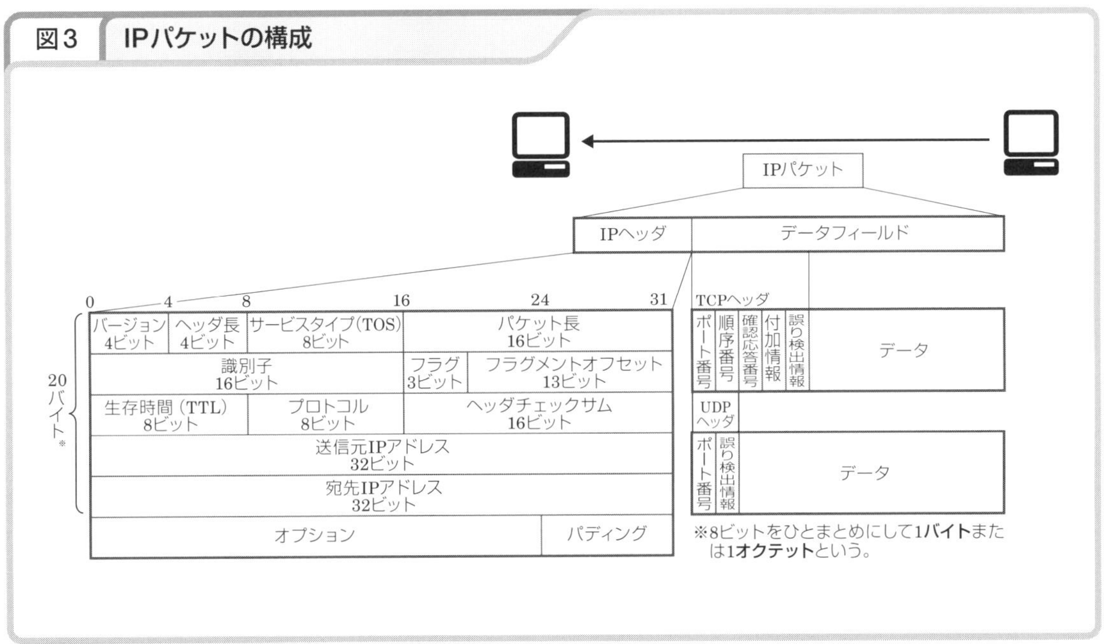

3. TCP/IPプロトコル群

インターネットは、ルータを相互に接続して構築されたコンピュータ通信用ネットワークである。コンピュータシステム相互間を接続し、データ交換を行うためには、両者間で通信方式に関する約束事(**プロトコル**:protocol)を取り決めておく必要がある。通信に必要な機能には、物理的なコネクタの形状、電気的条件、データ伝送制御手順、データの解読等さまざまな機能があるが、これらを一定のまとまった機能に分類することができ、分類された機能を階層構造の体系としてとらえることができる。そして、ある階層の機能を変更しても、上位層や全体の動作には影響を与えないようになっている。このように、通信機能を階層化し、それらの機能を実現するためのプロトコルを体系化したものをネットワークアーキテクチャという。

ネットワークアーキテクチャとしてよく知られたものに、**OSI参照モデル**(JIS X 5003/ITU-T勧告X.200)がある。OSI基本参照モデルともいう。OSIはOpen Systems Interconnectionの略であり、開放型システム間相互接続と訳される。OSI参照モデルは、コンピュータシステム間を表1のような7つの階層(**レイヤ**:layer)に分類して、それぞれの層ごとにプロトコルを規定している。

この7つの層のうち、通信網(ネットワーク)が提供するのは、物理層(第1層)からネットワーク層(第3層)までの機能で、この3つの層の機能により相手側との間に伝送路が設定される。トランスポート層(第4層)以上については、基本的には設定された伝送路上で行われる端末間のプロトコルであり、網は関与しない。

IPネットワークでは、ネットワークアーキテクチャの標準として、OSI参照モデルとは別に成立し発展してきた**TCP/IPプロトコル群**が広く用いられている。OSI参照モデルと同様に、階層化モデルを基礎にしているが、通常は**4階層**を基盤にしている。OSI参照モデルとは制定された時期も異なり、各階層の役割が完全に一致するわけではないが、共通点が多いため図4のように階層構造を比較することはできる。

4. TCP/IPプロトコル各層の概要

(a)ネットワークインタフェース層

リンク層ともいい、インターネットの標準としては定義されていないが、他で標準化されたLANやWANなどのプロトコルや技術を取り入れて利用することができる。この階層では、物理メディアへの接続や隣接する他のノード(機器)との通信を行うためのデータリンクレベルでのアドレスやフレームフォーマットなどが規定されている。代表的なものとしては、LANではイーサネット、WANでは専用線接続や公衆電話網のダイヤルアップ接続で使用されるPPP(Point-to-Point Protocol)などがある。

(b)インターネット層

ネットワーク層の上位に位置する階層で、IP層、ネットワーク層などとも呼ばれる。この層で最も普及しているのがIPである。IPはコンピュータ間の伝送路を提供し、伝送路の中に位置するコンピュータやルータなどの中継システムは、ルーティングによりIPデータグラム(IPパケット)を転送する役割を持つ。IPが持つ重要な役割はIPアドレスの管理であり、通信を行うコンピュータは自分を識別するためにIPアドレスを1つ以上持つ必要がある。

また、IPに付随するプロトコルに、**ICMP**(Internet Control Message Protocol)がある。エラーメッセージやインターネット層レベルでの相手先までの経路確認などの情報を通知する機能を持ち、pingやtracert(traceroute)などのネットワークの障害状況を調査するツールで利用される。

(c)トランスポート層

インターネット層の上位に位置する階層で、コンピュータ間のデータ転送を制御し、上位のアプリケーション層とのデータの受け渡しを行う。コンピュータの内部で行うトランスポート層とアプリケーション層の間のデータの受渡しには、ポート番号を使用する。ポート番号には、アプリケーション（またはプロセス）を特定するために、図5のように一意な番号が割り当てられる。代表的なものに、TCPとUDPがある。

(d)アプリケーション層

トランスポート層の上位に位置する階層で、実際にアプリケーションが用いる各種サービスのデータのやり取りについて規定している。さまざまなプロトコルが存在するが、コンピュータを利用するユーザに直接サービスを行うユーザプロトコル（Telnet、FTP、SMTP、HTTPなど）と、コンピュータが制御を行うために共通に使用するサポートプロトコル（SNMP、DNSなど）に大別することができる。

表1　OSI参照モデルの各層の主な機能

	レイヤ名	主な機能
第7層	アプリケーション層	ファイル転送やデータベースアクセスなどの各種の適用業務に対する通信サービスの機能を規定する。
第6層	プレゼンテーション層	端末相互間の符号形式、データ構造、情報表現方式等の管理を行う。
第5層	セション層	両端末間で同期のとれた会話の管理を行う。会話の開始、区切り、終了等を規定する。
第4層	トランスポート層	端末相互間でのデータの転送を確実に行うための機能、すなわちデータの送達確認、順序制御、フロー制御などを規定する。
第3層	ネットワーク層	端末相互間でのデータの授受を行うための通信経路の設定・解放を行うための呼制御手順、ルーティング、中継の機能を規定する。
第2層	データリンク層	隣接するノード間の伝送路上で誤りのないよう通信を実現するための伝送制御手順を規定する。誤り検出・回復処理を行うが、回復不能な場合はネットワーク層に通知する。情報の授受はフレームという単位で行われる。
第1層	物理層（フィジカル層）	最下位に位置づけられる層であり、コネクタの形状、電気的特性、信号の種類、伝送速度等の物理的機能を規定する。情報の授受はビット単位で行われる。

図4　OSIとTCP/IPの階層化モデル

OSI参照モデル	TCP/IP階層化モデル	
アプリケーション層 プレゼンテーション層 セション層	アプリケーション層	FTP :File Transfer Protocol Telnet :Telnet Protocol HTTP :Hyper Text Transfer Protocol SMTP :Simple Mail Transfer Protocol POP :Post Office Protocol DNS :Domain Name System SNMP :Simple Network Management Protocol など
トランスポート層	トランスポート層	TCP :Transmission Control Protocol UDP :User Datagram Protocol
ネットワーク層	インターネット層	IP :Internet Protocol ICMP :Internet Control Message Protocol
データリンク層 物理層	ネットワークインタフェース層（リンク層）	イーサネット トークンリング FDDI :Fiber-Distributed Data Interface PPP :Point-to-Point Protocol など

図5　TCP/IPのポート番号

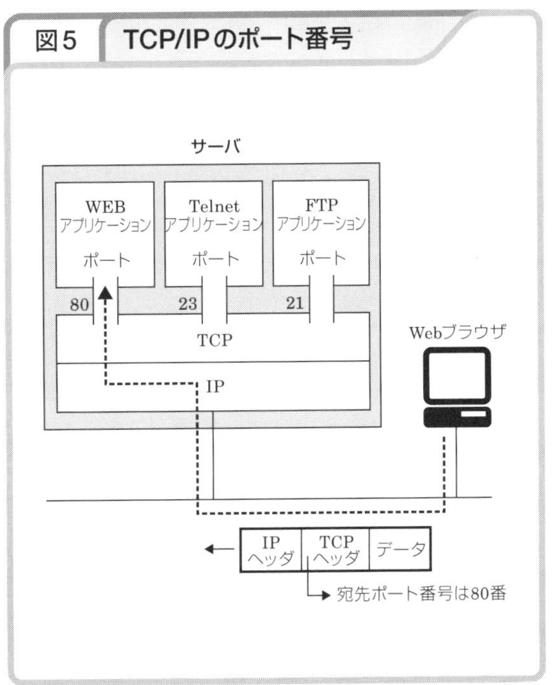

2-2 IPv4の概要

1. IPv4アドレス

IPネットワークを使用して通信するコンピュータは、それぞれを識別するための固有のアドレスを持つ必要がある。このアドレスがIPアドレスであり、IPネットワーク上でコンピュータを識別するための「住所」の役割を持つ。**IPパケット**（**IPデータグラム**ともいう）の中のIPヘッダには、パケットの**送信元IPアドレス**と**宛先IPアドレス**が含まれており、パケットの送信者が誰か、パケットの届け先がどこかを識別する。**IPv4**（IPバージョン4）の場合、IPアドレスは**32ビット**長の2進数であるが、人が見ても簡単に理解し、また管理を容易にするために、**8ビットずつ**に分けて10進数に変換し「.」（ドット）で区切る方法がとられる。これは**ドット付き10進表記**と呼ばれている（図1）。

2. ネットワークアドレスとホストアドレス

IPv4で使用する32ビットのIPアドレスは、個々のネットワークを識別するための**ネットワークアドレス**（ネットワークID）部分と、そのIPネットワーク内のコンピュータを識別するための**ホストアドレス**（ホストID）部分で構成されている。このため、IPネットワークではすべてのコンピュータのIPアドレスを登録するのではなく、ネットワークIDだけを登録すれば通信したいコンピュータが存在する場所（エリア）を探し出すことができ、IPネットワークの管理が容易にできるようになっている。また、ネットワークIDは、規模に応じて柔軟にアドレスを割り当てられるようにするために、複数の**クラス**に分けて管理し、クラスは、ネットワークIDの先頭から何ビットめに0がくるかで識別される（図2）。クラス識別ビットを除くネットワークIDおよびホストIDは、すべてのビットが「0」あるいは「1」のものは個別のコンピュータに割り当てられない。そして、ホストID部分がすべて「0」の場合には、ネットワークそのものを示すアドレスとなり、ホストIDがすべての「1」のものは、そのネットワーク内のすべてのコンピュータ宛てのIPパケットであるという意味の**ブロードキャストアドレス**を示すと決められている。

3. IPv4アドレスのクラス

IPv4のIPアドレスには、図2に示すように複数の**クラス**がある。このうち、先頭ビットが“0”の**クラスA**は上位8ビットがネットワークID、下位24ビットがホストIDとして使用されるため、1つのネットワーク内で$2^{24}-2=16{,}777{,}214$という数のホストを識別できる。一方、“110”ではじまる**クラスC**では上位24ビットがネットワークID、下位8ビットがホストIDであり、識別できるホスト数は$2^{8}-2=254$と少ないが、$2^{21}-2=2{,}097{,}150$の多くのネットワークを識別することができる。このほか、特定グループ内のすべてのホストにパケットを転送する**マルチキャスト**用の**クラスD**および実験用のクラスEもある。

4. IPアドレスの管理とプライベートIPアドレス

現在、インターネット上で使用されるIPアドレスは、国際的に組織された民間の非営利法人が一元的に管理している。この管理されているIPアドレスを**グローバルIPアドレス**と呼び、インターネット上の各コンピュータは、このグローバルIPアドレスを使用して通信を行っている。一方、企業内の閉じた世界（イントラネット）でのみ利用し、独自にIPアドレスを設定することができるようにしたものとして、**プライベートIPアドレス**が定義されている。多くの企業のイントラネットでは、このプライベートIPアドレスを利用してネットワークシステムが構築されている。

ただし、プライベートIPアドレスは、そのままではインターネット上の他のネットワークやコンピュータとの通信に使用できないため、企業内のイントラネットとインターネットの接続部分でプライベートIPアドレスとグローバルIPアドレスを相互に変換する方法をとっている。この方法を**NAT**（Network Address Translation）という。NATは限りあるグローバルIPアドレスの節約に有効である。また、アドレスを隠蔽（ぺい）することからセキュリティを高める効果を持っており、一般にインターネットとの接続部分に設置したファイアウォールやルータなどに実装される（図3）。

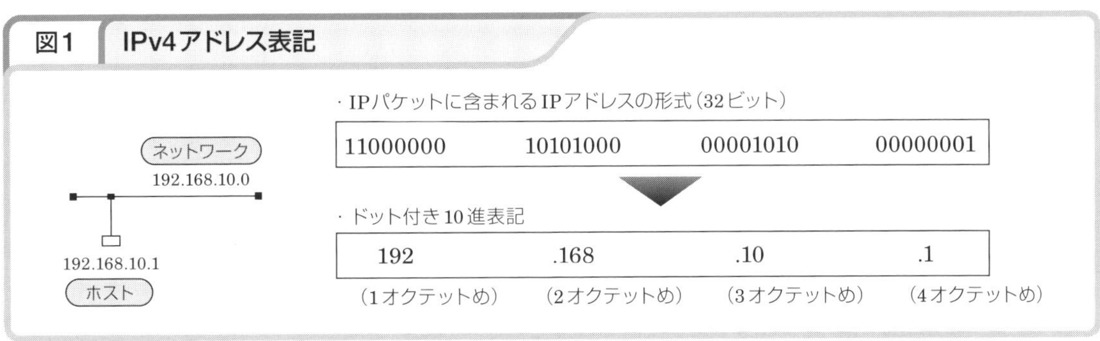

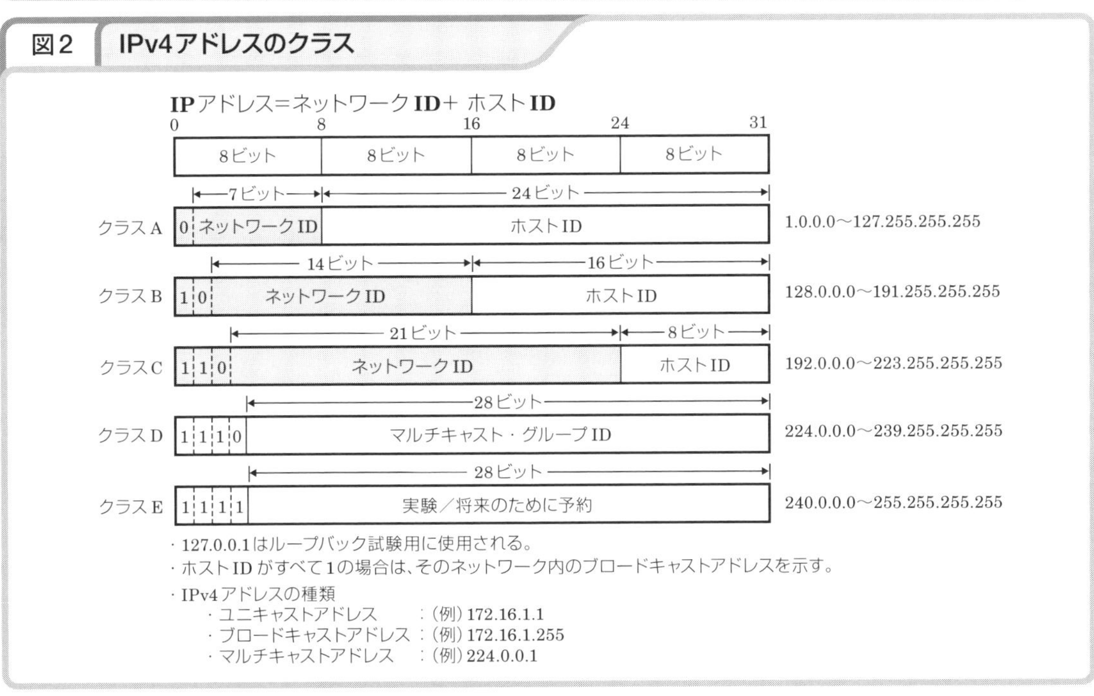

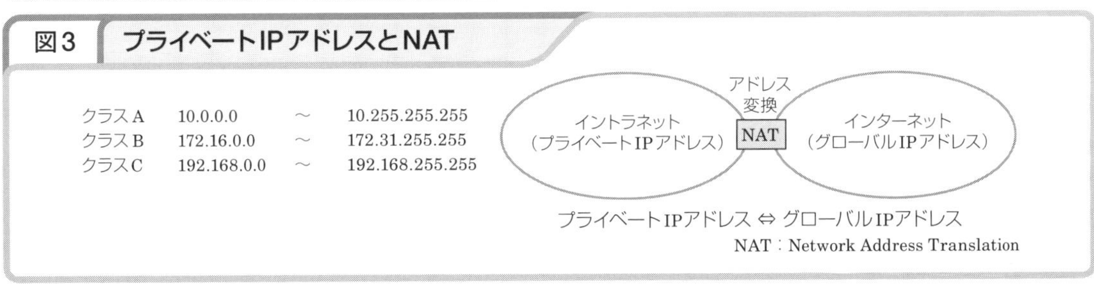

2-3 IPv6の概要

1. IPv6アドレス

従来広く使用されてきたIPv4アドレスは、アドレス空間が32ビットしかなく、最大でも地球上の人口より少ない43億通り程度の表現にとどまっている。このため、1990年代に入ると、近い将来アドレスが不足して新たな割当てができなくなる**アドレス枯渇**が問題視されるようになった。このアドレス枯渇問題を解決すべく、1995～98年頃にアドレス空間を**128ビット**に拡張した**IPv6**(IP version 6)の仕様が策定された。

図1は、IPv6パケットのヘッダ構成を示したものである。IPv4パケットのヘッダがオプションを含んだ可変長であるのに対して、IPv6パケットでは40バイト固定長の**基本ヘッダ**と、オプション情報を格納する**拡張ヘッダ**に分けている。これにより、中継ルータはシンプルな固定長ヘッダにより処理を行うことができ、負荷が軽減されている。また、拡張ヘッダは次ヘッダフィールドにより識別され、数珠つなぎのようにいくつも付与できるため、将来の拡張に柔軟に対処できる。

IPv6アドレスの表記は、128ビットを16ビットずつに区切ってその内容を4桁の16進数で表すが、区切り部分には"："(コロン)を入れる。

(例)4060：12de：20ac：0：0：0：0cb0：802c

また、"："で区切られた区画の値がいくつも連続して0であるときは、次のような省略表現を1回に限り使用することができる。

4060：12de：20ac：：0cb0：802c

IPv6アドレスは、使用目的に合わせて、**ユニキャストアドレス、エニーキャストアドレス、マルチキャストアドレス**に分類される(図2)。ユニキャストアドレスはIPv4のCIDRと同様に経路情報の集約が可能で、基本構造は前半がサブネットプレフィックス、後半がインタフェースIDとなっている。

2. ICMPv6の実装

ICMPv6(Internet Control Message Protocol version 6)は、IPv6で用いられるICMPであり、IPレベルのコントロールメッセージを伝達するプロトコルである。ICMPv6はIPv6を構成する一部分として必須であり、すべてのIPv6ノードは完全にICMPv6を実装しなければならない。

ICMPv6情報メッセージとして、アドレス自動構成に関する制御などを行う**ND** (Neighbor Discovery)プロトコルや、マルチキャストグループの制御などを行う**MLD** (Multicast Listener Discovery)プロトコルで使われるメッセージなどが次のように定義されている(表1)。

(a)エラーメッセージ

到達不能(Destination Unreachable)、時間超過(Time Exceeded)、パケットサイズ超過(Packet too Big)など。

(b)通報メッセージ

pingで使用するエコー要求(Echo Request)、エコー応答(Echo Reply)や、ルータ要請(RS：Router Solicitation)、ルータ広告(RA：Router Advertisement)、近隣ホスト要請(NS：Neighbor Solicitation)、近隣ホスト広告(NA：Neighbor Advertisement)等のネイバー検出など。

3. アドレスの自動取得

IPv6では、**DHCPv6** (Dynamic Host Configuration Protocol version 6)を利用したアドレスの自動設定(ステートフル自動設定)が可能であるが、ホストがアドレスを自動的に生成し設定する(ステートレス自動設定)機能もある。

ホストが起動すると、MACアドレス(48ビット)を元にしたインタフェースID(64ビット)からリンクローカルアドレスを生成し、重複のないこ

図1　IPv6ヘッダ構成

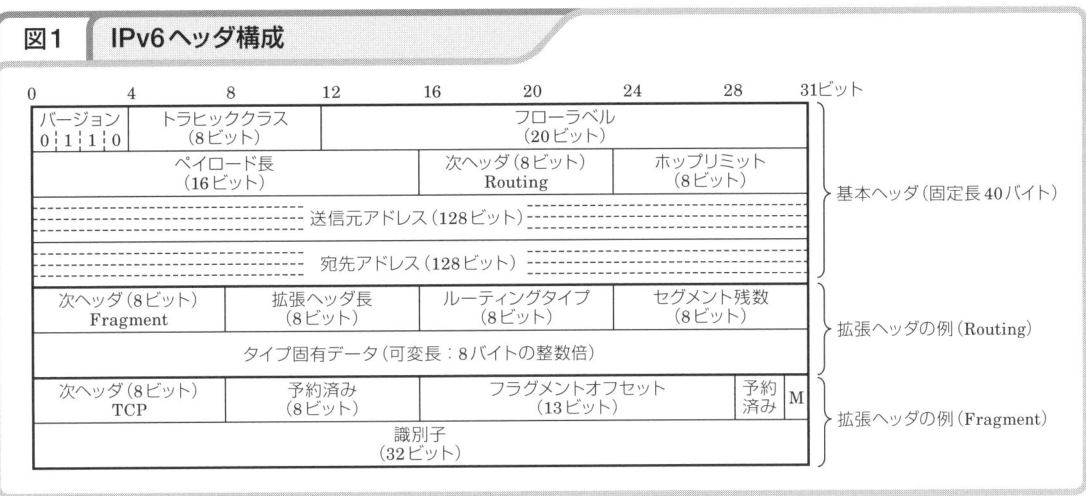

図2　IPv6アドレス

- **ユニキャストアドレス**
  - **グローバルユニキャストアドレス**
    全世界で一意に割り当てられるアドレス。
  - **リンクローカルユニキャストアドレス**
    同一リンク内でのみ有効なアドレス。
  - **IPv4互換アドレス**
    IPv6ノード間でIPv4ネットワークを介して通信するためのアドレス。
  - **IPv4射影アドレス**
    IPv6に対応していないノードがIPv6ネットワークを利用するときのアドレス。
  - **ループバックアドレス**
    自ノード宛てのパケットであることを示すアドレス。::1／128。
  - **未指定アドレス**
    IPアドレスを取得していないノードがパケットを送出する場合に送信元IPアドレスとして使用するアドレス。::／128。
- **エニーキャストアドレス**
  1つのアドレスを複数のノードで共有できる。そのエニーキャストアドレスを持つノードのうち最も近いノードにデータが転送される。
- **マルチキャストアドレス**
  ノードの集合体（グループ）を示すアドレス。

グローバルユニキャストアドレス

*n*ビット　*m*ビット　128−*n*−*m*ビット（一般に64ビット）

0 0 1 グローバルルーティングプレフィックス	サブネットID	インタフェースID

サブネットプレフィックス

リンクローカルユニキャストアドレス（fe80::／10）

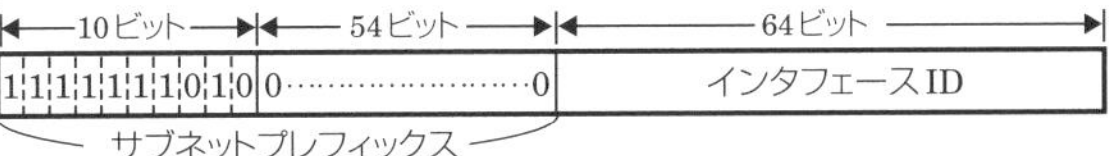

IPv4互換アドレス（::／96）

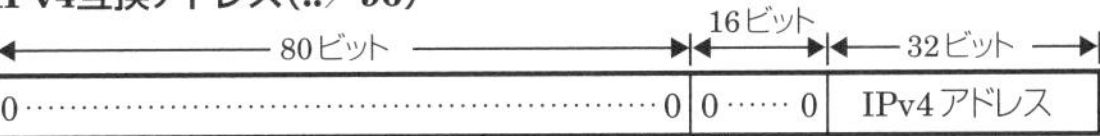

IPv4射影アドレス（::ffff:0:0／96）

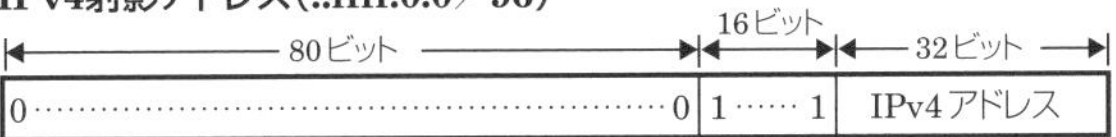

マルチキャストアドレス（ff00::／8）

8ビット　4ビット　4ビット　112ビット

1 1 1 1 1 1 1 1	フラグ	スコープ	グループID

表1　ICMPv6のメッセージとタイプ

(a)エラーメッセージ

タイプ	内　容
1	到達不能
2	パケットサイズ超過
3	時間超過
4	パラメータ異常

(b)通報メッセージ

タイプ	内　容
128	エコー要求
129	エコー応答
130	マルチキャストリスナクエリ
133	ルータ要請
134	ルータ広告
135	近隣ホスト要請
136	近隣ホスト広告
143	MLDv2マルチキャストリスナレポート

とを確認してインタフェースに設定する。

ルータ広告パケット(RA)は、ルータから周期的に送信されるが、起動したホストは素早くRAパケットを得るために、ルータ要請パケット(RS)をマルチキャストで送信する。RSパケットを受信したルータは、アドレスの前半部(64ビット)であるプレフィックスを告知したRAパケットを送信する。RAパケットを受信したホストは、告知されたプレフィックスと、後半部のインタフェースIDを組み合わせてアドレスを自動生成する。(図3)

4. アドレス解決

IPv4では、IPアドレスとMACアドレスの解決にARP (Address Resolution Protocol)という、指定したIPアドレスの持ち主(ノード)からそのMACアドレスを返送してもらうプロトコルを使用していた。

一方、IPv6では、近隣ホスト要請パケット(NS)と近隣ホスト広告パケット(NA)というネイバー検出ICMPv6メッセージを使用する。MACアドレスを求めるホストがマルチキャストでNSパケットを送信し、それに対応した該当ホストは、NAパケットを返信する。これによってIPアドレスとMACアドレスの解決を行う。(図4)

5. 分割処理(フラグメント化)の排除

IPv4では、出力側のネットワークに転送できるパケットサイズの最大値(MTU:Maximum Transfer Unit)より大きなパケットを受信した中継ノードは、パケットを分割処理して転送する。

これに対して、IPv6では、ルータの処理を軽減する必要から、パケットの分割処理は送信元ノードでのみ行い、中継ノードでは分割処理をせずに転送する。このため、送信元ノードは、まず経路MTU探索(**PMTUD**:Path MTU Discovery)機能を利用して送信先ノードまでの経路のMTUを学習し、これに従ってパケット分割処理を行い、パケットを送信する。そして、送信元ノードでデータの再構築を行う。(図5)

6. 拡張ヘッダ

IPv6では、ルータでの処理に使用する基本ヘッダを**40バイトの固定長**にしている。IPv4のヘッダには、可変長のオプションがあったが、IPv6では、オプションを基本ヘッダの後に数珠つなぎにつなげる拡張ヘッダとした。これによってルータの負担を軽減し、効率的な転送処理を行う。

拡張ヘッダとして、すべての中継ノードが処理する中継点オプションヘッダ(Hop-by-hop Option Header)、最終地点のノードが処理する終点オプションヘッダ(Destination Option Header)、経路を指定する経路制御ヘッダ(Routing Header)、送信ノードが分割したパケットを終点で再構築できるための情報であるフラグメントヘッダ(Fragment Header)、データ認証を行う認証ヘッダ(Authentication Header)、暗号とデータ認証を行う暗号ペイロード(Encapsulating Security Payload)の6つを定義している。(表2)

7. netshコマンド

netshは、Windows XP以降のOSで利用できるネットワーク制御コマンドであり、Windowsネットワークの設定情報の表示や設定変更などができる。設定項目が広範囲なため、netshコマンドは**コンテキスト**(context)と呼ぶ設定のコマンド空間をもち、その配下にサブのコンテキストがあるという階層になっている。各階層のコンテキストで、「?」を入力し「enter」キーを押すと、各コンテキストで使用できるコマンドの一覧が表示できる。

IPv6関連の主な表示コマンドには、表3のようなものがある。interface ipv6コンテキストからshow routeコマンドに進むと、ルートテーブルのエントリを表示し、show addressコマンドに進むと、IPv6アドレスを表示し、show joinsコマンドに進むと、IPv6マルチキャストアドレスを表示し、さらにshow neighborsコマンドに進むと、近隣のキャッシュエントリを表示する。

図3 アドレスの自動取得

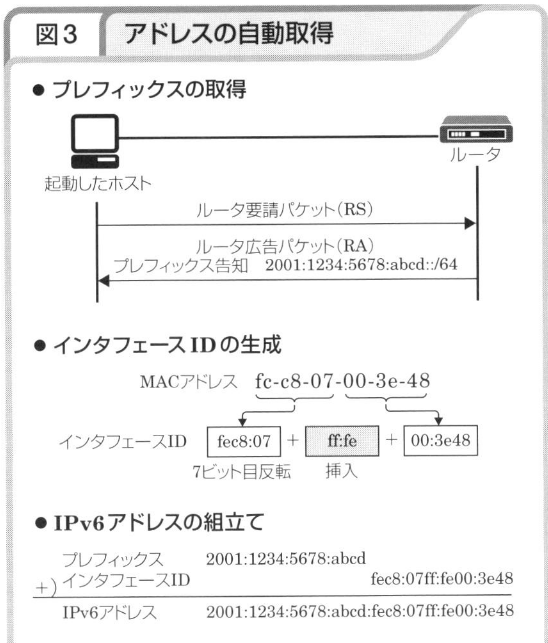

図5 PMTUDの動作

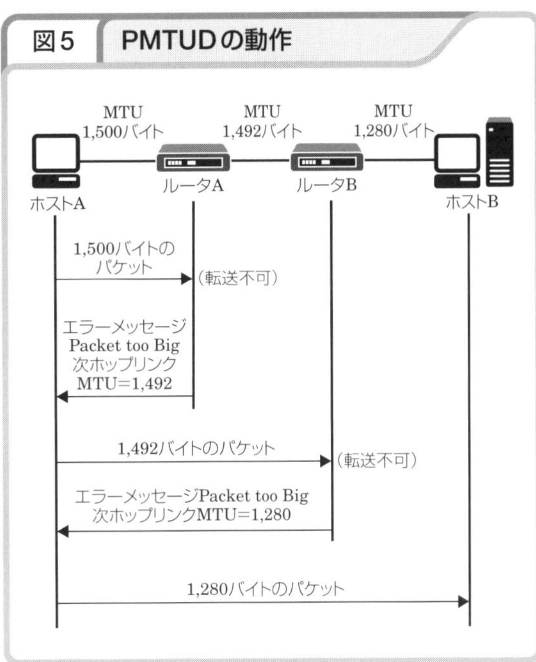

図4 IPv6のアドレス解決

②NAパケット

①NSパケット

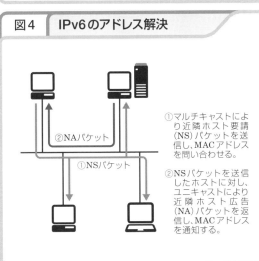

①マルチキャストにより近隣ホスト要請(NS)パケットを送信し、MACアドレスを問い合わせる。

②NSパケットを送信したホストに対し、ユニキャストにより近隣ホスト広告(NA)パケットを返信し、MACアドレスを通知する。

表2 拡張ヘッダの種類

拡張ヘッダ	英語名	内　容
中継オプションヘッダ	HBH：Hop-by-hop Option Header	管理機能など、すべての中継ノードが処理する情報
経路制御ヘッダ	RH：Routing Header	中継ノードを指定
フラグメントヘッダ	FH：Fragment Header	送信したノードが分割したパケットを終点で再構築するための情報
認証ヘッダ	AH：Authentication Header	データ認証
暗号ペイロード	ESP：Encapsulating Security Payload	データの暗号とデータ認証
終点オプションヘッダ	DOH：Destination Option Header	最終地点のノードが処理する情報

表3 主なnetsh>interface ipv6コマンド

● **interface ipv6コマンド**

コマンド	内　容
add	テーブルに構成エントリを追加
delete	テーブルから構成エントリを削除
dump	構成スクリプトの表示
reset	IP構成のリセット
set	構成情報の設定
show	情報の表示

● **interface ipv6 showコマンド**

コマンド	内　容
show address	現在のIPアドレスの表示
show destinationcache	宛先キャッシュエントリの表示
show interface	インタフェースパラメタの表示
show joins	参加したマルチキャストグループの表示
show neghbors	近隣キャッシュエントリの表示
show potentialrouters	利用可能なルータの表示
show route	ルートテーブルエントリの表示

2-4 TCPの概要

1. TCPの概要

IPネットワーク環境におけるTCPの最も重要な役割は、アプリケーションに対して信頼性を提供することである。TCPは下位層のプロトコルの信頼性は前提にせず、独自に信頼性を向上させるための機能をもっている。TCPでは送信するすべてのデータに対して一定時間内に確認応答を受信するようにしており、送達の確認ができなかったデータに関しては再送を行い、確実に相手にデータを届けることを保障している。このため、TCPの上位層のアプリケーションでは信頼性を向上させるための機能を実装する必要がなく、それらはTCPに任せることができる。TCPは図1に示すようないくつかの基本機能とヘッダ構造を持っている。

2. TCPの機能

信頼性の高いデータ通信を実現するために、TCPでは**コネクション**というしくみを使用している。コネクションとは、ポート番号やデータの順序番号、受信側の能力に合わせたウィンドウサイズなどの情報の組合せであり、データ通信上の論理的なパイプともいえる。コネクションはコンピュータが通信を開始する前に確立し、IPアドレスとポート番号の組合せで識別される。TCPにおけるコネクションの確立方法は**3WAYハンドシェイク**といわれている（図2）。

TCPはネットワーク上でデータの破壊や損失があっても情報を確実に相手に届けるために、送信するすべてのデータにシーケンス番号（順序番号）を付け、データの損失を検査している。また、送信したデータの確認応答（ACK）を受信することで、データが相手に届いたことを確認する。データが相手に届いていないと判断するとTCPはそのデータを再送し、再度確認応答を待つ（図3）。

データ送信側が相手から確認応答を受信するまでに連続して送信できるデータ量を**ウィンドウサイズ**という。TCPでは、通信相手のコンピュータの処理能力やネットワークの混み具合に合わせて送信するデータ量を調節する**フロー制御**が行われている。ウィンドウサイズはデータの受信側のコンピュータが決定し、送信側に対して「自分が今どのくらいのデータ量を受け入れることができるか」を確認応答パケットにより伝え、送信側はその値に合わせてデータ量を調節する。ウィンドウサイズは固定された値ではなく、受信側のコンピュータが確認応答を送信側に送るたびに再設定されるため、TCPのフロー制御の方式は**スライディング**

図1 TCPの基本機能とTCPヘッダ

● **TCPの基本機能**

①基本的なデータ転送：データの構造を持たず、連続したビット列（バイト単位）を送受信する。

②コネクション：データ転送の状態（ステータス）を維持するためのコネクションを確立する。

③多重化：アドレスとポートの組み合わせにより、1台のコンピュータで同時に複数のアプリケーションプロセス を提供する。

④信頼性サービス：データの順序番号を管理し、データが損失したときの再送機能を提供する。

⑤フロー制御：データ受信者が通知するウィンドウサイズにより、送信者のデータ量を調節できる。

ウィンドウ方式といわれる(図4)。また、ネットワークが混雑している時には送信データ量を抑え、空いている時には送信データ量を増加させる機能を持っており、これは**輻輳**(ふくそう)**制御**と呼ばれる。

図2　TCPコネクションの確立(3WAYハンドシェイク)

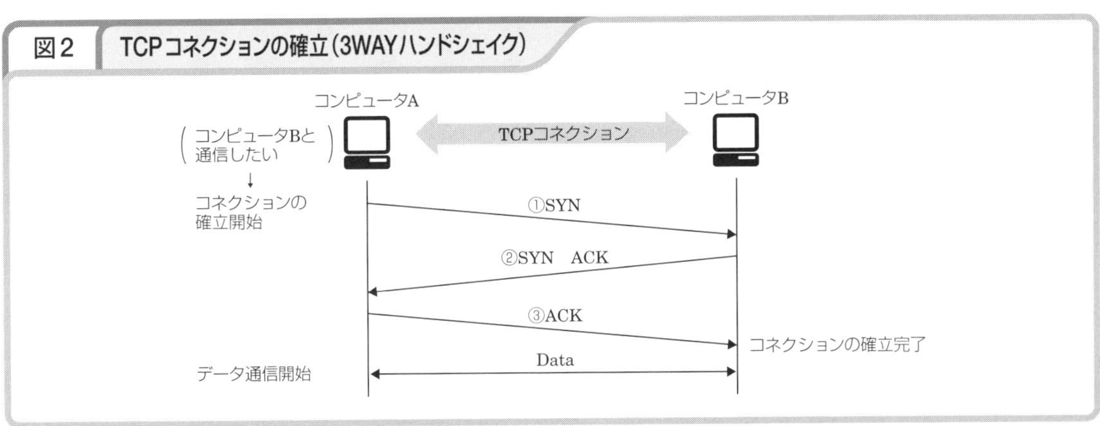

図3　シーケンス番号による送達確認

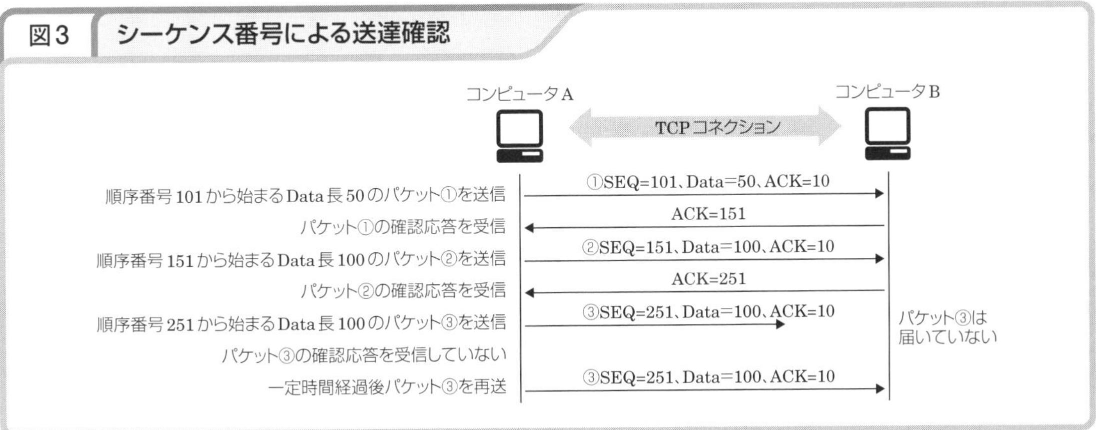

図4　スライディングウィンドウ方式によるフロー制御

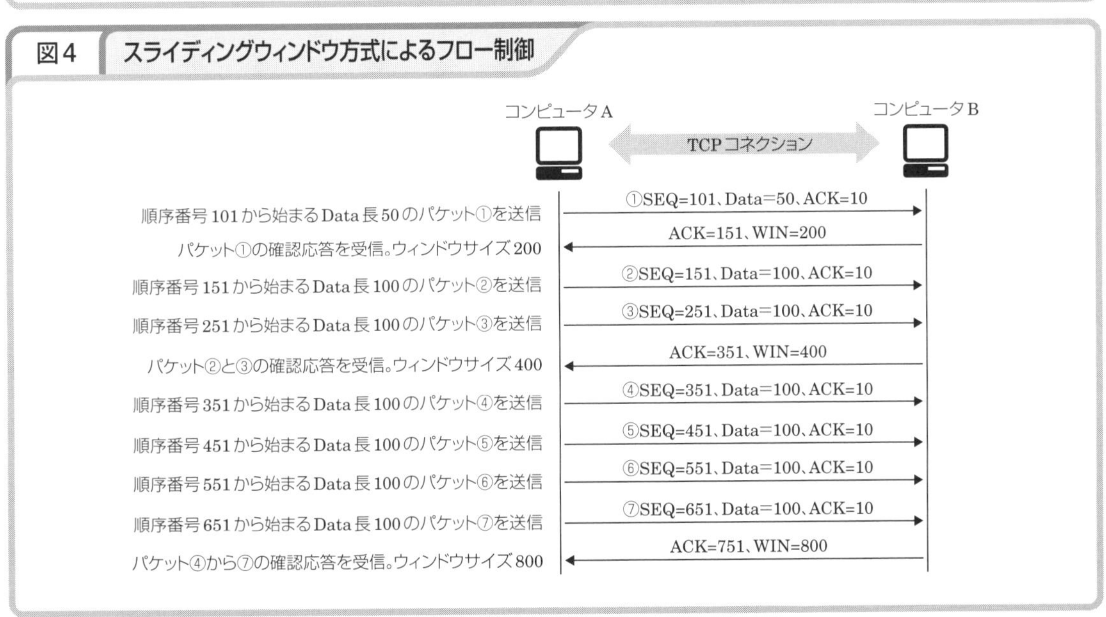

2-5 UDP、ICMPの概要

1. UDPの概要

UDPは、TCPと同じ**トランスポート層**のプロトコルであり、アプリケーション層とのデータ受け渡しを行い、IPネットワーク上へパケットを送信する。TCPと同様にアプリケーションとのデータの受け渡しはポート番号により行う（図1）。しかし、コネクションの確立を行わない通信サービスを提供する**コネクションレス型**であるため、ネットワーク上に送信したパケットの送達確認や再送のしくみは持っていない。データ通信の信頼性を向上させるためにはアプリケーション側にそれらの機能を持たせる必要がある。その分、コンピュータの処理能力をTCPほど必要とせず、最小のオーバヘッドでパケット伝送ができるようになる。

ネットワーク管理のためのSNMP（Simple Network Management Protocol）やIPネットワーク上でコンピュータの名前からIPアドレス番号を探し出すDNS（Domain Name System）、ネットワーク上からコンピュータのイメージファイル（実行ファイル）を探し出し起動する時に使用するBOOTP（BOOTstrap Protocol）などは処理のオーバヘッドを小さくすることが必要なため、UDPを使用している。また、IPネットワーク上で使用される動画や音声などのマルチメディアアプリケーションにもUDPが使用されている。

2. ICMP

ICMP（Internet Control Message Protocol）は、IPネットワーク上で検知されたエラーの状況やIPの経路確認などの情報を調査し、レポートする機能を持つプロトコルである。ICMPメッセージにはさまざまな種類があり、タイプフィールドとコードフィールドで分類されている（図2）。

通信相手のコンピュータまでの到達性確認に使用される**pingプログラム**は、ICMPのエコー要求とエコー応答を使用している。また、IPの経路を確認するために使用される**tracerouteプログラム**（Windowsではtracert）は、ICMPのエコー要求を使用し、**TTL**（Time To Live：生存時間）を1ずつ増やしていき、ルータから「転送中の時間超過：Time Exceeded」というICMPエラーメッセージを受信することにより、宛先コンピュータまでに経由するルータのIPアドレス情報を収集している（図3）。

ICMPは、その他にも、IPパケットを受信したネットワーク上のルータがそのIPパケットを次に転送すべきネットワークの経路情報を持っていないときに、「ネットワーク到達不可：net unreachable」のICMPエラーメッセージをIPパケットの送信元のコンピュータに返信することで、IPネットワーク上の不具合を検知する機能を持っている。

図1 UDPパケットの構成

UDPの特徴
①コネクションレス型のプロトコルである。
②再送機能を持たず、信頼性はない。
③処理負荷が小さいため、動画像や音声などのリアルタイム通信に用いられる。

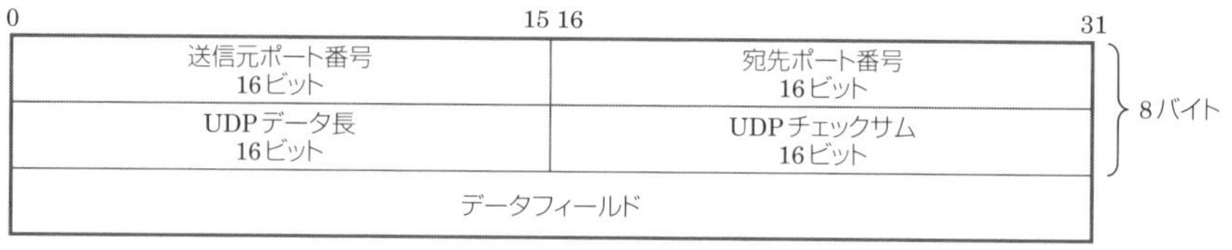

0 〜 15	16 〜 31	
送信元ポート番号 16ビット	宛先ポート番号 16ビット	8バイト
UDPデータ長 16ビット	UDPチェックサム 16ビット	8バイト
データフィールド		

図2　ICMPパケット形式および内容の例

タイプ	コード	内容説明
0	0	Echo response（エコー応答）→ping応答
3		Destination Unreachable message（宛先到達不可）
	0	Net unreachable（ネットワーク到達不可）
	1	Host unreachable（ホスト到達不可）
	3	Port unreachable（ポート到達不可）
8	0	Echo request（エコー要求）→ping要求
11		Time Exceeded message（時間超過）
	0	time to live exceeded in transit（TTL超過）→traceroute

図3　tracerouteプログラムのしくみ

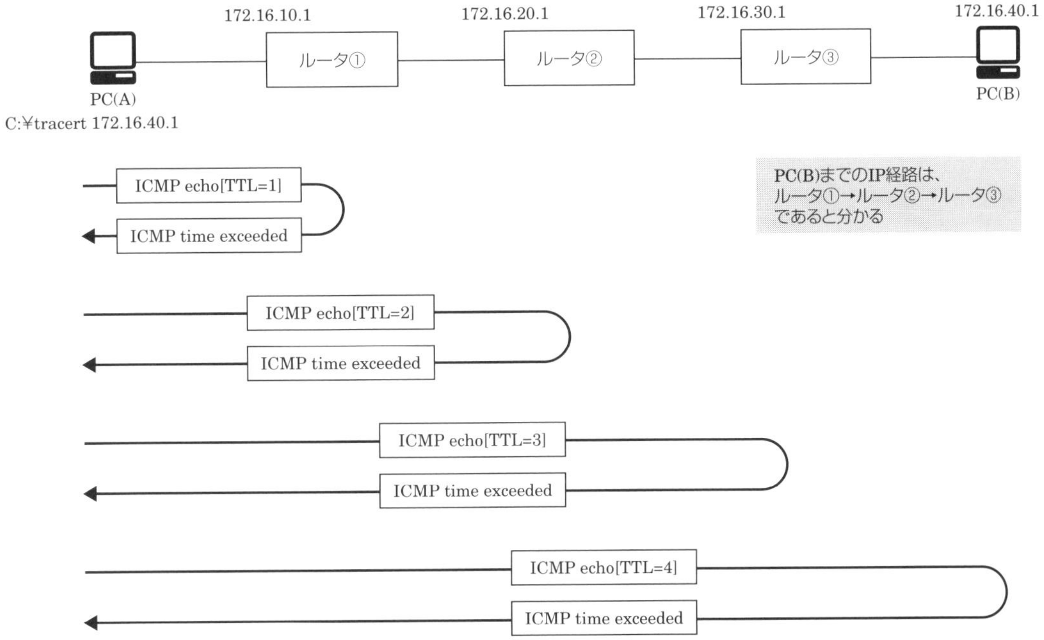

172.16.10.1　172.16.20.1　172.16.30.1　172.16.40.1

PC(A)　ルータ①　ルータ②　ルータ③　PC(B)

C:¥tracert 172.16.40.1

ICMP echo[TTL=1]
ICMP time exceeded

ICMP echo[TTL=2]
ICMP time exceeded

ICMP echo[TTL=3]
ICMP time exceeded

ICMP echo[TTL=4]
ICMP time exceeded

PC(B)までのIP経路は、
ルータ①→ルータ②→ルータ③
であると分かる

2-6 VoIPプロトコル

1. SIPによる呼の設定・解放

IP電話のプロトコルは、呼(Call)を設定するためのシグナリングプロトコルと、端末間で音声通信を行うためのメディア転送プロトコルから構成される。

シグナリングプロトコルにはITU－T勧告H.323やSIP、MGCP、Megaco/H.248などがあるが、現在は**SIP**(Session Initiation Protocol)が主流になっている。

SIPは、IETFのRFC3261において規定された、単数または複数の相手とのセッション(インターネット通話、マルチメディア配信など)を生成・変更・切断するための**アプリケーション層**制御プロトコルである。インターネット層のプロトコルに依存しないため、**IPv4とIPv6の両方で動作可能**である。インターネット技術をベースにしているためWebブラウザ等との親和性が高い。また、メッセージのやり取りが**テキスト形式**で行われるため経由するプロキシサーバの情報など多くの情報をヘッダに記載でき、拡張性に富んだ機能が実装可能である。

IP網により音声通話を行う場合、SIPにおける呼の設定は、一般に図1のような手順で行われる。まず、発信端末はIP網へINVITEリクエストを送出する。このINVITEを受けて、IP網は相手端末へのINVITE処理をしている旨をステータスコード100 Trying(処置中)により発信端末に通知する。INVITEは着信端末に転送され、これを受け取った着信端末は、リンガ音やディスプレイ表示などにより着信端末の利用者に知らせるとともに、ステータスコード180 Ringing(呼出中)をIP網に送り返して呼出中である旨を通知する。この180 Ringingは発信端末まで転送され、これを受け取った発信端末は相手呼出中であることを受話器からの呼出音やディスプレイ表示などにより発呼者に知らせる。そして、着信端末で呼に応答すると、着信端末はIP網に200 OKを送出し、INVITEリクエストが正常に処理された(着信側が応答した)ことを通知する。この200 OKは発信端末に転送され、これを受けた発信端末はACKをIP網に送出し、このACKを着信端末が受信すると、**RTP**(Realtime Transport Protocol)による双方向通信が開始される。

通信を終了するときは、発信端末か着信端末側からBYEリクエストを送出する。そして、BYEを受信した端末が200 OKを送出し、相手側に到達すると、通信が終了する。

2. RTPによるリアルタイム通信

SIPによって呼が確立した後、端末間のメディア伝送には、接続手続のないコネクションレス型のUDPがトランスポート層プロトコルとして利用される。UDPはオーバヘッドが小さく高速なデータ転送を行えるため、マルチメディア伝送に適しているが、通話品質に大きな影響を及ぼす遅延に対する処理を行うことができない。そこで、UDPの上位層としてRTPを用いてリアルタイム(実時間)制御を行う。

RTPはRFC3550により規定された、データストリーム(流れ)を伝送するためのプロトコルで、片方向の通信ごとにセッションを作成し、データをカプセル化して伝送する。RTPヘッダにはリアルタイム処理を行うための4バイトのタイムスタンプフィールドが用意されていおり、送信側は、タイムスタンプにパケット発生時刻を記録して送信する。このタイムスタンプは同期に利用され、受信側ではタイムスタンプを基に音声等を再生し、遅延が大きいパケットは破棄するなどの処理を行う。このようにして、低遅延の通信を実現している。

RTPのセッションの管理(フロー制御など)は**RTCP**(RTP Control Protocol)が行う。RTCPは、RTPが利用するポート番号に1を加えたポート番号を利用する。

図1　基本的機能

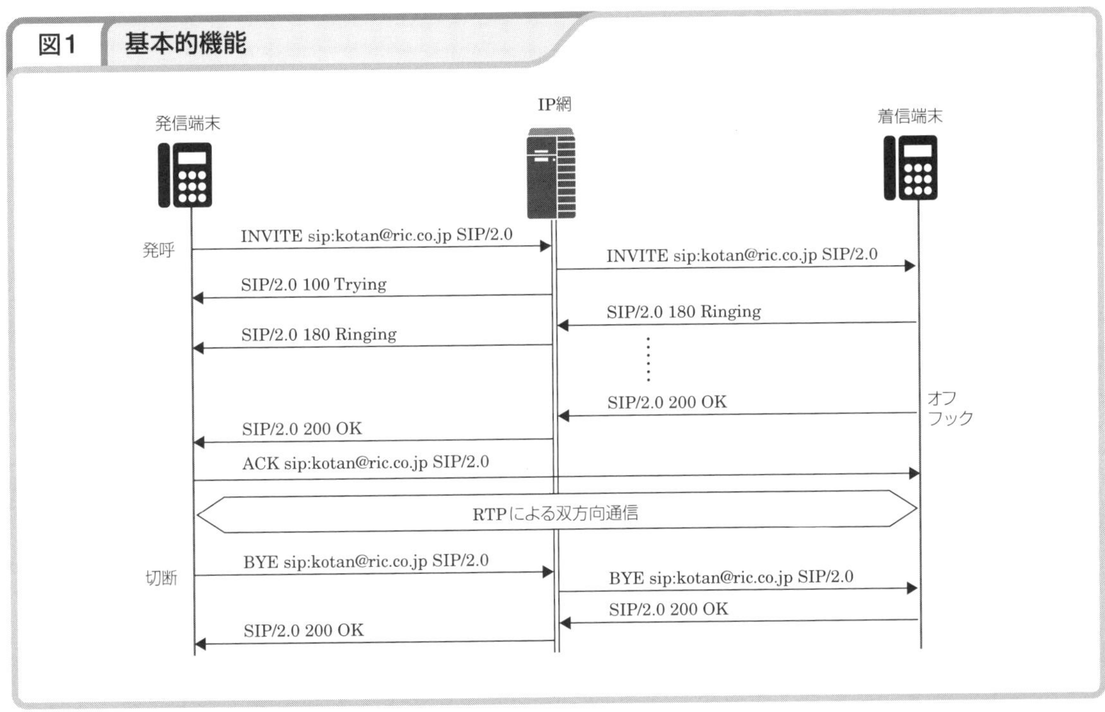

図2　RTPパケットのフォーマット

0	1	2	3	4	5	6	7
バージョン		パディング	拡張	CSRCカウント			
マーカ	ペイロードタイプ						
順序番号							
タイムスタンプ							
SSRC識別子(同期送信元)							
CSRC識別子(オプション)(寄与送信元)							
拡張ヘッダ(オプション)							
RTPペイロード(リアルタイムデータ)							

バージョン:RTPのバージョン(現在は2)
パディング:パディングデータの有(1)/無(0)
拡張:拡張ヘッダの有(1)/無(0)
CSRCカウント:CSRC識別子の数
マーカ:ペイロードタイプごとに規定
ペイロードタイプ:リアルタイムデータの種類(符号化方式・動画か音声か・サンプリング周波数などの別)
順序番号:パケットロスや順序入れ替わりを検出するための番号
タイムスタンプ:データの発生時刻
SSRC識別子:RTPパケットの送信元を識別
CSRC識別子:加算(合成)されたRTPパケットの送信元

3 ブロードバンドアクセスの技術

3-1 光アクセス技術の概要

1. FTTxの種類

「FTTx」という言葉は、「x」の部分で、どこまで光ファイバが敷設されているかを表している。主なFTTxの種類は、次のとおりである(図1)。

(a) FTTH (Fiber To The Home)

家庭向けのデータ通信サービスを提供するのに適したシステムで、ユーザ宅内に設置した光網終端装置(**ONU**：Optical Network Unit)と、局の光加入者終端装置(**OSU**：Optical Subscriber Unit)とを光ファイバで接続する。なお、いくつかのOSUをまとめて1つの装置に収容したものを光加入者端局装置(**OLT**：Optical Line Terminal)という。

(b) FTTB (Fiber To The Building)

オフィスビルや集合住宅の建物内に設置したONUまで光ファイバを敷設し、そこから先はメタリックケーブルを使用するシステムをいう。

(c) FTTC (Fiber To The Curb)

複数のユーザが共有して使用するONUを電柱などに設置し、ユーザ宅まではメタリックケーブルを使用するシステムをいう。

2. 光アクセスネットワークの設備構成

光アクセスネットワークの設備は、SS (Single Star)、ADS(Active Double Star)、PON(Passive Optical Network)の3つに分類される(図2)。

(a) SS (Single Star)

SSはユーザ宅内のメディアコンバータ(MC)と局舎のメディアコンバータ(MC)が1対1で接続され、上り、下りで異なる波長の光信号を用いた全二重通信を行っている。この構成は、回線と局舎設備の保守・管理が容易という特徴はあるが、光ファイバの敷設の設備投資が必要となる。

(b) ADS (Active Double Star)

ADSでは、1対多の接続形態をとる。ユーザ宅の近くにONUの機能(O/E変換機能)を持った**RT** (Remote Terminal)を設置し、ユーザ宅内のDSU (Digital Service Unit)をメタリックケーブルで収容する。RTから局舎のOSUまでは、光ファイバケーブルによって接続される。複数のユーザからの電気信号は、RTにおいて多重化されて光信号に変換されOSUまで届けられる。

この構成は、1本の光ファイバケーブルを効率的に使えるというメリットがあるが、RTの設置場所の確保する必要があり、また、RTの収容するユーザ数によっては伝送速度の低下を招く、というデメリットもある。

(c) PON (Passive Optical Network)

PONは、ADSと同様に1対多の接続形態をとるが、中継路にすべて光ファイバケーブルを利用しているのが特徴である。電気通信事業者のOSUとユーザのONUとの間に機能点(分岐点)を設け、光信号を合・分波する光受動素子(**光スプリッタ**)を用いて16分岐または32分岐し、個々のユーザにドロップ光ファイバを用いて配線する。

PONは効率性が良いため現在ではFTTHの主流となっている。なお、PONの光スプリッタでは、スターカプラというパッシブ素子(受動素子)が用いられているので、PONは**PDS**(Passive Double Star)[*1]とも呼ばれる。PONを実現する技術には、次のようなものがある。

・G－PON (Gigabit PON)

イーサネット、音声などの異なる情報をGEM (G-PON Encapsulation Method)という可変長のフレームに収容し、さらにそれをGTC (G-PON Transmission Convergence)といわれる固定長のフレームに載せて、1Gbit/sを超える高速な情報伝送を行う。

・GE－PON (Gigabit Ethernet PON)

イーサネットフレームをそのまま用いて1Gbit/s

の高速な情報伝送を行う。近年はこの方式が一般的になりつつある。

・10G－EPON（10 Gigabit Ethernet PON）

イーサネットフレームをそのまま用いた情報伝送を10Gbit/sの超高速で行えるようにしたもの。GE-PONと同一の光ファイバ上に共存できるため、導入する場合に光ファイバを新たに敷設し直す必要がない。GE-PONとの信号多重化は、下り信号ではWDM技術により、上り信号ではTDMA多重化方式により行っている。

図1　FTTH、FTTB、FTTCのイメージ

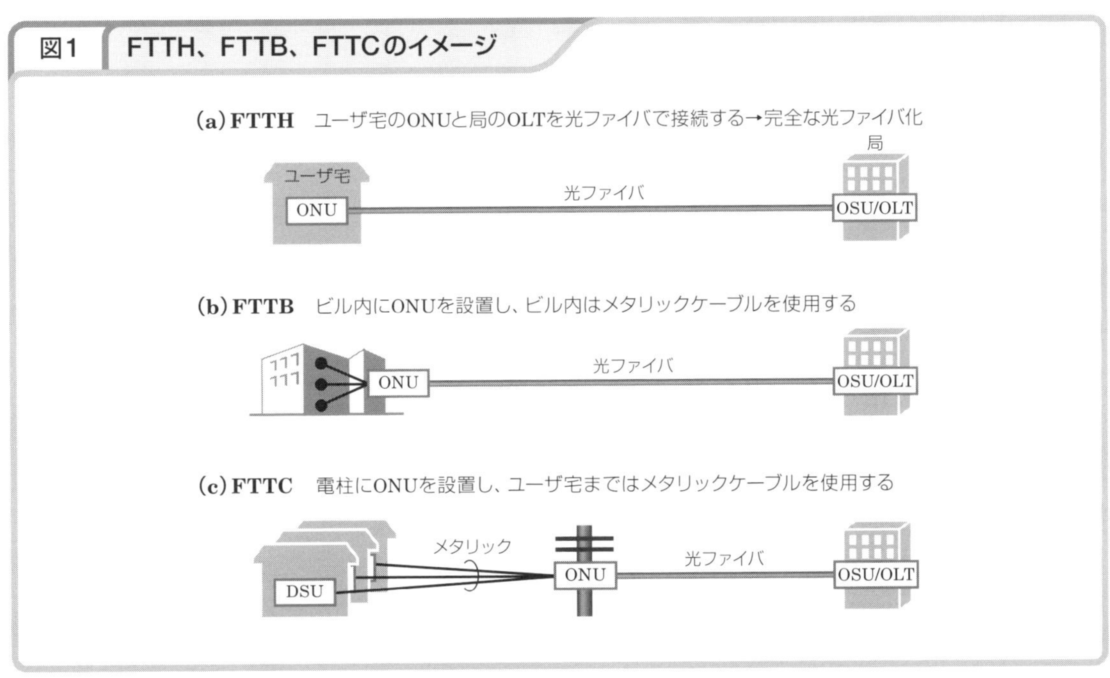

図2　光アクセスネットワークの設備構成

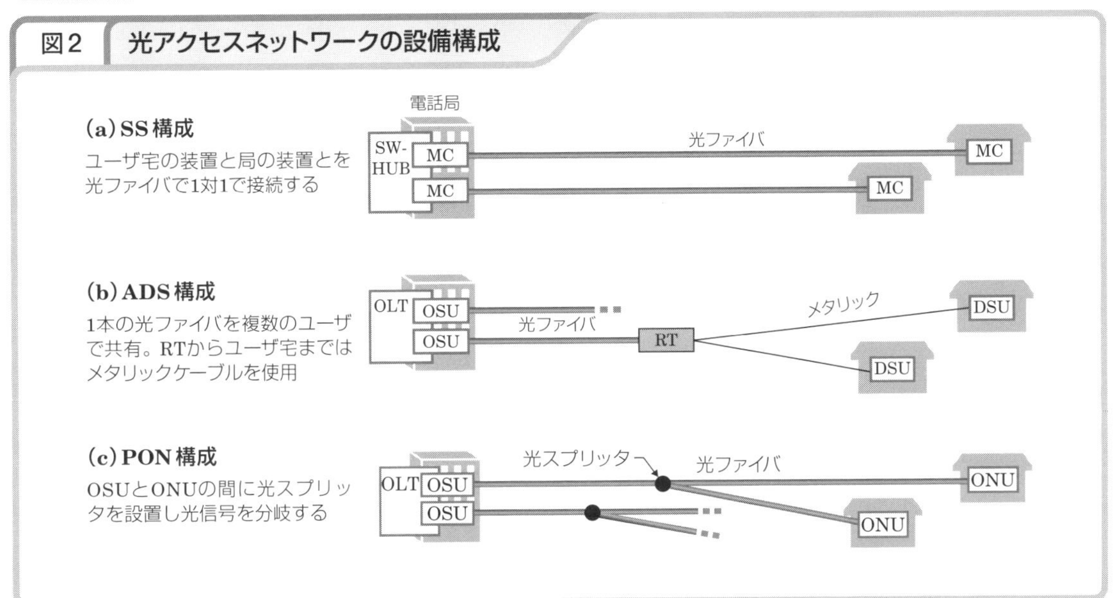

＊1　PDSはNTTが技術開発時に使用した名称。国際規格ではPONという。

3-2 GE-PON

1. GE-PONシステム

GE－PONでは、LANで一般的に用いられているイーサネットフレームをそのままの形式で送受信する方式で、上り、下りとも**最大1Gbit/s**の実効伝送速度を実現している。

GE－PONシステムは、電気通信事業者の設備センタの**OLT**と、ユーザ宅の**ONU**、およびアクセス区間に設置され光信号を合・分波する**光スプリッタ**などで構成される。

2. GE-PONの伝送方式

●双方向伝送技術

GE－PONでは、双方向多重伝送により、OLTからONUへの下り方向とONUからOLTへの上り方向の信号を同時に送受信している。この双方向伝送を実現する技術に、上り信号と下り信号に異なる波長の光を割り当てる**WDM**方式が採用され、下り信号には1.49μm帯が、上り信号には1.31μm帯が割り当てられている。

●下り方向の通信制御

下り方向の通信は、送信したOLTの配下のすべてのONUに同一内容のフレームが到達する放送形式となっている。このため、OLTは送信フレームにONUごとに割り当てられてた**LLID**(Logical Link IDentifier)といわれる識別子をフレームの**PA**(Preamble：プリアンブル)部に埋め込むことでフレームの宛先を指定し、ネットワークに送出する。

OLTは、ONUがネットワークに接続されたのを検出すると、自動的にLLIDを生成してそのONUに割り当て、通信リンクを確立する。この機能を**P2MP**(Point to Multipoint)**ディスカバリ**機能というが、OLT配下の各ONUは、割り当てられたLLIDを参照して到来したフレームが自分宛かどうかを判断し、自分宛てであれば取り込み、他のONU宛てなら破棄する。

●上り方向の通信制御

上り方向の通信では、各ONUからの信号が合波されることから、OLTは配下のONUに対して送信許可を通知し、各ONUからの信号を**時間的に分離**することで衝突を回避している。

また、上り帯域を使用していないONUに帯域が割り当てられる無駄をなくし、伝送帯域を有効利用するため、OLTには**DBA**(Dynamic Bandwidth Allocation：動的帯域割当て)アルゴリズムが搭載され、上りのトラヒック量に応じて柔軟に帯域を割り当てている。このDBA機能には、各ONUに使用帯域を動的に割り当てる**上り帯域制御**と、ONUが端末からの送信データを受信してからOLTに送出するまでに発生する待ち時間を制御する**遅延制御**がある。

図1 LLIDの埋め込み

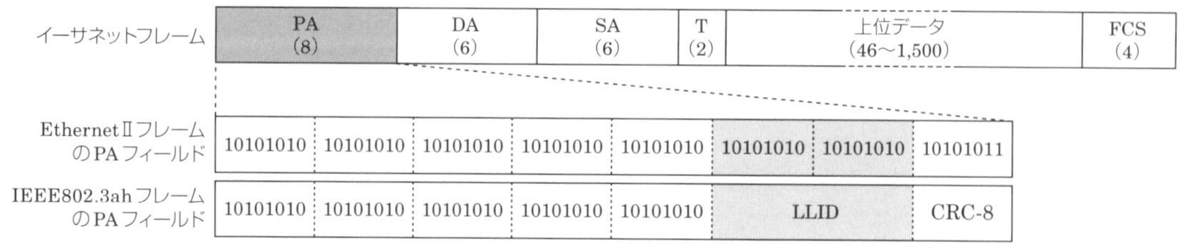

イーサネットフレーム	PA (8)	DA (6)	SA (6)	T (2)	上位データ (46～1,500)	FCS (4)

EthernetⅡフレームのPAフィールド	10101010	10101010	10101010	10101010	10101010	10101010	10101010	10101011
IEEE802.3ahフレームのPAフィールド	10101010	10101010	10101010	10101010	10101010	LLID		CRC-8

3-3 CATV設備を用いたデータ通信

1. CATVインターネットの概要

CATV（Cable TeleVision）は、テレビの有線放送サービスである。当初は山間部や離島などでの難視聴解消を目的としていたが、近年はテレビ放送の空きチャンネルを利用してインターネットアクセスやIP電話サービスなどを提供する「フルサービス」化が進んできている。

CATVの空きチャンネルを利用して提供される高速データ通信サービスは**CATVインターネット**といわれる。その仕様は、DOCSISという国際規格で決められている。下り方向と上り方向の伝送速度が異なる非対称の通信であり、現在主流のDOCSIS3.0では、下りは1チャンネルの帯域幅が6MHzの固定で伝送速度が最大約300Mbit/s、上りは1チャンネルの帯域幅が一般に3.2Mまたは6.4MHzの固定で伝送速度が最大約100Mbit/sとなっている。DOCSIS3.1では、下りは1チャンネルの帯域幅を24M ～ 192MHzの可変としOFDM変調によるマルチキャリア伝送を行うことで最大約1G ～ 10Gbit/sの伝送速度を実現し、上りは1チャンネルの帯域幅を6.4M ～ 96MHzの可変としてOFDMA変調によるマルチキャリア伝送をお行うことで最大約200M ～ 2.5Gbit/sの伝送速度を実現している。

2. CATVネットワークの構成

一般的なCATVネットワークの構成は図1のようになっている。CATV局からのデータは、ヘッドエンド（H/E）という配信設備から送出される。送出先の基幹部分の回線には光ファイバが用いられ、いくつかに分岐した後、加入者宅の近傍に設置した光ノードといわれるメディアコンバータに接続される。光ノードはO/E変換を行い、電気信号に変換された動画像データを同軸ケーブルを通じて加入者宅に配信する。加入者宅にはケーブルモデムまたはケーブルモデム内蔵STBと呼ばれる装置が設置され、これにUTPケーブルなどを用いてPCを接続する。

現在、ほとんどのCATVネットワークがこのような光ファイバと同軸ケーブルを組み合わせた**HFC**（Hybrid Fiber Coax）**方式**をとっている。これにより、広い周波数帯域の伝送が可能になり、大幅な多チャンネル化を実現している。

図1　CATVネットワークの概要

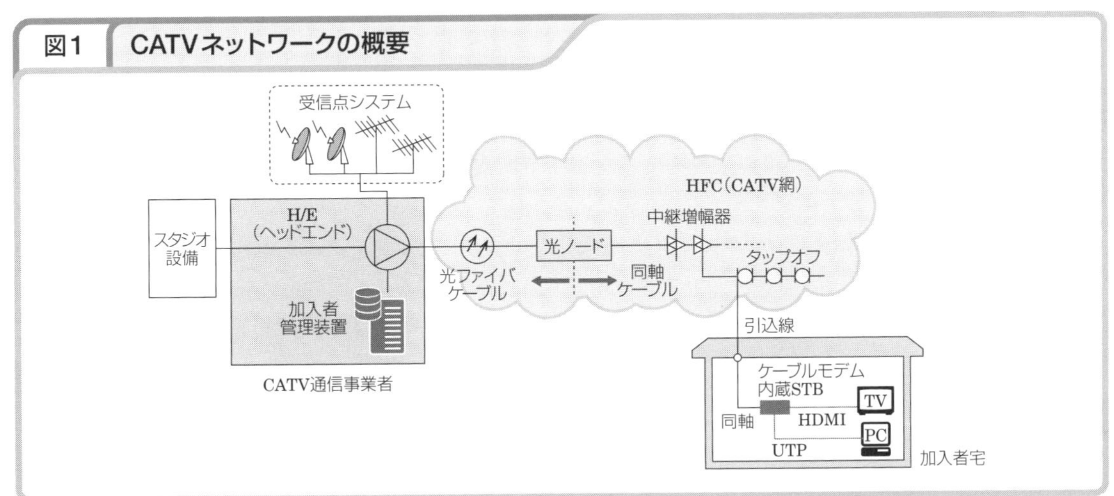

4 HDLC手順

4-1 HDLCフレーム

データ伝送方式は、手順を決めずに単にデータを送受信するだけの無手順方式にはじまり、次いで、データの信頼性を確保すべくすべての局が制御局を介して通信を行うポーリング／セレクティング方式が開発された。そして、どのノードからも通信要求ができるようにして効率を高めたコンテンション方式が出現した。さらに、このコンテンション方式が改良され、PPPのもととなっているHDLC手順や、イーサネットLANのアクセス制御に用いられるCSMA/CD方式が実用化されている。

1. HDLC手順のフレーム構成

HDLC手順の伝送単位を**フレーム**といい、図1のようなフィールド構成になっている。

(a)フラグシーケンス

フレームの同期をとるためのフィールドであり、**01111110**の特定のビットパターンが規定されている。受信側では、このビットパターンを抽出することによりフレームの開始と終了を検出する。フレームが連続する場合は、終結フラグシーケンスと次のフレームの開始フラグシーケンスを共用できる。

なお、フラグシーケンス以外の場所でこのビットパターンが現れると、フレーム同期がとれなくなるので、データ中に“1”が5個連続した場合その直後にダミーの“0”を挿入し、同じビットパターンが現れないようにしてから送信する（図2）。

(b)アドレスフィールド（アドレス部）

アドレスフィールドは8ビットで構成され、コマンドの宛先またはレスポンスの送信元を示すものである。アドレスフィールドはさらに8ビット単位で拡張することができ、ISDNでは16ビットで使用している。

(c)制御フィールド（制御部）

8ビットで構成され、フレームの種別、コマンド/レスポンスの種別、送受信順序番号等の制御情報を設定する。フレームには、Iフレーム、Sフレーム、Uフレームの3種類がある。

(d)情報フィールド（情報部）

送信すべきデータそのものが入る部分であり、そのビット長は任意である。

(e)フレーム検査シーケンス（FCS）

誤り制御を行うためのフィールドであり、16ビットで構成され、サイクリックチェックコード（CRC）が使用されている。誤り制御の対象範囲は、アドレスフィールドから情報フィールドまでであり（図3）、フラグシーケンスの誤り制御は行っていない。

2. フレームの種別（図4）

(a)Iフレーム（情報転送形式）

情報の転送に使用されるフレームであり、情報フィールドは必ず転送される。Iフレームの送信中は、制御フィールドの中の**順序番号**N(S)、N(R)により、常に相手側はどのフレームまで確実に受信できたかを知ることができる。これにより、送信側は1フレームごとに相手側の受信を確認することなく、フレームの連続送信を可能にしている。

P/Fビットは、PビットまたはFビットとして用いられ、一次局が二次局に対してレスポンスを要求するときはPビット、二次局が一次局に対してレスポンスの要求に対して最新のフレームであることを示すときはFビットとして使用される。

(b)Sフレーム（監視形式）

Iフレームの受信確認、再送要求、一時送信休止要求など、データリンクの監視制御を行うために使用される。

(c)Uフレーム（非番号制形式）

二次局や複合局の動作モード設定要求または応答、異常状態の報告などデータリンクの制御のために使用される。制御情報の種類により、情報フィールドを転送する場合としない場合がある。

図1　フレーム構成（基本構成の場合）

(F) フラグシーケンス	(A) アドレスフィールド	(C) 制御フィールド	(I) 情報フィールド*	(FCS) フレーム検査シーケンス	(F) フラグシーケンス
01111110	8ビット	8ビット	任意	16ビット	01111110

*情報フィールドを持たない場合もある。
F : flag　A : address　C : control　I : information　FCS : flame check sequence

図2　1が5個以上連続したときの0の挿入

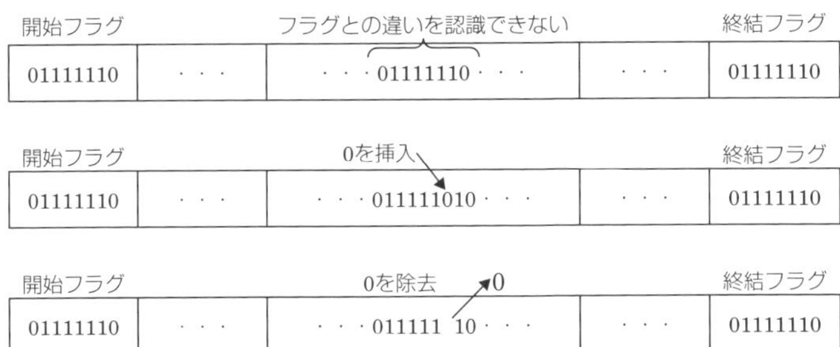

送信側では、フラグシーケンス以外のフィールド中に1のビットが5個以上連続した場合は、5個目の1の後に0を無条件に挿入して送信することにより、フラグと誤認することを防止する。受信側では、5個目の1の直後の0を無条件に除去する。

⬇

フレーム同期をとりながら**データの透過性**を確保するため

図3　フレーム検査シーケンスの誤り検出範囲

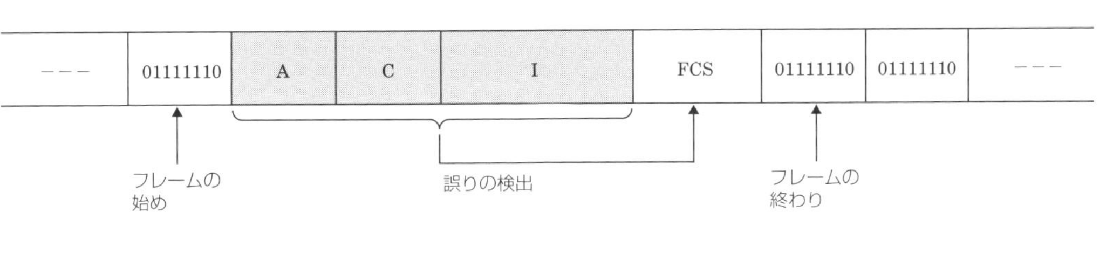

図4　フレームの種別

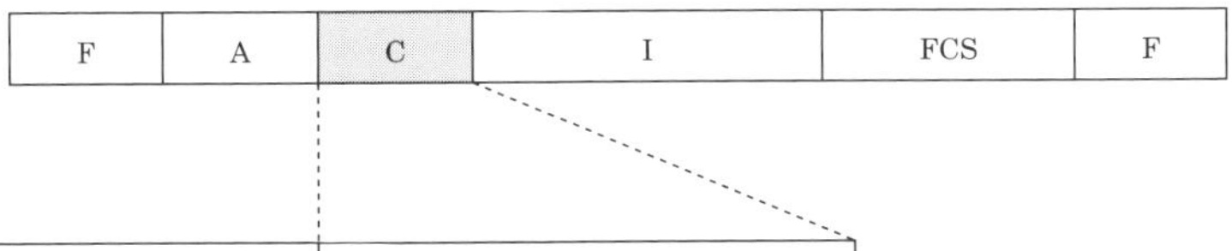

F	A	C	I	FCS	F

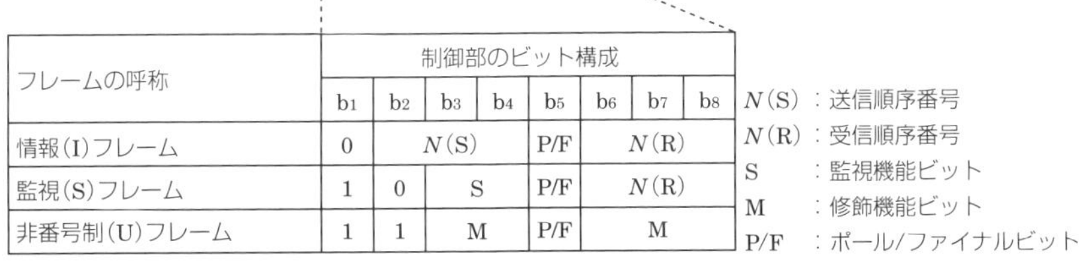

フレームの呼称	制御部のビット構成							
	b1	b2	b3	b4	b5	b6	b7	b8
情報(I)フレーム	0	N(S)			P/F	N(R)		
監視(S)フレーム	1	0	S		P/F	N(R)		
非番号制(U)フレーム	1	1	M		P/F	M		

N(S)　: 送信順序番号
N(R)　: 受信順序番号
S　　: 監視機能ビット
M　　: 修飾機能ビット
P/F　: ポール/ファイナルビット

4-2 HDLCの動作概要

1. 手順クラス

HDLC手順の**手順クラス**には次の2つがある。

(a)不平衡型手順クラス(図1)

一次局と二次局で構成した手順クラスであり、データリンクの確立や障害の回復などの制御は一次局が責任を持ち、二次局は一次局の指示に従って動作をする。この場合、命令や問い合わせとして一次局から二次局へ送信される情報を**コマンド**といい、二次局から一次局へ送信される応答を**レスポンス**という。1つのリンク上に一次局は1つしか存在できないが、二次局は2つ以上あってもよく、一般にはポイント・ツー・マルチポイントの構成となる。

(b)平衡型手順クラス(図2)

2つの局が1対1で通信を行い、双方が一次局と二次局の両方の機能を併せもつ複合局となり、互いにデータリンクの制御に関し責任をもつ。この場合の回線の接続形式は、両局が対等の関係になるためポイント・ツー・ポイント構成に限定される。

コマンド、レスポンスにはすべて**アドレス**が付与されており、コマンドの場合は受け取る二次局のアドレスが、レスポンスの場合は送信した二次局のアドレスが付される。

2. 動作モード

それぞれの手順クラスの中で二次局からの送信の開始方法により、次の3つのモードが規定されている(表1)。

(a)正規応答モード(NRM)

不平衡型手順クラスのモードであり、二次局はすべて一次局のコマンドに制御され、一次局の許可を得たときのみレスポンスを送信することができる。

(b)非同期応答モード(ARM)

不平衡型手順クラスのモードであり、二次局はすべて一次局のコマンドに制御されるが、一次局の許可なしにレスポンスを送信することができる。

(c)非同期平衡モード(ABM)

平衡型手順クラスのモードであり、双方が複合局となり、相手の許可なしに互いにコマンドおよびレスポンスを送信することができる。

3. コマンド/レスポンスの種類

HDLC手順の各フレームの形式に応じたコマンド/レスポンスを表2に示す。動作モードに関するコマンドとしては、SNRM、SARM、SABM、DISCがあり、これらのコマンドに対するレスポンスとしてUA、DM、RDがある。また、接続制御信号の伝送には、UIコマンド/レスポンスが利用される。

たとえば非同期平衡モードを設定する場合、相手端末に対して**SABMコマンド**を送出する。相手端末が受入れ可能の場合は**UAレスポンス**で、受入れ不可能な場合は**DMレスポンス**により応答する。モードを切断する場合は、**DISCコマンド**を送出し、これを確認した場合は**UAレスポンス**で、また、既に切断モードにある場合は**DMレスポンス**で応答する。

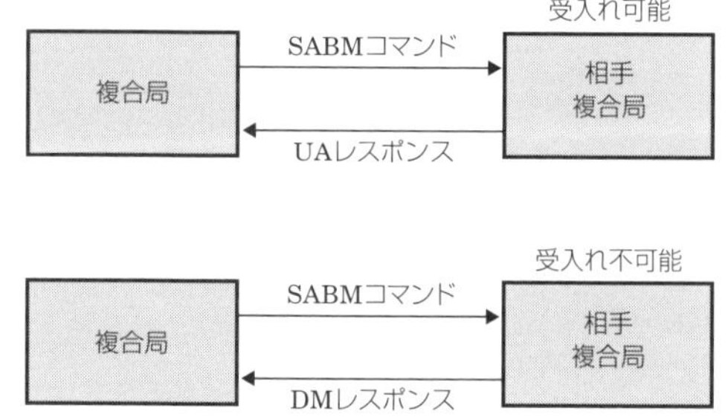

図1　不平衡型手順クラス

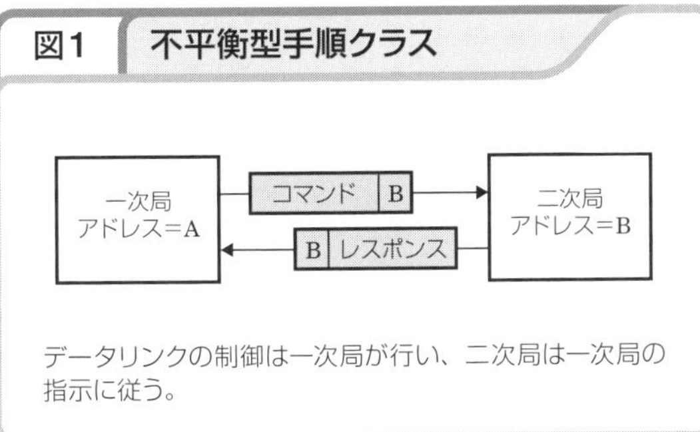

データリンクの制御は一次局が行い、二次局は一次局の指示に従う。

図2　平衡型手順クラス

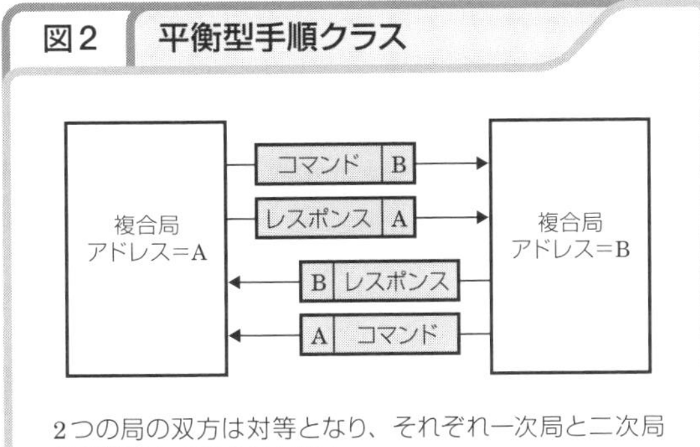

2つの局の双方は対等となり、それぞれ一次局と二次局の機能をもつ複合局となる。

表1　動作モード

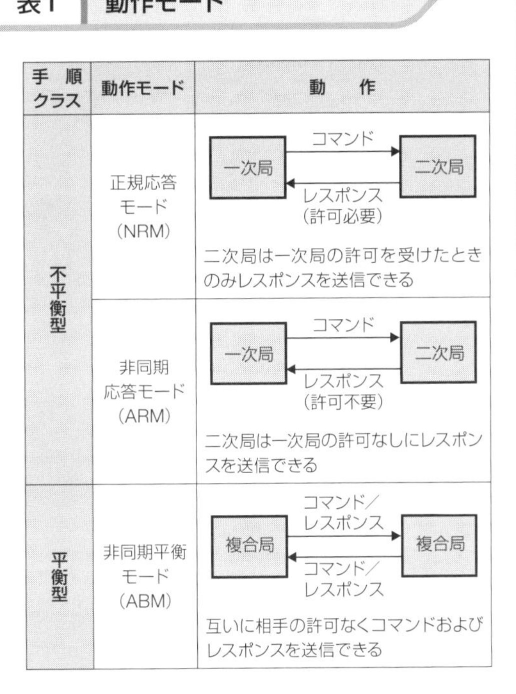

手順クラス	動作モード	動作
不平衡型	正規応答モード（NRM）	一次局 →コマンド→ 二次局 ←レスポンス（許可必要） 二次局は一次局の許可を受けたときのみレスポンスを送信できる
	非同期応答モード（ARM）	一次局 →コマンド→ 二次局 ←レスポンス（許可不要） 二次局は一次局の許可なしにレスポンスを送信できる
平衡型	非同期平衡モード（ABM）	複合局 →コマンド／レスポンス→ 複合局 ←コマンド／レスポンス 互いに相手の許可なくコマンドおよびレスポンスを送信できる

表2　コマンド/レスポンスの種類

	コマンド	レスポンス	名　称	機　　能
Iフレーム	I	I	Information	順序番号を付加して情報を転送
Sフレーム	RR	RR	Receive Ready	Iフレームの受信可能
	RNR	RNR	Receive Not Ready	Iフレームの受信不可
	REJ	REJ	Reject	Iフレームの再送要求
Uフレーム	SNRM		Set Normal Response Mode	正規応答モードに設定
	SARM		Set Asynchronous Response Mode	非同期応答モードに設定
	SABM		Set Asynchronous Balanced Mode	非同期平衡モードに設定
	DISC		Disconnect	切断モードに移行させ動作モードを終結
		UA	Unnumbered Acknowledge	コマンドの受入れ可能を通知
		DM	Disconnect Mode	切断モードであることを通知し、モード設定のコマンドの受入れが不可能であることを通知。またはモード設定コマンドの送信要求
		RD	Request Disconnect	切断モードへの移行を要求
	UI	UI	Unnumbered Information	順序番号に関係なく情報を転送（発呼要求、着呼、着呼受付、接続完了、復旧要求、切断指示等の接続制御情報の転送に利用）

5 WANの技術

5-1 広域イーサネットサービスの構成

従来の企業ネットワークでは、電気通信サービスとして専用線やフレームリレーサービスを使用することが主流であった。近年では、**広域イーサネット**サービスと**IP-VPN**サービスが、安価で広帯域を提供する電気通信サービスとして主流になっている。

各拠点のトラヒックに応じて別々に構成された広域イーサネットとIP-VPN網を、電気通信事業者が提供する**ゲートウェイ**を介することにより相互接続して利用できる。このため、企業がイントラネット(企業内ネットワーク)等を構築する際に、通信量が多く、短い時間に集中するバースト的なトラヒックが発生する主要な本・支店間接続においては広域イーサネットを用い、通信量が少なく広域イーサネットに対応していない地域にある営業所との接続にはIP-VPNを用いるなど、柔軟な選択が可能である。

1. 広域イーサネットサービスとは

広域イーサネットサービスは、イーサネット技術を使用して複数の拠点間を接続する閉域接続型の通信サービスである。具体的には、ユーザの複数拠点におけるイーサネットLANを、通信事業者が構築したイーサネット網を経由して接続する。広域イーサネットでは、ユーザの拠点間を接続するネットワーク全体が1つの論理的なLANすなわち**VLAN**[*1]として構成される。そのため、ユーザの各拠点は、図1のような、電気通信事業者が構築した論理的なバックボーンLANに接続した形態となる。

電気通信事業者の広域イーサネット網では、ユーザの拠点LANから構成されるLAN間接続ネットワークごとに別々のVLANとして識別を行う。そして、同一の広域イーサネット網を使用する他のユーザのLAN間接続ネットワーク、つまりVLANと論理的に分離する。

2. 広域イーサネットサービスの接続形態

広域イーサネットサービスを提供する電気通信事業者は、LANスイッチを組み合わせた**レイヤ2**のネットワークを構築している。広域イーサネットの伝送帯域(速度)としては、128kbit/sから10ギガビットイーサネットに相当する10Gbit/sまでのサービスが提供されている。

広域イーサネットサービスでは、拠点からのアクセス回線としては、次のような、さまざまな種類のものが提供されてきたが、現在は光ファイバを用いたアクセス回線が主流である。

・光ファイバ：イーサネット接続
・DSL回線：ADSL[*2]を利用した接続
・高速デジタル専用線：専用線接続

なお、高速デジタル専用線などの場合は、イーサネットインタフェースと対応する通信回線インタフェースとの間を変換する**メディアコンバータ**が、電気通信事業者から提供される。そのため拠点と広域イーサネット網間の接続はイーサネットインタフェースとなる(図2)。

広域イーサネット網内において基幹ネットワークを構成するLANスイッチに対しては、障害発生時に代替機器や代替経路に切り替わり、サービスを継続できるように可用性の高い構成がとられることが多い。

広域イーサネット網に接続された同一ユーザの複数拠点の間では、電気通信事業者に対する申請などを行わずに他のすべての拠点と通信を行うことができる、マルチポイント接続型のフルメッシュ網を提供する。このため、ネットワーク構成を簡素化でき、拠点追加による設定変更も容易になるため、ネットワーク運用管理などのTCO(総保有コスト)削減に大きく貢献する。

図1　広域イーサネットの論理接続イメージ

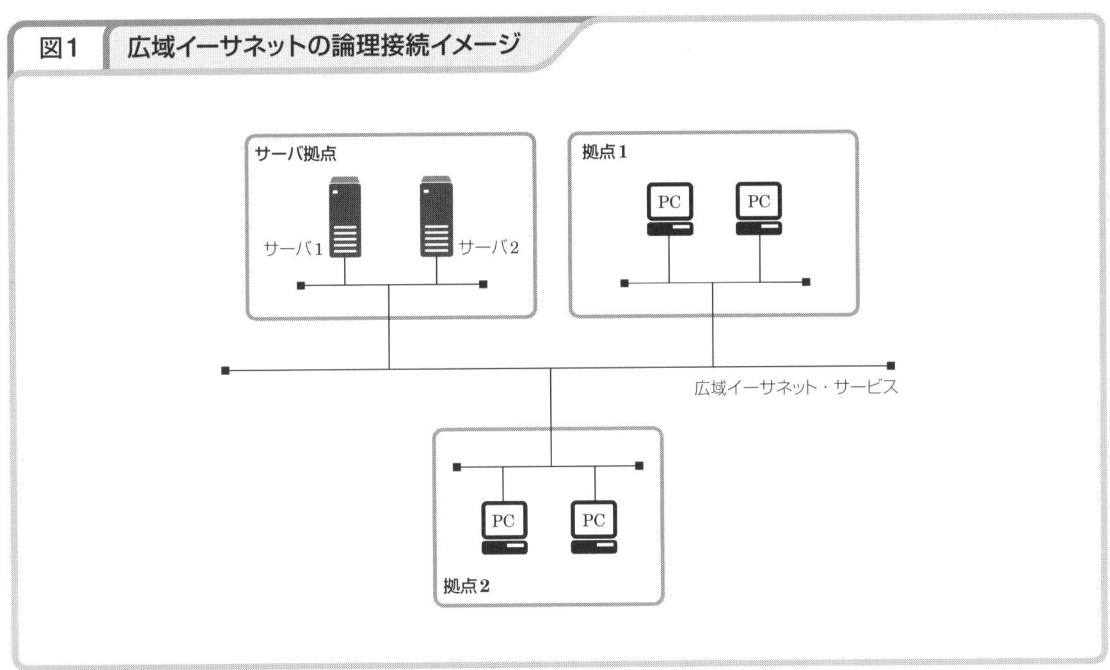

図2　広域イーサネットを使用したネットワーク

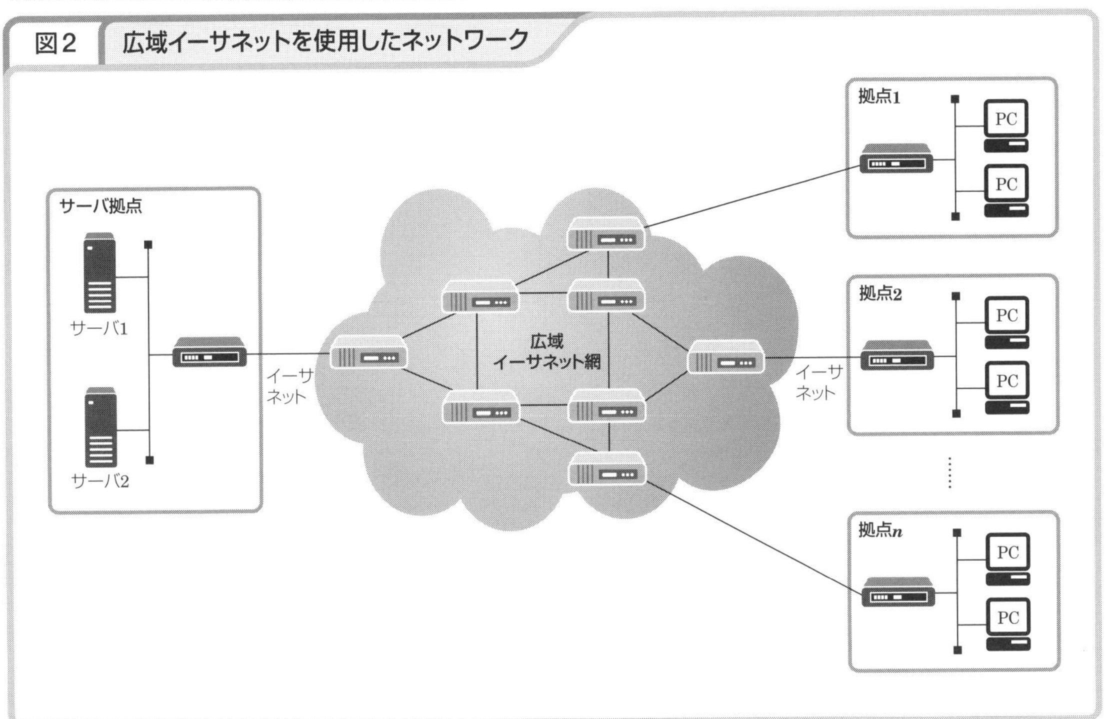

＊1　**VLAN（Virtual Local Area Network）**：LANの物理的な接続構成とは別に、LANスイッチのポート単位や識別用のタグ情報などにより、論理的に独立したLANセグメントに分割すること。VLANを設定すると、物理的に同一のLANスイッチに接続されていても論理的には別々のLANとして構成される。

＊2　**ADSL（Asynchronous Digital Subscriber Line）**：非対称デジタル加入者線。光ファイバ通信が普及するまでのつなぎの技術として導入され、電話回線を使用して従来の音声電話サービスと共存しながらデータ通信を行うもので、電話の音声周波とは異なる高域の周波数帯を使用してデータ通信を行っていた。

5-2 広域イーサネットサービスの機能

1. 広域イーサネットサービスの各種機能

広域イーサネットは、**レイヤ2**のLAN技術を使用した通信サービスであるため、企業ネットワークなどを構成する拠点LANの間では、広域イーサネット網を経由して透過的にデータが伝送される。このため、レイヤ3より上位の通信プロトコルの使用に対する制約はなく、IPだけではなくイーサネット上の規格を満足できるプロトコルであれば、IP以外に、イーサネットフレームに対応したOSPF[*1]、IS-IS[*2]、EIGRP[*3]、RIP[*4]、BGP[*5]などの通信プロトコルを使用することが可能である。

また、企業ネットワーク内のルーティングを制御するルーティングプロトコルを、広域イーサネット網を経由して使用することも可能である。

広域イーサネットでは、電気通信事業者によっては、次のような付加サービス機能が提供される。

(a)優先制御機能

優先制御機能(**QoS**[*6])は、音声・データ統合ネットワークにおいて音声トラヒックを優先して伝送させるなど、伝送トラヒックの種別に対応した優先順位に従って伝送制御を行う機能である。なお、優先順位のクラス分けの数、対象となるトラヒックの伝送方向(例:広域イーサネット網からの出力トラヒックのみ等)、使用するアクセス回線の種別に依存するなど、電気通信事業者によって制約されることがある。

(b) VPNゲートウェイ機能

VPN[*7]ゲートウェイ機能は、広域イーサネット網内に電気通信事業者の設備として設置されたVPNゲートウェイ装置を経由して、インターネットを利用するクライアント端末と、広域イーサネット網に接続する企業ネットワークの拠点との間の接続を可能とする。

クライアント端末とVPNゲートウェイ装置間の通信においては、伝送データが**IPsec**[*8]プロトコルにより暗号化されるため、セキュリティレベルの低いインターネットを経由しても、データの改ざんや盗聴などの脅威から保護することが可能である。

2. IPセントレックス

IPセントレックスは、広域イーサネット網などにより構築した企業ネットワークに、PBX[*9]機能を持った機器が設置されたVoIPネットワークを接続して電話サービスを提供するものである。

具体的には、VoIPネットワーク内に電話の発信・着信を制御する呼制御サーバや認証サーバなどを設置し、企業内電話網のPBX機能を代替する。現在では、IP電話の導入が増加していることに伴って、電気通信事業者が提供する**IPセントレックスサービス**を使用する事例が増えてきている。

[参考:タグVLAN接続]

タグVLAN接続は、それぞれの拠点内に構築された複数のユーザVLANを広域イーサネット網経由で設定することを可能にする機能である(図1)。この機能を利用することにより、広域イーサネットの接続ポート1本で各拠点を接続したまま、拠点間をまたがる複数のユーザVLANを設定することが可能となる。

このとき、各拠点内のLANスイッチでは、複数のユーザVLANをトランク回線として束ねて、広域イーサネット内を転送する。つまり、広域イーサネット網内では、各ユーザを識別してユーザごとのキャリアVLANを構成するためのタグ情報(TCI)と、複数のユーザVLANを設定するためのタグ情報(TPID)の2種類が使われる(図2)。

図1　タグVLAN接続

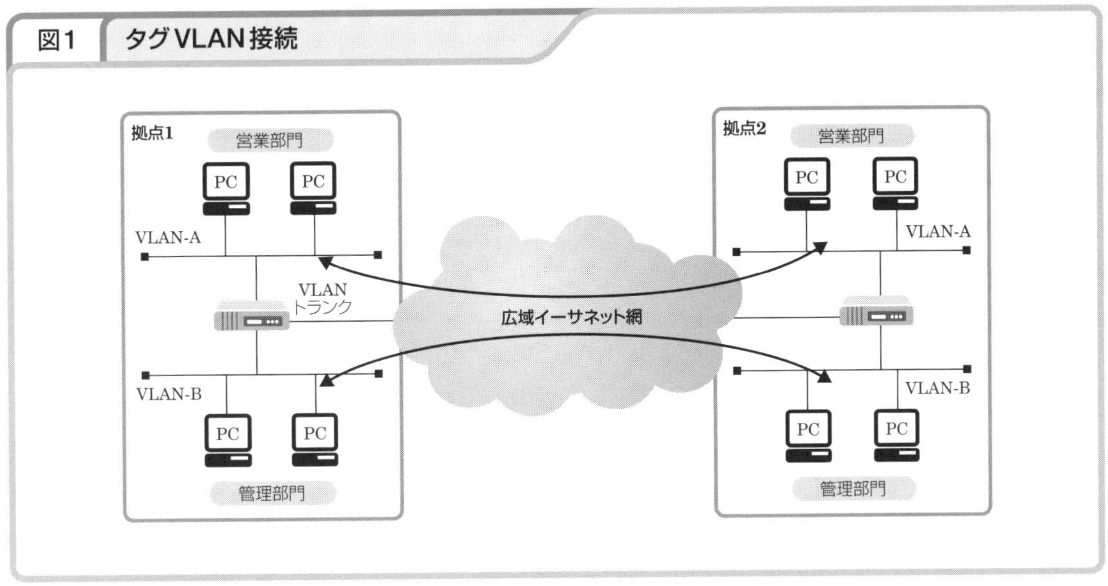

図2　タグの付与

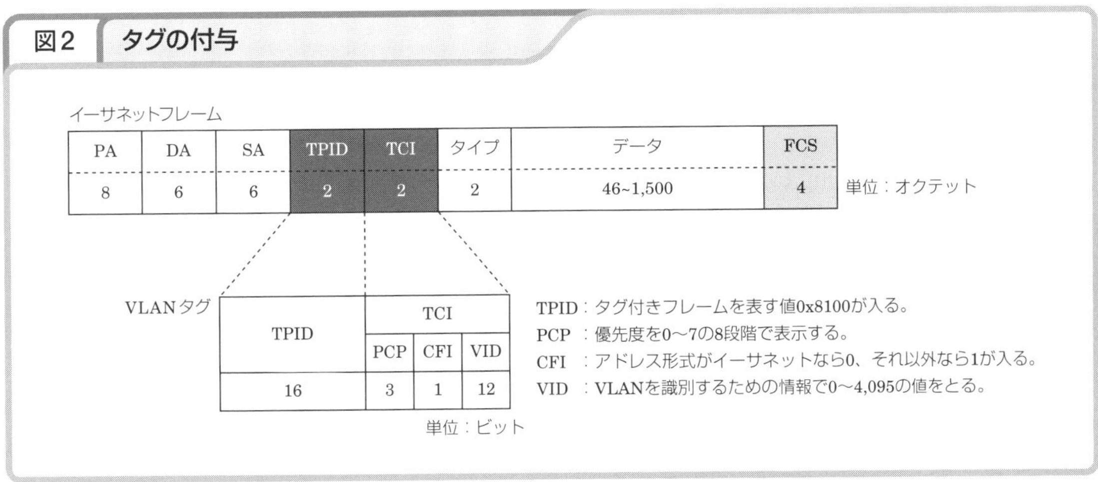

＊1　**OSPF (Open Shortest Path First)**：IPネットワークで自立システム（AS：Autonomous System）内部で経路情報を交換するIGP（Interior Gateway Protocol）として利用されるリンクステート型のルーティングプロトコル。リンクに対して帯域幅を基準に付与されるコスト値をメトリック（経路選択に用いる指標）に用いる。各ルータは、OSPFパケットで自分が保持しているリンク情報を交換し合い、LSDB（Link State Database）といわれるリンク情報データベースを作成する。そして、このLSDBを基にコストが最小になる最適な経路を選択し、ルーティングテーブルを作成する。

＊2　**IS-IS (Intermediate Sysem to Intermadiate System)**：IGPとして利用されるリンクステート型のルーティングプロトコル。OSPFではIPv4の場合とIPv6の場合でそれぞれ別のバージョンのものを使用するが、IS-ISでは1つのバージョンでIPv4とIPv6の両方を扱える。

＊3　**EIGRP (Enhanced Interior Gataway Routing Protocol)**：Cisco Systemsが開発したIGP。隣接するルータ間でルーティングテーブルを交換するディスタンスベクタ型のルーティングプロトコルで帯域幅をメトリックとして経路の選択を行うIGRPを拡張し、リンクステート型のルーティングプロトコルの特性を加えたハイブリッド型のルーティングプロトコルである。

＊4　**RIP (Routing Information Protocol)**：IGPとして利用されるディスタンスベクタ型のルーティングプロトコルで、ホップ数をメトリックとしてルーティングを行い、このとき経由するルータ数が最小となる経路が選択される。

＊5　**BGP (Border Gateway Protocol)**：IPネットワークにおいてAS間のルーティングに利用されるEGP（Exterior Gateway Protocol）型のプロトコルで、現行のバージョン4（BGP-4）ではCIDRに対応し、経路情報を集約して交換することができる。

＊6　**QoS (Quality of Service)**：ネットワークの通信品質を制御するための技術やサービスの総称。帯域幅、最低保証速度、最大遅延時間などを調整する。

＊7　**VPN (Virtual Private Network)**：仮想専用線、仮想私設網。インターネットを経由するにもかかわらず、拠点間を専用線のように相互接続し、安全な通信を可能にするセキュリティ技術。独自パケットに包み込むトンネリング技術と暗号化技術からなる。

＊8　**IPsec (IP security)**：IPネットワークにおける一連のセキュリティ技術であり、ネットワーク層で動作してIPパケットの暗号化と認証を行う。

＊9　**PBX (Private Branch eXchange)**：構内電話交換機。企業などにおける内線電話同士の通信、あるいは加入者電話網やISDN回線などの公衆網との通信を行うための通信機器。

5-3 IP-VPNサービスの概要と機能

1. IP-VPNサービスとは

IP-VPNサービスは、IP技術を利用した、電気通信事業者の網内に設置されたルータによる閉域接続型の通信サービスである。広域イーサネットサービスがLAN技術を利用したレイヤ2レベルで閉域ネットワークを実現しているのに対して、IP-VPNサービスでは**レイヤ3**レベルで閉域ネットワークを実現している。

その実装方法はいくつかあるが、代表的なものに、レイヤ3の**MPLS**(Multi-Protocol Label Switching)技術を利用したものがある。MPLSでは、サービスを利用するネットワークごとにタグ(ラベル)を割り当て、このタグをヘッダ部分に付加することにより、ユーザごとの閉域グループを識別している。

2. IP-VPNサービスの接続形態

IP-VPNサービスを提供する電気通信事業者は、網内で複数のルータを組み合わせることで、レイヤ3ネットワークを構築している。多様なアクセス回線インタフェースを持つことができるルータが使用されるため、IP-VPNサービスでは、拠点のアクセス回線として次のようなものが提供されている(図1)。

・イーサネット回線：光ファイバ等によるLAN接続
・携帯電話：モバイル・アクセス

IP-VPNサービスは伝送帯域(速度)が10Mbit/sから2Gbit/sまでのものが提供されている。ただし、サービスを提供する電気通信事業者により、提供するアクセス回線の種類や速度品目が異なっている。IP-VPN内において基幹ネットワークを構成するルータに対しては、障害発生時に代替機器や代替経路に切り替わり、サービスを継続できるように可用性の高い構成がとられることが多い。

IP-VPNに接続された同一ユーザの複数拠点の間では、電気通信事業者への申請等を行わずに他のすべての拠点との通信が可能となる。すなわち、広域イーサネットと同様に、マルチポイント接続型のフルメッシュ網を提供する。このため、IP-VPNにおいてもネットワーク運用管理等のTCO削減を図れる。

3. MPLS

IP-VPNは、MPLS技術を使用して通信サービスを提供するものである。通常のIP網では、IPヘッダの宛先IPアドレスをもとに、ルータが保持している経路情報から宛先のネットワークを特定してパケットを転送する。これに対し、MPLS網では、IP網からIPパケットが転送されてくると、網の入口でIPヘッダの前に**ラベル**という識別子を付加し、このラベル情報をもとにそのIPパケットを転送する。このラベルスイッチング処理により、電気通信事業者内の基幹ネットワークを構成するルータの負荷を軽減するとともに、パケットの高速中継を実現している。

MPLS網は、一般に、基幹ネットワークを構成するP(Provider)ルータと、網の出入口にありユーザの拠点と接続するための回線を収容するPE(Provider Edge)ルータから成る(図2)。Pルータは**ラベルスイッチルータ**(LSR：Label Switching Router)ともいわれ、ラベル値を参照してネクストホップへ転送する。また、PEルータは**ラベルエッジルータ**(LER：Label Edge Router)ともいわれ、網に入ってくるパケットにはラベルを付与し、網から出るパケットからはラベルを除去する。これらのMPLS機器間はLDP(Label Distribution Protocol)によりラベル情報を交換しており、これにより経路を維持する。

ユーザのネットワークは利用者の拠点内に設置されるCE（Customer Edge）ルータを介してPEルータに接続される。

4. IP-VPNサービスの機能

IP-VPNサービスは、IP技術を利用しているため、サポートされるレイヤ3の通信プロトコルはIPのみである。他のレイヤ3プロトコルを使用する場合には、ルータ等の通信機器でIPにカプセル化するなどの対応を検討する必要がある。

CEルータとPEルータ間で使用可能なルーティングプロトコルは電気通信事業者により異なり、通常は、スタティックルーティング、またはダイナミックルーティングプロトコルのBGP-4やOSPFから選択することになる。

IP-VPNサービスでは、電気通信事業者により、広域ネットワークと同様の付加サービス機能が提供される。

● VPNゲートウェイ機能

広域イーサネットと同様、IP-VPNサービスでもIPsecを使用したVPNゲートウェイ機能を使用することが可能である。

● インターネットゲートウェイ機能

IP-VPNサービスでは、電気通信事業者内のゲートウェイを経由して、インターネットに接続することが可能である。これにより、インターネッ

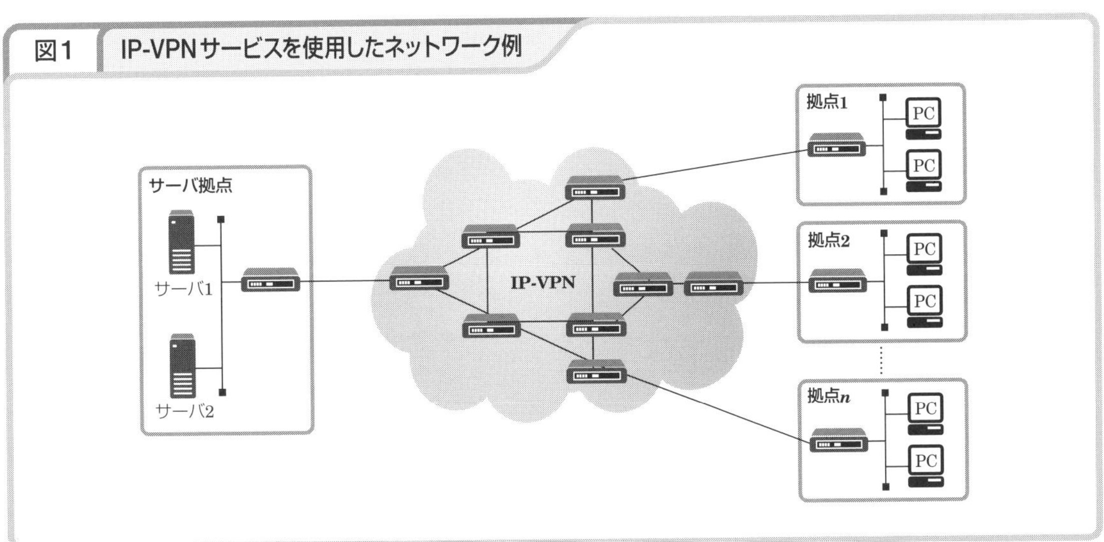

図1　IP-VPNサービスを使用したネットワーク例

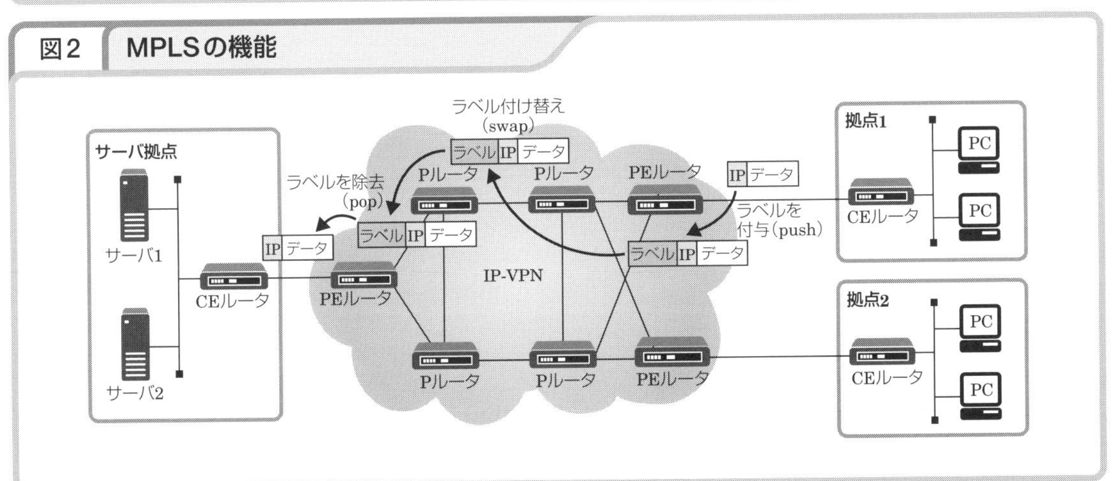

図2　MPLSの機能

トからの不正アクセスを防止できる。

● **アクセス制御機能**

IP-VPNサービスでは、電気通信事業者内に設置されたゲートウェイによるフィルタリングにより、アクセス制御を行うことも可能である。

● **優先制御機能**

広域イーサネットと同様、IP-VPNでもアクセス回線の優先制御を行うことが可能である。電気通信事業者により、優先制御に使用可能な優先順位のクラス数や使用するアクセス回線が異なる。

4. EoMPLS

EoMPLS (Ethernet over MPLS)は、MPLS網において、LANで利用されているイーサネットフレームをカプセル化して伝送する技術である。MPLSに直接イーサネットフレームを埋め込み、MPLSのラベル情報を用いたラベルスイッチング処理により転送を行うため、IPアドレスなどのレイヤ3情報を参照するルーティング処理に比べて高速な情報転送が可能である。また、遠隔地間のイーサネットLAN同士を簡単に相互接続することができ、拡張しやすいというメリットもある。

図3は、EoMPLSのフレームフォーマットを示したものである。ユーザネットワークのアクセス回線から入力されたイーサネットフレームは、MPLSドメインの入口にあるPEルータで、先頭にある同期信号の**プリアンブル**(PA : PreAmble/SFD)と、末尾にある誤り検出・訂正用符号である**FCS**(Frame Check Sequence)が除去される。そして、レイヤ2転送用の**L2ヘッダ**と**MPLSヘッダ**が付与された後、あらためて生成されたFCSがトレイラとして末尾に付与される。

MPLSヘッダは、Tラベル(トンネルラベル)とVCラベル(ユーザ分離用ラベル)からなる。**Tラベル**は、転送経路を特定するためのラベルである。また、**VCラベル**は、ユーザを特定するためのラベルで、複数のユーザを個々に分離してVPN接続を行うのに用いる。

MPLSドメインの出口側では、PEルータの1つ手前にあるPルータがTラベルを取り除いてPEルータに転送する。そして、PEルータはVCラベルをもとに転送先のユーザネットワークのアクセス回線を特定し、VCラベルとMACヘッダを取り除いて、イーサネットフレームとして転送先のアクセス回線に送出する。

図3 EoMPLSのフレームフォーマット

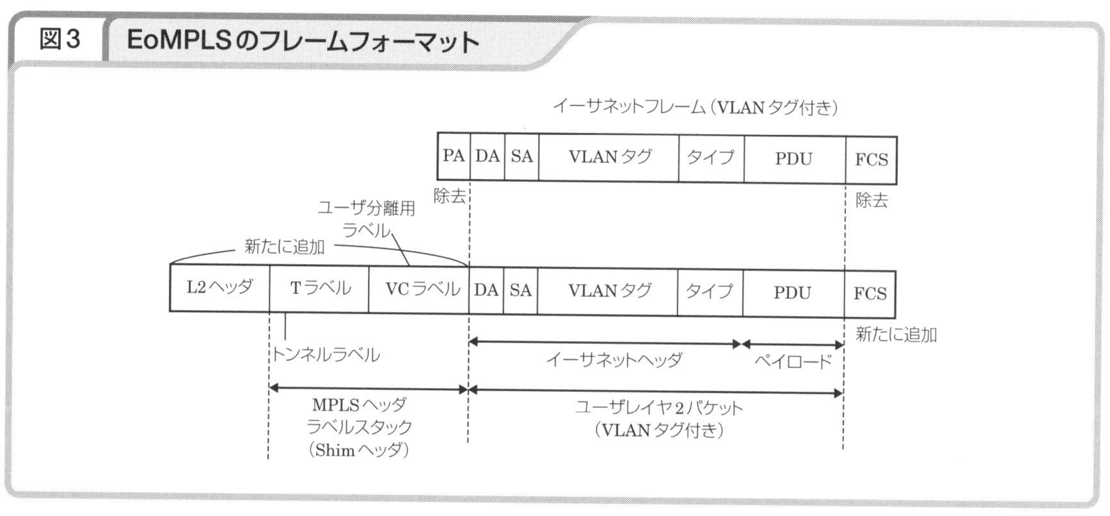

練習問題

（解答は294頁）

参照

問1

次の各文章の［　　　］内に、それぞれの［　　］の解答群の中から最も適したものを選び、その番号を記せ。

(1) IETFにおいて標準化された技術に、優先制御や帯域保証に対応しているIPv4ベースのIP網におけるQoS制御として、IPv4ヘッダ内にある［　　　］フィールドの情報に基づいて音声パケットを優先して転送する方法がある。

☞120ページ
2　TCP/IPの基礎

［① TTL(Time To Live)　② TC(Traffic Class)
③ TOS(Type of Service)　④ PT(Payload Type)
⑤ GFC(Generic Flow Control)］

(2) IPv6アドレスは128ビットで構成され、マルチキャストアドレスは、128ビット列のうちの［　　　］が全て1である。

☞126ページ
1　IPv6アドレス

［① 先頭8ビット　② 先頭16ビット　③ 先頭32ビット
④ 末尾8ビット　⑤ 末尾16ビット　⑥ 末尾32ビット］

(3) IPv6アドレスについて述べた次の二つの記述は、［　　　］。

☞126ページ
1　IPv6アドレス

A　ユニキャストアドレスの基本構造において、一般に、上位部分はリンクの識別に用いられるサブネットプレフィックス、下位部分はリンク内のインタフェースの識別に用いられるインタフェースIDといわれる。

B　マルチキャストアドレスは、128ビット列のうちの上位16ビットを16進数で表示するとfec0である。

［① Aのみ正しい　② Bのみ正しい
③ AもBも正しい　④ AもBも正しくない］

(4) ICMPv6について述べた次の二つの記述は、［　　　］。

☞126ページ
2　ICMPv6の実装

A　IPv6ノードによって使用されるICMPv6は、IPv6を構成する一部分であるが、IPv6ノードの使用形態によってはICMPv6を実装しなくてもよいと規定されている。

B　ICMPv6の情報メッセージでは、IPv6のアドレス自動構成に関する制御などを行うND (Neighbor Discovery)プロトコルで使われるメッセージなどが定義されている。

［① Aのみ正しい　② Bのみ正しい
③ AもBも正しい　④ AもBも正しくない］

(5) IPv6の中継ノード(ルータなど)で転送されるパケットについては、送信元ノードのみがパケットを分割することができ、中継ノードはパケットを分割しないで転送するため、IPv6では [　　] 機能を用いることにより、あらかじめ送信先ノードまでの間で転送可能なパケットの最大長を検出する。

[① CIDR(Classless Inter-Domain Routing)
② DBA(Dynamic Bandwidth Allocation)
③ ND(Neighbor Discovery)
④ MLD(Multicast Listener Discovery)
⑤ PMTUD(Path MTU Discovery)]

☞128ページ
5 分割処理(フラグメント化)の排除

(6) IPネットワーク上で、アプリケーションがトランスポート層のプロトコルとして使用する [　　] は、コネクションの確立を行わない通信サービスを提供する。

[① ARP　② FTP　③ TCP
④ UDP　⑤ TFTP]

☞132ページ
1 UDPの概要

(7) IETFのRFC3261として標準化されたSIPは、単数又は複数の相手とのセッションを生成、変更及び切断するための [　　] 層プロトコルであり、IPv4及びIPv6の両方で動作する。

[① 物　理　② ネットワークインタフェース
③ インターネット　④ トランスポート
⑤ アプリケーション]

☞134ページ
1 SIPによる呼の設定・解放

問2

次の各文章の [　　] 内に、それぞれの[　　]の解答群の中から最も適したものを選び、その番号を記せ。

(1) FTTHサービスの設備構成のうち [　　] 方式は、電気通信事業者側の光加入者線終端装置とユーザ側の光加入者線終端装置との間で光ファイバ回線を分岐することなく、終端装置の相互間を1対1で接続する構成である。

[① SS　② ADS　③ HFC　④ HDSL　⑤ PDS]

☞136ページ
2 光アクセスネットワークの設備構成

(2)　光アクセスネットワークの設備構成などについて述べた次の二つの記述は、[　　　]。

A　電気通信事業者のビルから配線された光ファイバの1心を、分岐点において光スプリッタで分岐し、個々のユーザにドロップ光ファイバケーブルを用いて配線する構成を採る方式は、xDSLといわれる。

B　CATVセンタからの映像をエンドユーザへ配信するCATVシステムにおいて、ヘッドエンド設備からアクセスネットワークの途中の光ノードまでの区間に光ファイバケーブルを用い、光ノードからユーザ宅までの区間に同軸ケーブルを用いて配線する構成を採る方式は、HFCといわれる。

[① Aのみ正しい　② Bのみ正しい　③ AもBも正しい　④ AもBも正しくない]

☞136ページ
2　光アクセスネットワークの設備構成
☞139ページ
2　CATVネットワークの構成

(3)　GE－PONの上り信号及び下り信号について述べた次の二つの記述は、[　　　]。

A　GE－PONの上り信号は光スプリッタで合波されるため、各ONUからの上り信号が衝突しないようOLTが各ONUに対して送信許可を通知することにより、上り信号を時間的に分離して衝突を回避している。

B　GE－PONの下り信号は放送形式でOLT配下の全ONUに到達するため、各ONUは、受信フレームの取捨選択をイーサネットフレームのプリアンブルに収容されたLLIDといわれる識別子を用いて行っている。

[① Aのみ正しい　② Bのみ正しい　③ AもBも正しい　④ AもBも正しくない]

☞138ページ
2　GE-PONの伝送方式

(4)　GE－PONシステムで用いられているOLTのマルチポイントMACコントロール副層の機能のうち、ONUがネットワークに接続されるとそのONUを自動的に発見し、通信リンクを自動的に確立する機能は[　　　]といわれる。

[① オートネゴシエーション　② 帯域制御
③ セルフラーニング　④ DHCP
⑤ P2MPディスカバリ]

☞138ページ
2　GE-PONの伝送方式

(5) GE－PONでは、毎秒1ギガビットの上り帯域を各ONUで分け合うので、上り帯域を使用していないONUにも帯域が割り当てられることによる無駄をなくすため、OLTにDBA（Dynamic Bandwidth Allocation 動的帯域割当）アルゴリズムを搭載し、上りのトラヒック量に応じて柔軟に帯域を割り当てている。このDBAアルゴリズムを用いたDBA機能には、一般に、［　　　］と遅延制御機能がある。

［① 優先制御機能　② ゆらぎ吸収機能
③ 帯域制御機能　④ リソース受付制御機能
⑤ ONU認証機能］

☞138ページ
2 GE-PONの伝送方式

(6) HDLC手順において、フレームの制御部などに1ビットが5個連続したとき、その直後に0ビットを無条件に挿入して送信する理由は、［　　　］を確保するためである。

［① 伝送手順の優先順位　② 送信のタイミング
③ 送受信の間隔　④ データの透過性
⑤ エラーチェック用のビット］

☞140ページ
1 HDLC手順のフレーム構成

(7) HDLC手順では、フラグといわれるフレームの区切りを示す同期用符号のビットパターンとして［　　　］を使用する。

［① 0111110　② 01111110　③ 011111110
④ 1000001　⑤ 10000001　⑥ 100000001］

☞140ページ
1 HDLC手順のフレーム構成

問3

次の各文章の［　　　］内に、それぞれの［　　］の解答群の中から最も適したものを選び、その番号を記せ。

(1) 広域イーサネットサービスなどについて述べた次の二つの記述は、［　　　］。

A IP－VPNがレイヤ3の機能をデータ転送の仕組みとして使用するのに対して、広域イーサネットはレイヤ2の機能をデータ転送の仕組みとして使用する。

B 広域イーサネットにおいて利用できるルーティングプロトコルには、EIGRP、IS－ISなどがある。

［① Aのみ正しい　② Bのみ正しい
③ AもBも正しい　④ AもBも正しくない］

☞146ページ
1 広域イーサネットサービスの各種機能
☞148ページ
1 IP-VPNサービスとは

(2) 広域イーサネットで用いられるEoMPLSなどについて述べた次の二つの記述は、［　　］。

A　EoMPLSにおけるラベル情報を参照するラベルスイッチング処理によるフレームの転送速度は、一般に、レイヤ3情報を参照するルーティング処理によるパケットの転送速度と比較して遅い。

B　MPLS網を構成する主な機器には、MPLSラベルを付加したり、外したりするラベルエッジルータと、MPLSラベルを参照してフレームを転送するラベルスイッチルータがある。

［①　Aのみ正しい　②　Bのみ正しい
③　AもBも正しい　④　AもBも正しくない］

☞148ページ
3　MPLS
☞150ページ
4　EoMPLS

(3) 広域イーサネットなどにおいて用いられるEoMPLSでは、ユーザネットワークのアクセス回線から転送されたイーサネットフレームは、一般に、MPLSドメインの入口にあるラベルエッジルータでPA (Preamble／SFD) とFCSが除去され、［　　］とMPLSヘッダが付与される。

［①　VLANタグ　②　IPヘッダ　③　TCPヘッダ
④　VCラベル　⑤　L2ヘッダ］

☞150ページ
4　EoMPLS

(4) 広域イーサネットなどにおいて用いられるEoMPLS技術について述べた次の二つの記述は、［　　］。

A　MPLS網を構成する機器の一つであるラベルスイッチルータ(LSR)は、MPLSラベルを参照してMPLSフレームを高速中継する。

B　MPLS網内を転送されたMPLSフレームは、一般に、MPLSドメインの出口にあるラベルエッジルータ(LER)に到達した後、MPLSラベルの除去などが行われ、オリジナルのイーサネットフレームとしてユーザネットワークのアクセス回線に転送される。

［①　Aのみ正しい　②　Bのみ正しい
③　AもBも正しい　④　AもBも正しくない］

☞148ページ
3　MPLS
☞150ページ
4　EoMPLS

4

トラヒック理論

電気通信設備を設計する際に、予測される通話量に対し一定品質のサービスを提供するためには、設備の規模をどの程度にするかが問題となる。このような通話量、サービスの程度と設備数との関係を理論的に体系づけたものがトラヒック理論である。

ここでは、主にトラヒックの基本概念と計算方法、即時式完全群、待時式完全群、不完全群の性質について学習する。

1 トラヒック理論

1-1 トラヒック理論の基本事項(1)

1. 呼の性質

(a)呼の定義

呼(call)とは、電話やパソコン通信などの利用者が通信を目的として電気通信設備を占有することをいう。したがって、図1に示すように、利用者が送受器を上げて通話を開始し、送受器を掛けて終話するまで、その回線はこの利用者に占有されていることになる。このような状態を回線保留といい、占有されている時間を**回線保留時間**という。

(b)呼数の変動

呼の発生は、利用者の自由意志で発生し、また、回線保留時間も全く予測できない性質のものである。しかし、このような呼も、利用者の群を一まとまりの集団として捉えてみると、呼の発生のし方に規則性が表れてくる。図2に示すように、ある集団について、1日中に生起する呼を時間を区切って観測すると、電話の呼の数(呼数)も時間とともに変動していることがわかる。

ここで、1日中で最も高い呼数が現れる連続した1時間を、**最繁時**と呼ぶ。この最繁時は観測する集団によって異なる。

(c)ランダム呼

呼の発生のし方は、利用者個々の意志によるものであり、何ら規則性はないのが普通である。このように、呼の発生のし方が互いに独立で何の関連性も持たないような呼をランダム呼といい、次の3つの条件を満足する(表1)。

・任意の時刻における呼の生起確率は同じである。
・任意の時刻における呼の生起確率は、それ以前に起きた呼とは無関係である。
・十分短い時間内における2つ以上の呼の生起確率は、無視できるほど小さい。

(d)最繁時呼数と最繁時集中率(図3)

最繁時1時間中に発生する呼数を、最繁時呼数という。また、最繁時呼数の1日中の呼数に対する比率〔%〕を最繁時集中率といい、次式で表される。

$$\textbf{最繁時集中率}=\frac{\textbf{最繁時呼数}}{\textbf{1日中呼数}}\times 100\,〔\%〕$$

2. 呼数と保留時間(図4)

トラヒック(Traffic)という言葉は、一般に交通量や通信量等の意味で用いられる。電話の場合は、通信の量という意味でそのままトラヒックと呼んでいる。

たとえば、図4-1に示すように、電話設備のT_0からT_1までのトラヒックの大きさを表すには、呼数だけでは不十分であり、呼数と回線保留時間を考慮する必要がある。ただし、呼によって回線の保留時間は、長短まちまちになるので、一般には平均値をとって**平均保留時間**を用いることとし、次式で表される。

トラヒック量＝呼数×平均保留時間

また、トラヒック測定対象とする時間当たりのトラヒック量を呼量またはトラヒック密度と呼び、次式で表される。

$$\textbf{呼量(トラヒック密度)}=\frac{\textbf{トラヒック量}}{\textbf{測定対象時間}}\,〔アーラン〕$$

呼量の国際単位としては、トラヒック理論の先駆者A.K.Erlangの名前をとって、**アーラン**(単位記号：erlまたはE)を用いる。

1アーランとは、1回線(または装置)を1時間継続的に占有使用したときの呼量をいう。逆に言えば、1単位時間に1回線が運び得る最大呼量が1アーランである。呼量の測定時間についての制約はないが、実際の適用にあたっては、繁忙度の高い時間帯として最繁時1時間を用いる。

図1　呼の定義

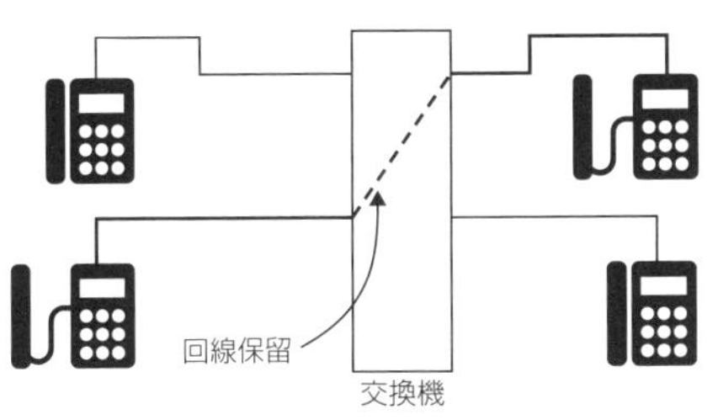

呼＝利用者が電話設備を占有すること

回線保留

(注)「保留」ということばは、一般的には使用されていない状態のイメージとして用いられるが、トラヒック理論では、使用されている状態の意味に用いられている。

図2　呼数の変動

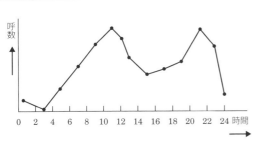

呼の時間別変動（住宅地域の例）

1日中のうち呼数が最大となる連続した1時間を**最繁時**という。

表1　ランダム呼

ポアソン分布に従う呼で、次の3つの条件を満足する

● ランダム呼の3つの条件

定常性	任意の時刻における呼の生起確率は同じである
残留効果がない	任意の時刻における呼の生起確率は、それ以前に起きた呼とは無関係である
稀少性	十分短い時間内における2つ以上の呼の生起確率は、無視できるほど小さい

図3　最繁時呼数と最繁時集中率

・最繁時呼数……最繁時1時間に回線に生起した呼数

・最繁時集中率＝$\dfrac{\text{最繁時呼数}}{\text{1日中の呼数}}\times 100$〔%〕

図4　呼数と保留時間

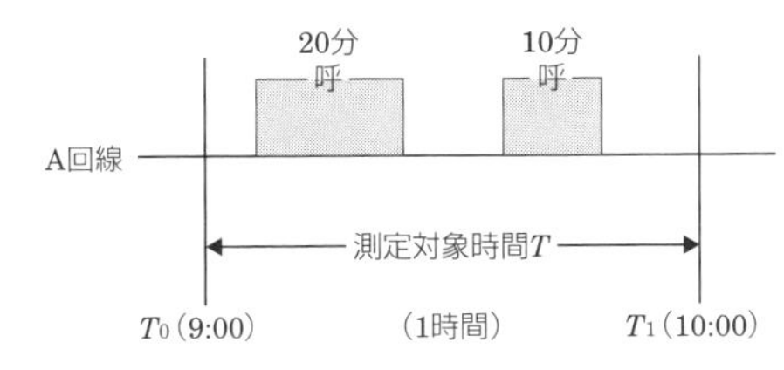

図4-1　*T*時間内のトラヒック量

呼数＝2

平均保留時間＝$\dfrac{\text{呼ごとの保留時間の計}}{\text{呼数}}=\dfrac{20+10}{2}=15$〔分〕

トラヒック量＝呼数×平均保留時間＝2×15＝30

呼量＝$\dfrac{\text{トラヒック量}}{\text{測定対象時間}}=\dfrac{30}{60〔分〕}=0.5$〔アーラン〕

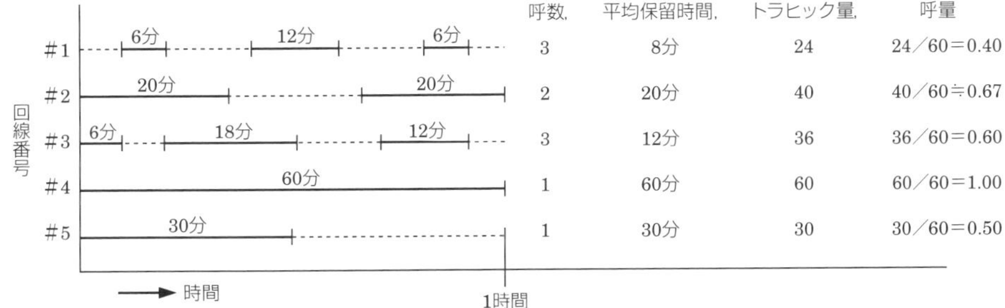

	呼数,	平均保留時間,	トラヒック量,	呼量
#1	3	8分	24	24／60＝0.40
#2	2	20分	40	40／60≒0.67
#3	3	12分	36	36／60＝0.60
#4	1	60分	60	60／60＝1.00
#5	1	30分	30	30／60＝0.50

図4-2　呼数、平均保留時間、トラヒック量、呼量の関係

1-2 トラヒック理論の基本事項(2)

1. トラヒックの概念

トラヒックの概念として、通信とは、ある呼量を交換設備や回線設備によって、ある地点から他の地点へ運ぶという捉え方ができる。

図1に示すように、ある交換設備の入線へ呼がT〔時間〕にC〔呼〕加わり、呼の平均保留時間をh〔時間〕とし、加わった呼量をaとすれば、$\boldsymbol{a = C \times h \div T}$　で表される。また、T〔時間〕に運ばれた呼数をC_c〔呼〕とし、運ばれた呼量をa_cとすると、$\boldsymbol{a_c = C_c \times h \div T}$　となる。

したがって、加わった呼量aと運ばれた呼量a_cとの差$(a - a_c)$は、運ばれなかった呼量となり、これを**呼損**または**損失呼**という。

ここで、測定対象時間を$T = 1$〔時間〕とすれば、$a = C \times h$　の関係から、逆に「加わった呼量aは平均保留時間h内に生起する平均呼数に相当する」ということができる。また、$a_c = C_c \times h$の関係から、「運ばれた呼量a_cは1時間内に発生した呼の**延べ保留時間**に相当する」ということになる。

2. 同時接続数調査法

$a_c = C_c \times h$　の関係から、「何本かの中継線によって運ばれた呼量a_cは、その中継線の平均同時接続数になる。すなわち平均同時接続数(または同時接続数)は、アーラン単位で表した呼量に等しくなる」という関係がある。

図2に示すように、何本かの中継線によってt_1からt_2の時間区間に呼量a_cが運ばれたとし、この時間区間を微小時間Δtでn等分すると、n個のΔt区間ができる。ここで、おのおののΔtの始めの時刻における同時接続数を測定したところ、それぞれr_1、r_2、r_3、……r_nであったとし、同時接続数は、微小時間Δt時間内では変化しないものと仮定すると、t_1からt_2までの時間区間内の**延べ保留時間**Hは、

$$H = (r_1 + r_2 + r_3 + \cdots\cdots + r_n) \times \Delta t$$

となる。これは、各Δt区間の同時接続数(呼数に相当)と平均保留時間Δtをかけたものなので、トラヒック量である。したがって、これを対象とした時間区間$(t_1 \sim t_2)$の長さで割れば、呼量が得られる。

対象時間を1時間とすると、$n \times \Delta t = 1$　となって1時間中の延べ保留時間はa_cとなり、前式は　$H = a_c$　となる。したがって

$$a_c = (r_1 + r_2 + r_3 + \cdots\cdots + r_n) \times \Delta t$$

と表せる。ここで、$n \times \Delta t = 1$より、

$$a_c = (r_1 + r_2 + r_3 + \cdots\cdots + r_n) \div n$$

となる。したがって、「1時間中の延べ保留時間すなわちアーラン単位の呼は、**各瞬間の同時接続数$\boldsymbol{r}$の合計値を測定回数$\boldsymbol{n}$で割ったもの**と等しい」ということになり、「平均同時接続数はアーラン単位の呼量に等しい」ということになる。しかし、実際には微小時間Δtごとに観察するのは難しく、一般に3分とか6分とかの間隔で同時動作数を調査するため、当然誤差が生じる。

3. 中継線の能率(図3)

トラヒック理論では、中継線あるいは交換装置が呼量を運ぶという考え方をしている。いま、あるN回線の中継線が運んだ呼量がa_cアーランであったとすると、この場合a_cアーランの負荷がかかったという。1つの中継線の運び得る最大の負荷は、アーランの定義から1アーランであるから、中継線の能率すなわち最大の負荷に対する実際の負荷の割合をη(イータ)とすると

$$\eta = \frac{a_c}{N} \times 100〔\%〕$$

となる。

中継線能率を中継線の効率、**回線使用率**、動作率と呼ぶこともある。

図1　トラヒックの概念

h（平均保留時間）

a（加えられた呼量）

C（1時間当り呼数）

交換設備

a_c（運ばれた（疎通）呼量）

C_c（1時間当り運ばれた呼数）

$a-a_c$（呼損:運ばれなかった呼量）

呼量の流れ

$$呼量=\frac{呼数\times平均保留時間}{測定対象時間}=1時間当たり呼数\times\begin{matrix}単位時間で表した\\平均保留時間\end{matrix}$$

加わった呼量 $a=C\times h$

運ばれた呼量 $a_c=C_c\times h$

● トラヒックの性質

トラヒック特性

　トラヒック特性は、トラヒックの大きさを示すトラヒック量とトラヒックの密度を示す呼量によって把握される。

トラヒック量

- ある回線群において、T時間内に発生した呼の**延べ保留時間**（回線が呼によって保留されている延べ時間）を、T時間中のトラヒック量という。
- ある回線群が運んだ1時間当たりのトラヒック量と、運ばれた呼が**平均回線保留時間**中に生起した平均呼数とは等しい。

呼量

- 呼量は、「トラヒック量÷測定時間」で算出され、単位は**アーラン**が使用される。
- ある回線群が運んだ呼量と、運ばれた呼が平均保留時間内に生起した**平均呼数**とは等しい。
- 交換機に接続した回線群によって運ばれる呼量と、その回線群の**平均使用中回線数**とは等しい。

図2　同時接続数調査法

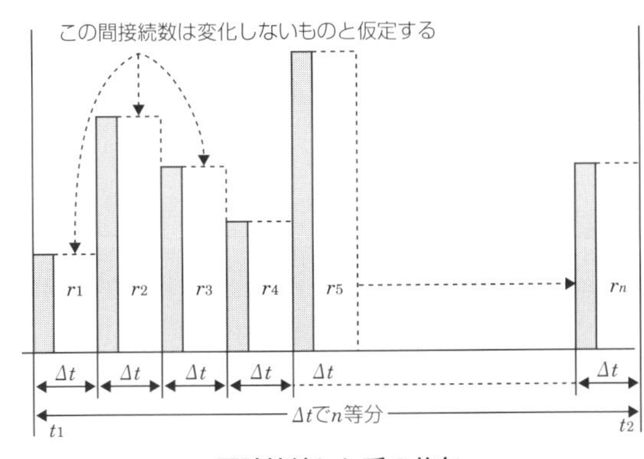

同時接続した呼の分布

〔例〕ある16回線の回線群について使用中の回線を1時間にわたって5分ごとに調査したところ、下表に示す結果が得られたときの、回線の平均使用率の求め方。

測定回数	1回目	2回目	3回目	4回目	5回目	6回目	7回目	8回目	9回目	10回目	11回目	12回目
使用中回線数	13	14	15	11	11	12	14	10	13	8	11	12

解　平均使用中回線数＝使用中回線数の合計÷測定回数

$=144\div12=12$〔回線〕

$$\therefore\quad 平均回線使用率=\frac{平均使用中回線数}{総\ 回\ 線\ 数}\times100$$

$=12\div16\times100=75$〔%〕

※　調査対象によって「同時使用数調査法」とも「同時動作調査法」ともいわれる。

図3　中継線の能率

ある3回線の回線群において、1時間における回線の使用状況が下のグラフで示されるとき。

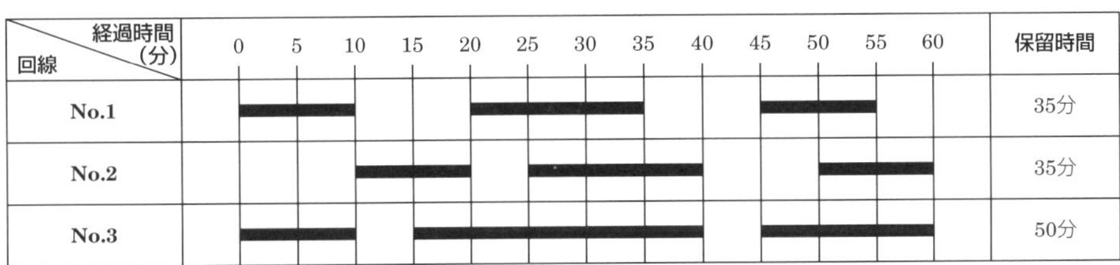

経過時間（分）
回線
0 5 10 15 20 25 30 35 40 45 50 55 60
保留時間
No.1 35分
No.2 35分
No.3 50分

総保留時間＝$35+35+50=120$〔分〕

$$\therefore\quad 総呼量=\frac{総保留時間}{1〔時間〕}=\frac{120〔分〕}{60〔分〕}=2〔アーラン〕$$

$$\therefore\quad 回線使用率=\frac{総呼量}{回線数}\times100〔\%〕=\frac{2〔アーラン〕}{3〔回線〕}\times100\fallingdotseq66.7〔\%〕$$

1-3 即時式と待時式

1. 即時式と待時式

通信を目的とした呼は、いくつかの回線あるいは交換機を経由して着信側に運ばれる。この接続の階段を接続階梯というが、この接続の各階梯では、必ず入線と出線によって結ばれている。呼は利用者の自由意志で発生するので、出線の能率を上げるためには、接続の階梯ごとに回線を絞り込む必要があるため、一般に、入線は出線に比べて多くなる。

ここで、入線に対して出線をどの程度絞るかが問題になるが、それらは入線の呼量とサービス基準によって決められる。たとえば入線に対して出線が少なすぎる場合は、出線が全話中となってつながらない現象、すなわち**輻輳**(ふくそう)が生じる。

このように、入線に生起した呼が輻輳に遭遇した場合、直ちに話中音を発信者側に送って、話中であることを知らせ、その呼をあきらめさせる交換方式を**即時交換方式**(即時式)という(図1)。また、輻輳に遭遇した場合、その呼をいったん待ち合わせの状態にして、回線または装置が空くまで待たせて、空きができたときに接続する交換方式を**待時交換方式**(待時式)と呼んでいる(図2)。

加わる呼量と回線数が同じならば、待時式の場合は即時式に比べると回線使用率は高くなる。

2. 即時交換方式

(a)呼損率

即時式の場合は接続過程で全話中(輻輳)に遭遇した呼は接続されず、消滅する。このような呼を損失呼といい、その損失呼の発生する割合を**呼損率**という(図3)。

呼損率は、0.1、0.01、0.001などで表される。たとえば即時式回線に100の呼が入って、そのうち1つの呼が損失呼となった場合は、呼損率は0.01となる。呼損率は、即時交換方式ではサービスの良し悪しに関係するため、できるだけ小さい方が望ましいが、そのためには回線数を多くする必要が生じるため、コスト等の観点から実測値をみて決める必要がある。

呼損率をB、入線に加わった呼量をaとし、そのうち運ばれた呼量をa_cとすれば、呼損率は

$$B=\frac{a-a_c}{a}=1-\frac{a_c}{a}$$

の式で表される。呼損率を呼数で表すと、呼の平均保留時間をhとしたときの呼量は　$a=C\times h$、または、$a_c=C_c\times h$　となるから、

$$B=\frac{C\times h-C_c\times h}{C\times h}=\frac{C-C_c}{C}=1-\frac{C_c}{C}$$

である。

(b)総合呼損率

即時式の接続過程において、図4に示すように呼がいくつもの交換機を経て接続される場合、どこかの階梯で出線全話中に出遭う確率を総合呼損率といい、各階梯の呼損率の和で近似され、

$$\begin{aligned}\boldsymbol{B}&=\mathbf{1}-(\mathbf{1}-\boldsymbol{B}_1)(\mathbf{1}-\boldsymbol{B}_2)\cdots(\mathbf{1}-\boldsymbol{B}_n)\\&\fallingdotseq\boldsymbol{B}_1+\boldsymbol{B}_2+\cdots\cdots+\boldsymbol{B}_n\end{aligned}$$

の式で表すことができる。

3. 待時交換方式(図5)

待時交換方式において、接続過程全話中に遭遇した場合は、空きができるまで待って接続するので、加わった呼量aと運ばれた呼量a_cは等しくなるが、この場合には待ち合わせになる呼数が問題となる。この待ち呼数の割合を**待合せ率(待ち率)**という。しかし、サービス面からは、単に待ち合わせの呼数の割合よりも、待ち合わせの時間が問題となるため、平均待合せ時間あるいは待合せ時間が一定(たとえば10秒とか15秒)以上になる割合でサービス品質を測る方法をとっている。

図1　即時式

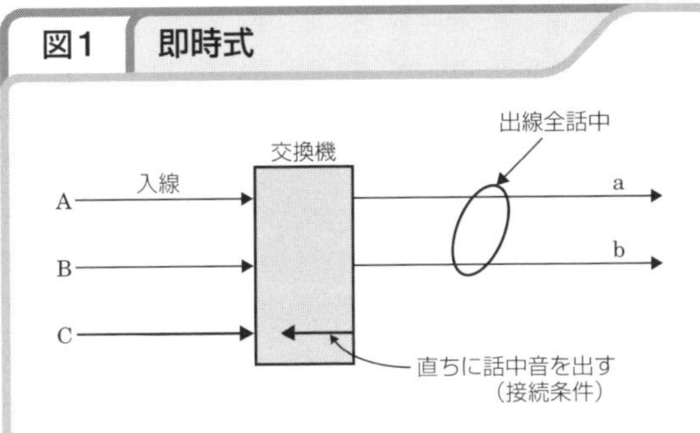

出線全話中に遭遇したとき**直ちに接続を拒絶し**、通話を断念させるようなサービス方式。

図2　待時式

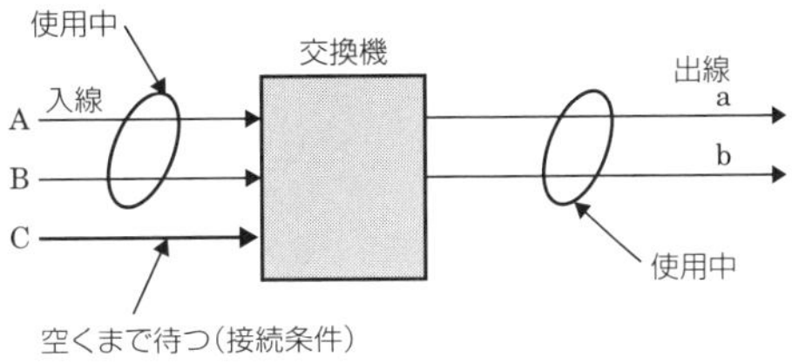

使用中
交換機
出線
入線
A
B
C
a
b
使用中
空くまで待つ（接続条件）

出線が全話中で空き回線がないときは、**回線が空くまで待ち合わせ**、空きができるとそれから接続に入るようなサービス方式。

図3　呼損率

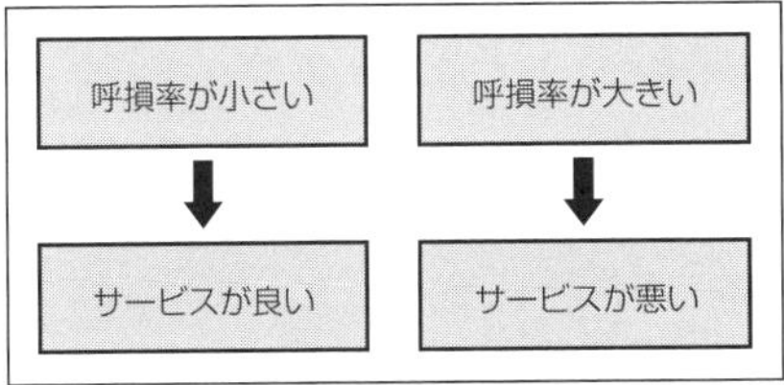

サービスの尺度

即時交換方式では、損失呼量（加わった呼量a－運ばれた呼量a_c）と加わった呼量aの比をサービス尺度（程度）とし、これを**呼損率B**という。

$$B=\frac{a-a_c}{a}=1-\frac{a_c}{a}$$

〔例〕 加わった呼量が10アーラン、運ばれた呼量が9アーランのときの呼損率は、

$$\frac{10-9}{10}=\frac{1}{10}=0.1$$

図4　総合呼損率

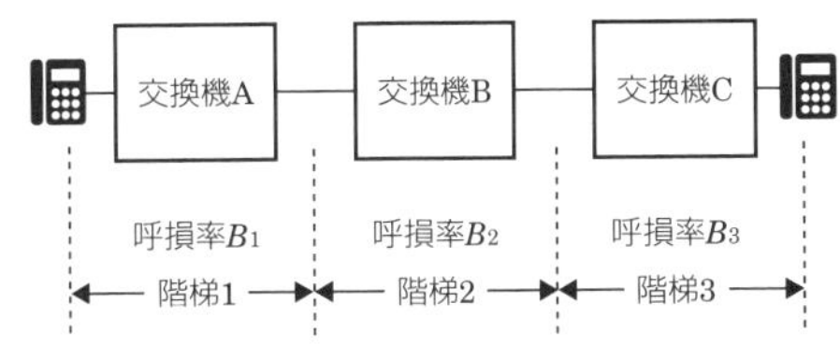

$$\begin{aligned}\text{総合呼損率}B&=1-(1-B_1)\times(1-B_2)\times(1-B_3)\\&=1-(1-B_1-B_2-B_3+B_1B_2+B_2B_3+B_3B_1-B_1B_2B_3)\\&=B_1+B_2+B_3\underbrace{-B_1B_2-B_2B_3-B_3B_1+B_1B_2B_3}_{\text{ほぼゼロ}}\\&\fallingdotseq B_1+B_2+B_3\end{aligned}$$

図5　待時交換方式

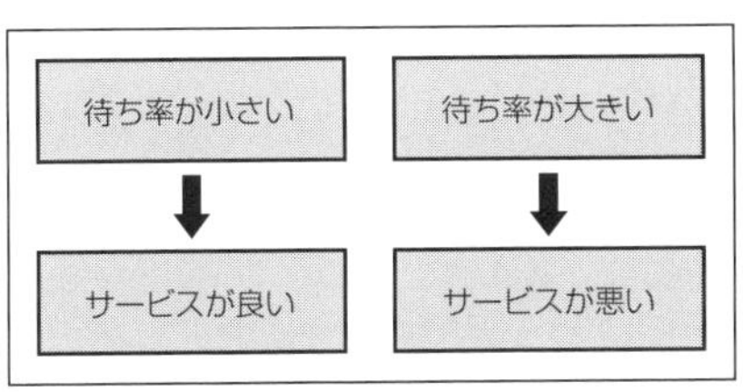

サービスの尺度

● **待時交換方式の性質**

- 待ち合わせに入る確率$M(0)$を一定とする場合、出線数をn、出線の1呼当たりの平均回線保留時間をhとすると、平均待ち時間Wは、$W=\frac{h}{n-a}\cdot M(0)$で表され、**$h$に比例し、出線の平均空き回線数$(n-a)$に反比例**する。
- 呼を1回線の待時交換方式で疎通する（運ぶ）場合に、回線使用率をρ、呼の平均回線保留時間をhとすると、呼の平均待ち時間Wは、$W=\frac{h}{n-a}\cdot M(0)=\frac{\rho\times h}{(1-\rho)a}\cdot M(0)$で表され、**$\rho$が小さいときは$\rho\times h$に比例し$\rho$が1に近づくと急増する。**

1-4 完全群、不完全群

1. 完全群と不完全群(図1)

呼を運ぶための入線と出線の接続方法には、完全群と不完全群の2通りの方法が考えられる。

図1-1に示すように、入線から出線のどの回線でも選択できるような接続、すなわち、出線のうち1回線でも空いていれば必ず接続できるものを**完全群**という。

また、図1-2に示すように、入線1からは出線1、2の全話中に遭遇した場合は、出線3に空きがあっても接続できない、すなわち出線が全話中でないにもかかわらず、輻輳(ふくそう)になるような回線構成を**不完全群**という。

完全群と不完全群の特徴は次のようになる。

・加わる呼量が同一で、かつ、出線数が等しい場合、呼損率は、即時式完全群の方が即時式不完全群よりも小さい。

・加わる呼量が同一で、かつ、呼損率が等しい場合、出線数は、即時式完全群の方が即時式不完全群よりも少なくて済む。

・完全群では出線数の構成が大きくなるので、スイッチを多く必要とし、機構も複雑となるので技術的、経済的な面からは、不完全群に比べて不利となり、また、出線の選択時間も長くなる。

2. 不完全群

(a)リンク方式

クロスバ交換機などのスイッチ(格子)では、入線群と出線群との間に、必要な同時接続数に見合う共通接続路(リンク)を設ける必要がある。このような接続方法をリンク方式という。

図2は、3段接続リンク方式の例を示したものである。入線数16、出線数12で、その間を16×12の1つの格子にしたとすると、本来192個のクロスポイントが必要であるが、この例では160個でよく、スイッチ数が節約されている。しかし、1つの1次格子と2次格子の間には4組の接続経路しかないので、この経路が塞がっていると、出線が空いていても接続不能が起こり得ることになる。これを内部輻輳という。

● リンクの結線方式

リンクの結線方式には、開リンク結線(選択)方式と、閉リンク結線(選択)方式とがある。

・開リンク結線方式

空き出線とリンクを組み合わせて選択する結線方式である。リンクが輻輳していると空き出線があっても結線できないので、出線は不完全群扱いとなる。中継交換のように接続相手が限定されない場合の2段接続に用いられる。

・閉リンク結線方式

空き出線をまず選択し、次に空きリンクを選択する結線方式である。リンクの状態にかかわらず全空き出線が選択可能で、また、設計の工夫により内部輻輳率が無視できるほど小さくしてあるので、リンクは不完全群であっても、実用上出線は完全群扱いとしている。接続相手が加入者の場合や、中継交換用で3段接続以上の場合にはこの方式が用いられる。

(b)グレージング方式

A形、H形の交換機の主として中間階梯で採用される結線方式である。A形、H形のスイッチは選択しうる出端子数が小さいため、出線の使用能率が高くならない。また、出端子の選択順位が一定であるスイッチの場合は若番の出端子ほど多くの呼量を運ぶため、出線の使用頻度が偏る。これを改善するため、スイッチ群間で出端子を複式に接続するグレージングと呼ぶ結線方法を用いて階段状の結線を行い、出線の使用能率を高めるとともに、運ぶ呼量の均衡化を図っている。この出線の一群をグレージング群という(図3)。

図1　完全群と不完全群

完全群

任意の入回線に生起した呼は、出回線が空いている限り出回線に接続できるという交換線群

不完全群

任意の入回線に生起した呼が、出回線が空いているにもかかわらず損失呼となることのある交換線群

完全群の方が不完全群よりも出線数は少なくて済むが、スイッチを多く必要とするため、経済的には不利である。

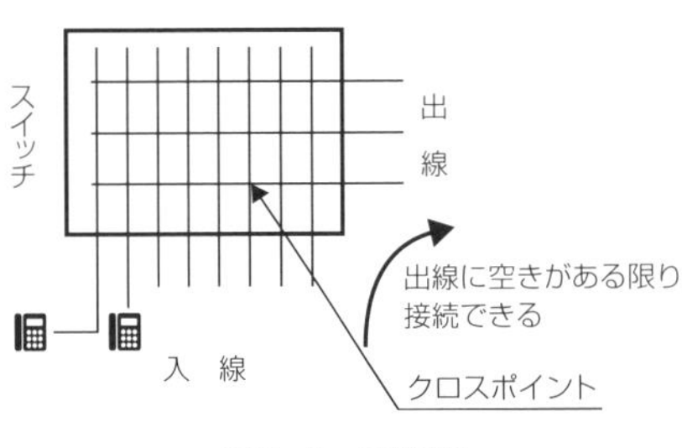

図1-1　完全群

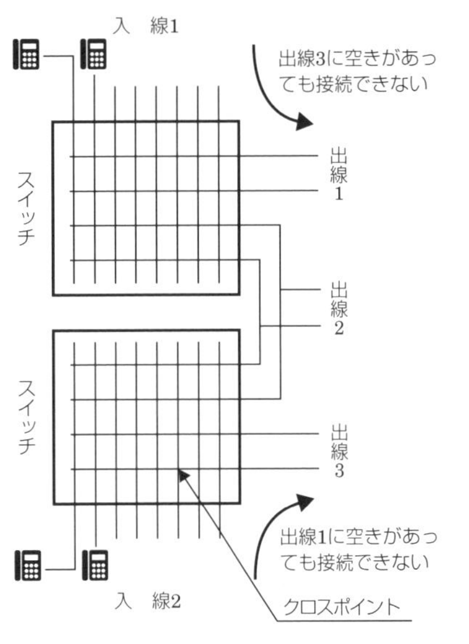

図1-2　不完全群

図2　3段接続リンク方式

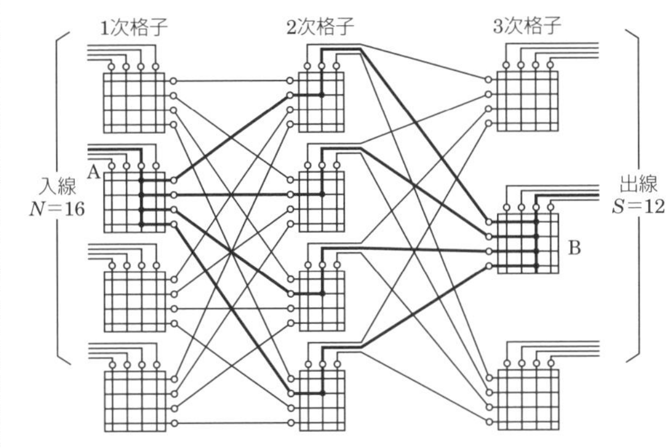

● **リンクの結線方式**

開リンク結線（選択）方式

空き出線とそれに接続できるリンクを選択するのに、空き出回線とリンクとを対にして全出回線について試験し、**全出回線について整合がとれないとき**はじめて話中処理をする方式。

閉リンク結線（選択）方式

空き出線とそれに接続できるリンクを選択するのに、空き出線を**一つ選んでから**、これに至るリンクを試験し、**整合がとれなければ直ちに**話中処理を行うことを原則とする方式。

図3　グレージング方式

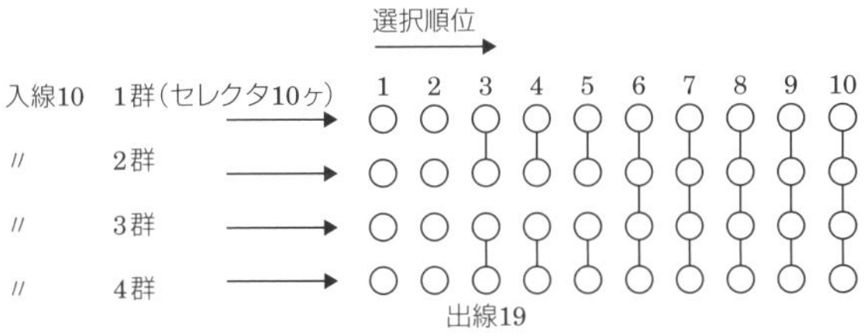

選択順位→

入線10　1群（セレクタ10ヶ）　1 2 3 4 5 6 7 8 9 10

〃　2群

〃　3群

〃　4群

出線19

選択順位が前位にある出端子はセレクタ群ごとに独立した出線を出しているが、後位にある出端子ほどセレクタ群相互の複式数を多くして出線を出している。

1-5 即時式完全群

1. 即時式完全群の特性（図1）

(a)即時式完全群

即時式完全群は、どの入線に呼が発生しても、出線に空きがある限り任意の出線に接続が可能であるが、もし出線がすべて使用中のときは、たとえその後に空きができても、その呼は接続されず呼損となる。即時式完全群は、トラヒック理論の中で最も基本となる交換線群で、その特性には次の関係がある。

$$\eta = \frac{a_c}{n} \times 100 = \frac{a(1-B)}{n} \times 100〔\%〕$$

a ：入線に加わる呼量　n ：出線数
a_c ：出線で運ばれた呼量　B ：呼損率
η ：出線能率

また、図1-1は、即時式完全群に関する理論式のうちのアーラン損失式を図表化したもので、呼損率をパラメータとしたときの、加わる呼量と出線数の関係を示している。図1-2は、呼損率が一定の場合を図表化したものである。

これらの図からもわかるように、**呼損率が一定**の場合、

- 呼量と出線数の関係は、加わる呼量が整数倍になっても、出線数は同一の倍数にならない。
- 出線数と出線能率（平均使用率）の関係は、出線数が大きくなるほど出線能率は高くなる。
- 出線数は小群に分割した構成よりも、20回線程度以上の完全群とした方が、高い能率が得られ有利となる。

図1-3は、出線数をパラメータとした場合の出線能率と呼損率の関係を示したものである。これは**出線数を一定**とした場合、

- 呼損率が大きくなる（サービス程度が低くなる）ほど、出線能率は高くなる。
- 出線を一定とした場合、出線能率を少し向上させただけで、呼損率は急激に増加する。

図1-4は、出線数が一定で過負荷の場合の呼損率と出線数との関係を示したものである。出線数が大きいほど、回線能率は高くなる代わりに、過負荷耐力が小さくなることがわかる。

(b)アーランの損失式（アーランB式）

アーランB式は、**入線数を無限**、**出線数を有限**としたモデルにランダム呼が加わり、呼の回線保留時間分布が**指数分布**に従い、**損失呼は消滅**するという前提に基づき、確率的に導かれた式で、加わる呼量a、呼損率B、出線数nの関係を表した理論式として、広く利用されている。

$$B = \frac{\dfrac{a^n}{n!}}{1 + \dfrac{a}{1!} + \dfrac{a^2}{2!} + \cdots\cdots + \dfrac{a^n}{n!}}$$

2. アーランの損失式数表の見方

図2中の〔例〕は、即時式完全群負荷表（呼損率Bを一定とし、加わる呼量aと出線数nとの関係を数表としたもの）より、呼損率Bを一定としたときの、加わる呼量aに対する必要な出線数nの求め方を示したものである。表の見方を逆にすればnに対し加え得るaを求めることができる。

3. Engsetの損失式

即時式完全群では、保留時間が指数分布以外のどんな分布であっても、系内呼数の分布に対して、入線数が無限大のときはErlangの式が、入線数が有限のときは**Engsetの損失式**が成り立つことが証明されている。

図3は、呼損率$B = 0.01$の場合のEngsetの損失式における入線数の影響を示したもので、呼損率が一定のとき、入線数が有限の場合は、入線数を無限とした場合に比べて出線使用率は高くなる。

図1　即時式完全群の特性

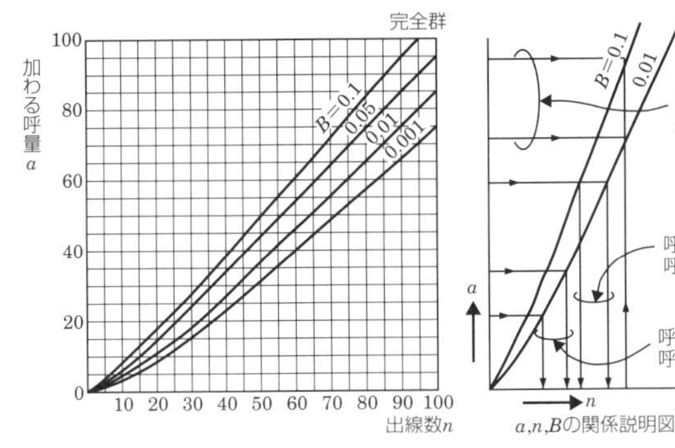

図1-1　アーランの完全群損失図表

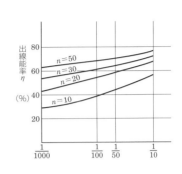

出線能率 η (%)
n=50
n=30
n=20
n=10

図1-3　出線数が一定の場合

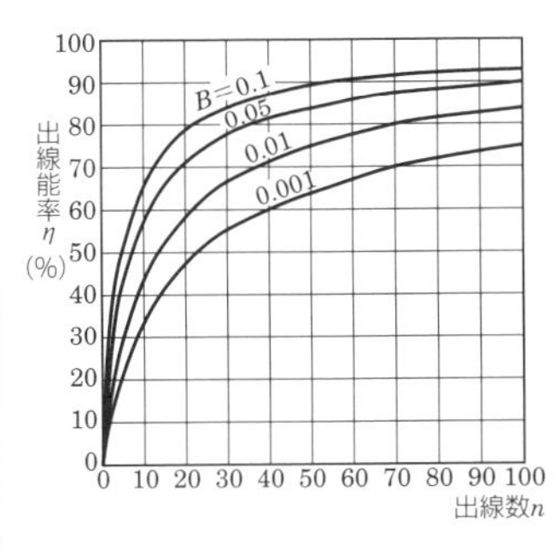

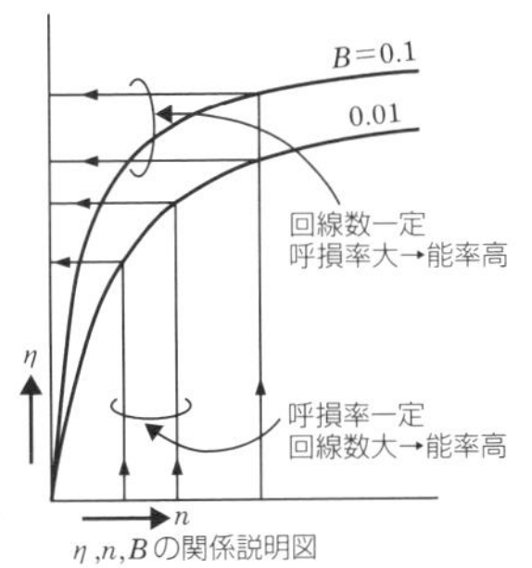

図1-2　呼損率が一定の場合

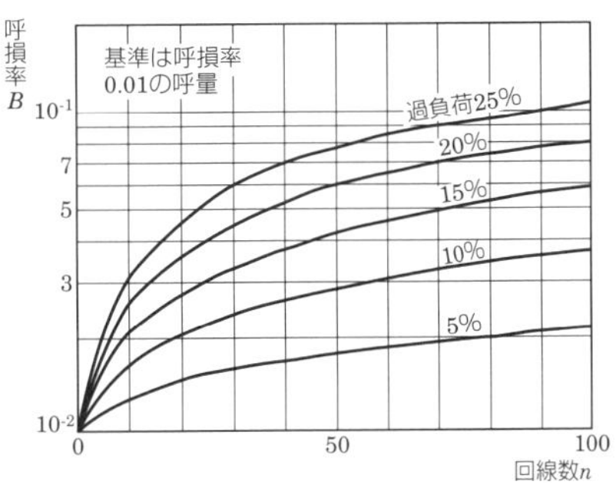

図1-4　過負荷の場合の呼損率の変化（過負荷耐力）

図2　アーランの損失式数表の見方

即時式完全群負荷表（アーランの損失式数表）　単位：アーラン

n ＼ B	0.01	0.02	0.03	0.05	0.1
1	0.01	0.02	0.03	0.05	0.11
2	0.15	0.22	0.28	0.38	0.60
3	0.46	0.60	0.72	0.90	1.27
4	0.87	1.09	1.26	1.53	2.05
5	1.36	1.66	1.88	2.22	2.88
6	1.91	2.28	2.54	2.96	3.76
7	2.50	2.94	3.25	3.74	4.67
8	3.13	3.63	3.99	4.54	5.60

（記　号）
B：呼損率
n：出線数

〔例〕　加わる呼量$a=1$〔アーラン〕
呼損率$B=0.02$
としたときの出線数nの求め方。

解　表より、$a=1$〔アーラン〕は、0.60と1.09の間にあるが、1より大きい1.09の方をみて、$a=4$、つまり出線は4回線必要となる。

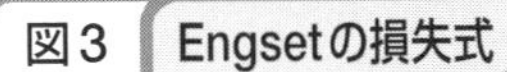

図3　Engsetの損失式

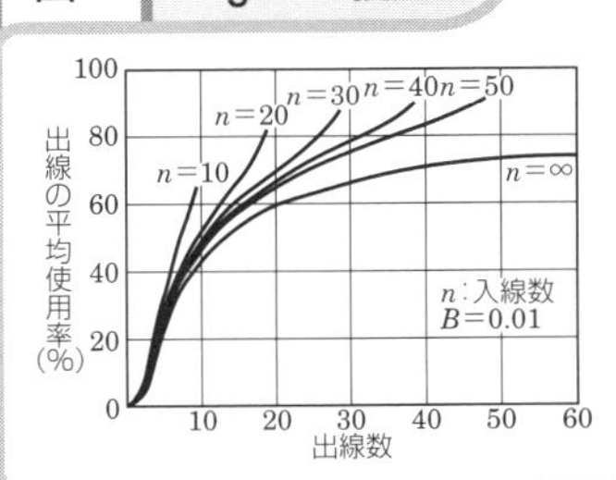

● 即時式完全群の性質

- 出線がすべて話中になったときに入線に発生した呼は、**損失呼**となる。
- 加わる呼量と呼損率が同じならば、中継線に両方向回線を使用した場合は、出入回線を別々に設けた場合と比較して回線使用率が**高くなる**。
- ある生起呼量を幾つかの完全群に分割して処理する場合、同一の呼損率を保つようにすると、分割群の出回線群の平均回線使用率は、一つの完全群で処理するときより**低くなる**。
- 出線数が一定の場合、加わる呼量が**少なくなる**と呼損率は**小さくなる**。
- 加わる呼量が多くなれば、呼損率を一定に保つためには、出線数を**多くする**必要がある。
- 出線数と呼損率を固定すると、入線数が有限の場合は、入線数を無限とした場合に比べ出回線使用率は**高くなる**。

1-6 待時式完全群

1. 待時式完全群の特性

待時式完全群では、呼が出線塞がりで接続不可能となったとき、その呼を待合せ呼とし、接続可能な状態になり次第出線に接続する。

待合せ呼の処理をどうするか、すなわち、同時に待ち合わせに入ることができる許容呼数を制限するか、待合せ許容時間を制限するか、待合せ呼の接続順序をどうするか、待ち合わせ中の呼が放棄されることがあるかどうか、などの要因の組み合わせで、待時式完全群の特性は異なり、次のようになる。

(a)待合せ率

待時式完全群の待合せ率を、即時式完全群の場合の呼損率に対応させた場合、両者は全く同じ性質をもっている。

待合せ率とは、待ち合わせになった呼数C_Wと生起呼数Cとの比で、次式で表される。

$$M(0)=\frac{C_W}{C}$$

(b)平均待ち時間

待合せ呼の接続順位では、ランダム待ち合わせの場合と、順番待ち合わせでは、待合せ率や平均待ち時間は同じであるが、ランダム待ち合わせの方が長時間の待ち合わせに遭遇する確率が大きくなる。

平均待ち時間Wとは、生起呼が待ち合わせる時間の平均で、次式で表される。

$$W=\frac{T}{C}$$

T：延べ待合せ時間

C：生起呼数

図1-1は、待合せ率$M(0)$をパラメータとして、出線能率(平均使用率)ρと出線数nとの関係を示したもので、即時式完全群の図と比較すると全く同様の性質を持つことがわかる。ただし、待時式では生起した呼はすべて運ばれるので、出線能率ρは、出線当たりの入呼量aに等しくなり、$\rho=a/n$　となる。

(c)アーランの待合せ式(アーランC式)

アーランC式は、**入回線数を無限、出回線数nを有限**としたモデルにランダム呼が加わり、呼の回線保留時間が**指数分布**に従い、待ち合わせ**放棄呼はない**という前提に基づき、確率的に導かれた式で、加わる呼量a、待合せ率$M(0)$、出線能率$\rho(=a/n)$の関係を表した理論式として、広く利用されている。

$$M(0)=\frac{\dfrac{a^n}{n!}\cdot\dfrac{n}{n-a}}{\displaystyle\sum_{r=0}^{n-1}\frac{a^r}{r!}+\frac{a^n}{n!}\cdot\frac{n}{n-a}}$$

ここで、出線能率をρ、平均保留時間をhとすると、平均待ち時間Wは、次式で表される。

$$W=\frac{h}{n-a}\times M(0)=\frac{\rho\times h}{(1-\rho)a}\times M(0)$$

この式から、以下のことがわかる。

- 待合せ率$M(0)$を一定とすると、平均待ち時間Wは、平均保留時間hに比例し、出線の平均空き回線数$(n-a)$に反比例する。
- 1回線で呼を疎(そ)通するときの平均待ち時間Wは、出線能率ρが小さいときは$\rho\times h$に比例し、ρが1に近づくと急増する。
- 加わる呼量が一定の場合、出線数が多くなると平均待ち時間は短くなる。

2. 待合せ率図表の見方

図2中の〔例〕に示すように、待合せ率図表(出線数nを一定とし、出線能率a/nと待ち合わせ率$M(0)$との関係を図表化したもの)より、加わる呼量を一定としたときのある待合せ率$M(0)$に対する出線能率あるいは、出線能率に対する待合せ率$M(0)$を求める。

図1　待時式完全群の特性

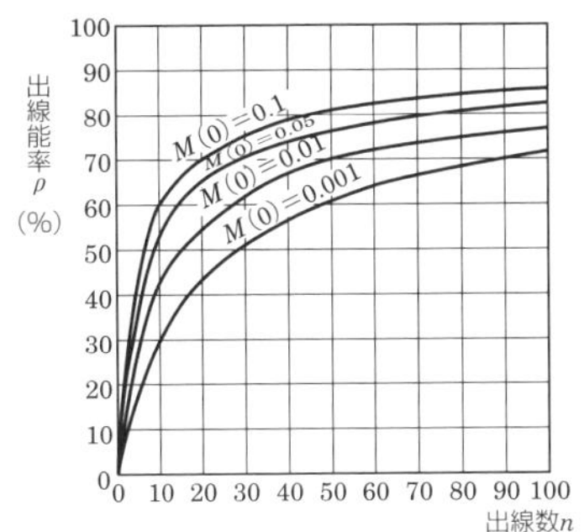

図1-1　待合せ率M(0)をパラメータとしたηとnとの関係

待時式完全群負荷表　単位：アーラン

n ＼ M(0)	0.01	0.02	0.05	0.1
1	0.01	0.02	0.05	0.10
2	0.15	0.21	0.34	0.50
3	0.43	0.56	0.79	1.04
4	0.81	0.99	1.32	1.65
5	1.26	1.50	1.91	2.31
6	1.76	2.05	2.53	3.01
7	2.30	2.63	3.19	3.73
8	2.87	3.25	3.87	4.46
9	3.46	3.88	4.57	5.22
10	4.08	4.54	5.29	5.99

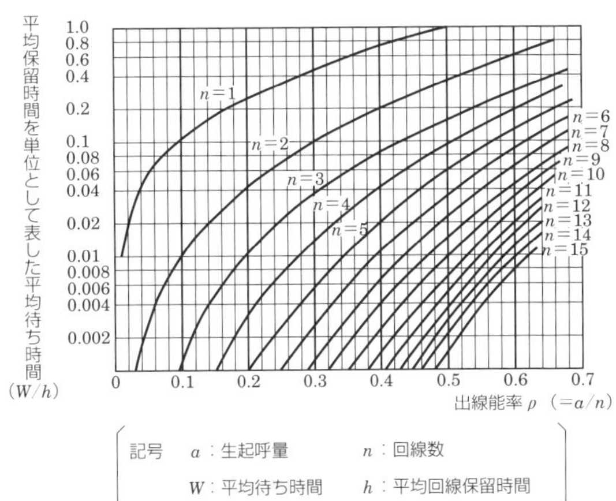

記号　a：生起呼量　n：回線数
W：平均待ち時間　h：平均回線保留時間

図1-2　アーランの待合せ式による平均待ち時間曲線

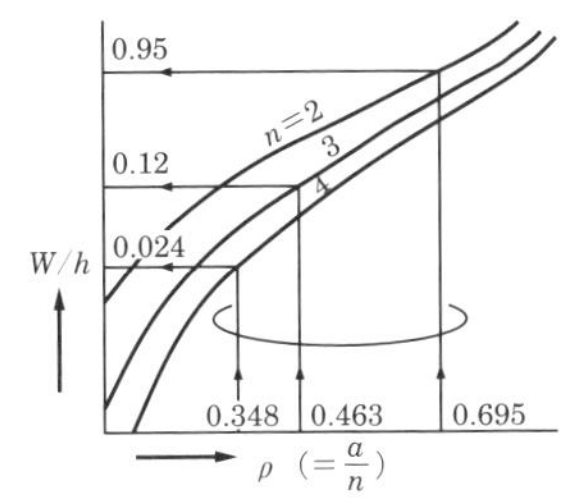

nの求め方

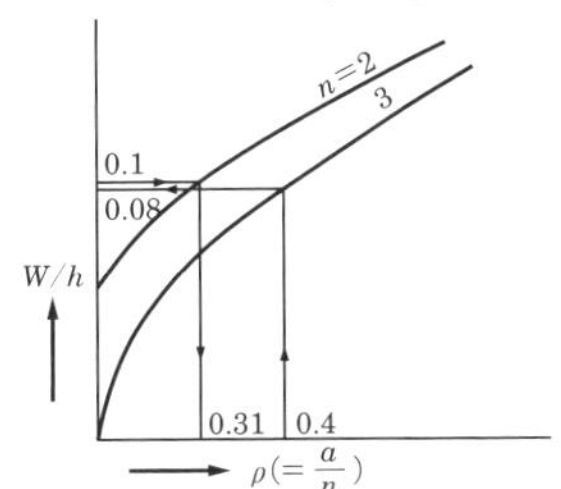

W/hまたはρの求め方

図2　待合せ率図表の見方

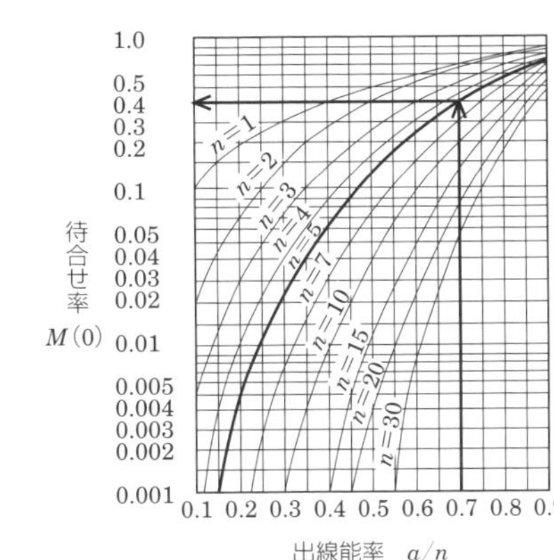

（記号）
M(0)：待合せ率
a　：生起呼量
n　：回線数

〔例〕加わる呼量$a=3.5$〔アーラン〕
回線数$n=5$〔回線〕
としたときの待合せ率M(0)の求め方。

解　$a=3.5$、$n=5$だから、
出線能率$a/n=3.5\div5=0.7$
となる。したがって、図において曲線　$n=5$を選び、$a/n=0.7$　との交点から縦軸M(0)の値を読むと0.4となる。

練習問題

（解答は294頁）

参照

問1

次の各文章の ☐ 内に、それぞれの[　]の解答群の中から最も適したものを選び、その番号を記せ。

(1) ある時間の間に出回線群で運ばれた呼量は、同じ時間の間にその出回線群で運ばれた呼の平均回線保留時間中における ☐ の値に等しい。

☞160ページ
1　トラヒックの概念

[① 最大呼数　② 待ち呼数　③ 呼数密度
④ 平均呼数　⑤ 損失呼数]

(2) ある回線群についてトラヒックを20分間調査し、保留時間別に呼数を集計したところ、表に示す結果が得られた。調査時間中におけるこの回線群の呼量が3.0アーランであるとき、保留時間が200秒の呼数は、☐ 呼である。

☞160ページ
1　トラヒックの概念

[① 2　② 3　③ 4　④ 5　⑤ 6]

1呼当たりの保留時間	110秒	120秒	150秒	200秒
呼　数	5呼	10呼	7呼	☐ 呼

(3) ある回線群の午前9時00分から午前9時30分まで及び午前9時30分から午前10時00分までの、それぞれの時間帯に運ばれた呼数及び平均回線保留時間は、表に示すとおりであった。この回線群で午前9時00分から午前10時00分までの1時間に運ばれた呼量は、☐ アーランである。

☞160ページ
1　トラヒックの概念

[① 15.0　② 15.8　③ 30.0　④ 30.3　⑤ 31.2]

調　査　時　間	9時00分～9時30分	9時30分～10時00分
運ばれた呼数	180呼	210呼
平均回線保留時間	160秒	120秒

(4) 公衆交換電話網(PSTN)において一つの呼の接続が完了するためには、一般に、複数の交換機で出線選択を繰り返す。生起呼がどこかの交換機で出線全話中に遭遇する確率、すなわち、総合呼損率は、各交換機における出線選択時の呼損率が十分小さければ、各交換機の呼損率の ☐ にほぼ等しい。

☞162ページ
2　即時交換方式

[① 和　② 積　③ 最大値　④ 平均値　⑤ 最小値]

(5) 出回線が12回線の即時式完全線群の交換機において30分間に140呼が加わった。このとき出回線の平均使用率が70パーセントで1呼当たりの平均回線保留時間が120秒である場合、この交換機の呼損率は、[ ] である。

[① 0.10 ② 0.29 ③ 0.44 ④ 0.45 ⑤ 0.90]

☞160ページ
1 トラヒックの概念
☞162ページ
2 即時交換方式

問2

次の各文章の [ ] 内に、それぞれの[ ]の解答群の中から最も適したものを選び、その番号を記せ。

(1) 入回線数及び出回線数がそれぞれ等しい即時式完全線群と即時式不完全線群とを比較すると、加わった呼量が等しい場合、一般に、呼損率は [ ] 。

① 待合せ率の大きい方が小さい
② 即時式完全線群の方が大きい
③ 即時式不完全線群の方が大きい
④ 等しい

☞164ページ
1 完全群と不完全群

(2) 呼損率を確率的に導く式であるアーランB式が成立する前提条件について述べた次の二つの記述は、[ ] 。

A 入回線数が有限で、出回線数が無限のモデルにランダム呼が加わる。

B 入回線に生起する呼の回線保留時間分布は互いに独立で、いずれも指数分布に従い、かつ、損失呼は消滅する。

① Aのみ正しい ② Bのみ正しい
③ AもBも正しい ④ AもBも正しくない

☞166ページ
1 即時式完全群の特性

(3) アーランの損失式は、出回線数をn、生起呼量をaアーラン、呼損率をBとしたとき、$B=$ [ ] と表される。

① $\dfrac{\dfrac{n^a}{a!}}{1+\dfrac{n}{1!}+\dfrac{n^2}{2!}+\cdots+\dfrac{n^a}{a!}}$ ② $\dfrac{1+\dfrac{n}{1!}+\dfrac{n^2}{2!}+\cdots+\dfrac{n^a}{a!}}{\dfrac{n^a}{a!}}$

③ $\dfrac{\dfrac{a^n}{n!}}{1+\dfrac{a}{1!}+\dfrac{a^2}{2!}+\cdots+\dfrac{a^n}{n!}}$ ④ $\dfrac{1+\dfrac{a}{1!}+\dfrac{a^2}{2!}+\cdots+\dfrac{a^n}{n!}}{\dfrac{a^n}{n!}}$

☞166ページ
1 即時式完全群の特性

(4) 即時式完全線群のトラヒックについて述べた次の二つの記述は、[　　　]。

A　ある回線群における出線能率は、出回線数を運ばれた呼量で除することにより求められる。

B　ある回線群で運ばれた呼量は、出回線群の平均同時接続数、出回線群における1時間当たりの保留時間の総和などで表される。

［① Aのみ正しい　② Bのみ正しい　③ AもBも正しい　④ AもBも正しくない］

☞166ページ
1　即時式完全群の特性

(5) 出回線数がnの即時式完全線群において、加わった呼量がaアーラン、呼損率がBであるとき、出線能率は[　　　]で表される。

［① $\frac{n\times(1-B)}{a}$　② $\frac{a\times B}{n}$　③ $\frac{a}{n\times(1-B)}$　④ $\frac{a\times(1-B)}{n}$　⑤ $\frac{a\times n}{B}$］

☞166ページ
1　即時式完全群の特性

(6) 出回線数が17回線の交換線群に15.0アーランの呼量が加わったとき、呼損率を[　　　]とすれば、回線の平均使用率は60.0パーセントである。

［① 0.19　② 0.28　③ 0.32　④ 0.47　⑤ 0.53］

☞166ページ
1　即時式完全群の特性

(7) 即時式完全線群のトラヒックについて述べた次の二つの記述は、[　　　]。

A　ある回線群において、40分間に運ばれた呼数が120呼、その平均回線保留時間が80秒であったとき、この回線群で運ばれた呼量は240アーランである。

B　出回線数が90回線の回線群において、運ばれた呼量が72アーラン、呼損率が0.2であったとき、この回線群に加わった呼量は90アーラン、出線能率は80パーセントである。

［① Aのみ正しい　② Bのみ正しい　③ AもBも正しい　④ AもBも正しくない］

☞160ページ
1　トラヒックの概念
☞166ページ
1　即時式完全群の特性

(8)　即時式完全線群において、同じ呼損率のときには、出回線束が大きくなるに従って［　　］は高くなる。また、同じ出回線束のときには、呼損率が大きくなるに従って［　　］は高くなる。

［①　呼の生起率　②　入線能率　③　待合せ率
④　出線閉塞率　⑤　出線能率］

☞166ページ
1　即時式完全群の特性

(9)　即時式完全線群において、ある生起呼量を幾つかの完全線群に分割して処理する場合、それぞれの完全線群で同一の呼損率を保つようにしたとき、分割群の出回線の平均使用率は、一つの完全線群で処理するときと比較して、［　　］。

［①　変わらない　②　低くなる　③　高くなる］

☞166ページ
1　即時式完全群の特性

問3

次の各文章の［　　］内に、それぞれの［　　］の解答群の中から最も適したものを選び、その番号を記せ。

(1)　ある会社のPBXにおいて、外線発信通話のため発信専用の出回線が4回線設定されており、このときの呼損率は0.01であった。1年後、外線発信時につながりにくいため調査したところ、呼損率が0.1であった。呼損率を当初の0.01に保つためには、表を用いて求めると、少なくとも［　　］回線の出回線の増設が必要である。

☞166ページ
2　アーランの損失式数表の見方

即時式完全線群負荷表　単位：アーラン

n \ B	0.01	0.02	0.03	0.05	0.1
1	0.01	0.02	0.03	0.05	0.11
2	0.15	0.22	0.28	0.38	0.60
3	0.46	0.60	0.72	0.90	1.27
4	0.87	1.09	1.26	1.53	2.05
5	1.36	1.66	1.88	2.22	2.88
6	1.91	2.28	2.54	2.96	3.76
7	2.50	2.94	3.25	3.74	4.67
8	3.13	3.63	3.99	4.54	5.60
9	3.78	4.35	4.75	5.37	6.55
10	4.46	5.08	5.53	6.22	7.51

（凡例）
B：呼損率
n：出線数

［①　1　②　2　③　3　④　6　⑤　7］

(2) あるコールセンタのオペレータ席への平常時における電話着信状況を1時間調査したところ、5人のオペレータが顧客対応をしたとき、顧客を待たせず応対できた数が135件、全てのオペレータが応対中のため顧客が応対待ちとなった数が15件であった。この応対待ちとなる確率を0.02以下にするには、表を用いて求めると、少なくとも [ ] 人のオペレータの増員が必要となる。

☞168ページ

1 待時式完全群の特性

待時式完全線群負荷表

単位：アーラン

n ＼ $M(0)$	0.01	0.02	0.05	0.10	n ＼ $M(0)$	0.01	0.02	0.05	0.10
1	0.01	0.02	0.05	0.10	6	1.76	2.05	2.53	3.01
2	0.15	0.21	0.34	0.50	7	2.30	2.63	3.19	3.73
3	0.43	0.56	0.79	1.04	8	2.87	3.25	3.87	4.46
4	0.81	0.99	1.32	1.65	9	3.46	3.88	4.57	5.22
5	1.26	1.50	1.91	2.31	10	4.08	4.54	5.29	5.99

（凡例） $M(0)$：待合せ率　n：出回線数

[① 1　② 2　③ 3　④ 6　⑤ 7]

(3) あるコールセンタに設置されている四つのオペレータ席への平常時における電話着信状況を調査したところ、1時間当たりの顧客応対数が16人、顧客1人当たりの平均応対時間が6分であった。顧客がコールセンタに接続しようとした際に、全てのオペレータ席が応対中のため、応対待ちとなるときの平均待ち時間は、図を用いて算出すると [ ] 秒となる。

☞168ページ

2 待合せ率図表の見方

[① 0.4　② 1.6　③ 3.6　④ 7.2　⑤ 14.4]

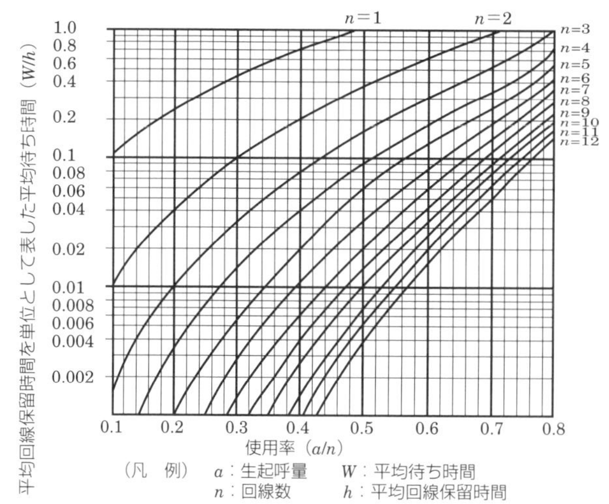

5

情報セキュリティの技術

コンピュータネットワークの急速な普及に伴い、他人のネットワークに正規のユーザになりすまして侵入し、情報を盗聴したり改ざんしたりするような犯罪が相次いでいる。このような事態に端末設備でも適切に対処するために、その攻撃の種類や対策に関する技術知識を習得しておく必要がある。

ここでは、セキュリティに対する考え方から認証技術、攻撃の種類とその対策、運用管理上の技術について学習する。

1 情報セキュリティ概要

1-1 情報システムに対する脅威とセキュリティ

1. 情報セキュリティとは

企業活動に不可欠な経営資源として、人、物、金、そして情報の4つが重要な要素として挙げられる。このように、「情報」は企業経営に不可欠な要素であり、適切に保護する必要がある。情報に対し適切な保護がなされなければ、情報の漏(ろう)えいや改ざん、また、必要な時に情報へアクセスできないといった、リスクにさらされる。

日本産業規格(JIS)[*1]では、情報セキュリティ(information security)を「情報の機密性、完全性および可用性を維持すること」と定義している(図1)。さらに、真正性、責任追跡性、否認防止および信頼性のような特性を維持することを含めてもよいとされている。

(a)機密性(Confidentiality)

許可されていない者またはプロセスに対して、情報を使用不可または非公開にすること。つまり、許可された利用者に対してのみ、許可されている時に、許可された方法で、データと情報が開示されること。機密性に対するリスクや被害の例としては、不正アクセスや盗聴による機密情報漏えい、プライバシー侵害、著作権侵害などが挙げられる。

(b)完全性(Integrity)

情報および情報の処理方法が正確かつ完全であること、また、情報やその処理方法の正確性と完全性が保護されること。完全性に対するリスクや被害の例としては、不正アクセスによる情報やデータの改ざん、および否認[*2]などが挙げられる。

(c)可用性(Availability)

許可された利用者が、必要なときに、情報および関連する資産にアクセスできることを確実にすること。可用性に対するリスクや被害の例としては、コンピュータの故障、悪意のある者からの情報システムに対する攻撃によるサービス停止、コンピュータウイルスによるファイルの破壊などが挙げられる。

この3つの特性は、それぞれの英語の頭文字をとって**C.I.A**とも呼ばれる。そのため、情報セキュリティとは、C.I.Aを守ることともいうことができる。

2. 情報システムに対する脅威

情報セキュリティを確立する場合、どのような情報資産が、どのような原因によって、セキュリティ上のリスクにさらされているのかを識別することが重要となる。この原因にあたる部分が「**脅威**」に相当する。

脅威とは、情報資産に対して好ましくない影響を及ぼす事象であり、情報システムや組織に損失や損害をもたらすセキュリティ事故の潜在的な原因である。また、脅威を誘引するもとになる事象が「**脆弱性**(ぜいじゃく)」と呼ばれるものである。つまり、脅威は脆弱性によって誘引され顕在化することにより、組織や組織の業務に影響を与える。

脅威の種類にはいろいろあるが、JIS Q 13335-1[*3]に基づいて大別すると、人間に端を発する脅威と環境に端を発する脅威の2つに分類される。人間に端を発する脅威は、さらに意図的なものと偶発的なものに分けられる。これらの脅威の種別とその例、および対応する脆弱性の例を表1に示す。

(a)意図的(計画的)脅威

悪意を持った第三者による情報セキュリティ犯罪である。例として、ユーザIDの詐称による**なりすまし**や、不正侵入による悪意のあるソフトウェア(**マルウェア**[*4])などが挙げられる。

意図的脅威に対する脆弱性のうち、**セキュリティホール**は、プログラムの不具合などのために、本来の接続手順を踏まずにアクセスを許してしまうなどの、セキュリティ上の弱点をいう。セキュリティホールを放置した場合、不正アクセス、データの改ざんなどの攻撃を受ける危険性が高まる。セキュリティホールを塞ぐには、一般に、OS、アプリケーションなどのアップデートが有効である。

(b)偶発的脅威

過失が原因でデータが破壊されたり、システムが停止するようなセキュリティ脅威である。例として、オペレータの操作ミスやプログラムのバグによるシステムの停止、情報の漏えいなどが挙げられる。

(c)環境的脅威

情報システム周辺の自然災害や社会現象に起因するセキュリティ脅威である。例としては、地震や洪水、火事、停電などが挙げられる。

図1　情報セキュリティの特性

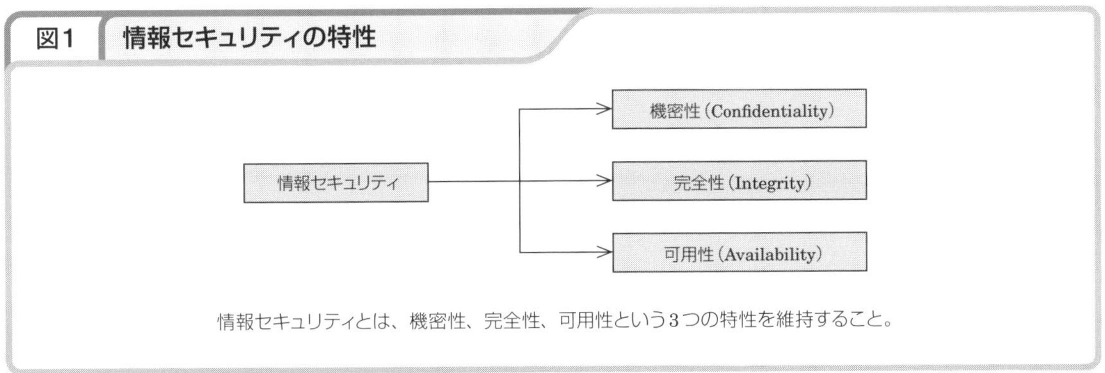

情報セキュリティとは、機密性、完全性、可用性という3つの特性を維持すること。

表1　情報システムに対する脅威と脆弱性

	人間に端を発する脅威		環境に端を発する脅威
	意図的（計画的）脅威	偶発的脅威	
脅威	・盗聴 ・情報の改ざん ・システムのハッキング ・悪意のあるコード ・盗難、等	・誤りおよび手ぬかり ・ファイルの削除 ・不正な経路 ・物理的事故、等	・地震 ・落雷 ・洪水 ・火災、等
脅威が悪用する脆弱性	・アクセス制御の欠落 ・セキュリティホール ・不適切なパスワード ・監査証跡の不足 ・セキュリティ意識の不足 ・ドア、窓等の侵入対策の不備	・仕様書の不備 ・操作手順書の不備 ・入力チェックプログラムの不備 ・セキュリティ意識の不足 ・バックアップコピーの欠如	・災害を受けやすい立地条件 ・不安定な電源設備 ・不十分な接地等の雷害対策の不備

＊1　JIS Q 27000『情報技術―セキュリティ技術―情報セキュリティマネジメントシステム－用語』
＊2　**否認**：自分が行った電子取引、メール送信、登録申請などの行為を否定すること。関与否定ともいう。
＊3　JIS Q 13335-1『情報技術－セキュリティ技術－情報通信技術セキュリティマネジメント－第1部：情報通信マネジメントの概念及びモデル』
＊4　最近では、コンピュータウイルス、トロイの木馬、ワーム、ボット、スパイウェア、アドウェア、偽装セキュリティツールなど悪意のあるソフトウェアを総称して「マルウェア」と呼ぶことが多くなっている。

2 情報システムに対する意図的脅威

2-1 コンピュータウイルス(1)

1. コンピュータウイルスの定義

1995年に当時の通商産業省(現・経済産業省)が告示した「コンピュータウイルス対策基準」により、「コンピュータウイルス(以下「ウイルス」とする。)は、第三者のプログラムやデータベースに対して意図的に何らかの被害を及ぼすように作られたプログラムであり、次の機能を1つ以上を有するものをいう」と定義されている(図1)。

①自己伝染機能

自らの機能によって他のプログラムに自らをコピーし、またはシステム機能を利用して自らを他のシステムにコピーすることにより、他のシステムに伝染する機能

②潜伏機能

発病するための特定時刻、一定時間、処理回数等の条件を記憶させて、発病するまで症状を出さない機能

③発病機能

プログラム、データ等のファイルの破壊を行ったり、設計者の意図しない動作をする等の機能

ウイルスは、一般に、ファイルからファイルに感染してプログラムやデータを破壊するなど、コンピュータの動作に悪影響を及ぼす。感染源としては、電子メールの添付ファイルを用いるもの、USBメモリなどの外部記憶媒体を経由するもの、Webサイトに仕込まれたものなどがある。

2. コンピュータウイルスの分類

ウイルスの分類方法は、行動によるもの、感染対象によるもの、感染のタイミングによるもの、感染方法によるもの、解析を困難にする技術によるもの、感染の事実を隠蔽(いんぺい)する技術によるもの、ネットワーク上の挙動によるもの、実装言語によるものなど、さまざまなものがある。

(a)行動による分類

広義のウイルスは、表1のように、感染行動型(狭義のウイルス)、拡散行動型(ワーム)、単体行動型(トロイの木馬)に分類される。

感染行動型のウイルスは、増殖活動を行うための「宿主」となるプログラムが必要になる。また、さらに以下のように分類される。

(b)感染対象による分類

表2のようにファイル感染型、システム領域感染型、複合感染型に分類される。

(c)感染のタイミングによる分類

ウイルスプログラムを起動する度に感染活動をする直接実行型と、一度起動するとメモリに常駐しそれ以降にアクセスしたファイルや記録媒体に感染するメモリ常駐型に分類される。

(d)感染方法による分類

感染方法により、ウイルスコードを感染対象の末尾に単純に追加する追加感染型、感染対象の先頭から書き換えていく上書感染型、未使用領域などに埋め込む挿入感染型に分類される。

(e)解析を困難にする技術による分類

暗号化により解析を困難にした暗号化型、ポリモーフィック型あるいはミューテーション型ともいわれ感染する度に自分自身のコードの一部をランダムに暗号化して自らの形態を変化させることでパターンマッチングによる解析を困難にした多形態型、メタモーフィック型ともいわれ自分自身のプログラムの順序を変更したり別のコードに書き換えたりすることによりまったく別のプログラムであるかのように装うためウイルス対策ソフトウェアによる検出が困難な自己改変型に分類される。

(f)感染の事実を隠蔽する技術による分類

「宿主」となるプログラムを圧縮して感染前後でファイルサイズが変わらないようにする圧縮型、メモリに常駐してウイルス対策ソフトウェアが取

得するファイル情報を感染前のものに書き換えてしまうステルス型がある。

(g)ネットワーク上の挙動による分類

ファイル共有機能を利用して感染するファイル共有型、OSの**セキュリティホール**(セキュリティ上の脆弱(ぜい)な部分)を突いて特定のポートにパケットを送りつけることにより侵入し感染するパケット送信型、電子メールに感染ファイルを添付したりメールソフトウェアのセキュリティホールを突くなどしてウイルスをばらまく大量メール送信型に分類される。

(h)実装言語による分類

実行ファイル型(拡張子が“.exe”、“.com”のものなど)に感染する実行ファイル型、ワードプロセッサや表計算ソフトウェアなどのマクロ機能を実行したときに感染するマクロ感染型などがある。

3. ボット

コンピュータネットワークを通じて遠隔操作するために作られたプログラムで、特定サイトへのDDoS攻撃、スパムメールの大量送信、感染したコンピュータからの個人情報の収集と特定のサーバへの送信、などの機能を持つものがある。また、ボット自身のバージョンアップ機能を有するものもある。

図1　コンピュータウイルスの定義

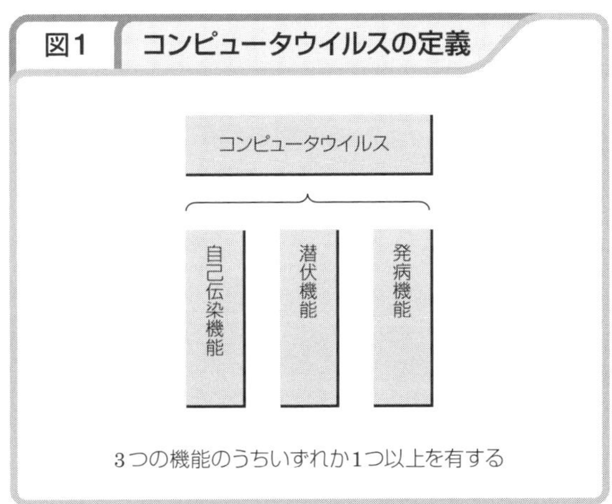

3つの機能のうちいずれか1つ以上を有する

表1　コンピュータウイルス(広義)の分類

	単独で動作するか	自己増殖するか	特　徴
ウイルス	×	○	他のファイル等に感染する
ワーム	○	○	単独で動作し、自己増殖する
トロイの木馬	○	×	みせかけの機能で実行を誘う

表2　コンピュータウイルスの概要

分　類		概　要
狭義のウイルス	ファイル感染型	主としてプログラム実行ファイル(例：拡張子“.exe”や“.com”のファイル)に感染する。プログラム実行時に発病し自己増殖する傾向がある。
	システム領域感染型	コンピュータのシステム領域(例：OS起動時に読み込まれるブートセクタなど)に感染する。OS起動時に実行され、電源を切るまでメモリに常駐する。
	複合感染型	ファイル感染型とシステム領域感染型の両方の特徴を持つ。
ワーム		他のファイルに感染することなく、単独のプログラムとして動作し、自己増殖する。ネットワークを利用して自分自身を複製しながら電子メールソフトウェアに登録されているメールアドレスを使って勝手にメールを送付し、自己増殖を繰り返す。
トロイの木馬		単独のプログラムとして動作し、有益なプログラムのように見せかけて不正な行為をする。たとえば、個人情報を盗み取ったり、コンピュータへの不正アクセスのためのバックドア(裏口。システムへの不正侵入者が再び侵入するのを容易にするために不正に設けた接続方法のこと。)を作ったりする。ただし、他のファイルに感染するといった自己増殖機能は持たない。

2-2 コンピュータウイルス(2)

1. コンピュータウイルスの感染経路

コンピュータシステムがウイルスに感染する経路には、次のようなものがある。

(a)電子メール受信

受信した電子メールの添付ファイルがウイルスに感染していてそれを開いたとき、ウイルスが仕込まれたHTML形式の電子メールを開封またはプレビューしたときなど。

(b)Webページ閲覧

セキュリティホールのあるWebブラウザを使って不正なスクリプトが埋め込まれたWebページにアクセスしたとき(ガンブラー型ウイルス)など。悪意のないWebサイトであっても、外部からの攻撃により不正なスクリプトが埋め込まれている場合がある。

(c)ファイルのダウンロード

Webサイトなどからファイルをダウンロードし、そのファイルを開いたり実行したりしたときなど。ファイル共有ソフトウェアを使用していると、知らぬ間にウイルスがダウンロードされ、感染してしまう場合がある。

(d)外部記憶媒体の持込み

客先や自宅でウイルスに感染したファイルをUSBメモリやポータブルハードディスクに保存して会社に持ち込み、そのファイルを開いたり実行したときなど。使用者が意図的に実行しなくても、autorun機能により外部記憶媒体を接続しただけで実行され、パーソナルコンピュータ(PC)本体に感染してしまう場合がある。

(e)PCの持込み

従業員が会社に持ち込んだ私物のノートパソコンのセキュリティが不十分な場合、それを会社のネットワークに接続して使用していると、そこからウイルス感染がはじまり、会社全体へ、さらには顧客、取引先のコンピュータシステムへと感染が広がっていくおそれがある。

(f)偽のウイルス対策ソフトウェア

ウイルス対策ソフトウェアであるかのように見せかけているが実際はウイルスであるソフトウェアをインストールしたときなど。

2. コンピュータウイルスの感染対策

コンピュータシステムのウイルス感染を予防する方法には、以下のようなものがある。

(a)セキュリティホールの解消

セキュリティホールを突かれてウイルスに感染するのを防止するためには、ソフトウェアベンダから供給される**セキュリティパッチ**(脆弱性を修正するプログラム)を適用して、セキュリティホールを塞ぐ必要がある。セキュリティパッチは、OSだけでなく、Webブラウザやメールソフトウェアなどにも適用する。

(b)ウイルス対策ソフトウェアによる検出

ウイルス対策ソフトウェアは、ウイルス感染の有無を定期的に検査したり、電子メールの送受信時などにウイルスが含まれていないかどうかを監視する。新たに出現するウイルスに対処するため、ウイルス対策ソフトウェアのウイルス定義ファイルは常に最新のものに更新しておく必要がある。

ウイルス対策ソフトウェアによるウイルスの検出方法には、次のようなものがある。

● **パターンマッチング方式**

既知のウイルスのパターンが登録されているウイルス定義ファイルと、検査の対象となるメモリやファイル等を比較して、パターンが一致するか否かでウイルスかどうかを判断する。この方式では、既知のウイルスに対する検出確度は高いが、未知のウイルスを検出することはできない。ただし、既知のウイルスの亜種についてはパターンが一致して検出できる場合もある。

● チェックサム方式

PCなどで使用する実行形式のファイルを検査して現在のチェックサムを求め、これとあらかじめ登録しておいたウイルスに感染していないときのチェックサムと照合して、相違があればファイルが改変されたと判定するウイルス検査方法である。この方式では、未知のウイルスを検出できるが、検出自体はウイルスに感染してファイルが改変された後になるため、改変された事実を知ることができるだけで、感染そのものの防止や、ウイルス名の特定はできない。

● ヒューリスティック方式

ウイルス定義ファイルに頼ることなく、ウイルスの構造や動作、属性を解析することにより検出するため、未知のウイルスも検出できる。

(c)ブロードバンドルータ等の設置

ブロードバンドルータやパーソナルファイアウオールの設置により侵入リスクを軽減する。とくにボットの場合は、ブロードバンドルータを介すると外部からの遠隔操作が困難になるため有効な対策となる。

(d)検疫ネットワーク

会社のネットワークにPCを接続するにあたり、事前に検査し、セキュリティポリシーに適合しない場合はネットワークに接続させない仕組みを検疫ネットワークという。その特質を踏まえて運用することにより、持ち込みPCや外部ネットワークで使用されてきたモバイルPCのセキュリティチェックに有効である。

検疫ネットワークは、検査対象のPCに対して、一般に、隔離、検査、治療の機能がある。

隔離とは、PCを強制的に検査用のネットワークに接続する機能をいう。そして、そのPCがあらかじめ接続の申請されている機器であるか、ウイルスに感染していないか、ウイルス対策は十分か等の検査を行い、合格すれば社内ネットワークに接続させる。不合格であれば、セキュリティパッチの適用、ウイルス定義ファイルの更新などの治療を行い、再び検査を行って合格すれば社内ネットワークに接続させる。

検疫ネットワークの隔離の方式には、DHCP方式、認証スイッチ(VLAN)方式、専用クライアント(パーソナルファイアウオール)方式がある。**DHCP方式**は、対象となるPCにまず検疫ネットワーク接続用の仮のIPアドレスを付与し、検査に合格した場合は社内ネットワークに接続できるIPアドレスを付与する方式である。**認証スイッチ方式**は、接続を求めてきたPCには検疫ネットワークのVLANを割り当てる方式で、PCの状態を検査して合格すれば社内ネットワークのVLANに切り替える方式である。**専用クライアント方式**は、あらかじめ対象となるPCに検疫用のソフトウェアをインストールしておき、検疫用のソフトウェアのフィルタリングを動的に変更することで、対象PCからアクセスできる先を検疫ネットワークに制限したり、社内ネットワークにアクセスできるようにしたりする方式である。

(e)ウイルスメール・スパムメール対策

ウイルスに感染した電子メールの送受信は、ウイルスを蔓延させる要因となるため、特定の差出人からの電子メールを拒否する機能、電子メールの本文や添付ファイルが感染していないかをチェックする機能などをメールサーバに設ける。

また、スパムメール(迷惑メール)に対しては、次のようなことを心がける。

・メッセージをすべてテキスト形式で読み取る方法にして、スパムメールであるかどうかはテキスト形式で読んで判断する。
・心当たりのない相手からのメールには返信しない。
・インターネットで公開するメールアドレスはフリーメールのアドレスにして、プロバイダ支給のメールアドレスは非公開にする。

インターネットプロバイダが行うスパムメール対策には、OP25Bや送信者認証などの送信対策と、送信ドメイン認証やブラックリストなどの受信対策がある。

2-3 不正侵入のメカニズム

コンピュータシステムがアクセス権限のない者によって不正にアクセスされることがある。このような不正侵入は、通常、何らかの危害を加えることを目的としており、意図的にシステムを使用したり、妨害や破壊を行ったりする。これらの行為は、侵入の方法や局面などにより、表1のように分類される。

1. ネットワーク攻撃

(a)ポートスキャン

コンピュータのポートに対して順次アクセスし、コンピュータ内で動作しているアプリケーションやOSの種類を調べ、侵入口となり得る脆弱なポートの存在を探索する調査行為である。たとえば、サーバの一定範囲のポート番号に対して順次パケットを送信し、オープンかどうかを調べ、どのポートがオープンであるか確認することで、サーバが提供しているサービスを推測することができる。

対策の1つに、不要なサービスを停止させ、必要最小限のサービスを稼働させる方法があり、ファイアウォールのパケットフィルタリングの機能により、不要なポートへのアクセスを遮断する。

(b)TCPスキャン

ポートスキャンの1種で、TCPの3WAYハンドシェイクによるシーケンスを実行し、コネクションが確立できればオープンなポートであると判断する。

(c)バッファオーバフロー攻撃

OSやアプリケーションの入力領域(バッファ)にシステムがあらかじめ想定しているサイズを超える長大な入力データを与え、バッファ領域を超えてプログラム領域まで書き換える攻撃で、サーバを操作不能にしたり、特別なプログラムを実行させて管理者権限を奪ったりする。

(d)DoS攻撃

サーバ等が提供しているサービスに対して、大量のリクエストを要求して過大な負荷をかけたり、セキュリティホールを悪用することなどによって、サービスを妨害する攻撃である。DoS攻撃のうち、ICMPエコー要求／応答の仕組みを悪用して攻撃対象のホストを過負荷状態にする攻撃手法は**スマーフ攻撃**といわれる。

(e)DDoS攻撃

複数の分散した拠点から一斉にDoS攻撃を仕掛ける手法で、DoS攻撃よりも対処が困難である。

(f)OSコマンドインジェクション

アプリケーションに対する入力データ中にOSのコマンドを埋め込み、コマンドを実行させる攻撃手法である。コマンド注入攻撃ともいう。

(g)DNSキャッシュポイズニング

DNSサーバのキャッシュデータを虚偽のドメイン管理データ(ポイズン、毒)で汚染し、名前解決時に特定のドメインに到達できないようにしたり、悪意のあるサイトへ誘導したりする攻撃手法である。**ファーミング**ともいう。

(h)IPスプーフィング

攻撃元を特定させないために、送信元IPアドレスを詐称(スプーフィング)したパケットを送り付ける攻撃手法である。攻撃者は応答パケットを受信することはできないが、本来ファイアウォールで拒否されるはずのパケットが通過してしまうことがある。

(i)踏み台攻撃

あるコンピュータを踏み台(足掛かり)にして、他のコンピュータに不正に侵入する攻撃である。踏み台にされたコンピュータは、その所有者や管理者が気づかないうちに不正アクセスや迷惑メール配信の中継などに利用される。

(j)IPスニッフィング

ネットワーク上を流れるIPパケットを盗聴して、そこからIDやパスワードを拾い出す攻撃手法である。盗聴を行うプログラムを**スニファ**という。

表1　ネットワーク不正侵入の例

種　類	名　称	内　容
調　査	ポートスキャン	コンピュータ侵入のためにポートの使用状況を解析する行為。ポートスキャンツールを使用。
	パスワード攻撃	コンピュータ侵入のためにパスワードを不正に解析する行為。解析できるとなりすましにより不正侵入する。
不正侵入	セキュリティホール攻撃	セキュリティホールの脆弱性を利用して不正侵入する。
	踏み台	侵入した他人のコンピュータからさらに他のコンピュータに侵入する。
盗　聴	パケットの盗聴	ネットワーク上を伝送されるパケットを不正に取得して内容を盗み見すること。盗聴ツールを使用。
サービス拒絶攻撃	電子メール攻撃	メールを送り続けて対象コンピュータの通信を不可能にすること。
	不正パケット攻撃	不正なTCP/IPのパケットを送って対象コンピュータの通信を不可能または低下させること。
なりすまし	フィッシング	他人になりすましたメールを送信または他人になりすましたWebページにアクセスした人から不正に個人情報などを入手すること。

図1　ポートスキャン

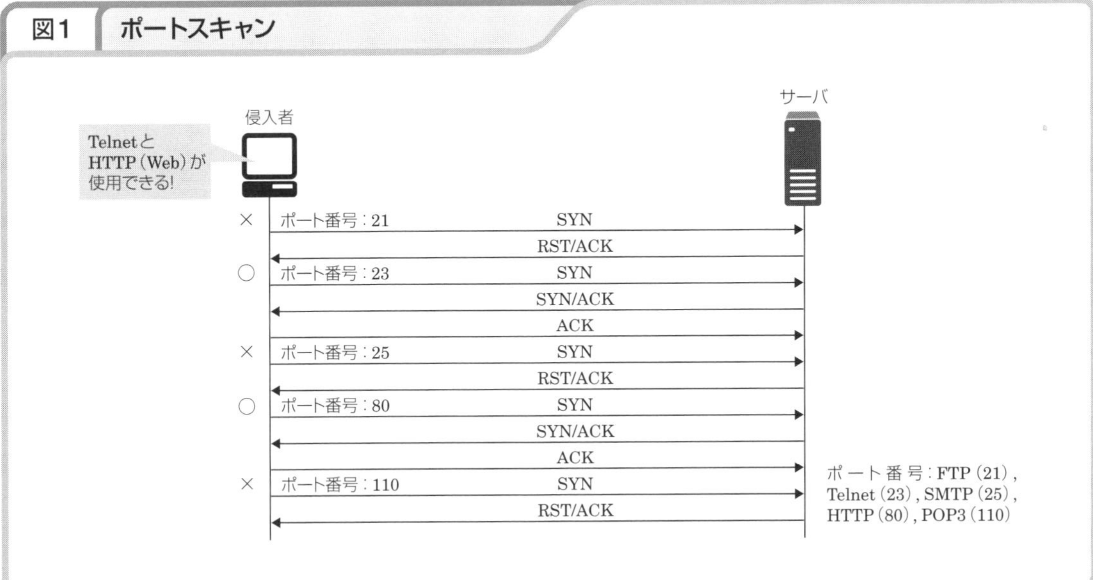

表2　各種のポートスキャン方式

方式名	内　容	アクセスログ
TCPスキャン	宛先ポートに対しTCPの3WAYハンドシェイクを実際に実行し、接続可否を判断する。	有り
SYNスキャン	宛先ポートに対しTCP SYNパケットを送信し、サーバから受信したパケットにより使用可否を判断する。SYN/ACKの場合は使用可能であり、RST/ACKの場合は使用不可の状態である。	無し
FINスキャン	宛先ポートに対しTCP FINパケットを送信する。サーバ側ではクローズしたポートに対してRSTパケットを返信するため、使用ポートの判別が可能である。	無し

2. Webサイト攻撃

(a) SQLインジェクション

ユーザからの入力情報に基づき命令文を組み立ててデータベースに問い合わせ、その結果を表示するようなWebサイトにおいて、データベースへの問合せや操作を行うプログラムの脆弱性を利用して、入力にデータベース言語のSQLコマンドを埋め込み、データベースを改ざんしたり、不正にデータを入手する攻撃手法である。入力情報のチェックが適切でないと、外部からデータベースが不正に利用されるおそれがある。

(b) クロスサイトスクリプティング

ユーザからの入力に基づいてWebページを表示するようなWebサイトに対して、攻撃者のサイトから不正なスクリプトを送り込み、ユーザのクッキー情報の取得や改ざんなどを行う攻撃手法である。XSSまたはCSSともいう。複数のサイトを使用するところからクロスサイトと呼ばれる。

(c) クロスサイトリクエストフォージェリ

ターゲットとなる掲示板等のWebサイトにログインした状態にあるときに、ブラウザから不正なリクエストを実行させることによって、ターゲットサイトに書き込みなどを行う攻撃手法である。

(d) ディレクトリトラバーサル

Webサイト上で公開されているページのディレクトリから、親ディレクトリなどにさかのぼり、公開されていないファイルやディレクトリを閲覧する攻撃手法である。親ディレクトリを表す表記から、../(ドットドットスラッシュ)攻撃ともいう。

(e) セッションハイジャック

セッションIDによってユーザを識別しているWebサイトに対して、盗聴などによって取得した正規のリクエストのセッションIDから、次に使用されるセッションIDを推測し、これを使用して正規のユーザになりすまして通信(セッション)を乗っ取る攻撃手法である。

(f) トラッキングクッキー

複数のサイトで共用されるクッキーを利用して閲覧履歴に応じた広告を表示することをいう。

3. パスワード攻撃

(a) パスワードリスト攻撃

あるサービスを利用している他人のアカウント情報を入手し、その情報を使って別のサービスへのログインを試みる攻撃である。

(b) ブルートフォース攻撃

あらゆる暗号鍵や文字列の組合せを総当りで試すことによって、パスワードや暗証番号を力まかせに解析する攻撃である。対策としては、パスワードを複雑にすることや、パスワードを一定回数連続して間違えた場合にそのアカウントを一時的にログオンできないようにするアカウントロックアウト機能を設定する方法などがある。

(c) 辞書攻撃

パスワードによく使われる文字列や一般辞書に掲載されている単語などを集めたパスワード辞書を使用して、パスワードを解読する攻撃である。長いパスワードでも短時間で発見できることがある。

(d) 盗聴

POP3、IMAP、ftp、telnetなど、パスワードを平文で流すプロトコルを使用していると、パケットを盗聴されたときにパスワードを読み取られてしまう。

(e) キーロギング

キー入力を記録するキーロガーというプログラムを利用して、PCのキーボードから入力されたパスワードを不正に入手する攻撃手法である。

(f) パスワードリマインダ攻撃

パスワードを忘れたときのパスワード通知や初期化の手順を悪用したり、秘密の質問の答えを推定したりすることによって、パスワードを不正に入手する攻撃である。

4. 不正プログラム

(a) ウイルス

広義には、不正なプログラム全般を指すことがある。狭義には、他のファイルに感染して動作し、自己増殖する不正なプログラムのことをいう。

(b)ワーム

狭義のウイルスと異なり、単独で動作する不正なプログラムである。自立しているのでワーム(虫)という。

(c)トロイの木馬

ユーザから実行してもらうことを狙った不正プログラムで、有益なプログラムに見せかけてユーザのコンピュータに入り込み、実行されるとユーザが意図しない悪意をもった動作を行う。基本的には自己増殖しない。

(d)バックドア

コンピュータシステムへの不正侵入者が再び侵入しやすくするためにOSやアプリケーションに仕掛けた秘密の侵入経路(裏口)のことである。

(e)キーロガー

パスワードやクレジット番号などを盗用する目的で、PCのキー入力を記録し、ファイルに保存するなどの機能をもつ不正プログラムである。

(f)ランサムウェア

PCに侵入してユーザが使用できないようにし、使用できるように復元することと引換えに金銭を要求するマルウェアをいう。

(g)スパイウェア

ユーザが知らないうちにユーザの情報を収集し、外部に送信するプログラムである。

5. 物理的攻撃

(a)ピギーバック

入退室に認証を必要とする場所において、認証を受けていない者が、認証を受けた者の同伴者のふりをして一緒に入退室することをいう。

(b)トラッシング(スカベンジング)

ゴミ箱に廃棄された書類などから、情報を収集する攻撃手法である。ゴミ箱あさりともいう。

(c)データサルベージ

廃棄や売却されたPC、ハードディスク、USBメモリ、SDカードなどから、残っているデータや消去されたデータを復元して取り出す攻撃手法である。記録媒体のインデックス領域がフォーマットされていても、データ領域が上書きされていなければ、データを復元することができる。

(d)スキミング

カード情報を読み取るスキマといわれる装置などを使用して、クレジットカードやキャッシュカードの磁気記録情報を読み取る攻撃手法である。無線式のスキマもある。

(e)ウォードライビング

セキュリティ保護が不十分な無線アクセスポイントを探索する、または探し出して侵入する攻撃手法である。車で移動(ドライビング)しながら探索することが多かったので、こう呼ばれている。

6. 詐欺的攻撃

(a)ソーシャルエンジニアリング

コンピュータ技術を利用しない攻撃手法の総称である。典型的には、電話でユーザアカウントやパスワードを聞き出す攻撃などがある。ピギーバックやトラッシングなども含まれる。

(b)フィッシング

正規のWebサイトを偽装したサイトに誘導し、そこでユーザが入力したIDやパスワード、暗証番号などを入手する攻撃手法である。

(c)サラミ法

プログラムに不正な計算処理を組み込み、銀行預金の利息の端数を集めるなど、多数回の取引から、極めて小額ずつ騙し取る攻撃手法である。1回の金額が少ないので、発覚しにくい。

7. その他の攻撃手法

(a)ゼロデイ攻撃

コンピュータプログラムのセキュリティ上の脆弱性が公表される前、もしくは脆弱性の情報は公表されたがセキュリティパッチがまだ無い状態において、その脆弱性を狙って行われる攻撃をいう。

(b)サイドチャネル攻撃

漏えいする電磁波や、消費電力量、処理時間の違いといった物理的な特性を外部から測定し、解析することにより秘密情報を窃取する手法をいう。

3 電子認証技術とデジタル署名技術

3-1 暗号化技術

1. 暗号化とは

暗号または暗号化とは、解読方法を知っている人にしか読めないようにする技術のことをいう。暗号化される前の文を**平文**（ひらぶん）、暗号化された文を**暗号文**という。平文を暗号文に変換することを**暗号化**、暗号文を元に戻すことを**復号**という。

(a)換字式暗号と転置式暗号

たとえば、古典的なシーザー暗号では、平文のそれぞれの文字についてアルファベット順に3文字ずらした文字に置き換える（もしTELEPHONEならWHOHSKRQHになる）ことによって暗号文を作成した。この暗号文を平文に戻すには、逆方向に3文字ずらせばよい。このような暗号方式は、文字を置き換えるので**換字式暗号**という。これに対して、NETWORK→RTNKOEWのように文字の位置を転換する暗号方式を**転置式暗号**という。

(b)暗号化アルゴリズムと鍵

暗号は、暗号の作成方法としての**暗号化アルゴリズム**と、作成時のパラメータとしての**鍵**に分けて考えることができる。さきほどのシーザー暗号では、文字をアルファベット順に何文字かずらすというのが暗号化アルゴリズムであり、3文字というパラメータが鍵である。近年では、暗号化アルゴリズムはむしろ積極的に公開して、広く研究者の検証を受けた方が、安全性が高いと考えられている。暗号化アルゴリズムを公開しても、鍵が分からなければ暗号文を解読することはできない。

2. 共通鍵暗号方式と公開鍵暗号方式

(a)共通鍵暗号方式

暗号化と復号に同一の鍵を用いる暗号方式を**共通鍵暗号方式**という。また、共通鍵暗号方式で使用する鍵を**共通鍵**という。

共通鍵暗号方式の代表的な暗号方式としては、米国政府の標準暗号方式として採用されていた**DES**[*1]が有名である。しかし、線形解読法などにより実用的な時間で解読可能であることがわかったため、1999年にDESが4回目の承認を受けた際にDESに対して上位互換性をもつ**3DES**[*2]の使用が推奨され、現在では**AES**[*3]が米国政府の標準暗号方式に採用されている。

共通鍵暗号方式は、**暗号化や復号の処理が高速**なのでデータ量の多い情報の秘匿に適している。反面、暗号化と復号で同じ共通鍵を使用するため、**鍵の配布や管理が難しい**。通信の暗号化を行う場合、送信者は共通鍵を受信者に渡す必要があるが、通信経路上で盗聴されるおそれがある。また、不特定多数の間の通信の暗号化を行う場合、通信相手ごとに異なる共通鍵を持っていなければならないため、n人が相互間で通信を行う場合、異なる鍵の数は全体で$\frac{n(n-1)}{2}$個必要になる。

(b)公開鍵暗号方式

公開鍵暗号方式では、暗号化と復号に異なる鍵のペアを使用する。この鍵ペアは、**秘密鍵**と**公開鍵**からできている。秘密鍵で暗号化した暗号文は、公開鍵で復号できる。一方、公開鍵で暗号化した暗号文は、秘密鍵で復号できる。秘密鍵は秘密にするが、公開鍵は広く公開しても差し支えない。

公開鍵暗号方式の代表的な暗号方式としては、**RSA**[*4]**暗号**がある。RSA暗号は、2つの素数からその積を計算するのは簡単であるが、素数の積からもともとの素数を求める素因数分解は困難であることを利用している。

公開鍵暗号方式では、公開鍵を公開できるので、n人が相互間で通信を行う場合の鍵の数は全体で$2n$個で済み、**鍵の配布や管理が容易**であるという利点がある。しかし、**暗号化処理や復号処理に時間がかかる**という欠点がある。

公開鍵暗号方式では、暗号文を受信者だけが復号できるようにする必要がある。このため、**復号には受信者の秘密鍵**を使用する。この処理を可能にするために、送信者は、**受信者の公開鍵を使用して暗号化**を行う。

(c)デジタル署名

公開鍵暗号方式が暗号文を受信者だけが復号できるようにしているのに対して、デジタル署名では送信者だけが暗号化できるようにする必要がある。このため、**暗号化には送信者の秘密鍵**を使用する。したがって、受信者は、**送信者の公開鍵を使用して復号**を行う。

(d)ハイブリッド暗号方式

共通鍵暗号方式の処理が高速という利点と、公開鍵暗号方式の鍵の配布が容易という利点を組み合わせた方式で、次のような手順となる。

① 送信者は、共通鍵を使用して暗号文を高速に作成する。

② 共通鍵を受信者の公開鍵を使用して暗号化する。

③ 暗号文と、暗号化された共通鍵を送付する。

④ 受信者は、自分の秘密鍵を使用して共通鍵を取り出し、この共通鍵を使用して暗号文を復号する。

図1　共通鍵暗号化方式の流れ

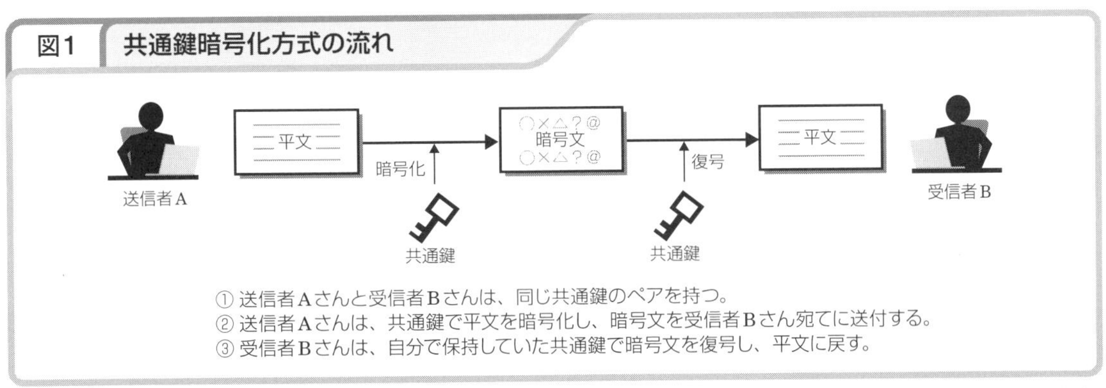
送信者A
平文
暗号化
○×△?@
暗号文
○×△?@
復号
平文
受信者B
共通鍵
共通鍵
① 送信者Aさんと受信者Bさんは、同じ共通鍵のペアを持つ。
② 送信者Aさんは、共通鍵で平文を暗号化し、暗号文を受信者Bさん宛てに送付する。
③ 受信者Bさんは、自分で保持していた共通鍵で暗号文を復号し、平文に戻す。

図2　公開鍵暗号化方式の流れ

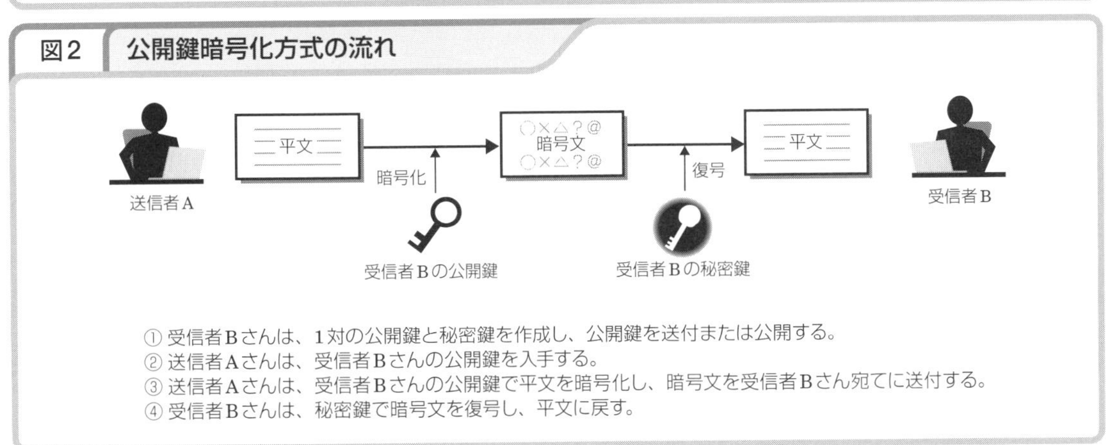
送信者A
平文
暗号化
○×△?@
暗号文
○×△?@
復号
平文
受信者B
受信者Bの公開鍵
受信者Bの秘密鍵
① 受信者Bさんは、1対の公開鍵と秘密鍵を作成し、公開鍵を送付または公開する。
② 送信者Aさんは、受信者Bさんの公開鍵を入手する。
③ 送信者Aさんは、受信者Bさんの公開鍵で平文を暗号化し、暗号文を受信者Bさん宛てに送付する。
④ 受信者Bさんは、秘密鍵で暗号文を復号し、平文に戻す。

*1　**DES (Data Encryption Standard)**：1960年代にIBM社が開発した共通鍵暗号化方式。1977年に米国の連邦情報処理基準に採用された。鍵の長さが56ビットと短く、暗号強度に問題があった。

*2　**3DES (Triple-DES)**：IBM社が開発した暗号方式で、DESを三重に適用して暗号化の強度を高めたもの。暗号強度は80～112ビット程度の鍵長に相当するといわれる。2030年までは米国政府の重要文書の暗号化に使用してよいとされている。

*3　**AES (Advanced Encryption Standard)**：DESに代わる暗号化強度を高めた次世代暗号化方式として、NIST（米国標準技術局）が公募し、2000年に採用された。ベルギーの学者、DaemenとRijmenの考案したRijndael方式が選ばれた。SPN構造によりブロック暗号を構成する。鍵の長さとして128ビット、192ビットおよび256ビットが利用可能であることから、DES暗号と比較して、強固な安全性を持っている。

*4　**RSA (Rivest Shamir Adleman)**：1978年に公開された暗号技術で開発者3人の頭文字を取って命名された。

3. 個別暗号方式

(a) PGPとS/MIME

電子メールの代表的な暗号方式に、PGP*5とS/MIME*6があり、いずれもハイブリッド暗号方式を採用している。

PGPは、「信頼の輪」を広げてゆくという考え方に基づいており、公開鍵証明書(デジタル証明書)の正当性は利用者同士が保証する。公開鍵のフィンガープリント(公開鍵が本人のものであることを証明するためのデータ)を電話等で伝える方法もある。比較的小規模な場合に適している。

一方、**S/MIME**では、**認証局**が発行した公開鍵証明書を用いる。大規模な場合に適している。

(b) SSL/TLS

SSL*7/TLSは、サーバの公開鍵証明書を利用してクライアントがサーバの正当性を確認する仕組みである。また、ハイブリッド暗号方式による暗号化通信の機能もある。Webサーバでは、SSL/TLSを利用して、HTTPSの通信を行う。

(c) IPsec

IPパケットを暗号化して通信を行うプロトコルで、VPNなどで使用される。データに認証情報を付加して送信することで改ざんの有無を確認できる。暗号化には、IPパケットのヘッダ部まで含めてすべてを暗号化する**トンネルモード**と、IPパケットのペイロード部分だけを暗号化する**トランスポートモード**の2つのモードがある。

4. ブロック暗号とストリーム暗号

共通鍵暗号方式は、暗号化と復号の処理方式の相違から、**ブロック暗号**と**ストリーム暗号**の2種類に分類される。

(a)ブロック暗号

図4のように、平文を固定長のブロックに区切ってブロック単位に暗号化する方式である。ブロック長は暗号方式によって異なるが、一般的に64ビットや128ビットなどの値が使われる。個々のブロックは、共通鍵を使用して暗号化される。また、暗号文の復号の際も、ブロック単位に共通鍵を使用する。DESやAESなど代表的な共通鍵暗号方式は、ブロック暗号方式に分類される。

(b)ストリーム暗号

図5のように、平文をブロックに区切らずに、先頭から順番にビット単位、あるいは文字単位で暗号化する方式である。まず、共通鍵を使用して鍵ストリームとして疑似乱数を生成し、平文と排他的論理和(XOR)演算をして暗号文を作る。また、暗号文の復号のときには、同じく共通鍵を使用して鍵ストリームを生成し、暗号文とXOR演算をすることで平文を得る。

ストリーム暗号は、ブロック暗号と比べて、暗号化や復号の処理速度が速い。普及している暗号方式としてはRC4*8があり、SSL/TLSや無線LANのWEPおよびWPA-PSKにおける暗号方式として使われている。

表1 暗号化技術の適用分野

項目	概要	例
鍵による情報の暗号化	盗聴や盗み見のリスクから機密性(Confidentiality)を守ることを目的とした、暗号化技術の利用。	・暗号化電子メール(PGP、S/MIME) ・Webブラウザによる暗号化通信(SSL)
デジタル署名、デジタル証明書等への応用	なりすましや改ざんのリスクから完全性(Integrity)を保持することを目的とした、暗号化技術の応用。	・ハッシュ関数を利用したデジタル署名 ・PKIなどの電子認証
VPN(Virtual Private Network)への応用	盗聴や盗み見のリスクから機密性を守ることを目的とした、暗号化技術の利用。ネットワークトラヒック自体を暗号化する。	・IPsec、SSL-VPNなど

図3　電子メール暗号化の仕組み

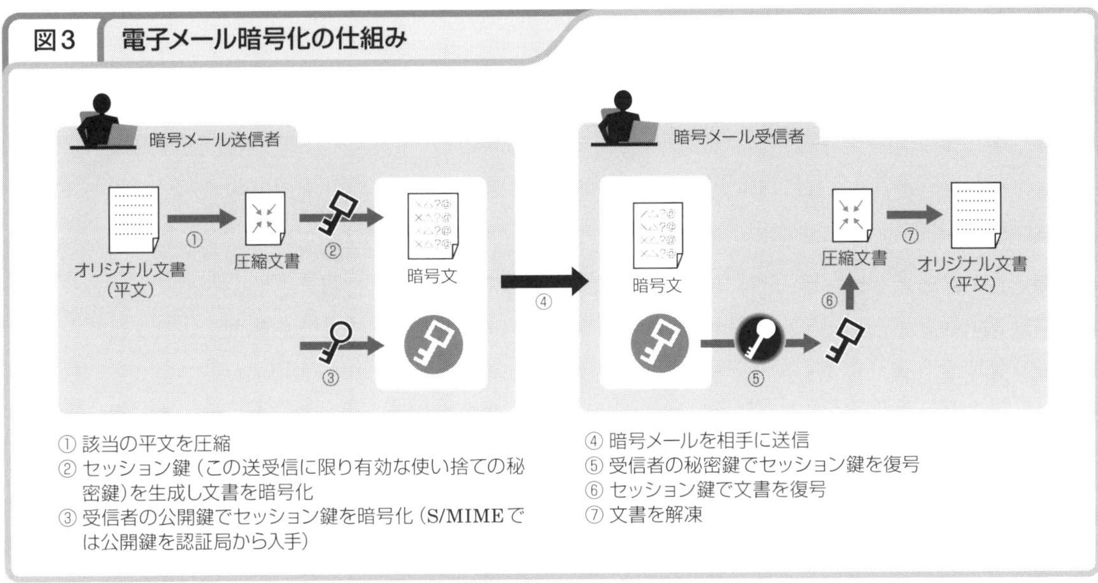
暗号メール送信者
オリジナル文書
（平文）
①
圧縮文書
②
暗号文
③
④
暗号メール受信者
暗号文
⑤
⑥
圧縮文書
⑦
オリジナル文書
（平文）
① 該当の平文を圧縮
② セッション鍵（この送受信に限り有効な使い捨ての秘密鍵）を生成し文書を暗号化
③ 受信者の公開鍵でセッション鍵を暗号化（S/MIMEでは公開鍵を認証局から入手）
④ 暗号メールを相手に送信
⑤ 受信者の秘密鍵でセッション鍵を復号
⑥ セッション鍵で文書を復号
⑦ 文書を解凍

図4　ブロック暗号

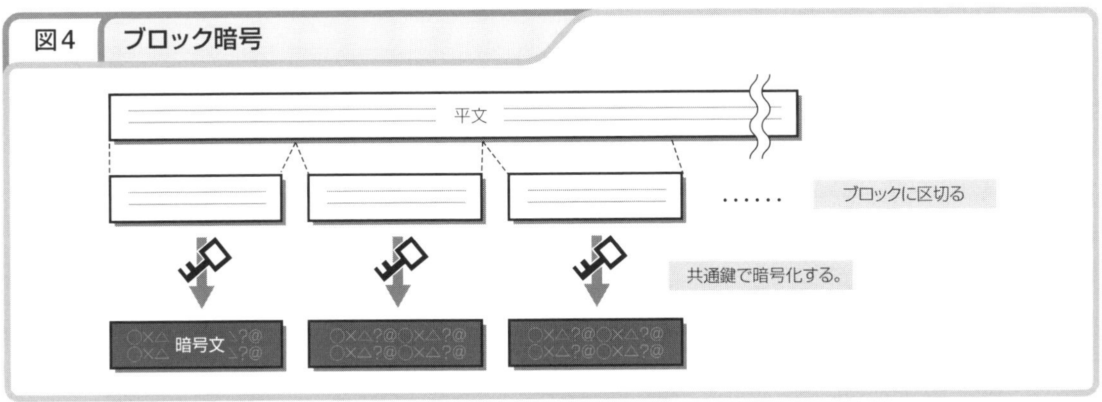
平文
……
ブロックに区切る
共通鍵で暗号化する。
暗号文

図5　ストリーム暗号

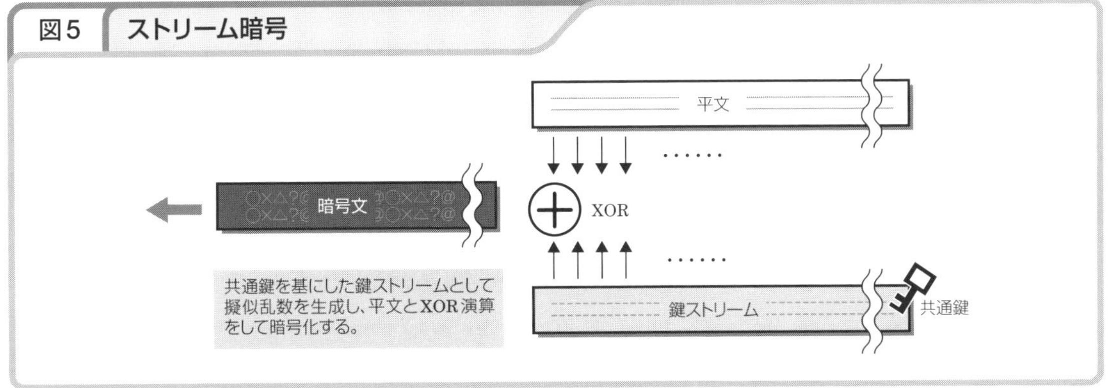
平文
……
XOR
……
暗号文
鍵ストリーム
共通鍵
共通鍵を基にした鍵ストリームとして擬似乱数を生成し、平文とXOR演算をして暗号化する。

＊5　**PGP (Pretty Good Privacy)**：米国Zimmermann氏により開発された、フリーの電子メールセキュリティ･ソフトウェアのこと。

＊6　**S/MIME (Secure Multipurpose Internet Mail Extension)**：米国RSA Data Securiy社が開発した電子メールの暗号化方式。

＊7　**SSL (Secure Socket Layer)**：Webによる電子商取引などにおいて、クライアント端末とWebサーバとの間でやり取りされるデータの暗号化や認証を行い、第三者に盗聴され悪用される危険性を回避するための機能で、Netscape Communications社により開発された。ハッシュ関数を用いたメッセージダイジェストの作成を行うことにより、データの改ざんを防止することができる。IETFのRFC2246により標準化も行われており、TLS (Transport Layer Security) と呼ばれている。

＊8　**RC4 (Rivest's Cipher 4)**：米国RSA Data Security社が開発した鍵長が可変のストリーム暗号方式。

3-2 電子認証

1. 認証とは

認証とは、利用者やコンピュータが本物であることを確認することをいう。デジタルの世界では、現実の世界よりもなりすましが容易なので、なりすましを防止する技術が必要とされるのである。

2. 本人認証

利用者本人が本人であることを確認することを**本人認証**または**ユーザ認証**という。確認に用いるものによって、記憶による認証、所有物による認証、およびバイオメトリック認証に大別される。

(a)記憶による認証方式

本人だけが知っている記憶(知識)を利用する認証方式である。数桁の数字による**暗証番号(PIN)認証**や、文字列による**パスワード認証**、画面上の位置や順序を覚えておく**画像認証**などがある。

記憶による認証方式の利点は、特別の機器が不要であることや、導入コストが低いことなどである。また、欠点は、類推や、辞書攻撃、総当り(ブルートフォース)攻撃、盗み見、盗聴などによって破られる危険性があること、パスワードなどを決め、それを覚えておく手間がかかることなどである。

安全なパスワードを設定するために、生年月日や電話番号、英単語などの**類推されやすいものを避ける**こと、長い文字列にすること、英小文字、大文字、数字、記号を混在させて複雑にすることなどが推奨されている。パスワードを**定期的に変更**することも有効である。また、盗み見対策として、暗証番号やパスワード入力時には、他人に見られていないことを確認すべきである。**ソフトウェアキーボード**を利用することも有効である。

(b)所有物による認証方式

本人が所有しているものを利用する認証方式である。所有物としては、物理的な鍵や、ICカード、磁気カード、秘密鍵などがある。この方式の利点は、パスワードを覚える手間などが不要なことである。欠点は、盗難、紛失、漏えいなどによって、他人に使われてしまう危険性があることである。

(c)バイオメトリック認証方式

本人に固有の**身体的特徴**(指紋、虹彩、網膜、静脈、掌形、声紋など)や行動的特徴(筆跡、キーストロークなど)を利用する方式である。**生体認証方式**ともいう。バイオメトリック認証で利用する特徴には、誰もが持っているという**普遍性**、一人ひとりが異なるという**唯一性**、終生変わらないという**永続性**などの性質があることが望ましい。この方式の利点は、記憶も所有物も不要なことである。欠点としては、体調や環境などにより入力される生体情報が変動し、本人を拒否してしまうエラーや、他人を受け入れてしまうエラーが一定確率で発生することが挙げられる。このため、照合結果の判定に一定の許容範囲を持たせ、判定のしきい値を設定する。

(d)多要素認証

これらの認証方式を単独で使用するよりも、複数の種類の認証方式を併用した方が認証強度が高くなる。これを**多要素認証**という。たとえば、ICカードを紛失したとしても、暗証番号を併用していれば不正使用を防ぐことができる。なお、利用する認証方式が2種類のときは二要素認証、3種類のときは三要素認証ともいう。

3. 個別認証方式

(a)ワンタイムパスワード

通信経路上での盗聴対策として、1回限りのパスワードを利用する、**ワンタイムパスワード**がある。その実現方法には、チャレンジレスポンス方式や、S/Key方式、時刻同期方式がある。

チャレンジレスポンス方式では、サーバからクライアントに毎回異なるチャレンジコードを送る。クライアント側では、チャレンジコードを元に計算したレスポンスコードを返す。レスポンスコードがサーバ側で計算したものと一致すれば、認証成功とする。

S/Key方式は、チャレンジレスポンス方式の一種である。サーバは、パスワードとシードを元に、一方向性関数をN回適用したものをパスワードとしてあらかじめ保存しておく。認証時には、サーバからクライアントにシードとシーケンス番号として$(N-1)$を送る。クライアントはパスワードとシードを元に、一方向性ハッシュ関数を$(N-1)$回適用したものをパスワードとしてサーバに送る。サーバは送られてきたパスワードに一方向性ハッシュ関数を1回だけ適用し、保存しておいたパスワードと一致すれば認証成功とする。この方式は、$(N-1)$回目のパスワードからN回目のパスワードは計算できるが、その逆は計算できない点を利用している。以後、シーケンス番号を1つずつ減らして、同様の認証を行う。

時刻同期方式では、時刻に同期したパスワードを生成し、使用する。利用者にトークンなどと呼ばれるパスワード生成表示装置を渡しておくことが多い。トークンなどの機器を用いる場合には、記憶による認証ではなく、所有物による認証になる。

(b) PAP認証方式

PPPプロトコルにおいて、ユーザIDとパスワードによって認証を行う方式である。パスワードが平文で送られるので、盗聴のリスクがある。

(c) CHAP認証方式

PPPプロトコルにおいて、チャレンジレスポンス方式の仕組みを利用して認証を行う方式である。パスワードが平文で流れないので、PAP認証よりも安全である。

(d) シングルサインオン(SSO)

複数のシステムを利用する場合に、システムごとにパスワードを入力するのは利用者にとって負担が大きい。これを解決する1つの方法が、シングルサインオンである。これは、1つのシステムにおける認証手続きに成功すれば、他のシステムにおける認証手続きを省略するもので、システム利用の利便性が向上する。ただし、1回の認証で複数のシステムにアクセスできてしまうので、認証強度を高くする必要がある。

4. メッセージ認証

通信経路上でメッセージ(通信データ)が改ざんされていないかを確認することを**メッセージ認証**という。メッセージ認証では、一方向性ハッシュ関数を用いて、メッセージを圧縮したダイジェストを作成する。送信者は、メッセージとダイジェストを送信する。受信者は、受け取ったメッセージから生成したダイジェストと、受け取ったダイジェストを比較し、一致していれば改ざんされていないと判断する。なお、デジタル署名を利用してメッセージ認証を行うことも可能である。

図1 ワンタイムパスワードの処理フロー

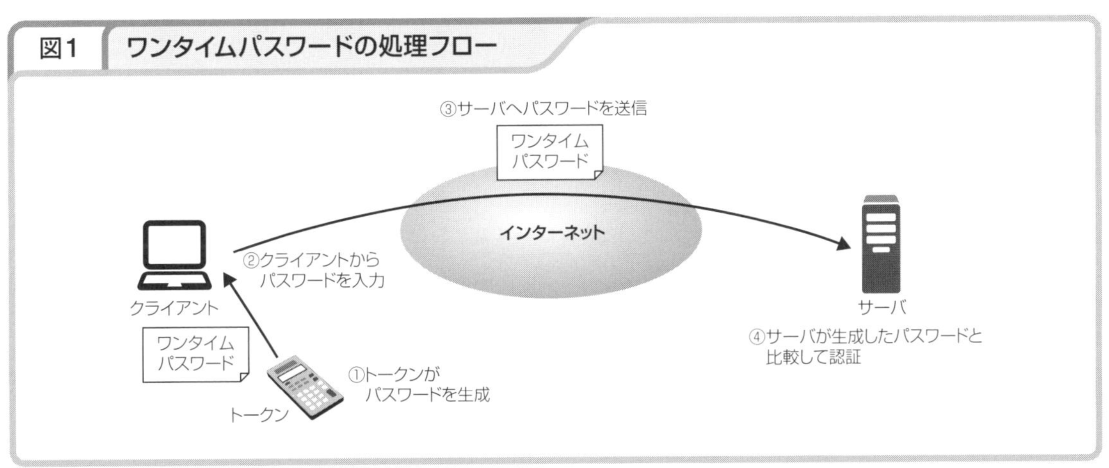

3-3 PKIの概要

1. PKIとは

PKI（Public Key Infrastructure：**公開鍵基盤**）は、公開鍵暗号方式における公開鍵を安全に配布する仕組みである。これは、公開鍵暗号方式を用いてデジタル署名、認証、安全な鍵配送などの機能を実現し、電子商取引や電子政府などのサービスを行うための基盤となるものである。

公開鍵暗号方式では、秘密鍵と公開鍵の鍵ペアを生成する。秘密鍵は本人だけが所持し外部へは漏らさないようにするが、公開鍵は不特定多数に公開して差し支えない。ただし、なりすましを防ぐために、本人の公開鍵であることを証明する仕組みが必要になる。その仕組みの一つがPKIである。PKIは、電子商取引などを行ううえで発生が予想される詐欺、文書改ざん、情報漏えい、関与否定などを防ぐために利用でき、**SSL証明書**や電子メールの**S/MIME**では、PKIが利用されている。

なお、PGPでは、PKIを利用せずに、「信頼の輪」によって利用者同士が本人の公開鍵であることを証明する方式を採用している。

2. PKIシステムの構成

PKIの基本的な構成要素は、認証局、公開鍵証明書、および、リポジトリである。

認証局は、公開鍵証明書（デジタル証明書）が正当であることを保証する役割を持っている。認証局には、正当であることがあらかじめ認められている認証局があり、これをルート認証局という。認証局を保証する認証局をたどってゆき、最終的にルート認証局に到達すれば、認証局は正当であるとみなされる。

公開鍵証明書には、公開鍵と公開鍵の所有者の情報が含まれている。公開鍵証明書が正当であることは、認証局が保証している。公開鍵証明書が正当であれば、公開鍵の所有者が公開鍵を正当に所有していることが証明される。

リポジトリは、公開鍵証明書のデータベースである。公開鍵証明書の配布や、失効した公開鍵証明書のリストを公表することによって、正当な公開鍵証明書の配布、管理を行っている。

PKIは、次のような構成要素によって構築される（図2）。

(a)認証局（CA：Certification Authority）

公開鍵証明書を発行し、認証する機関。信頼できる第三者の認証機関ともいわれ、申請者に対して、鍵ペア（秘密鍵と公開鍵）の所有者であることの確認をした後、公開鍵証明書を発行する。

(b)登録局（RA：Registration Authority）

公開鍵証明書の登録等管理機能を実現する機関。PKIを運用する範囲において、公開鍵証明書を発行する際の本人確認のための資格審査を行い、利用登録などを行う。

(c)検査局（VA：Validation Authority）

公開鍵証明書が有効かどうかを知らせる機関。公開鍵証明書の有効性の検証やそれに付与された認証局の署名が信頼できるものであるかどうかを判断する。公開鍵証明書の有効期限が切れている場合や有効期限内での失効が生じた場合に、失効した公開鍵証明書を証明書失効リストに登録する。

(d)公開鍵証明書

公開鍵とその所有者が正当であることを認証局が保証するもの。

(e)証明書失効リスト（CRL：Certificate Revocation List）

公開鍵証明書の有効期限切れや秘密鍵の漏えいなどによって失効した証明書の一覧表。

(f)リポジトリ

証明書とCRLを保管し、一般に公開する機能。

3. 公開鍵証明書の発行

PKIでは、公開鍵証明書の発行希望者(または組織)は、認証局(CA)に対して、公開鍵証明書の発行を申請する。このとき、公開鍵暗号方式に基づいて生成した鍵ペアのうち、公開鍵を添付する。

認証局は、申請者(組織)が間違いなく本人であることを確認したうえで、公開鍵証明書を発行する。公開鍵証明書に、認証局のデジタル署名を付けることによって、公開鍵証明書が改ざんされていないこと(完全性)と、公開鍵証明書の所有者が正当であること(本人性)を保証している。

図1　PKIの概念

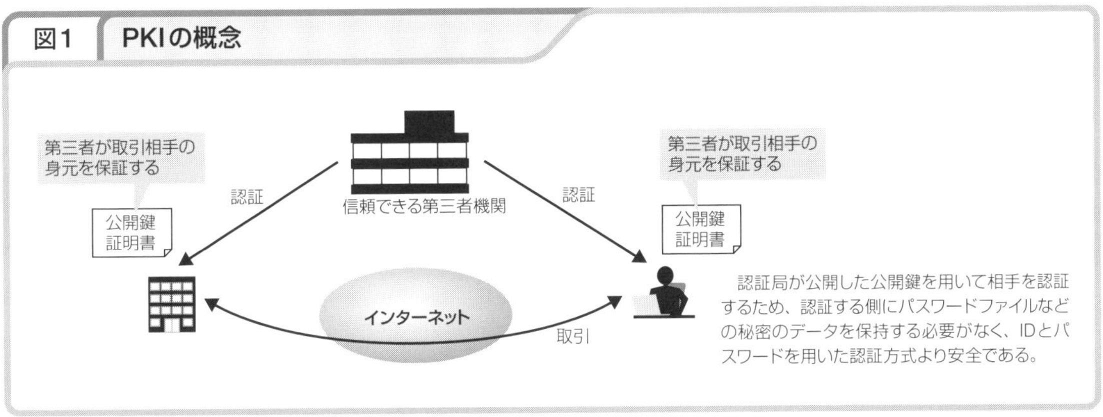

図2　PKI基本モデル

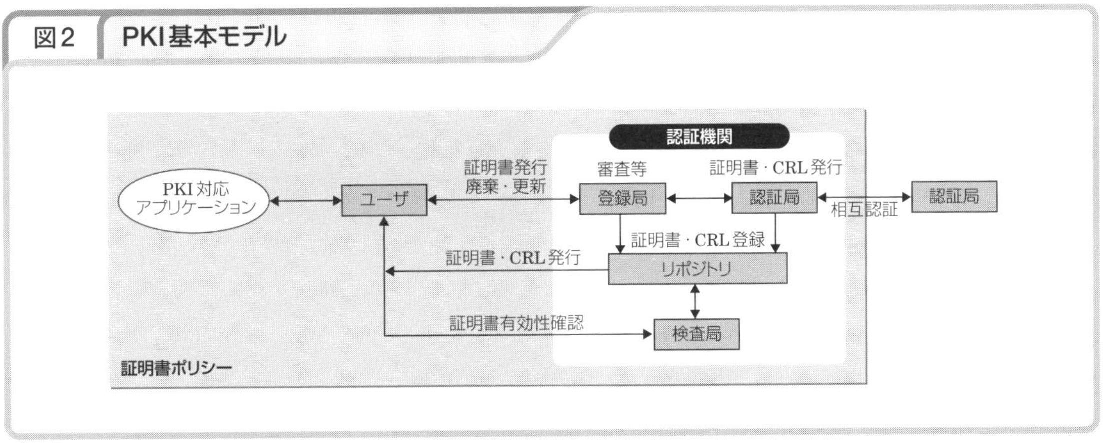

図3　認証局の役割

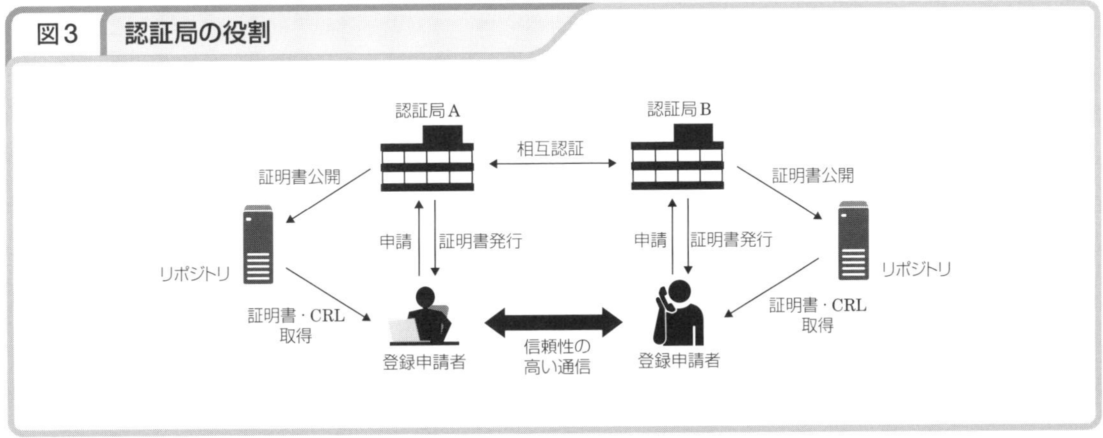

3-4 デジタル署名

1. 公開鍵証明書の構成

公開鍵証明書は、信頼できる第三者機関(認証機関)が発行する、公開鍵が本人のものであることを証明するデータである。その内容は、認証局による署名、証明書の所有者、公開鍵情報など、ITU-T勧告X.509により標準化されたもので構成されている。公開鍵証明書に付加される認定局の署名は、登録者の公開鍵に関する情報の**ハッシュ**[*1]を、認証局の秘密鍵で暗号化したものであり、**デジタル署名**と呼ばれる(図1)。

なお、公開鍵証明書は、市役所等から発行される印鑑証明書と対比させて整理することができる(表1)。公開鍵(=印鑑)は、公開鍵証明書(=印鑑証明書)によって保証され、また、公開鍵証明書はデジタル署名(=市長印)により保証される。

2. デジタル署名とは

デジタル署名とは、データの正当性を保証するためにデータ内に添付される、暗号化された情報をいう。その目的は、受信したメッセージの送信元を認証し身元を特定すること、すなわち、**なりすましの防止**や、送信メッセージの**改ざんの有無を確認**することである。十分な強度を持つ秘密鍵を署名者が唯一所持していることから、送信メッセージは、メッセージ内に記されたデジタル署名を所有する本人からのものであることが保証され、送信者は送ったことを後で否認できない。このことを「**否認防止**」という。

このように、デジタル署名は、認証、完全性、否認防止というセキュリティの基本的な3要素を提供する。公開鍵暗号方式を用いるデジタル署名では、送信者の秘密鍵による暗号化、送信者の公開鍵による復号、およびハッシュ関数の技術を組み合わせて利用する。

3. デジタル署名の流れ (図2)

インターネット経由で信頼性を高めながら電子情報の送信を行いたいユーザは、事前に、**CSR**(Certificate Signing Request)という登録情報と公開鍵を認証局に提出し、公開鍵証明書の作成を申請する。また、認証局に提出する公開鍵と対になった秘密鍵については、ユーザの方で厳重に保管[*2]する。認証局は、CSRに含まれる登録情報や公開鍵の情報をもとに、公開鍵証明書を作成し、デジタル署名処理を実施した上で、申請者(ユーザ)に発行する。

デジタル署名では、公開鍵暗号方式の秘密鍵による**メッセージダイジェスト**(ハッシュ値)を暗号化することによって、本人の特定を実現する。つまり、本人しかできない署名を、本人だけが所有する秘密鍵で暗号化することで本人を特定する。

なお、なりすましや改ざんを排除するためには、信頼できる認証機関で公開鍵の真正性の証明を受けた、公開鍵入りの公開鍵証明書で確認する必要がある。そのため、公開鍵証明書を受信したユーザが送信側となって、通信相手にメッセージを送付するときは、まずメッセージのハッシュ値を求めて、自分の秘密鍵で暗号化してデジタル署名を作成する。そして、通信メッセージとデジタル署名とをあわせて、公開鍵を含んだ公開鍵証明書を相手に送信する。

一方、受信側では、公開鍵証明書から取り出した公開鍵でデジタル署名を復号する。また、受信メッセージからハッシュ値を求めて、デジタル署名中のハッシュ値と照合することでデータの完全性を確認する。さらに、受信側では、公開鍵証明書が正しいものであるかどうかを、第三者機関(認証局)に問い合わせることができるため、なりすましを排除できる。

図2に、デジタル署名と公開鍵証明書による、本人確認とメッセージの完全性確認に関する一連の流れを示す。

4. PKIの適用例

PKIによる公開鍵暗号とデジタル署名サービスを活用することによって、VPN（仮想私設網）実現の際に通信相手を認証することができ、伝送データのセキュリティを高めることができる。さらに、インターネットを介した電子メールやWebアプリケーションによる各種の取引についても、セキュリティを高めることが可能になる。

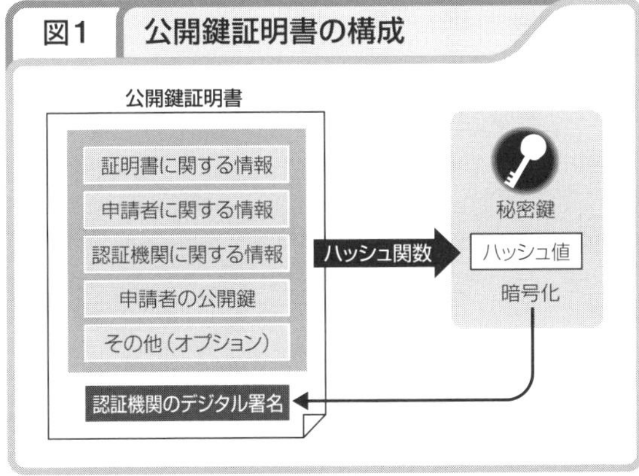

図1　公開鍵証明書の構成

表1　公開鍵証明書と印鑑証明書の対比

比較項目	デジタル証明	印鑑証明
発行書類	公開鍵証明書	印鑑証明書
保証対象	申請者の公開鍵	申請者の印鑑
保証の裏付	デジタル署名	市長印

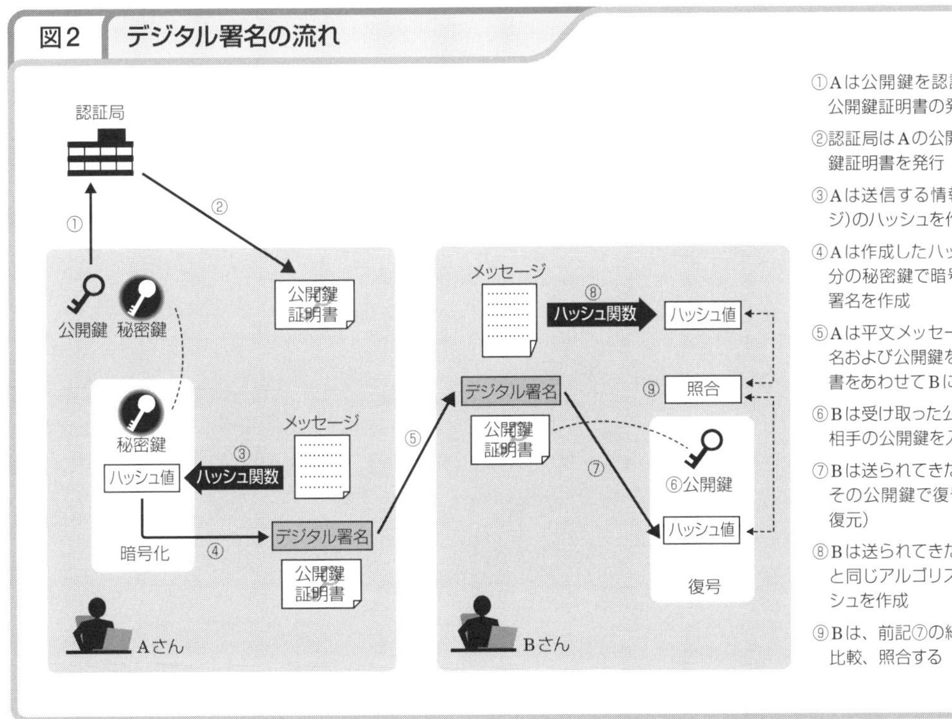

図2　デジタル署名の流れ

①Aは公開鍵を認証局に届け出て、公開鍵証明書の発行を申請

②認証局はAの公開鍵について公開鍵証明書を発行

③Aは送信する情報（平文メッセージ）のハッシュを作成

④Aは作成したハッシュの内容を自分の秘密鍵で暗号化してデジタル署名を作成

⑤Aは平文メッセージ、デジタル署名および公開鍵を含む公開鍵証明書をあわせてBに送信

⑥Bは受け取った公開鍵証明書から相手の公開鍵を入手

⑦Bは送られてきたデジタル署名をその公開鍵で復号（ハッシュ値を復元）

⑧Bは送られてきた平文から、相手と同じアルゴリズムを用いてハッシュを作成

⑨Bは、前記⑦の結果と⑧の結果を比較、照合する

＊1　**ハッシュ**：可変長データから固定長のデータを作り出すアルゴリズムの総称。得られた出力は「メッセージダイジェスト」または「ハッシュ」と呼ばれる。あるメッセージのハッシュ値は、オリジナルのメッセージが変更されると、変更後に再度求めたハッシュ値と一致しない（衝突回避性）。また、ハッシュ値からオリジナルのメッセージを作り出すことも不可能（一方向性）である。この性質により、ハッシュ関数はデータが改ざんされていない状態（＝「完全性」）を維持するために使われる。広く使われるハッシュ関数として、MD5（Message Digest 5）が有名である。

＊2　デジタル署名では、送信者の秘密鍵が漏洩すると、なりすましやメッセージの改ざんの危険が発生する。

4 端末設備とネットワークのセキュリティ

4-1 ファイアウォールとDMZ

1. ファイアウォールの機能

ファイアウォール(Firewall)は、ネットワークとネットワークの境界に設置され、一方から他方への通信を許可したり、拒否したりする機器である。物理的な防火壁は火災の延焼を阻止するが、通信のファイアウォールは不正な通信の通過を阻止する[*1]。

通信パケットの許可または拒否の規則を**フィルタリングルール**という。ファイアウォールの基本的な機能はアクセス制御機能であるが、これに関連して、ネットワークアドレス変換(NAT)機能、ログ記録機能、ユーザ認証機能などがある。NAT機能では、組織の外部に対し内部で使用している送信元IPアドレスを隠蔽できる。ログ記録機能では、アクセス記録を解析して攻撃の有無などを確認できる。ユーザ認証機能では、ユーザごとに許可する通信を設定できる。

2. ファイアウォールの分類

ファイアウォールの主なパケット制御方式として、パケットフィルタリング[*2]型、サーキットレベルゲートウェイ型、およびアプリケーションゲートウェイ型の3つが挙げられる。

(a)パケットフィルタリング型

パケットの宛先IPアドレスと、送信元IPアドレス、ポート番号(プロトコル)の情報に基づいて、パケットの許可または拒否を制御する。レイヤ3のネットワーク層で判断しているため、パケットの内容(データ部)までは確認していない。

パケットフィルタリング型の中で、フィルタリングルールが固定であるものを**スタティック方式**という。これに対して、内部から外部への通信の応答は許可するなど、ルールを動的に変更するものを**ダイナミック方式**という。ダイナミック方式の1種で、TCPのハンドシェイク等の状態を記憶しておき、不正なパケットを拒否するものを**ステートフルインスペクション方式**という。

(b)サーキットレベルゲートウェイ型

レイヤ4(トランスポート層)のゲートウェイでファイアウォールを実現する方式である。サーバとクライアントの間で仮想的な回線(サーキット)を構築することからサーキットレベルゲートウェイと呼ばれる。

(c)アプリケーションゲートウェイ型

レイヤ7(アプリケーション層)のゲートウェイによりファイアウォールを実現する方式で、プロキシ方式ともいう。パケットの内容(ペイロード部分)まで確認し動的に制御するので、不正な通信を検出できる可能性が高くなる。

3. DMZ

インターネットに接続されたネットワークでは、外部ネットワーク(インターネット)と内部ネットワーク(イントラネット)の間に、ファイアウォールで隔離された緩衝地帯として**DMZ** (De-Militarized Zone、非武装地帯)を設置することがある。DMZは、図2の構成Aのように、両端をファイアウォールで挟まれたネットワークで実現できる。また、構成Bのように、インターネットと内部ネットワークの境界に位置するファイアウォールによって、独立したネットワークとして構成することもできる。DMZ構成により、内部ネットワークを強固に保護しながら、インターネットとの円滑な通信が可能となる。

DMZには、インターネットに対してサービスを提供するサーバ等を設置する。主なものとしては、WebサーバやDNSサーバ、FTPサーバ、メールサーバなどが挙げられる。インターネットからDMZに対する通信は、必要なプロトコルだけを許可する。インターネットおよびDMZから内部ネットワークに対する通信は、内部からの通信に対する応答などを除き、すべて拒否する。

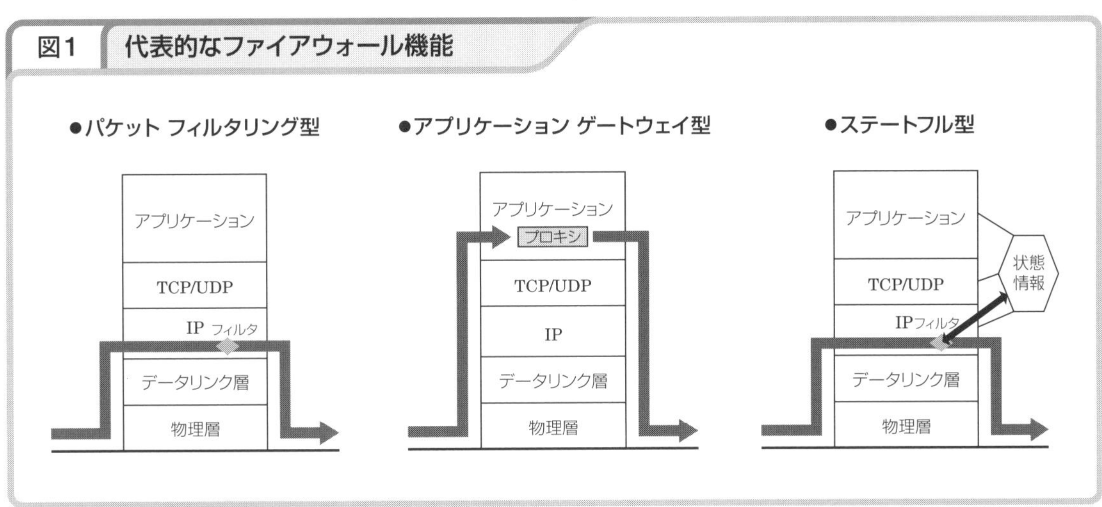

図1　代表的なファイアウォール機能

●パケット フィルタリング型
アプリケーション
TCP/UDP
IP フィルタ
データリンク層
物理層
●アプリケーション ゲートウェイ型
アプリケーション
プロキシ
TCP/UDP
IP
データリンク層
物理層
●ステートフル型
アプリケーション
状態情報
TCP/UDP
IPフィルタ
データリンク層
物理層

図2　ファイアウォールとDMZの構成例

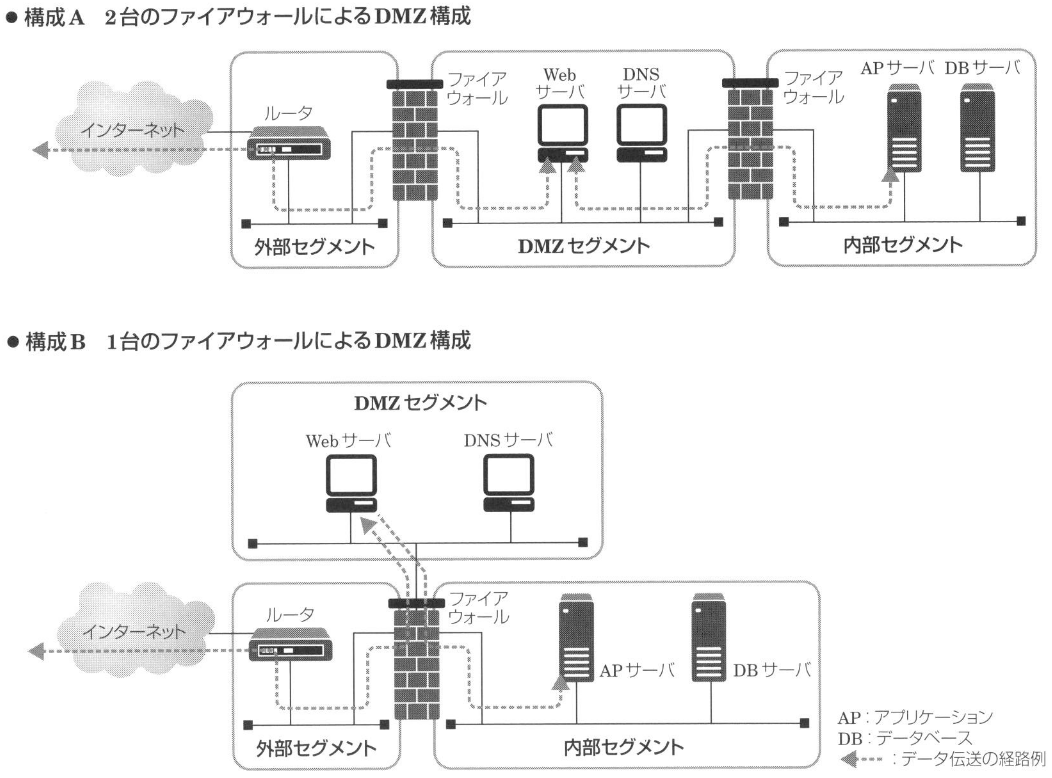

●構成A　2台のファイアウォールによるDMZ構成
インターネット
ルータ
ファイア
ウォール
Web
サーバ
DNS
サーバ
ファイア
ウォール
APサーバ
DBサーバ
外部セグメント
DMZセグメント
内部セグメント
●構成B　1台のファイアウォールによるDMZ構成
DMZセグメント
Webサーバ
DNSサーバ
インターネット
ルータ
ファイア
ウォール
APサーバ
DBサーバ
外部セグメント
内部セグメント
AP：アプリケーション
DB：データベース
：データ伝送の経路例

*1　ただし、正規の要求を装ったパケットは通過を阻止できないことがあり、外部からのコンピュータウイルスやワームの感染、スパムメールなどを完全に規制することはできない。

*2　**パケットフィルタリング**：セキュリティポリシーなどに基づき設定されたルールに従って、IPパケットのヘッダ部の情報（宛先IPアドレスやTCPポート番号など）をチェックし、IPパケット単位で通過の可否を制御する方法。データ部のチェックは行わず、IPアドレスに改ざんがあった場合には内部ネットワークへの通過を阻止することができない。

4-2 不正侵入対策

1. 侵入検知システムとは

侵入検知システム(**IDS**：Intrusion Detection System)は、インターネットから内部ネットワーク(イントラネット)への不正侵入や攻撃を監視し、検知するためのシステムである。

IDSは、ファイアウォールだけでは防止できないような不正アクセス行為を検出する。そのために、ネットワーク上やサーバ上の不審な動き(例：許可されていない不正なパケットの侵入、異常に高い負荷でサーバをダウンさせようとしている攻撃、さまざまなパスワードの試行、ポートスキャン行為等)を常に監視する。監視の結果、IDSが疑わしい行為を検知すると、警告をネットワーク監視システムに送付して管理者に通知する。

また、不正侵入パケットに関わるTCPセッションの遮断や、ファイアウォールのフィルタリングルール変更など、積極的な対策を講じる不正侵入対策装置もあり、これは侵入防御システム(**IPS**：Intrusion Prevention System)といわれる。

2. IDSの分類

IDSは、侵入検知を行う対象と方法から、次の2種類に分けられる。

(a)ホスト型IDS(HIDS)

ホスト型IDSは、サーバ(ホスト)上の処理を監視する方法により不正アクセスを検知する。ホスト型IDSを利用するためには、保護の対象となるWebサーバやデータベース管理システムなどのシステムに、監視用ソフトウェアをインストールする。監視用ソフトウェアは、ホストごとに、OSやアプリケーションが生成する**ログ**(システムログ、監査ログ、イベントログなど)やコマンド履歴(ヒストリ)、通信パケット、およびパスワードファイル等のセキュリティにとって重要なさまざまなコンポーネントを監視する(図1)。

(b)ネットワーク型IDS(NIDS)

ネットワーク型IDSは、ネットワーク上のパケットを監視する方法により不正アクセスを検知する。ホスト型IDSと異なり、監視対象となるネットワークセグメント上に置かれたハードウェア装置(IDSセンサ)が、すべてのトラヒックを監視する(図2)。

3. IDSの侵入検知方式

IDSがネットワークやホスト上の不正侵入を検知する方式には次の2つがある。

(a)シグネチャベース検知方式(不正検知)

過去の不正アクセスのパターンをシグネチャデータベースとして記録しておき、パケットの通信パターン等がシグネチャに一致した場合に、不正侵入を受けていると認識してアラート(警報)を送出する。ミスユース検出方式とも呼ばれる。

(b)アノマリベース検知方式(異常検知)

通常の規格とは異なるパケットの通信パターン等が発生すると、異常を引き起こす不正侵入を受けていると認識してアラートを送出する。この方式では、未知の攻撃方法による不正侵入も検知することが可能である。

4. IDSの設置場所と監視対象

IDSの導入にあたり、監視対象とするホストまたはネットワークを明確にしたうえで、設置すべきIDSの種類と場所を検討する必要がある(図3)。

(a)外部セグメントに設置

ネットワーク型IDSを設置することにより、インターネットから社内に入ってくるすべての通信を監視対象とすることができる。

(b)DMZセグメントに設置

ネットワーク型IDSを設置することにより、インターネットからファイアウォールを通過して、社外公開サーバに到着した通信を監視対象とすることができる。また、ホスト型IDSをインストールした社外公開サーバに対する不正通信を監視できる。

(c)内部セグメントに設置

ネットワーク型IDSを設置することにより、ファイアウォールを通過してきた外部やDMZからの通信、および内部セグメントからの通信を監視対象とすることができる。また、ホスト型IDSをインストールした内部ネットワークも、サーバに対する不正通信を監視できる。

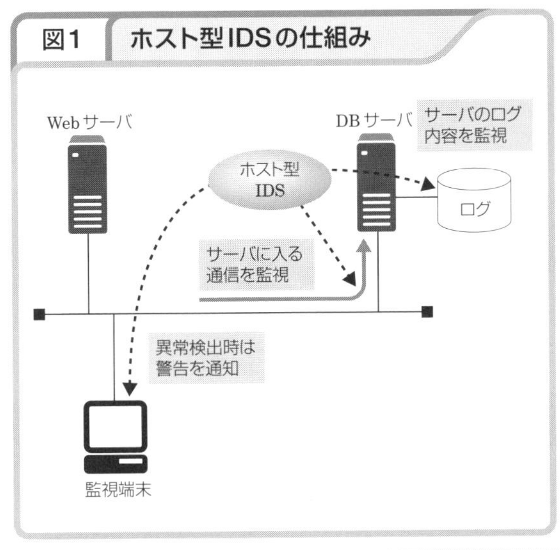

図1　ホスト型IDSの仕組み

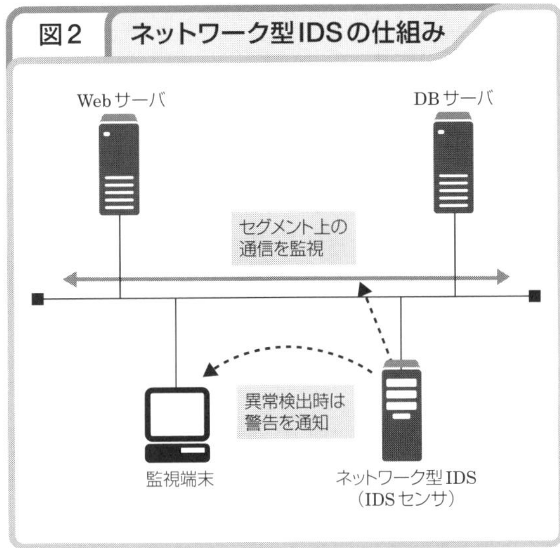

図2　ネットワーク型IDSの仕組み

図3　DMZ構成とIDSの設置例

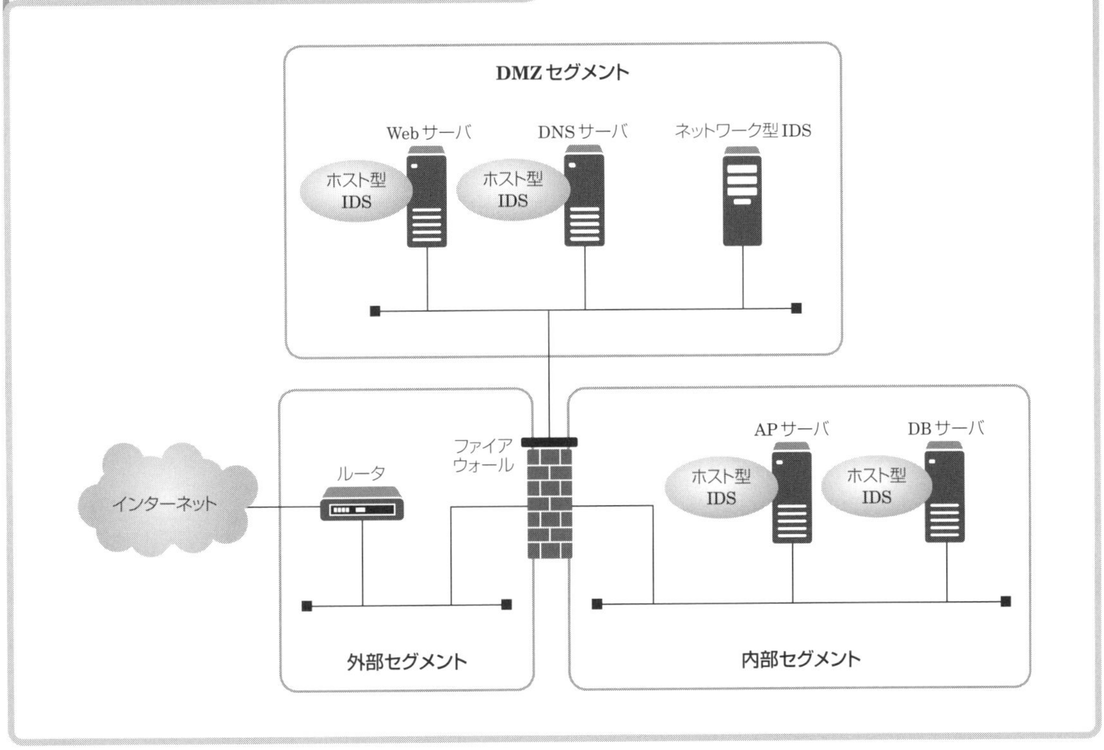

4-3 VPN

1. インターネットVPNの構成

VPN (Virtual Private Network)とは、インターネットのような公衆網を利用して仮想的に構築する独自ネットワークのことである。もともとは、公衆電話網を専用網のように利用できる電話サービスの総称であったが、最近では、ネットワーク内に点在する各拠点のLANをインターネット経由で接続し、暗号化・認証等のセキュリティを確保した専用線のように利用する通信形態をいうことが多い。従来のVPNと区別するため**インターネットVPN**と呼ぶこともある。インターネットVPNの利用形態として、モバイルアクセス構成およびLAN間接続構成の2種類がある(図1)。

(a) モバイルアクセス構成

インターネット経由で外部から接続するPCと拠点内の**VPNゲートウェイ**(VPN装置またはルータ)の間に、暗号化などにより安全性を確保した通信路を作り、データの送受信を行う。外部ユーザが使用するPCはVPNクライアント用ソフトウェアを使用して接続する。また、VPNゲートウェイは、外部からの接続要求に対してユーザ認証を行う。

(b) LAN間接続構成

2つの拠点に設置されたVPNゲートウェイ(VPN装置またはルータ)の間に暗号化などにより安全性を確保した通信路が作られ、あたかも専用線を用いて接続したかのように、両拠点のLAN同士を接続する。各拠点内のサーバやクライアントは、VPNを意識することなく透過的に双方のLANを利用して通信を行うことができる。

2. インターネットVPN技術

インターネットVPNは、各種のIP技術を使って、インターネット経由の暗号化通信を実現するものである。TCP/IPでは、その階層構成において、暗号化が実行される層が分かれている(図2)。そのため、暗号化技術の選択はVPN技術を選択するうえで重要なポイントとなる。

(a) IPsecによるインターネットVPN

IPsec (IP Security)は、AH (Authentication Header)、ESP (Encapsulating Security Payload)、IKE (Internet Key Exchange protocol)、IPCompなどのプロトコルから成る。AHは認証ヘッダといわれ、これにより受信側では通信経路の途中でデータが改ざんされていないかどうかを確認できる。AHは通信データを暗号化する機能をもたないため、暗号化機能をもつESPと組み合わせて利用される。また、IKEは鍵管理を行い、IPCompはIPパケットのトランスポート層を圧縮してスループットを向上させる。

IPsecは、IP層レベルで暗号化された通信を行うので、TCP層より上位の暗号化プロトコルであるSSLと異なり、アプリケーション層では暗号化のことを特に意識する必要はない。

IPsecではIPパケットに新しいヘッダを付け加え、カプセル化(Encapsulation)して通信を行う。カプセル化のモードには、次の2つがある。

- **トランスポートモード**

IPヘッダは平文のままで、後続のペイロード部分(TCP/UDPヘッダおよびデータ)を暗号化して、受信相手に送る。

- **トンネルモード**

VPNゲートウェイでIPヘッダを含めてIPパケットを暗号化し、相手ゲートウェイに送信する。受信側VPNゲートウェイでは、受信パケットを復号し、IPヘッダに記述された宛先ノードに転送する。IPパケット自体が隠蔽(ぺい)されるため、さらにセキュリティを高めることができる。

(b) SSL-VPN

TCP層より上位で暗号化を行うSSLを利用し

たVPN機能である。SSLはWebブラウザに標準搭載されているため、センタ側にSSL-VPN装置を導入するだけで、SSLに対応したHTTPやFTPなどのデータに対してセキュア(安全)なネットワークを容易に構築できる(図3)。

(c)データリンク層VPN

VPNプロトコルには、このほかPPP通信をトンネリングするためのデータリンク層のプロトコル、すなわち**PPTP** (Point to Point Tunneling Protocol)、および**L2TP** (Layer2 Tunneling Protocol)がある。データリンク層のトンネリング技術の特徴として、TCP/IP以外のIPXやAppleTalkなどのマルチプロトコル通信をVPN化できることが挙げられる。

図1　インターネットVPNの利用形態

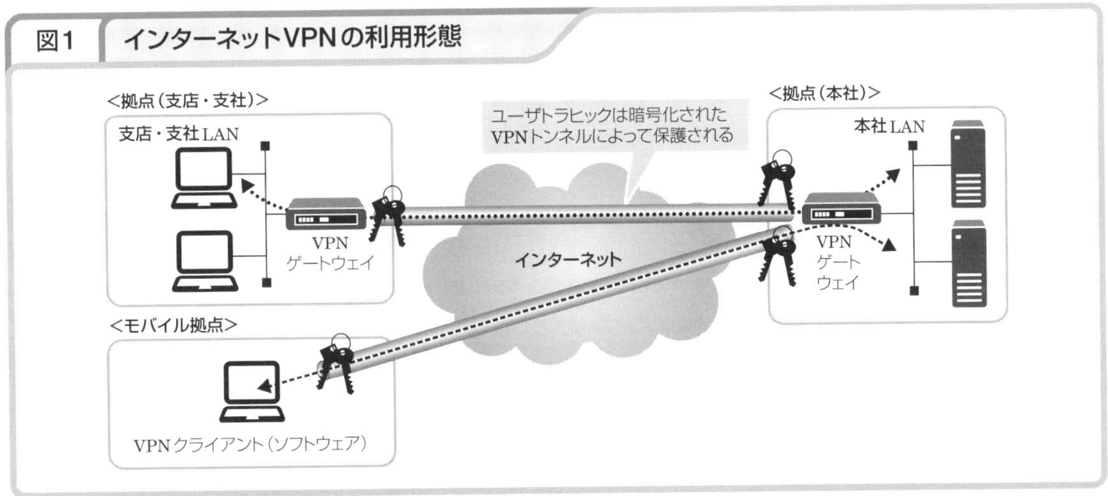

図2　TCP/IP階層構成とVPN技術

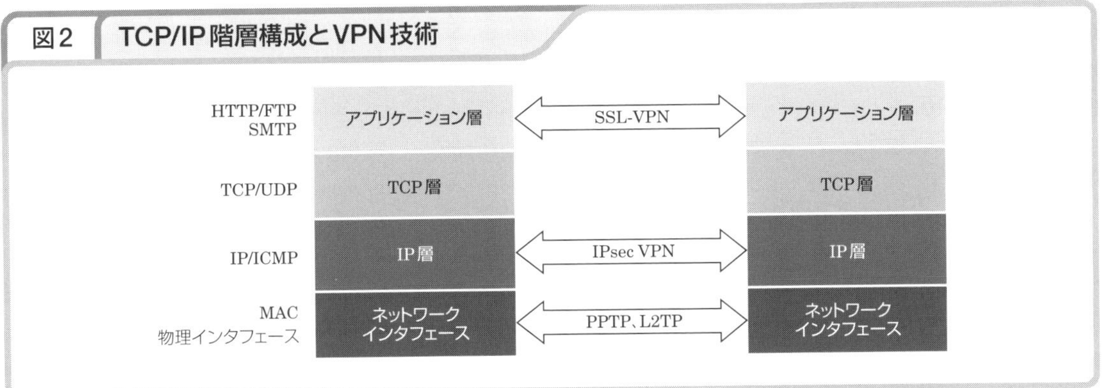

図3　SSL-VPNの接続構成例

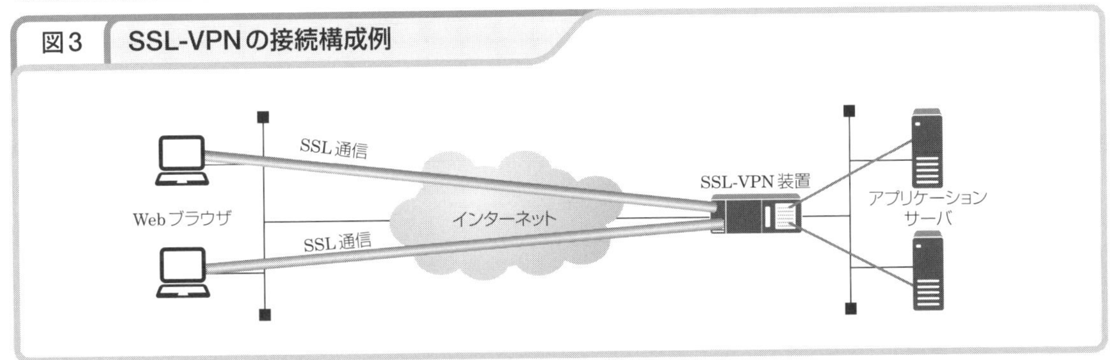

4-4 無線LANのセキュリティ

無線LANは伝送媒体に電波が使用されているため、場所を選ばず利用できるという長所がある反面、誰からでも接続、傍受される危険性をはらんでいる。セキュリティ対策のなされていないアクセスポイントでは、無断で接続されたり情報を盗み取られたりといったことも考えられる。

無線LANにおけるセキュリティの具体的な実施方法には、次のものがある。

1. 端末認証

無線LANの主な端末認証方式としては、SSID (Service Set Identifier)、MACアドレスフィルタリング、IEEE802.1Xの3つが挙げられる。

(a) SSID方式

アクセスポイントに**SSID**という32文字以下の英数字からなるネットワーク識別子を設定し、アクセスポイントと無線端末の間で同一のSSIDが設定された機器の間でのみ通信を可能にする方法である。

IEEE802.11の規定では、アクセスポイントがSSIDを含んだ**ビーコン信号**(アクセスポイントが存在することを周囲の無線端末に知らせる信号)を一定時間間隔ごとに送出し、これを無線端末が検知してそれが利用可能なアクセスポイントかどうかを判別することになっている。このような方式は便利である反面、無線LANアダプタさえあればアクセスポイントを正規のユーザ以外の者でも検知できるため、簡単にネットワークに接続されてしまう危険性があった。そこで、あらかじめ他の方法でSSIDを正規のユーザに伝えておき、アクセスポイントからはビーコン信号を送出しないことで存在を知られないようにし、セキュリティを向上させる機能もある。この機能を**ステルス機能**または**Any接続拒否**という。

ただし、このような方法でアクセスポイントの存在を隠蔽(べい)しても、電波は空間を伝わるものであり、常に盗聴される危険性があるため、強固なセキュリティ対策とはいえない。

(b) MACアドレスフィルタリング方式

アクセスポイントに各無線端末の無線LANアダプタのMACアドレスを登録しておき、登録してある無線端末のみに接続を許可する方法である。登録されていない無線端末からの接続を拒否できるためセキュリティが高まるが、MACアドレスを偽装して正規のクライアントになりすますこともできるため、これも強固な対策とはいえない。

(c) IEEE 802.1X

IEEE802.1X規格に対応するクライアントPC、レイヤ2スイッチやアクセスポイントなどの機器、および**RADIUS**[*1]**サーバ**が連携して**EAP** (PPP Extensive Authentication Protocol)によるユーザ認証を行う。この方式では、PCを無線LANに接続すると、PCに実装されたサプリカント(IEEE802.1Xクライアント)から認証装置(アクセスポイント)へ認証要求が送信され、これによりIEEE802.1X対応スイッチが認証サーバ(RADIUSサーバ)に問い合わせ、認証に成功した場合のみアクセスポイントとの通信を許可する。IEEE802.1Xの認証方式は、無線LANだけでなく有線LANに適用することも可能である。この機能は、近年WindowsやMacOSに標準装備されるなど、普及が進んでいる。

2. 暗号化

無線LANの暗号化技術は、従来、共通鍵暗号方式のうちのRC4というストリーム暗号技術をベースにした**WEP** (Wired Equivalent Privacy)が使用されることが多かった。しかし、WEPには数多くの脆弱性が発見され、セキュリティの確保が困難になった。この問題を解決するため、WEP

にユーザ認証機能を追加したWPA-PSK(Wi-Fi Protected Access-Pre Shared Key)や、WPA2-PSK、WPA3-PSKなどが登場した。

WPA-PSKは、暗号化プロトコルに**TKIP**(Temporary Key Integrity Protocol)を使用している。TKIPでは暗号化アルゴリズムにWEPと同じRC4を使用しているが、パケットごとに自動的に暗号鍵を更新することで、暗号の解読をより困難にしている。

また、**WPA2-PSK**および**WPA3-PSK**では、**AES**というブロック暗号技術を採用したCCMP(Counter Mode-CBC MAC Protocol)やGCMP(Galois/Counter Mode Protocol)により暗号化を行い、WPA-PSKよりも暗号の解読を困難にし、盗聴に対する安全性を高めている。

なお、無線LANのセキュリティを規定したIEEE802.11iでは、認証技術にIEEE802.11Xを、暗号化技術にTKIPおよびAESを採用している。

図1　無線LANの認証方式

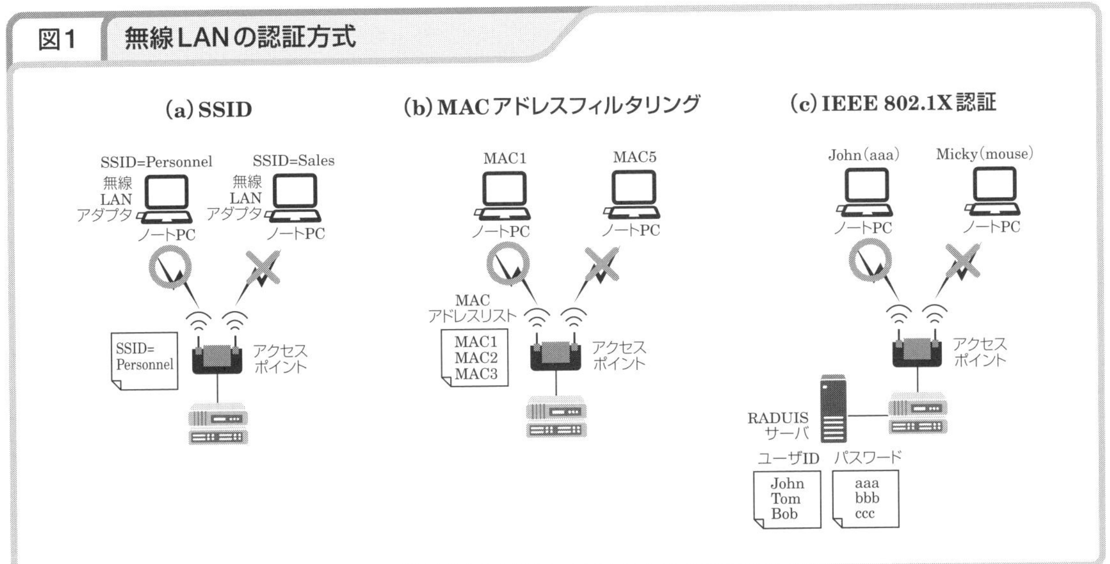

図2　MACアドレス制限

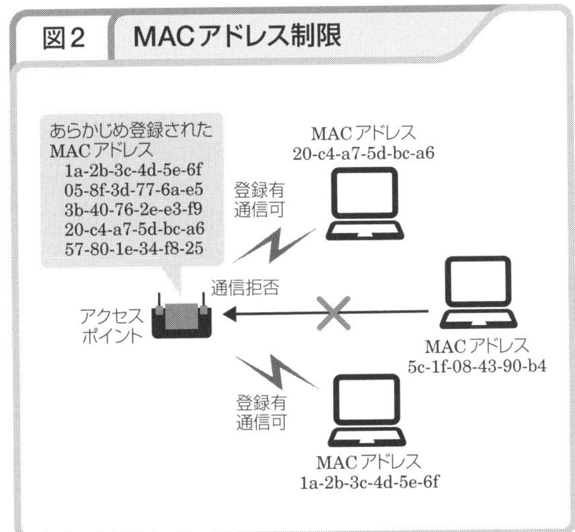

図3　IEEE802.1Xの基本的なネットワーク構成

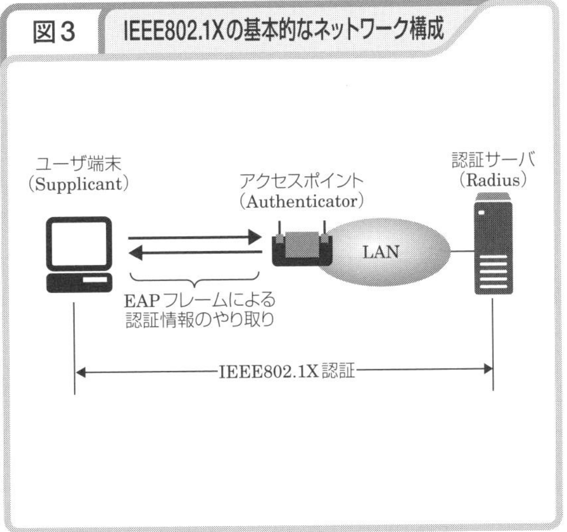

＊1　RADIUS(Remote Authentication Dial-In User Service)：RFC2865で規定された、ユーザ認証や課金管理の機能をもつプロトコルで、元々はダイヤルアップ接続のユーザに対するユーザ認証のために開発された。UDPを使用したクライアント/サーバ形態を構成する。

5 情報セキュリティ管理

5-1 情報セキュリティポリシーと対策

1. 情報セキュリティポリシーの必要性

企業や組織において情報セキュリティ管理を確立する最初のステップとして、**情報セキュリティポリシー**を策定することが重要である。企業や組織の情報セキュリティを確保するためには、現場レベルから経営陣のレベルまで全体に、つまり組織の下位層から上位層まで、情報セキュリティ管理の基本方針や基準を徹底的に意識付ける必要がある(図1)。

そのため、情報セキュリティ管理の運用が個人の裁量や判断に左右されることなく、組織として意思統一されるように、明文化された情報セキュリティポリシーを策定することが必要となる。

2. 情報セキュリティポリシーの構成

情報セキュリティポリシーは、基本方針(基本ポリシー)、対策基準(スタンダード)、および実施手順(プロシージャ)の3階層構造(図2)となっている。

基本方針は、情報資産のセキュリティ確保のため、組織としての基本的な考え方や方針を表明することにより経営層が情報セキュリティに本格的に取り組む姿勢を示し、組織がとるべき行動を社内外に宣言するもので、組織全体でただ1つ策定される(図3)。これには策定の目的や適用範囲、情報セキュリティの目標・原則を支持する意向声明、体制などを含む。基本方針文書は組織の全関係者に公表・通知され、PDCAサイクルにより妥当かつ適切に運用される。また、**対策基準**は、基本方針に準拠して何を実施しなければならないかを明確にした基準であり、実際に守るべき規定を具体的に記述し、適用範囲や対象者を明確にするものである。見直しを定期的に行い、必要に応じて変更するが、変更した場合は変更内容の妥当性を確認する。

基本方針および対策基準によって構成された情報セキュリティポリシーは、経営陣が承認することで、実効性が担保される。そして、決定・承認された基本方針・対策基準に従って、個別の**実施手順**が手順書・マニュアルなどとして現場レベルで作成され、実施サイクルを展開していくこととなる。

なお、情報セキュリティポリシーの階層構造は、通常、基本方針(基本ポリシー)、対策基準、および実施手順(手順書・マニュアルなど)の3層で説明されるが、上位2層を狭義の情報セキュリティポリシーと呼ぶことがある。

3. セキュリティ対策の種類と技術

情報セキュリティポリシーの実施手順作成の対象となる管理項目は、物理的、人的、技術的、運用的などの分野に分類され、特にアクセス制御、暗号、通信のセキュリティ、情報システムの取得・開発および保守、情報セキュリティインシデント管理は、技術的対策との関連性が強い(図4)。

これらの管理項目の技術的対策を実装するために、現在、さまざまな情報セキュリティ技術が開発・実用化されている。

たとえば、通信・運用管理については、障害復旧対策技術、ウイルス対策技術などが挙げられる。アクセス制御については、不正アクセス検知・対策技術や、暗号化技術、認証技術、暗号応用システム技術などが挙げられる。また、情報システムの取得・開発および保守については、ユーザセキュリティ管理技術や、ソフトウェアやオペレーティングシステムのセキュリティ管理技術なども関連する重要な技術である(表1)。

これらの技術を用いた対策を個別に管理項目に適用していくことで、情報セキュリティ管理の導入・運用を実施していくことになる。

図1　セキュリティポリシーの必要性

経営レベル
管理レベル
現場レベル
基本方針や基準の反映

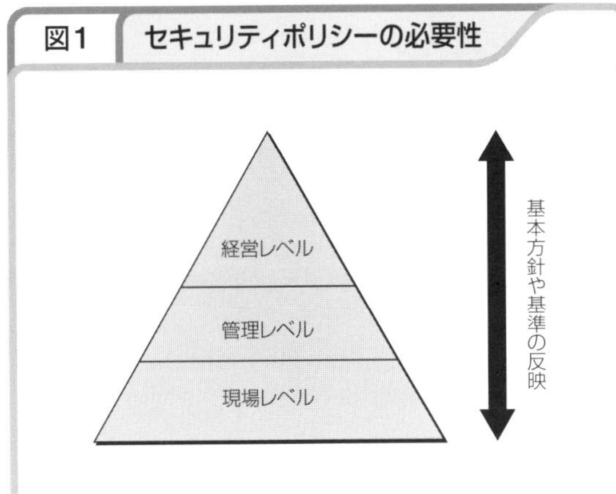

図2　セキュリティポリシーの階層構造

ポリシー（広義）
ポリシー（狭義）
基本方針
対策基準
実施手順

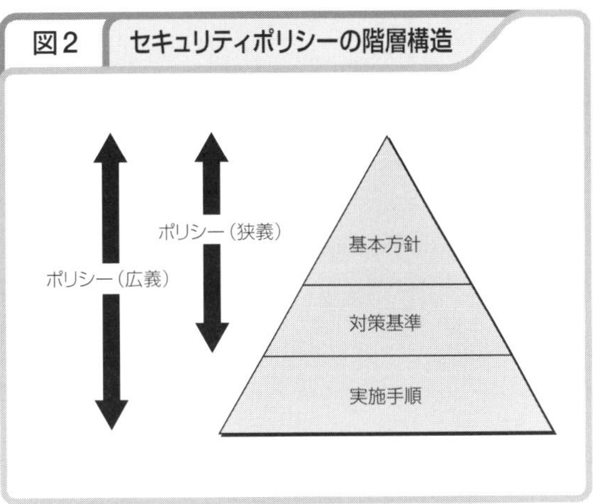

図3　セキュリティポリシーの策定の流れ

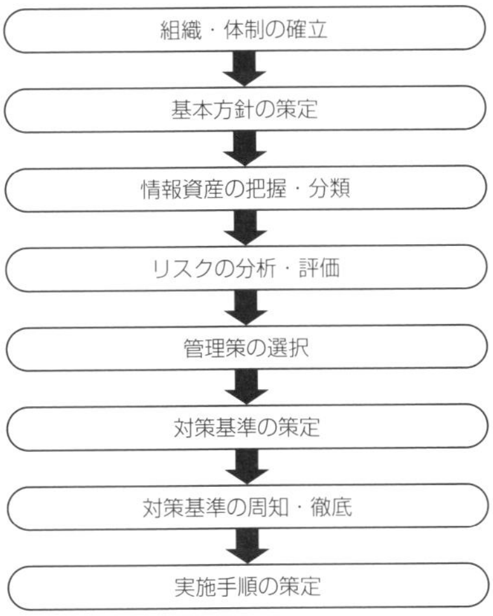

組織・体制の確立
基本方針の策定
情報資産の把握・分類
リスクの分析・評価
管理策の選択
対策基準の策定
対策基準の周知・徹底
実施手順の策定

図4　セキュリティ管理項目の種類

情報セキュリティのための方針群
情報セキュリティのための組織
人的資源のセキュリティ
資産の管理
アクセス制御
暗号
物理的および環境的セキュリティ
運用のセキュリティ
通信のセキュリティ
情報システムの取得、開発および保守
供給者関係
情報セキュリティインシデント管理
事業継続マネジメントにおける情報セキュリティの側面
順守

（注）影付き項目は、技術的対策との関連が強い項目。

表1　セキュリティ技術の種類

技術分野	管理項目	主な技術項目
暗号技術	アクセス制御	暗号化技術、暗号応用システム技術
認証技術	アクセス制御	各個人の利用ごとに一意な識別子の付与、利用者が主張する同一性の検証方法、PKI、ICカード
アクセス制御技術	アクセス制御	セキュリティに配慮したログオン手順、接続時間制限、使用の中断が一定時間経過したセッションの遮断、ファイアウォール、VPN、IDS
ウイルス対策技術	通信・運用管理	パターンファイル更新技術、マルチレイヤ構成
耐障害性技術	通信・運用管理	障害復旧対策技術
セキュリティ管理技術	システム開発・保守	セキュリティ運用技術、セキュアプログラミング、ソフトウェアやOSのハードニング技術

5-2 情報セキュリティの管理と運用の概要

1. セキュリティ管理対象

情報セキュリティ管理の仕組みを検討・実現するにあたっては、まず、セキュリティの管理対象を明確にすることが重要である。管理対象を明確化することにより、情報セキュリティ上の要求事項が明確になる。また、情報セキュリティ管理システムを構築する作業の負荷や、その後の運用管理等の活動全般への影響を見極めることができる。

セキュリティの管理対象を決定するにあたっては、①適用範囲、②要求事項の明確化、③情報資産の特定・識別の観点から検討した上で、合理的に決定することが重要である(図1)。

なお、情報資産の識別に際しては、**JIS Q 27002**で、「資産目録」を作成することを推奨している(表1)。

2. セキュリティ管理システムの構築

セキュリティ管理対象を明確にした後は、次の工程として、情報資産の重要度に応じて、各種セキュリティ管理策を実施し、情報セキュリティ管理システムの構築をしていくことになる。管理策については、5-1で説明した、セキュリティ管理項目の種類の「通信および運用管理」「アクセス制御」「情報システムの取得・開発および保守」「情報セキュリティインシデントの管理」が技術的・システム的対策との関連性が高い項目であり、実際の構築対象となる。

最初に、情報資産のリスクを特定する「**リスクアセスメント**」を実施する。リスクアセスメントの取り組み方法には、あらかじめ一定のセキュリティレベルを設定する「**ベースラインアプローチ**」、情報資産について、資産価値、脅威、脆弱性や、セキュリティ上の要求事項を評価する「**詳細リスク分析**」、専門家や担当者の経験と判断に基づいてリスクを評価する「**非形式アプローチ**」、複数のアプローチを併用する「**組合せアプローチ**」などがある。

一般的には、「組合せアプローチ」として、すべての情報資産に対して「ベースラインアプローチ」を適用し、一定水準の情報セキュリティを確保した上で、特に重要な情報資産に対しては「詳細リスク分析」を行って重要なリスクの見落としがないことを確認する方法が、効率的にセキュリティを確保できるといわれている。詳細リスク分析においては、「**資産価値**」、「**脅威**」、「**脆弱性**」を数種類に区分・数値化し、これらの積をリスク値として採用する方法がよく行われている。

次に、特定されたリスクへの対応方法を決定する。この対応方法には、低減、受容、回避、移転の4つの方法がある。「**低減**」は、リスクに対して適切な管理策を採用し、これによってリスクを低減する方法である。「**受容**」は、低減等の対応がとれないリスクが存在していることを認識した上で、客観的な判断基準に基づき、経営陣がリスクを受容する方法である。「**回避**」は、事業に伴うリスクが高いために、事業化の見送り、事業からの撤退などによって、リスクの原因となる事業そのものを回避する方法である。「**移転**」は、業務委託や保険加入などによって、リスクを他の組織に移転する方法である。

リスクを低減する方法を採用した場合には、**JIS Q 27001**に記載されている管理策の中から適切なものを選択し、適用する。選択した管理策を組織として確実に実行するために、その実施方法を具体的に決め、社内規程などに反映する。

次に、残留リスクを承認する。通常は、管理策を適用してもすべてのリスクをゼロにすることは困難である。また、時間やコストの制約により管理策が採用できない場合もある。このように、リスクに対応してもなお残るリスクを残留リスクといい、これについては経営陣の承認を得る必要がある。

次に、経営陣は、セキュリティ管理システムを導入し、運用することを承認する。

最後に、必要な管理策と除外した管理策を明確にした「適用宣言書」を作成する。適用宣言書には、管理策を含めた理由とそれらを実施しているか否か、および除外した理由をそれぞれ記載する。

3. セキュリティ管理システムの運用

情報セキュリティ管理システムの運用段階においては、情報セキュリティ水準を維持するために継続的な監視、見直しや維持、改善が必要である。また、障害や問題の発生等への対応が必要になった場合は、迅速かつ確実に実施することが重要である。そのためには、操作の簡易化や自動化、運用の集中化、運用手順の標準化・データベース化などの技術的対策を実現することが求められる（表2）。

また、情報システムの設計段階からセキュリティ管理システムの運用を考慮しておくことも重要である。運用を念頭に置いて設計することによって、セキュアな運用・保守が可能なセキュリティ管理システムを効率的に構築することが可能となる。

4. 情報セキュリティマネジメントシステム

情報セキュリティマネジメントシステム（Information Security Management System：**ISMS**）は、情報資産を保護する情報セキュリティ管理システム仕様の国際規格である。ISMSの運用にあたっては、セキュリティポリシーの策定、管理目的と管理策の選択、適用宣言書の作成などといった計画を立案し、次に計画を手順に従って実施する。そして計画実施に対して監視と評価を行い、明確になった問題点の改善を行って一連のプロセスを完了する。

わが国では、情報セキュリティ管理に関する国際標準（ISO/IEC27001）に基づき、日本情報処理開発協会（JIPDEC）を中心としてISMS適合性評価制度の評価基準を定めてきた。この評価基準は、国内ではJIS Q 27001として2006年5月に規格化が行われた。また、管理目的および管理策の詳細がJIS Q 27002で規定されている。

図1　セキュリティ管理対象の検討ポイント

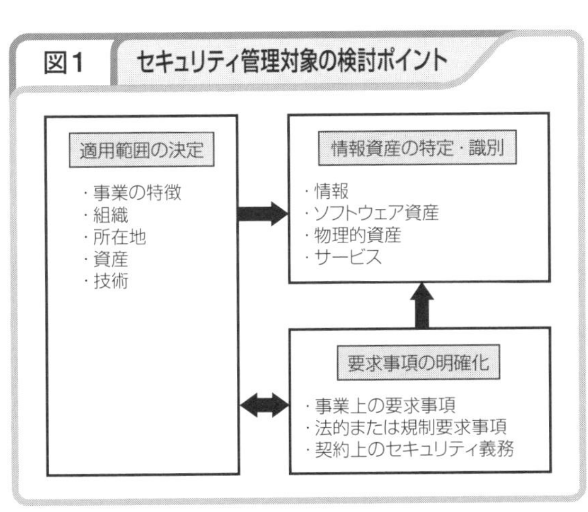

表1　情報資産の例

情報資産区分	例
情報	データベースおよびデータファイル、システムに関する文書、ユーザマニュアル、訓練資料、操作または支援手順、継続計画、代替手段の手配、記録保管された情報
ソフトウェア資産	業務用ソフトウェア、システムソフトウェア、開発用ツール、ユーティリティ
物理的資産	コンピュータ装置（プロセッサ、表示装置、ラップトップ、モデム）、通信装置（ルータ、PBX、ファクシミリ、留守番電話）、磁気媒体（テープおよびディスク）、その他の技術装置（電源、空調装置）、什器、旧称設備
サービス	計算処理および通信サービス、一般ユーティリティ（たとえば、暖房、照明、電源、空調）

表2　セキュリティ管理システム運用の目的と実装の考慮点

目　的	設計・構築の考慮点
・情報セキュリティ水準を維持すべく継続的な監視、および見直しや維持・改善を可能とする運用管理。 ・運用管理対応の迅速さと確実性の確保。	・運用操作の簡易化や自動化。 ・運用の集中化。 ・運用手順の標準化・データベース化等。 ・設計段階からセキュリティ運用を考慮したシステム設計による、セキュア運用・保守可能なシステムの効率的構築。

5-3 個人情報の管理

端末設備の工事などに関連して、依頼主の氏名や住所、電話番号、メールアドレス等、特定の個人を識別できる情報(個人情報)を知ったり、個人情報が記入された書類を作成することが多い。このため、工事担任者にあっても、知り得た個人情報について、法令の規定に基づいた適正な取扱いが要求されている。ここで取り上げる「個人情報の保護に関する法律」(個人情報保護法)は、こうした個人情報の管理について規定したものである。

1. 個人情報保護法

個人情報保護法は、近年、高度情報通信社会の進展に伴う個人情報利用の著しい拡大が一因となって、プライバシーの侵害等さまざまな事件や、トラブル、社会不安が生じていることから、個人情報の適正な取扱いに関して、基本理念および政府による基本方針の作成その他の個人情報の保護に関する施策の基本となる事項を定め、国および地方公共団体(都道府県、市町村等)の責務等を明らかにし、また、個人情報を取り扱う事業者が遵守しなければならない義務等を定めることによって、個人情報の有用性をなるべく低下させないように配慮しながら個人の権利利益を保護することを目的として制定された法律である。

また、個人情報は、個人の人格尊重の理念の下に慎重に取り扱われるべきものであり、その適正な取扱いが図られなければならないことを基本理念としている。

2. 個人情報の定義

「個人情報」とは、**生存する個人**に関する情報であって、その情報に含まれている氏名、生年月日等の記述から特定の個人を識別できるもの、または個人識別符号が含まれるものをいう。個人情報には、それのみでその人を識別できる情報でなくても、他の情報と照合することが容易であり、その照合によって特定の個人を識別できる情報も含まれる。また、既に知られている情報を補うことによってその人であると特定できる情報も個人情報に該当する。たとえ悪質な顧客のブラックリストであったとしても、個人情報に該当するので、取扱いには注意が必要である。

3. 個人情報の適正・安全な管理

個人情報保護法では、個人情報を取り扱う事業者に対して、個人情報の厳密な管理を求めている。たとえば、第15条〔利用目的の特定〕第1項では、個人情報取扱事業者が個人情報を取り扱うにあたっては、その**利用目的をできる限り特定**しなければならないと規定している。

また、第18条〔取得に際しての利用目的の通知等〕第1項では、個人情報取扱事業者は、個人情報を取得した場合は、事前にその利用目的を公表している場合を除いて、速やかに、その**利用目的を本人に通知するか、または公表**しなければならないとされている。

さらに、第22条〔委託先の監督〕では、個人情報取扱事業者は、個人データの取扱いの全部または一部を委託する場合は、その取扱いを委託された個人データの安全管理が図られるよう、**委託を受けた者に対する必要かつ適切な監督**を行わなければならないと規定している。

4. 個人情報の第三者への提供の制限

(a)同意なき提供の原則禁止

第23条〔第三者提供の制限〕では、個人情報取扱事業者は、あらかじめ本人の同意を得ないで個人データを第三者に提供してはならないとしている。ただし、次の場合には、同意は不要となる。

・法令に基づく場合
・人の生命、身体または財産の保護のために必要がある場合で、かつ、本人の同意を得ることが困難であるとき
・公衆衛生の向上または児童の健全な育成の推進のために特に必要がある場合で、かつ、本人の同意を得ることが困難であるとき
・国の機関若しくは地方公共団体またはその委託を受けた者が法令の定める事務を遂行することに対して協力する必要がある場合で、かつ、本人の同意を得ることにより当該事務の遂行に支障を及ぼすおそれがあるとき
・本人の求めに応じて当該本人が識別される個人データの第三者への提供を停止することとしている場合で、かつ、①第三者への提供を利用目的とすること、②提供される個人データの項目、③提供の手段または方法、④本人の求めにより提供を停止することについて、あらかじめ本人に通知してあるか、または本人が容易に知り得る状態に置いているとき

(b)第三者に該当しない場合

次の場合には、第三者に該当せず、個人データの提供は禁止されない(第23条第5項)。

・個人情報取扱事業者が利用目的の達成に必要な範囲内において個人データの取扱いの全部または一部を委託する場合
・合併その他の事由による事業の承継に伴う場合
・特定の者との間で共同して利用する場合であって、その旨並びに共同して利用される個人データの項目、共同して利用する者の範囲、利用する者の利用目的および当該個人データの管理について責任を有する者の氏名または名称について、あらかじめ、本人に通知し、または本人が容易に知り得る状態に置いているとき

5. 個人情報取扱事業者の定義

個人情報取扱事業者とは、個人情報データベース等を事業の用に供している者をいうとされている。**個人情報データベース等**には、①特定の個人情報を電子計算機を用いて検索することができるように体系的に構成したもののほか、②これに含まれる個人情報を一定の規則に従って整理することにより特定の個人情報を容易に検索することができるように体系的に構成した情報の集合物であって、目次、索引その他検索を容易にするためのものを有するものがある。

また、個人情報データベース等を構成する個人情報を**個人データ**という。さらに、個人情報取扱事業者が、開示、内容の訂正、追加または削除、利用の停止、消去および第三者への提供の停止を行うことのできる権限を有する個人データであって、その存否が明らかになることにより公益その他の利益が害されるものとして政令で定めるものまたは1年以内の政令で定める期間以内に消去することとなるもの以外のものは、**保有個人データ**という。

なお、国の機関、地方公共団体、独立行政法人等、地方独立行政法人については、「行政機関の保有する個人情報の保護に関する法律」または「独立行政法人等の保有する個人情報の保護に関する法律」で別に規制されているため、個人情報取扱事業者には該当しない。

● その他の定義

個人情報の取扱いに関する定義には、以上のほか、次のようなものもある。

本人とは、個人情報によって識別される特定の個人をいう。

匿名加工情報取扱事業者とは、匿名加工情報データベース等を事業の用に供している者をいう。また、**匿名加工情報**は、個人情報の区分に応じ必要な措置を講じて特定の個人を識別することができないように個人情報を加工して得られる個人に関する情報であって、当該個人情報に含まれる記述等の一部を削除する、個人情報識別番号の全部を削除するといった措置(復元可能な規則性を有しない他の記述に置き換えることを含む)を講じて個人情報を復元できないようにしたものをいう。

練習問題

（解答は296頁）

問1

参照

次の各文章の［　　］内に、それぞれの［　　］の解答群の中から最も適したものを選び、その番号を記せ。

(1) コンピュータウイルスは、一般に、自己伝染機能、潜伏機能及び［　　］機能の三つの機能のうち一つ以上有するものとされている。

［① 免　疫　② 吸　着　③ 分　裂　④ 発　病］

☞178ページ
1　コンピュータウイルスの定義

(2) コンピュータウイルス及びその対策について述べた次の二つの記述は、［　　］。

A　拡張子が.comや.exeで表示されるコンピュータウイルスは、システム領域感染型ウイルスといわれる。

B　ウイルスを検知する仕組みの違いによるウイルス対策ソフトウェアの方式区分において、コンピュータウイルスに特徴的な挙動の有無を調べることによりコンピュータウイルスを検知するものは、一般に、ヒューリスティック方式といわれる。

① Aのみ正しい　② Bのみ正しい
③ AもBも正しい　④ AもBも正しくない

☞178ページ
2　コンピュータウイルスの分類
☞180ページ
2　コンピュータウイルスの感染対策

(3) 有益なプログラムを装って他人のコンピュータに入り込むことにより、プログラムが実行されるとユーザが意図しない悪意を持った動作を行うが、自己増殖活動を行わないプログラムは、一般に、［　　］といわれる。

① ワーム　② マクロウイルス
③ ホットフィックス　④ トロイの木馬
⑤ ランサムウェア

☞178ページ
2　コンピュータウイルスの分類

(4) 社内ネットワークにパーソナルコンピュータ(PC)を接続する前に、事前に社内ネットワークとは隔離されたセグメントにPCを接続して検査することにより、セキュリティポリシーに適合しないPCは社内ネットワークに接続させない仕組みは、一般に、［　　］システムといわれる。

① シンクライアント　② リッチクライアント
③ 検疫ネットワーク　④ 侵入検知
⑤ スパムフィルタリング

☞180ページ
2　コンピュータウイルスの感染対策

問2

次の各文章の［　　］内に、それぞれの［　　］の解答群の中から最も適したものを選び、その番号を記せ。

(1) ポートスキャンの方法の一つで、標的ポートに対してスリーウェイハンドシェイクによるシーケンスを実行し、コネクションが確立できたことにより標的ポートが開いていることを確認する方法は、一般に、［　　］スキャンといわれる。

［① TCP　② UDP　③ SYN
④ FIN　⑤ ウイルス］

☞182ページ
1　ネットワーク攻撃

(2) 発信元のIPアドレスを攻撃対象のホストのIPアドレスに偽装したICMPエコー要求パケットを、攻撃対象のホストが所属するネットワークのブロードキャストアドレス宛に送信することにより、攻撃対象のホストを過負荷状態にするDoS攻撃は、一般に、［　　］攻撃といわれる。

［① リプレイ　② ゼロデイ　③ ブルートフォース
④ スマーフ　⑤ Ping of Death］

☞182ページ
1　ネットワーク攻撃

(3) ネットワーク上での攻撃などについて述べた次の二つの記述は、［　　］。

A　送信元IPアドレスを詐称することにより、別の送信者になりすまし、不正行為などを行う手法は、パケットスニッフィングといわれる。

B　ネットワーク上を流れるIPパケットを盗聴して、そこからIDやパスワードなどを拾い出す行為は、IPスプーフィングといわれる。

［① Aのみ正しい　② Bのみ正しい
③ AもBも正しい　④ AもBも正しくない］

☞182ページ
1　ネットワーク攻撃

(4) バッファオーバフロー攻撃は、あらかじめ用意したバッファに対して［　　］のチェックを厳密に行っていないOSやアプリケーションの脆(ぜい)弱性を利用するものであり、サーバが操作不能にされたり特別なプログラムが実行されて管理者権限を奪われたりするおそれがある。

［① ファイルの拡張子　② 関数呼び出し
③ 入力データの冗長性　④ 入力データの機密性
⑤ 入力データのサイズ］

☞182ページ
1　ネットワーク攻撃

(5) データベースと連携したWebアプリケーションの多くは、ユーザからの入力情報を基にデータベースへの命令文を組み立てている。入力情報のチェックが適切でないと、悪意のあるユーザからの攻撃によってデータベースが不正に利用されることがある。この攻撃は、一般に、[　　　]といわれる。

☞184ページ
2 Webサイト攻撃

[① バッファオーバフロー
② SQLインジェクション
③ クロスサイトスクリプティング
④ OSコマンドインジェクション]

(6) パーソナルコンピュータ(PC)の内部に侵入し、勝手にファイルを暗号化したり、PCをロックしたりして、ユーザが使用できないようにし、使用できるように復元することと引換えに金銭を支払うようにユーザに要求するマルウェアは、一般に、[　　　]といわれる。

☞184ページ
4 不正プログラム

[① アドウェア　② ボットネット
③ ランサムウェア　④ マクロウイルス
⑤ スパイウェア]

(7) コンピュータプログラムのセキュリティ上の脆弱性が公表される前、又は脆弱性の情報は公表されたがセキュリティパッチがまだ無い状態において、その脆弱性を狙って行われる攻撃は、一般に、[　　　]攻撃といわれる。

☞185ページ
7 その他の攻撃手法

[① ブルートフォース　② ゼロデイ
③ バッファオーバフロー　④ DoS]

問3

次の各文章の[　　　]内に、それぞれの[　　]の解答群の中から最も適したものを選び、その番号を記せ。

(1) 暗号方式の特徴などについて述べた次の二つの記述は、[　　　]。

A 共通鍵暗号方式は、公開鍵暗号方式と比較して、一般に、鍵の共有は容易であるが、暗号化、復号処理に時間がかかる。

B ハイブリッド暗号方式は、共通鍵暗号方式と公開鍵暗号方式を組み合わせた方式であり、PGP、SSLなどに用いられている。

☞186ページ
2 共通鍵暗号方式と公開鍵暗号方式
☞188ページ
3 個別暗号方式

[① Aのみ正しい　② Bのみ正しい
③ AもBも正しい　④ AもBも正しくない]

(2) S／MIMEは、[　　　]のセキュリティを確保するためのプロトコルであり、インターネットを介した通信において暗号化機能と認証機能を有している。

［① 電子メール　② 無線LAN
③ ストリーミング　④ リモートログイン
⑤ VPN］

☞188ページ
3　個別暗号方式

(3) 事業所間のインターネットVPNにおけるセキュリティ確保のために用いられる[　　　]は、トンネルモードとトランスポートモードの二つの転送モードを持つプロトコルである。

［① PPP　② PPTP　③ IPsec
④ SSL　⑤ SSH］

☞188ページ
3　個別暗号方式

(4) バイオメトリクス認証では、認証時における被認証者本人の体調、環境などにより入力される生体情報が変動する可能性があるため、照合結果の判定には一定の許容範囲を持たせる必要がある。許容範囲は、本人拒否率と他人受入率を考慮して判定の[　　　]を設定することにより決定される。

［① 3σ　② 標準偏差　③ 確率分布　④ しきい値］

☞190ページ
2　本人認証

(5) PPP接続時におけるユーザ認証について述べた次の二つの記述は、[　　　]。

A　PAP認証では、認証のためのユーザIDとパスワードは暗号化されずにそのまま送られる。

B　CHAP認証は、チャレンジレスポンス方式の仕組みを利用することによりネットワーク上でパスワードをそのままでは送らないため、PAP認証と比較してセキュリティレベルが高いとされている。

［① Aのみ正しい　② Bのみ正しい
③ AもBも正しい　④ AもBも正しくない］

☞190ページ
3　個別認証方式

(6) 認証を要求する複数のシステムが存在する場合、一般に、個々のシステムごとに認証を行う必要があるが、最初に認証を行えば個々のシステムへのアクセスにおいて認証を不要とする機能は、一般に、[　　　]といわれる。

［① RADIUS認証　② ワンタイムパスワード
③ アドレススキャン　④ CHAP認証
⑤ シングルサインオン］

☞190ページ
3　個別認証方式

問4

次の各文章の[　　　]内に、それぞれの[　　]の解答群の中から最も適したものを選び、その番号を記せ。

(1) 公開鍵暗号を用いたセキュリティ基盤であるPKIの仕組みなどについて述べた次の二つの記述は、[　　　]。

☞192ページ
2　PKIシステムの構成

A　利用者は、受け取ったデジタル証明書が有効かどうか、認証局のリポジトリから情報を入手してチェックする。

B　認証局は、申請者の秘密鍵と申請者の情報を認証局の公開鍵で暗号化し、デジタル証明書を作成する。

［① Aのみ正しい　② Bのみ正しい
③ AもBも正しい　④ AもBも正しくない］

(2) デジタル署名などについて述べた次の記述のうち、誤っているものは、[　　　]である

☞194ページ
2　デジタル署名とは

① デジタル署名を用いると、悪意のある第三者による送信データの改ざんの有無と送信者のなりすましを確認することができる。

② デジタル署名には、送信者がデータを送信したことを、後になって否認することができなくする否認防止の機能がある。

③ 通信内容の秘匿に公開鍵暗号方式を使用する場合は、受信者の公開鍵と秘密鍵が用いられ、デジタル署名に公開鍵暗号方式を使用する場合には、送信者の秘密鍵と公開鍵が用いられる。

④ デジタル署名では、送信者の公開鍵が漏洩(えい)すると、なりすましやメッセージの改ざんの危険が発生する。

(3) ファイアウォールなどについて述べた次の二つの記述は、[　　　]。

☞196ページ
1　ファイアウォールの機能
2　ファイアウォールの分類

A　ファイアウォールには、一般に、NAT機能が実装されており、NAT機能を用いることにより、組織の外部に対して組織の内部で使用している送信元IPアドレスを隠蔽することができる。

B　ネットワーク層とトランスポート層で動作し、パケットのIPヘッダとTCP／UDPヘッダを参照することで通過させるパケットの選択を行うファイアウォールは、一般に、アプリケーションゲートウェイ型といわれる。

［① Aのみ正しい　② Bのみ正しい
③ AもBも正しい　④ AもBも正しくない］

(4) 侵入検知システム(IDS)について述べた次の二つの記述は、［　　］。

A　ネットワークに流れるパケットを捕らえて解析することにより、攻撃の有無を判断する侵入検知システムは、一般に、ホスト型IDSといわれる。

B　IDSの検知アルゴリズムとして、過去の統計やユーザが行う通常の行動の傾向を記録しておき、そのデータから大きく外れた行動を検出することにより、未知の攻撃を検知することができるアノマリベース検知といわれるものがある。

① Aのみ正しい　② Bのみ正しい
③ AもBも正しい　④ AもBも正しくない

☞198ページ
2　IDSの分類
3　IDSの侵入検知方式

(5) VPNについて述べた次の二つの記述は、［　　］。

A　VPNは、企業の各拠点相互をLAN間接続する場合や、移動中や遠隔地のパーソナルコンピュータからインターネット経由で企業のサーバにリモートアクセスする場合などに用いられる。

B　VPNに用いられるIPsecの通信モードには、送信するIPパケットのペイロード部分だけを暗号化するトランスポートモードと、IPパケットのIPヘッダ部まで含めて暗号化するトンネルモードがある。

① Aのみ正しい　② Bのみ正しい
③ AもBも正しい　④ AもBも正しくない

☞200ページ
1　インターネットVPNの構成
2　インターネットVPN技術

(6) PPPの認証機能を拡張し、IEEE802.1X規格を実装してセキュリティを強化した利用者認証プロトコルは、［　　］といわれ、無線LAN環境におけるセキュリティ強化などのためのプロトコルとして用いられている。

① CHAP　② LDAP　③ SMTPAUTH
④ NAPT　⑤ EAP

☞202ページ
1　端末認証

(7) 無線LANのセキュリティについて述べた次の二つの記述は、［　　］。

A　WEPは通信の暗号化にAESを用いており、暗号鍵を一定時間おきに動的に更新できる。

B　IEEE802.11iでは、通信の暗号化にTKIPやAESを用いること、および端末の認証にIEEE802.1Xを用いることを定めている。

① Aのみ正しい　② Bのみ正しい
③ AもBも正しい　④ AもBも正しくない

☞202ページ
2　暗号化

問5

次の各文章の[　　]内に、それぞれの[　　]の解答群の中から最も適したものを選び、その番号を記せ。

(1) 情報セキュリティポリシーに関して望ましいとされている運用方法などについて述べた次の記述のうち、誤っているものは、[　　]である。

☞204ページ
2 情報セキュリティポリシーの構成

① 情報セキュリティポリシー文書の体系は、一般に、基本方針、対策基準及び実施手順の3階層で構成され、基本方針をポリシー、対策基準をスタンダードと呼ぶこともある。
② セキュリティポリシー文書の最上位である基本方針は、一般に、経営者や幹部だけに開示される。
③ 対策基準は、基本方針に準拠して何を実施しなければならないかを明確にした基準であり、実際に守るべき規定を具体的に記述し、適用範囲や対象者を明確にするものである。
④ 情報セキュリティポリシー文書は、見直しを定期的に行い、必要に応じて変更する。また、変更した場合にはその変更内容の妥当性を確認する。

(2) 端末設備の工事などに関連して知り得た個人情報の保護については、法律などの規定に基づいて適正に行う必要がある。個人情報保護法で規定されている個人情報について述べた次の記述のうち、正しいものは、[　　]である。

☞208ページ
2 個人情報の定義

① 防犯カメラに記録された本人が判別できる映像情報は、一般に、個人情報に該当しない。
② 個人情報は、いわゆるプライバシー情報のことである。
③ 名刺は、本人の意志により他者に手渡しされるのが一般的であり、名刺に記載された情報は個人情報に該当しない。
④ 生存していない個人に関する情報は、一般に、個人情報に該当しない。
⑤ 顧客コードのように記号や数字の配列にすぎない情報は、一般に、個人情報から除外される。

6

接続工事の技術および施工管理

配線工事を行い端末機器を設置する場合、まず法令等で規定されている技術基準や施工管理基準に適合するような工事を行わなければいけない。また、適切な配線工事を行うためには、ケーブル等を布設する場所の選定をはじめ、用途に合わせた部材の使用、設置場所に適した施工上の手順等を習得する必要がある。

ここでは、端末設備の接続工事を行うにあたっての各種配線材料、配線工法、工事試験、工程管理・安全管理等について学習する。

1 加入者線路設備

1-1 加入者線路設備の概要、線路用ケーブル

1. 加入者線路設備の概要

事業用電気通信設備のうち、**加入者線路設備**は、収容局（設備センタ）内にあるMDF（主配線盤：Main Distributing Frame）から饋（き）線ケーブル、配線ケーブル、屋外線を通じて利用者が設置する端末設備との接続分界点まで（アクセス区間）の線路をいう。

(a)饋線ケーブル

配線ケーブルの収容局寄りの最初の配線柱等と収容局を結ぶケーブルをいう。各配線ケーブルを集めて収容局に引き込むので、収容局に近くなるに従って多対になる。

(b)配線ケーブル

単位区画内の加入者を収容するケーブルをいう。

2. 加入者線路用ケーブル

一般に、CCPケーブルが用いられるが、用途に応じ次のような種類がある（図2）。

(a)地下饋線ケーブル

地下管路等に収容する饋線ケーブルで、市内CCP（Color Coded Polyethylene）と、市内PEC（Color Coded Foamed Polyethylene Insulated Conductor）ケーブルがある。

・市内CCPケーブル

心線の絶縁被覆にポリエチレンを用いたケーブル。心線被覆が着色されているため識別が容易であり、敷設作業や保守作業を効率的にしている。外被（シース）にポリエチレンを用いたCCP-Pケーブルや、ポリエチレンシースの内側にアルミラミネートテープを施したCCP-APケーブルなどがある。

・市内PECケーブル

市内線路の地下区間での使用を前提として開発されたケーブル。心線の絶縁被覆に**発泡ポリエチレン**[*1]を採用し、伝送特性および漏話特性の向上が図られている。心線の細径化により多対化を実現し、絶縁被覆の色により識別が容易にできる、心線4条を平等に撚（よ）り合わせた星形カッドを構成することで小径化を図り、さらに5カッドを撚り合わせて10対サブユニット構成とし、サブユニットを集めてユニットを構成すること等により、敷設作業や保守作業を効率化している。外被は心線をアルミテープ（アルミラミネートシース）で覆い、その外側をポリエチレンで保護するLAP（Laminated Aluminum Polyethylene）構造になっている。これにより、優れた遮蔽（へい）性能、機械的強度、耐水性および耐候性を実現している。

(b)引き上げケーブル

饋線ケーブルと配線ケーブルとを結び地下線路から架空線路へ引き上げる部分に使用される。ガス隔壁付きCCP-LAPケーブルがある。

(c)架空ケーブル

電柱などに架設されるケーブルのことで、**CCPケーブル**が用いられるが、吊架用支持線等の別があり、自己支持形ケーブル（SSケーブル）と丸形ケーブルに大別される。**自己支持形ケーブル**は、軟銅線でできたケーブル心線と亜鉛めっき鋼撚り線などの支持物をポリエチレンで共通被覆したもので、架設時の作業性がよい。ただし、断面が瓢箪形であるため風の強い場所に架設されると翼の原理などにより上下に揺れるダンシングが生じやすく、金属疲労を起こしてケーブルが破断するおそれがあるので、10に1回程度の捻（ねん）回が必要になる。このため、強風地域では**丸形ケーブル**が用いられていることが多い。また、鳥虫獣害対策用には、波付加工されたステンレスラミネートテープで補強しポリエチレンで被覆した外被構造をとるCCP-HSケーブルを用いる。

(d)地下配線ケーブル

一般に、CCPケーブルのケーブルコアの間隙部分に防水混和物を充填することにより、外被に損傷を受けても浸水部分が広がらない構造とし、防水性を高めたCCP-JFケーブルが用いられる。

(e)MDF内のジャンパ線

すずめっき軟銅線を耐燃性に優れるPVC（ポリ塩化ビニル）で絶縁被覆した電線を用いる。

図1　加入者線路設備の概要

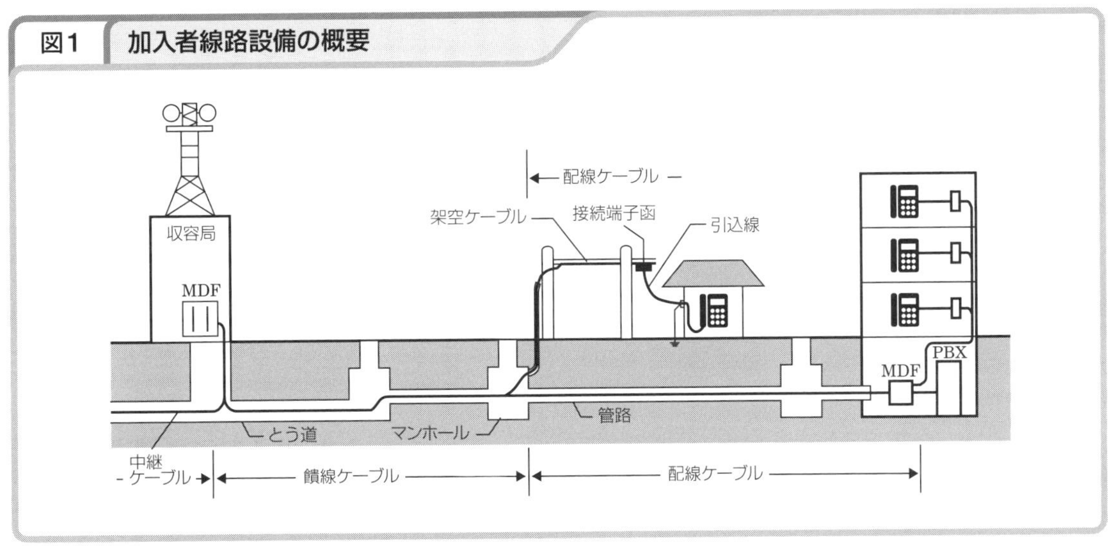

図2　加入者線路用ケーブルの種類

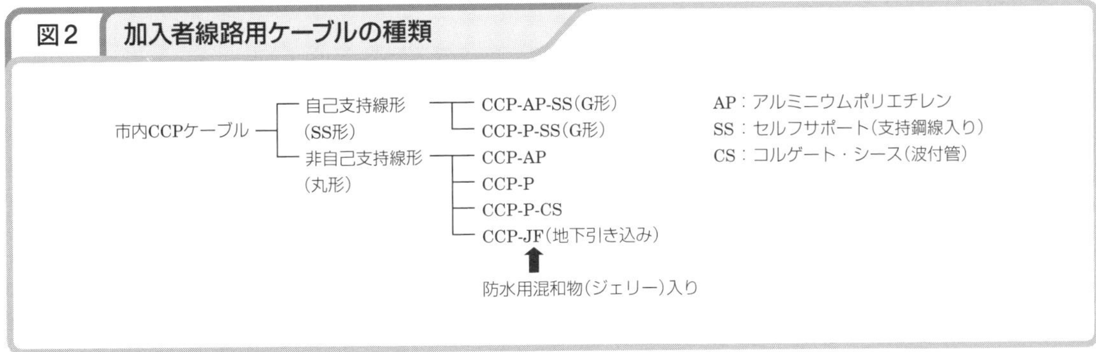

図3　CCPケーブル

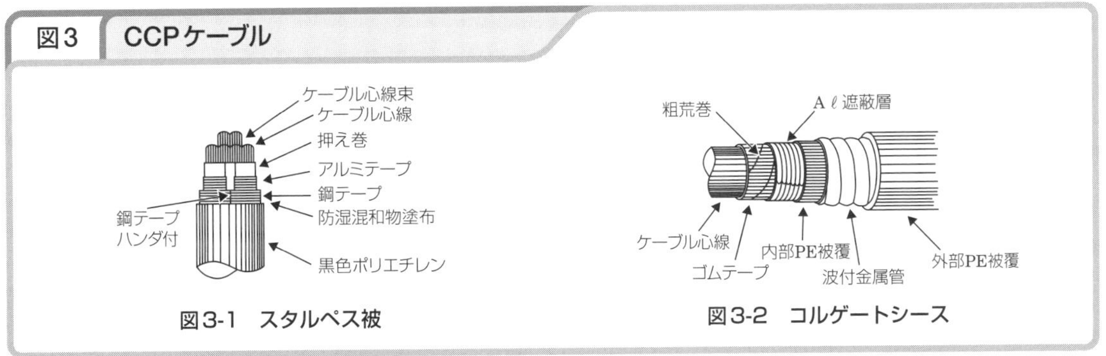

図3-1　スタルペス被　　図3-2　コルゲートシース

＊1　**発泡ポリエチレン**：ポリエチレン内に気泡を含ませたもの。充実形（気泡などがなく中身が詰まっているもの）に比べて誘電率が小さいため、被覆厚を薄くしても静電容量を十分小さくすることができ、心線の細径化に役立つ。泡の量が増えるほど比重および誘電率を減少させることができるが、機械的強度は低下していくことから、用途に応じて適切な発泡率が決められている。

1-2 信号劣化対策

1. 誘導対策

電気通信に対して誘導妨害を起こす主な誘導源には、電力線、電気鉄道などの強電流施設、放送波などがある。

(a)強電流施設による誘導妨害

架空メタリックケーブルなどの通信線が電力線や交流電気鉄道などの強電流施設と接近・平行して設置されていると、通信が妨害される場合がある。強電流施設による誘導には、静電誘導と電磁誘導がある。

静電誘導は、電圧成分を誘導源とする現象で、正の電荷と負の電荷が互いに引き寄せられることにより発生する。通信線が電力線に近接している場合、静電誘導により雑音が発生することがある。静電誘導では通信線が電力線から数十m以上離れるとほとんど問題とならず、また、通信線の近傍に接地された遮蔽(へい)線を施設するか、通信線の金属遮蔽層を接地することにより、軽減できる。

一方、**電磁誘導**は、電流成分を誘導源とする現象で、電力線を流れる電流により生じた磁界が通信線に電圧を誘起する。静電誘導と比較して、一般に通信線に与える影響範囲が広く、かつ、対策も困難である。電磁誘導を軽減する対策としては、通信線と電力線との距離を離すこと、通信線と電力線との交差部分をできる限り直角にすることにより相互インダクタンスを減少させる方法、アルミ被誘導遮蔽ケーブルを使用することにより遮蔽係数を減少させる方法などがある。

(b)放送波による誘導妨害

出力の大きい中波放送(いわゆるAMラジオ放送)設備などが近傍にあると、放送波が直接通信機器へ侵入することや、架空線、引込線などのメタリックケーブルがアンテナとなって通信線へ電流が流れることがある。通信機器へ直接侵入する電波や、通信線から通信機器へ侵入する電流が大きい場合には、雑音が生じ、通話妨害や*SN*比の低下による伝送品質の劣化を引き起こしたり、画像の乱れや通信機器の誤動作・故障が発生することがある。これらの原因となる電波、電流等をノイズという。これらノイズの要因は放送波のほかに、インバータ制御の家庭電気製品の電源、携帯電話や無線LANなどがある。

ノイズの対策には、中波放送波などの侵入に対して、発生源、周波数、侵入経路を特定し、コンデンサにより誘導成分を大地に逃がす方法があり、ISDN回線に対しては、信号形式に対応した専用のフィルタを挿入する方法がある。

2. 漏話対策

アクセス系設備のメタリック平衡対ケーブルでは、ケーブル構造の不完全性に起因する各心線間の静電容量不平衡による静電結合および相互インダクタンスによる電磁結合によって漏話が生ずる。音声周波数帯域での漏話は静電結合によるものが大部分であるが、高周波帯域では電磁結合による漏話がかなり大きくなる。これに対して、同軸ケーブルにおいては、近接効果などにより、周波数が高くなるほど隣接したケーブルへの漏話電流が低減する。

メタリック平衡対ケーブルにおいて漏話を軽減する方法として、各対の2本の心線を撚(よ)る方法が最も基本的である。このとき、隣接する対どうしで**撚りピッチ**[*1]**を変える**と、撚りピッチを同一にした場合と比較して大きな軽減効果が得られる。

さらに、4心の導体を正方形に配列し共通の軸回りに一括して撚り合わせる**星形カッド**により静電容量の不平衡を小さくして静電結合を少なくする方法や、心線導体の絶縁体としてポリエチレンに気泡を含ませた**発泡ポリエチレン**を用いて絶縁体の誘電率を下げ心線間の静電容量を小さくする方法などが有効である。

3. 伝送損失対策

メタリック平衡対ケーブルの音声伝送帯域での伝送損失(減衰量)を小さくするためには、次の方法が有効である。

- ・導体の電気抵抗を減少させる。
- ・対撚りの2本の導体間の漏れコンダクタンスを減少させる。
- ・対撚りの2本の導体間の静電容量を減少させる。
- ・対撚りの2本の導体の自己インダクタンスを増加させる。

メタリック平衡対ケーブルでは、通信線の心線導体の抵抗が大きいほど伝送損失が大きくなる。導体の抵抗は、その長さに比例し、断面積に反比例するので、通信線のように長さを変更することができないものの場合は、心線導体径を太くすることで抵抗を小さくし、伝送損失を小さくすることができる。また、単位長さ当たりの心線導体間の静電容量は、心線導体径が太いほど大きくなるが、低い周波数帯域ではそれほど問題とならない。したがって、4kHz程度までの音声周波数帯域では損失の増加は緩やかであり、導体径を太くする方法が有効である。このため、設備センタから遠い区間では、近い区間に比べて心線導体径が太いケーブルが適用される。

ところが、100kHzを超えると、**表皮効果**による抵抗の増加と心線間の静電容量やコンダクタンスの影響などにより、損失は急激に増加する。したがって、高周波帯域を使用するISDNなどの伝送路では、導体径を太くすることによる伝送損失の低減効果が小さくなる。

また、メタリック平衡対ケーブルの2本の心線が近接している場合、周波数が高くなるほど、**近接効果**により電流の密度分布が偏るため、実効抵抗値が大きくなり、伝送損失が大きくなる。

図1　静電誘導

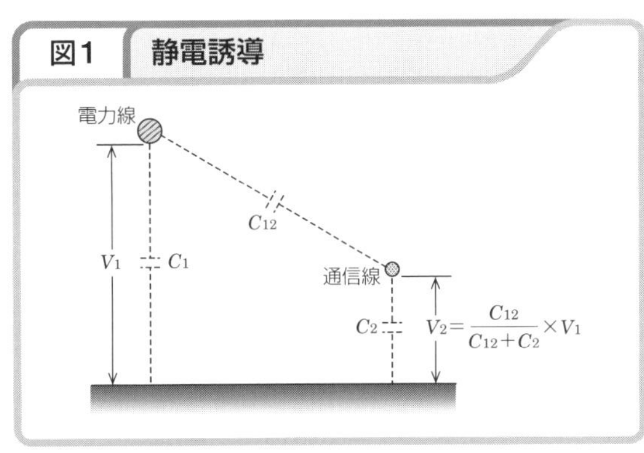

図2　電磁誘導

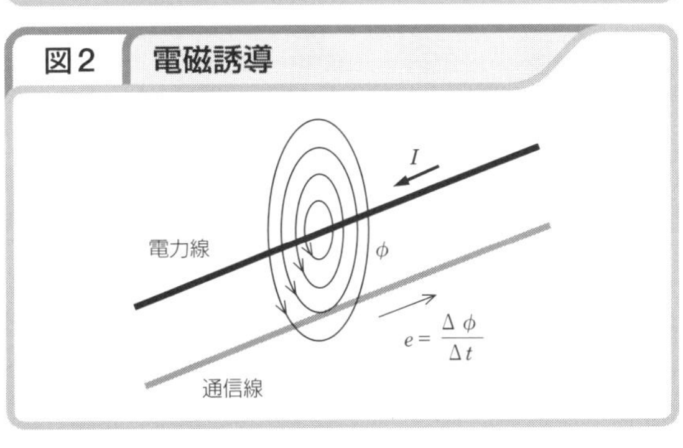

図3　撚りピッチ

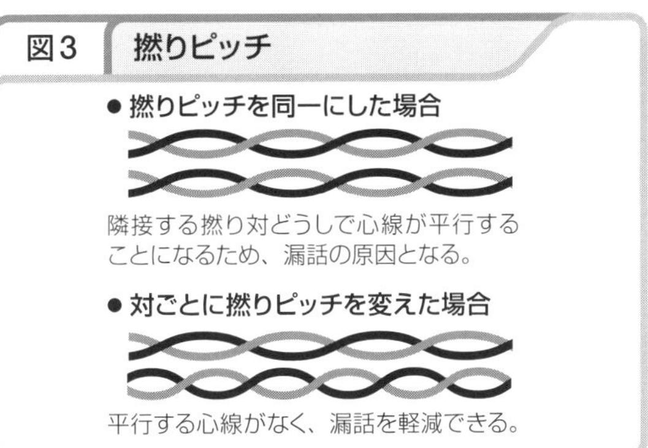

図4　表皮効果と近接効果

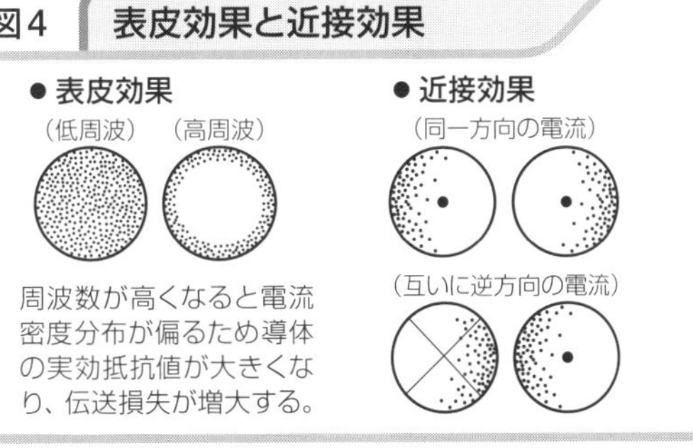

＊1　**撚りピッチ**：心線を一巻きするのに要するケーブル長手方向の距離をいう。

2 アナログ端末設備・ISDN端末設備の設置工事

2-1 屋内配線用品

1. 屋内配線材料

(a)使用するケーブルの種類

アナログ電話端末設備の屋内配線には、デジタルサービスの提供も可能とするため、心線配列を対撚り構造とすることにより漏話雑音・誘導雑音等の面で電気的特性が優れている**対形屋内線**が用いられるほか、心線配列は並列構造であるがラミネートアルミテープの外被(ラミネートシース)採用等により漏話が抑制される等電気的特性の向上を図った**通信用フラットケーブル**が使用されている。

通信用フラットケーブルは、偏平で折曲げや途中分岐が自在にできるため、事務室内のレイアウト変更や端末装置の移動に柔軟に対応できる。心線配列の構造が特殊であることから、長期間完全な状態を維持できるよう配線を機械的に保護する用品が用意されている。

(b)耐燃PEシースケーブルによる環境対策

屋内配線では、従来、絶縁度が高く、柔軟性および加工性に富み、難燃性のあるポリ塩化ビニル(PVC)ケーブルが用いられてきた。しかし、近年、環境や資源の有効利用などに対する意識が高まってきているため、配線材料に日本電線工業会規格(JCS)のエコケーブルの**耐燃PEシース(耐燃性ポリエチレンシース通信用構内)ケーブル**が用いられることが多くなってきている。

耐燃PEシースケーブルは、外被がポリエチレン(PE)系材料に統一され、重金属などが含まれていないため、リサイクル性が良い。また、燃焼時に有害なハロゲンガスやダイオキシン、腐食性ガスなどは発生しない。このように、環境への負荷や人体への影響が改善されている。

一方、質量や外径、許容曲げ半径、許容張力などはPVCケーブルと同等であるが、外被が硬いため施工性が悪くなる。また、ケーブルの引入れ時などに配管、ラックの角などで擦られて痕が白く残る**白化現象**が起きやすい。ただし、白化現象は外観上の問題であり、電気的・機械的特性には影響しないため、早期に張り替える必要はない。敷設作業による白化を防ぐには、ケーブル入線剤(滑剤)を利用するとよい。なお、耐燃PEシースケーブルが変色する現象には、コンパウンド材(成形材料)に含まれる水酸化マグネシウム(難燃剤)が空気中の二酸化炭素と反応して生成する炭酸マグネシウムによる白化や、フェノール系酸化防止剤が黄色またはピンク色に変色する**ピンキング**などの経年変化があり、炭酸マグネシウムに潮解性(空気中の水分を吸収してその吸収した水分に溶解する性質)があるものの、これらはケーブル表面上の現象であることから、材料物性への影響は小さい。

2. 屋内配線補助用品(図1)

(a)ブッシング

配管出口の先端に取り付けるもので、配管内にケーブルを通す際に、引込口や引出口でケーブルに損傷を与えないようにする。

(b)フロアボックス

床下の配管から屋内線を引き出すため、床に埋め込んだ形で取り付けられたボックス。

フロアボックスから屋内線を床面配線する場合は、アウトレット部分にフリーレットを取り付け、これにワイヤプロテクタ(床面に敷設する屋内線を機械的に保護するためのカバー)を接続する。

(c)アウトレットボックス

床以外の場所に埋め込まれた配管から屋内線を引き出すため、天井、壁、柱に埋め込んだ形で取り付けられたボックス。

(d)ジャンクションボックス

床に埋め込まれたフロアダクト相互およびダクトと配管を接続する箇所に設けるボックス。鋼製のものが一般的である。

(e)ケーブルダクト

角形または梯形断面の鋼板製樋で、各種電線を床下配線できるよう設備する配管設備用品。

一般に、長さ3mと3.6mのものが普及しており、必要に応じてジャンクションボックスを用いて延長する。また、600mm間隔に電線引出孔があり、そこから電線を引き出せる。

(f)フラットプロテクタ

偏平で柔軟性のある通信用フラットケーブルを床面に敷設する場合に、上面を覆いケーブルを機械的に保護する。柔軟性があり、フロア面を損傷することなく容易に撤去できるよう考慮されている。長尺であるため巻いた形で保存され、所要の長さに裁断して用いる。フロア面への固定には両面接着テープを用いる。

(g)フロアクリップ

アンダカーペット工法に用いる用品で、ケーブルを立ち上げる箇所で立上げ部を固定する。

(h)ケーブルパス

アンダカーペット工法に用いる用品で、フロアクリップと組み合わせて用い、床面から立ち上げたケーブルを機械的に保護する。

図1　各種配線補助用品

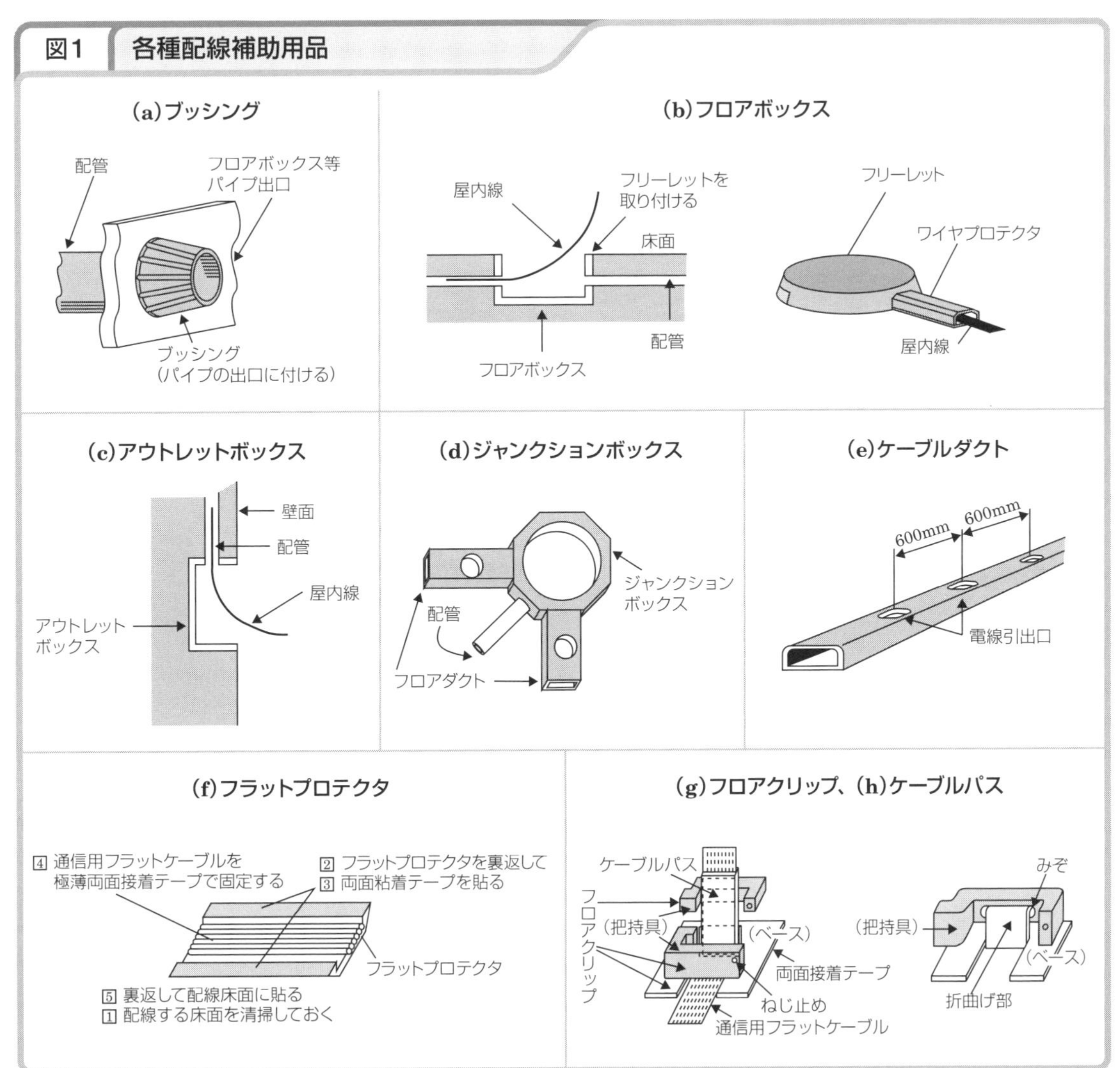

2-2 屋内配線工法

1. フロア配線工法

(a)セルラダクト方式

事務所内などの配線工事において、図1のように建物の床型枠材として用いられる波形デッキプレートの溝部を、カバープレートで閉鎖して配線用ダクトとして用いる配線方式。配線ルートおよび配線取出し口を固定できる場合に適用される。

(b)フリーアクセスフロア

OAフロアともいい、床のスラブ上に足付きのパネルなどを敷き詰め、スラブとパネル間の空間を使って自由度の高い配線を行う方式。

・置敷溝配線床方式（ネットワークフロア）

図2のように、配線溝が形成されているコンクリート製パネルを直接床の上に置く方式。耐久性や歩行感は比較的良好である。

・支持脚調整式簡易二重床方式

図3のように、高さ調整が可能な支持脚を立て、その上に床パネルを敷きつめる方式。配線容量が最も多い。この方式では、支持脚部分において、ケーブルにキンク（「く」の字状に曲がってしまうこと）などが発生しやすいため、一般に、ケーブルを電線保護管に収容し、その電線保護管を固定するなどして、ケーブルに無理な圧力や張力が加わらないように配線する。

(c)通信用フラットケーブルの工法

できるだけ直線上に配線できるようにルートを選択し、捻(ねじ)れのない状態で敷設する。

・フラットプロテクタ工法

ビニタイルフロア等における比較的小規模な配線の工法である。この場合、配線用補助用品を用い、機械的な強度が弱い通信用フラットケーブルを保護する必要がある。

・フロアダクト工法

図4のように、鋼製のケーブルダクトをコンクリート製の床スラブに埋設する工法。コンセント回路などの電力供給、電話、OA配線など通信・情報配線に用いる。埋設されたケーブルダクトからの電線およびケーブルの配線を引き出すには、**600mm(60cm)間隔**で取り付けてあるインサートスタットから行う。ケーブルダクトの一般的な設置形態には、床下に電力用のケーブルダクトと通信用のケーブルダクトを埋め込んだ2ウェイ方式や、電力用・電話用・情報用のそれぞれのケーブルダクトを埋め込んだ3ウェイ方式などがある。

・アンダーカーペット工法

通信用フラットケーブルの形状・柔軟性を生かし、カーペット下に隠蔽(へい)配線する工法。配線が隠蔽されているため、大重量の事務機器等を不用意に置くと、心線断、被覆損傷などの危険がある。

2. 接地工法

ボタン電話装置およびPBXの設置工事において、主装置の筐(きょう)体には「電気設備技術基準の解釈」で規定されている**D種接地工事**を施す。

D種接地工事は、主に感電防止を目的としたもので、原則として、接地抵抗を**100Ω以下**とし、接地線に引張強さ0.39kN以上の容易に腐食し難い金属線または直径1.6mm以上の軟銅線等を使用しなければならない。一般に、接地線としてJIS C 3307で規定されている**IV線**[*1]で、被覆の色が**緑**のものを使用する。

ボタン電話装置およびPBXにおける具体的な接地工事の方法としては、主装置に接続した接地線を建物の接地端子に接続する方法が一般的である。また、D種接地工事を施したケーブルラック[*2]に接続することもある。さらに、鉄骨造、鉄骨鉄筋コンクリート造または鉄筋コンクリート造の建物においては、その鉄筋、鉄骨その他の金属体を接地極に使用できる場合もある。ただし、ガス管は火災や爆発事故の原因となるので接地極にすることは禁止されている。水道管については、地中に埋設された金属管で3Ω以下の接地抵抗を保っている場合は水道局の許可を得て接地極に使用することができるが、現在はほとんどの水道管が塩化ビニル管に置き換わっているため、水道管を接地極とすることは現実的でなくなっている。

3. 配線用図記号

工事設計図面に使用する電話・情報設備用の配線用図記号は、JIS C 0303で規格化されている。表1はその一部を抜粋したものである。

図1　セルラダクト方式

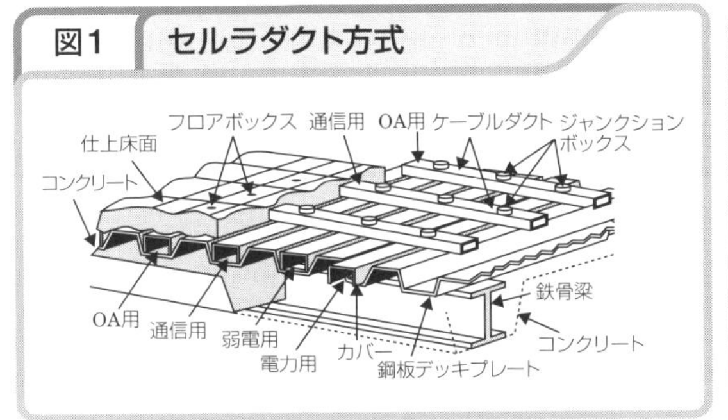

図2　置敷溝配線床方式

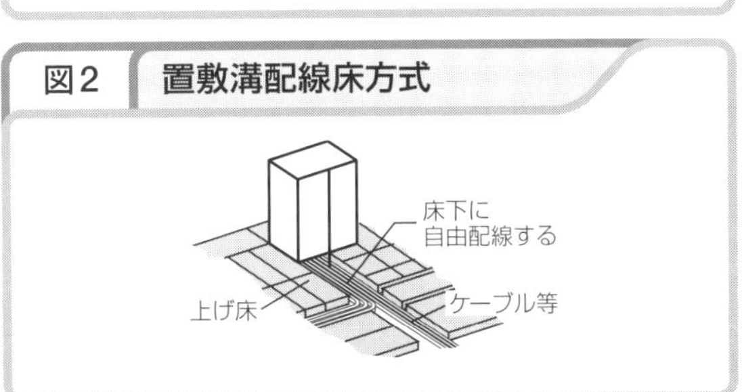

図3　支持脚調整式簡易二重床方式

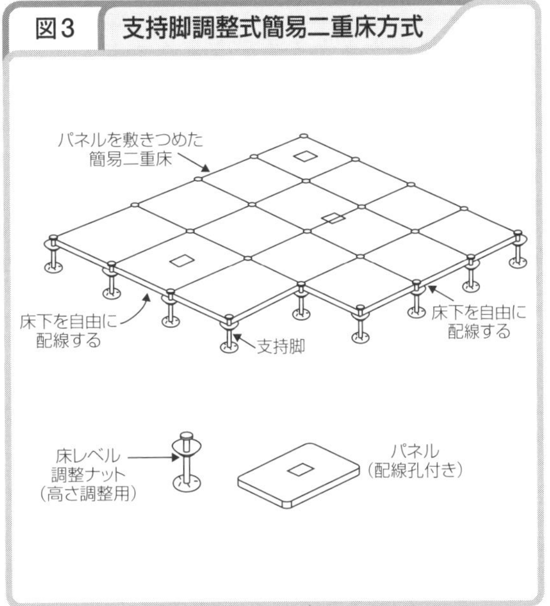

図4　フロアダクト工法

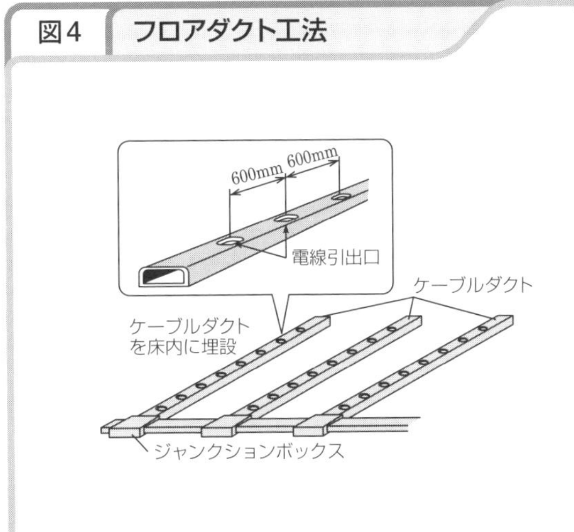

表1　配線用図記号(JIS C 0303より抜粋)

図記号	説明	図記号	説明
Ⓣ	内線電話機(ボタン電話機の場合「BT」を傍記)	⊡	保安器(集合保安器の場合「実装／容量」を傍記)
◎T	加入電話機	⊟	端子盤(「対数／容量」を傍記)
▭	ボタン電話主装置	●	電話用アウトレット
⊠	交換機	◐	情報用アウトレット
⌼	転換器	◇	複合アウトレット

*1　**IV (Indoor PVC) 線**：600V以下の主に一般電気工作物や電気機器の配線に用いる塩化ビニル樹脂を主体としたコンパウンドで絶縁された単心の絶縁電線。被覆に用いられているPVCは、PEと比較して、一般に、誘電率は大きいが耐燃性に優れており、MDF内での配線に用いるジャンパ線の心線被覆などに使用されている。被覆の色は、心線導体が軟銅の場合は黒・白・赤・緑・黄・青の6色とされ、心線導体が硬銅の場合は黒・白・黄の3色とされている。

*2　**ケーブルラック**：電力線や通信線などに用いる大量のケーブル類を整理して敷設するための金属製の機材である。配管工事等に比べて施工性がすぐれている。

2-3 PBXの機能確認試験

1. ページング試験

内線から特定番号をダイヤルすることにより放送設備に接続され、スピーカから音が出ることを確認する。

2. 内線キャンプオン試験

内線Aと内線Bを通話状態にしておき、内線電話機Cから内線Bを呼び出す。すると、内線電話機Cには話中音が聞こえる。そこで、内線電話機Cからフッキング等所定の操作をしてオンフックする。内線電話機Bでオンフックすると、内線電話機Bおよび内線電話機Cのベルが鳴動する。

3. アッドオン(3者通話)試験

内線Aが内線Bまたは外線と通話中のとき、内線電話機Aでフッキングなどの操作をした後、内線Cを呼び出し、内線Cとの通話を確認後、フッキングなどの操作により3者通話が正常に行われることを確認する。

内線電話機Aから内線Bとの通話を確認した後、内線電話機Aでフッキングすると、内線電話機Aに第2発信音、内線電話機Bに保留音が聞こえる。次に、内線電話機Aから内線Cの番号をダイヤルすると内線電話機Aに呼出音が聞こえ、内線電話機Cのベルが鳴動する。この後、内線電話機Cでオフフックすると内線Aと内線Cが通話状態となり、さらに、内線電話機Aでフッキングすれば、3者通話を開始できる。

4. ハンドオーバ(ハンドオフ)試験

システム内に登録されているコードレス電話機(子機)で移動しながら通信を行った場合、通信中の接続装置から最寄りの接続装置の回線に切り替えながら通話が継続できることを確認する。

5. コールピックアップ試験

内線電話機Aから内線Bを呼び出し、内線電話機Bが鳴動しているときに、内線Bと同一グループの内線電話機Cでオフフックし、機能ボタンを押下もしくは特定番号をダイヤルすると、内線Aと内線Cが通話状態になることを確認する。

コールピックアップとは、顧客の要求するグループ内の他内線への着信呼に対し、特定番号をダイヤルすることで応答できるいわゆる「代理応答」の機能をいう。

6. コールウェイティング試験

内線Aが内線Bと通話中に、外線着信があると、着信通知音が聞こえ、内線電話機Aでの転送ボタン押下などにより、その外線着信呼に応答して外線通話状態となり、内線Bとの通話呼は保留状態になることを確認する。さらに、内線電話機Aで転送ボタンなどを押下するごとに通話呼と保留呼を入れ替えて通話できることを確認する。

7. オートレリーズ試験

外線中継台で着信信号を受信中に発信者が呼を途中放棄することにより、外線からの着信信号を一定時間(約3秒)以上受信しなくなった場合に、中継台に表示されていた着信表示が消え、ブザーなどが自動的に停止することを確認する。

8. ACD試験

着信呼が、前回の通話が終了してからの待機時間が長い順に着信する、設定したリスト順に着信する、ランダムに着信するなど、空いている受付台に均等に配分されるようあらかじめ設定しておいたルールに従って順次着信することを確認する。

図1　ページング試験

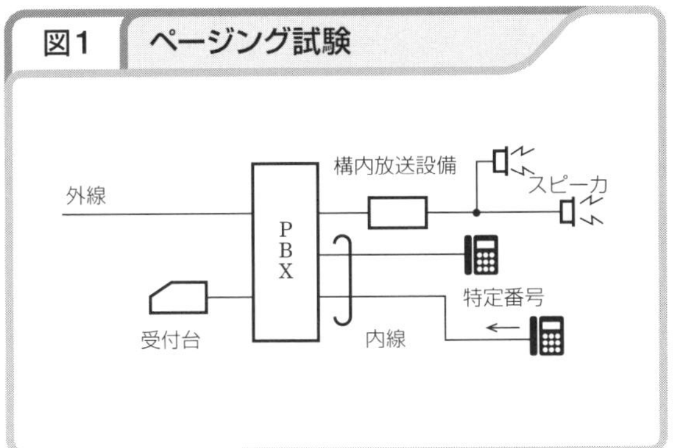

図5　コールピックアップ試験

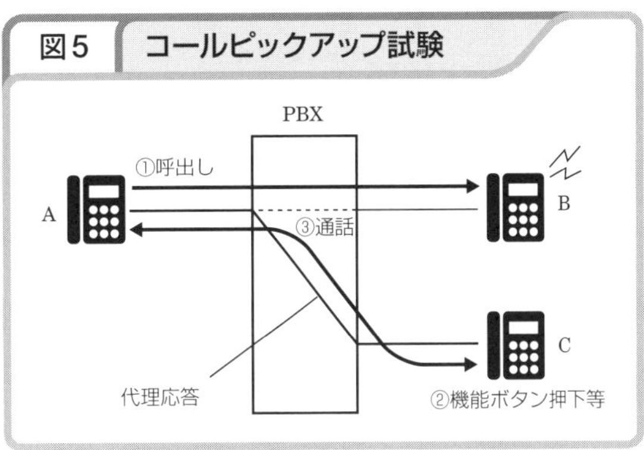

図2　内線キャンプオン試験

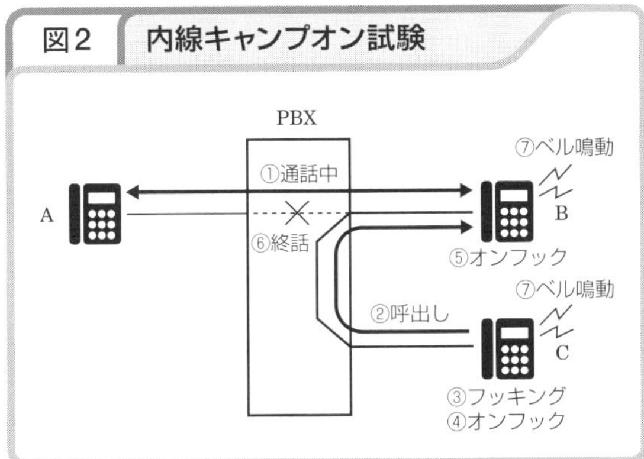

図6　コールウェイティング試験

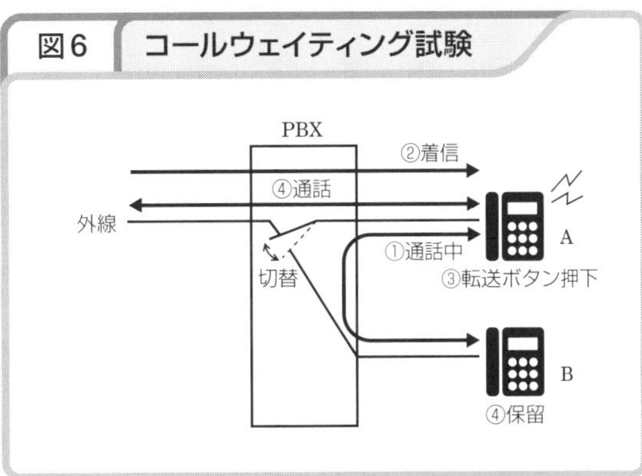

図3　アッドオン(3者通話)試験

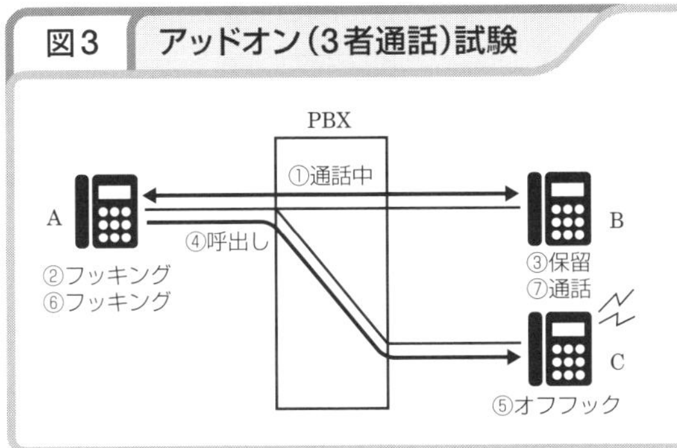

図7　オートレリーズ試験

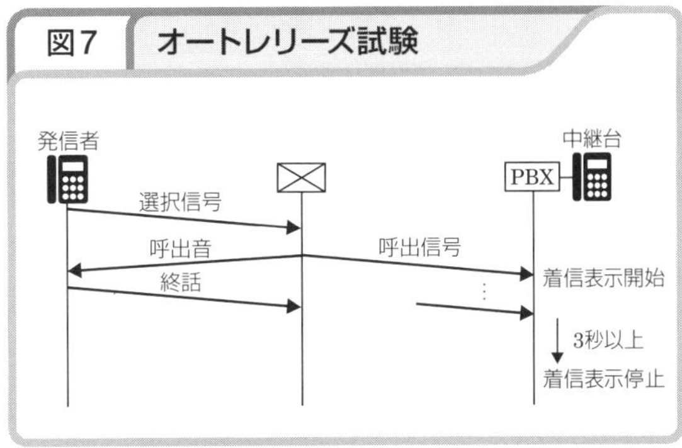

図4　ハンドオーバ(ハンドオフ)試験

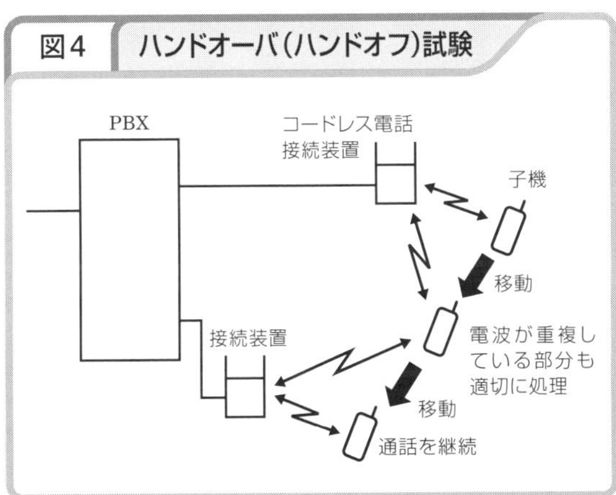

図8　ACD試験

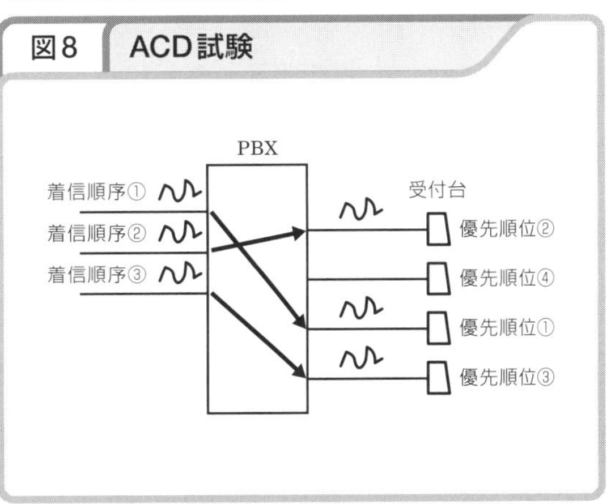

9. 簡易転送試験

内線電話機Aで外線着信の応答を行った後、転送先内線Bを呼び出し、内線電話機Bが応答する前にオンフックすることにより、内線Bが自動的に外線と接続されることを確認する。また、内線Bが一定時間不応答の場合は、内線Aを再呼び出しすることを確認する。

10. コールトランスファ試験

内線Aと内線Bが通話しているときに、内線電話機Bでフッキング等により内線Aとの通話を保留して、内線Cを呼び出した後、オンフックすることにより内線Aと内線Cが通話状態になることを確認する。

11. ダイヤルイン試験

外線からPBX内線へ受付者を介さずダイヤルで接続する方式には、公衆網番号形ダイヤルイン(PBXダイヤルイン)と付加番号形ダイヤルイン(ダイレクトインダイヤル)がある。

(a)公衆網番号形ダイヤルイン

内線に加入電話と同様の形式の電話番号が付与され、収容局とPBXとが連携動作して直接内線に接続する。外線から所定の電話番号により電話をかけ、その電話番号に対応する内線に着信することを確認する。

ISDNからのダイヤルインの着信に関しては、呼が指定した内線に着信することにより、番号変換テーブルのデータ設定が正しく行われていることを確認する。

(b)付加番号形ダイヤルイン

外線着信によりPBXがいったん応答した後、発信者がPB信号で着信先をダイヤルすることにより指定内線に着信し、応答すると2者通話状態になることを確認する。

12. IVR試験

外線からの着信に自動音声で応答すること、および音声ガイダンスどおりに接続先や情報案内などを選択し、プッシュボタンを操作することにより、所定の動作が正常に行われることを確認する。

13. 外線発信規制試験

通常、サービスクラスが「甲」(市内通話および内線通話が可能)の内線電話機から“0”をダイヤルし、続いて市外番号等をダイヤルして、PBXから送出された話中音を確認する。

たとえば、図13-1の電話機A、B、Cにおいて、図13-3の例のように発信サービスクラスを設定しておく。まず、電話機Aでオフフックし、ダイヤル“0”により収容局発信音(DT)を聞く。次に“0”をダイヤルすると無音となることを確認する。さらに、“01”をダイヤルしても無音であることを確認する。次いで、電話機Bでオフフックし、ダイヤル“0”により収容局DTを聞く。次に“0”をダイヤルすると無音となり、さらに“1”をダイヤルすると話中音となることを確認する。電話機Cでオフフックし、ダイヤル“0”により主要局DTを聞き、“0”をダイヤルすると話中音が聞こえることを確認する。

また、サービスクラスが「乙」(内線通話のみ可能)の内線電話機では、通常、“0”をダイヤルし、話中音を聴くことにより確認することができる。

14. 回線捕捉順位確認試験

捕捉(そく)試験とは、任意の内線から、PBXを構成する各種機器に、PBXを通して、その全数に接続することを確認できる試験である。

外線接続確認において、試験対象の全回線が空きの状態で、電話機から外線発信を行い、回線の捕捉をランプ等で確認した後その回線をコマンドで閉塞して、再び外線発信し、次の順位の回線が捕捉されることを確認する。この操作を繰り返し行い、試験対象の全回線の捕捉順位を確認する。

15. ロックアウト試験

内線番号を途中までダイヤルして一定時間以上放置したときに、PBXから話中音またはハウラ音の送出が正常に行われ、受話器から聞こえることを確認する。

16. 外線キャンプオン試験

外線が空いていないときに、特定番号をダイヤルするなどの操作で外線を予約することにより、外線が空き次第、外線発信ができることを確認する。

図9　簡易転送試験

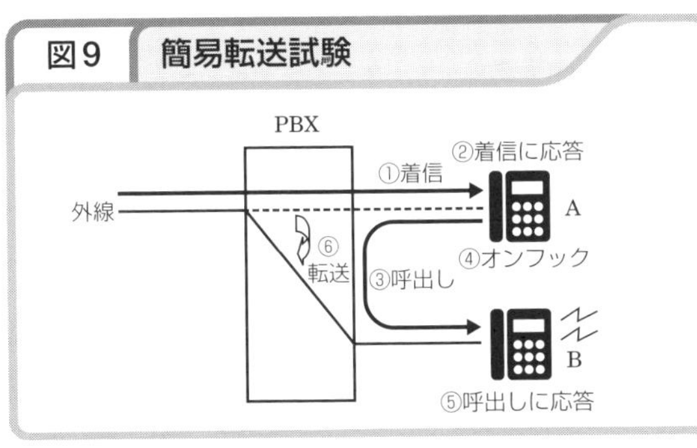

図11　付加番号形ダイヤルイン試験

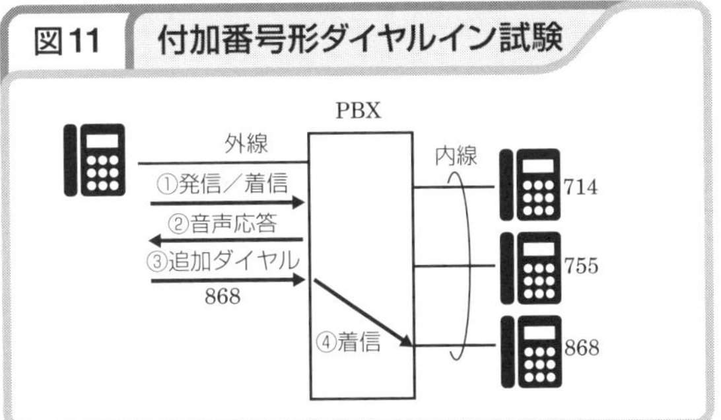

図10　コールトランスファ試験

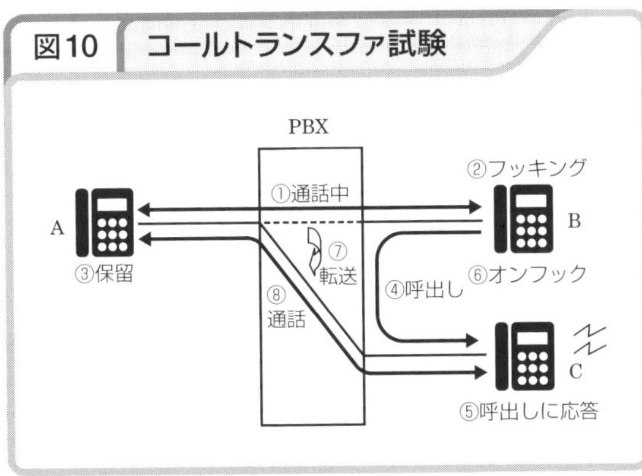

図12　IVR試験

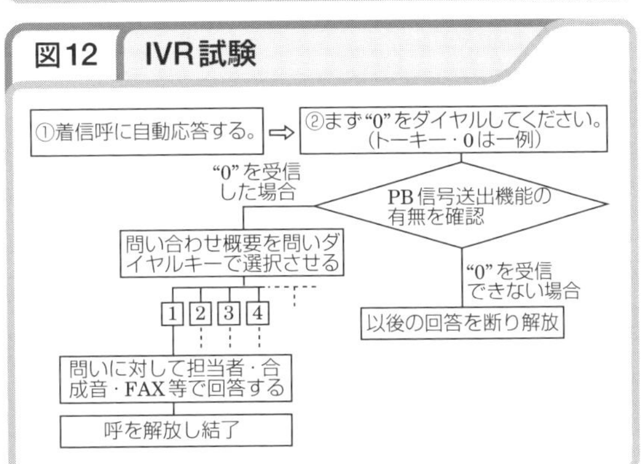

図13　外線接続規制試験

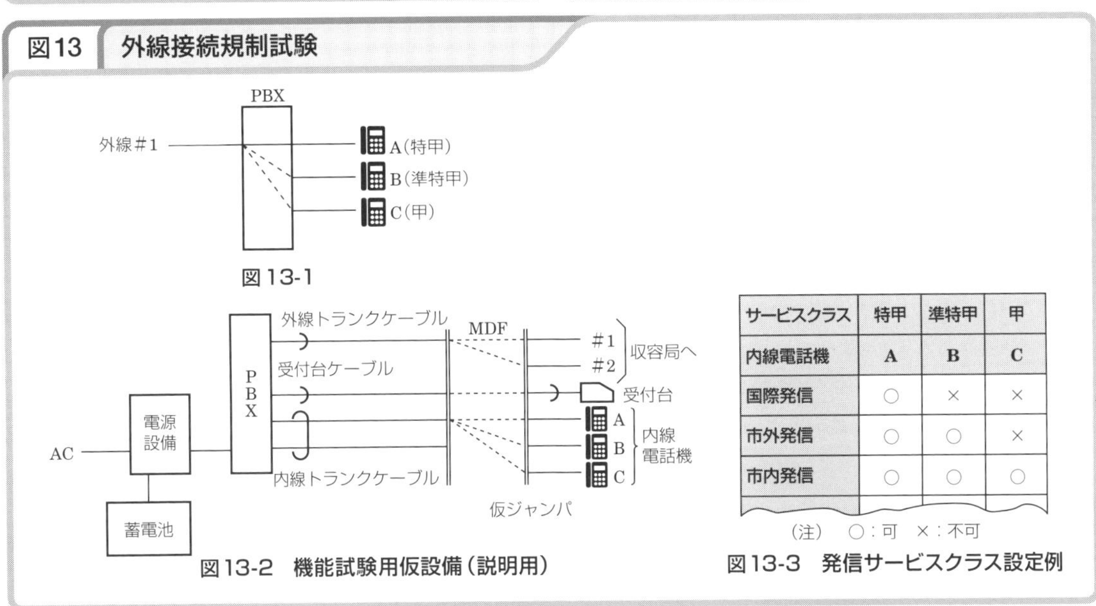

図13-1

図13-2　機能試験用仮設備（説明用）

サービスクラス	特甲	準特甲	甲
内線電話機	A	B	C
国際発信	○	×	×
市外発信	○	○	×
市内発信	○	○	○

（注）　○：可　×：不可

図13-3　発信サービスクラス設定例

2-4 ISDN端末設備工事

1. 基本インタフェースの配線構造

ISDN基本ユーザ・網インタフェースにおいては、ケーブル長を最も長くとれる**ポイント・ツー・ポイント配線**と、複数の端末(TE)が接続可能な**ポイント・ツー・マルチポイント配線(バス配線)**がある。バス配線では、1本の加入者線に最大**8台**の端末が接続可能である。また、バスに接続するコネクタには、**8ピン**のモジュラコネクタが使用されており、多様な端末機器を自由に接続できる。

(a)ケーブル長(図1)

ポイント・ツー・ポイント配線の場合はケーブルを最も長くとることができ、ケーブル長は最大**1,000m**となっている。

ポイント・ツー・マルチポイント配線(バス配線)には、一般家庭や小規模事務所で使用される**短距離受動バス**と、大規模事業所でフロアをまたがってケーブルを延ばす必要がある場合等に使用される**延長受動バス**の2種類がある。

短距離受動バスのケーブル長は、ケーブルのインピーダンスにより異なるが**100～200m**程度と短い。また、最大8台の端末(TAまたはTE1)はケーブルの**任意の点**に接続することができる。

一方、延長受動バスは100～1,000m程度(一般に500m以下)の中距離用である。短距離受動バスと同様、端末は最大8台まで接続が可能であるが、延長受動バスの場合はケーブルの終端側に集中して接続する必要があり、NTに最も近い端末の接続点から最も遠い端末の接続点までの距離が**25～50m**以下となるように端末を接続する。

(b)接続コードおよび延長コードの長さ(図2)

端末を配線ケーブルに接続するためのプラグジャックは直接ケーブルに取り付けるか、または**1m**以内の**スタブ**を介して取り付けることが規定されている。

プラグジャックに接続する端末側の接続コードの長さは、原則**10m**以下に制限されているが、ポイント・ツー・ポイント配線構成の場合に限り、**25m**以下の延長コードを使用することができる。

(c)コネクタと配線の極性(図3)

ISDN基本ユーザ・網インタフェースにおける伝送路符号は、AMI符号を使用しており、パルス極性の交互の反転に対するバイオレーション(規則違反)を検出することによりフレーム同期を行っている。したがって、バス配線では、各配線の正負の極性を一致させておく必要がある。

2. 電気的特性(図4)

(a)公称パルス電圧

ISDN基本ユーザ・網インタフェースにおいて、端末とNTの間に送出されるAMI符号の公称パルス電圧は、試験負荷インピーダンス**50Ω**で終端したとき、**750mV**$_{(0-P)}$と規定されている。

(b)終端抵抗

無限長の線路(ケーブル)では、電圧と電流は無限遠端まで伝わり、途中線路の抵抗分にエネルギーが吸収されて徐々に減衰していく。このとき電圧と電流の比V/Iはどこでも一定であり、これを線路の特性インピーダンスと呼ぶ。線路の特性インピーダンスの異なる値の抵抗を接続すると、その接続点で信号の反射が起こるが、線路を特性インピーダンスと同じ値の抵抗で終端するとその終端で信号の反射を防ぐことができる。

ISDN基本ユーザ・網インタフェースでは、終端抵抗の値を**100Ω±5%**と規定している。

(c)総合減衰量

NTと端末の間は、配線ケーブル、スタブ、端末の接続コードまたは延長コードを介して接続される。この場合、NTから端末までのこれらの配線の総合減衰量は**96kHz**の信号において、**6dB**を超えてはならない。

図1　ケーブル長

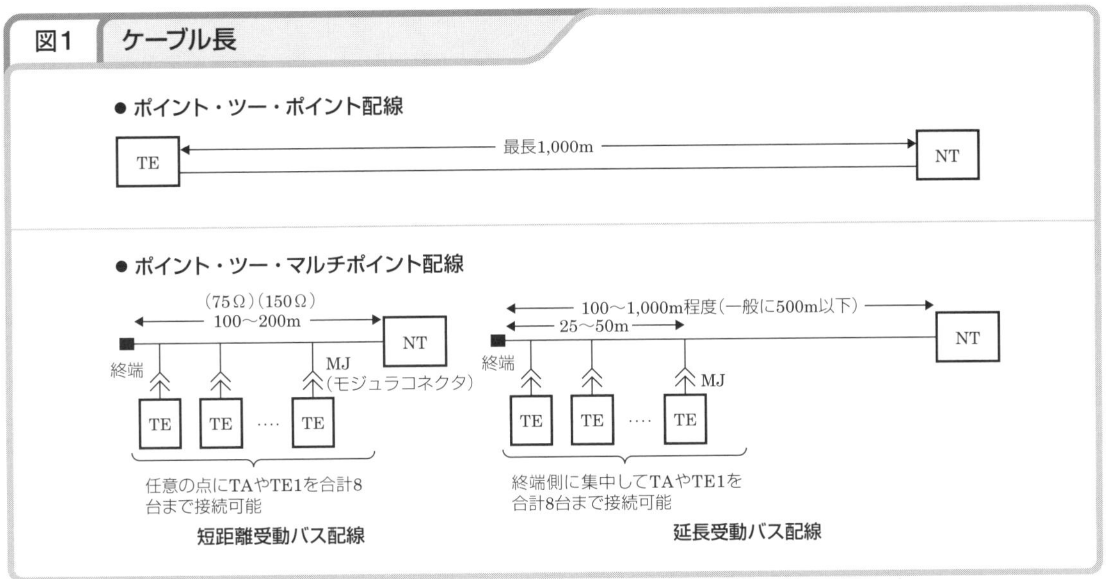

図2　接続コードおよび延長コードの長さ

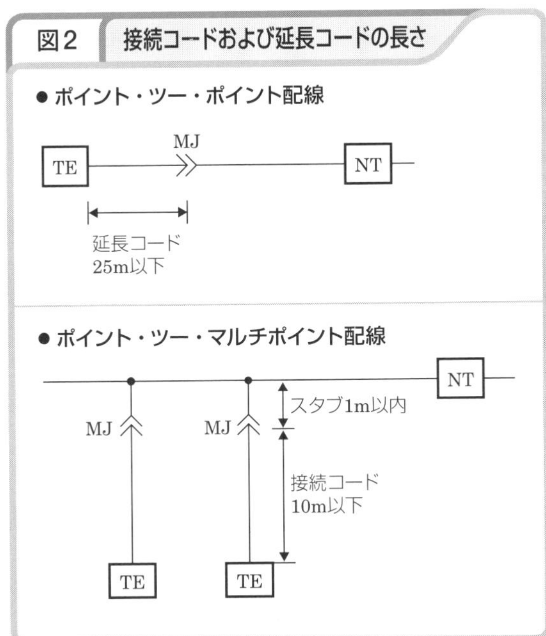

図3　コネクタと配線の極性

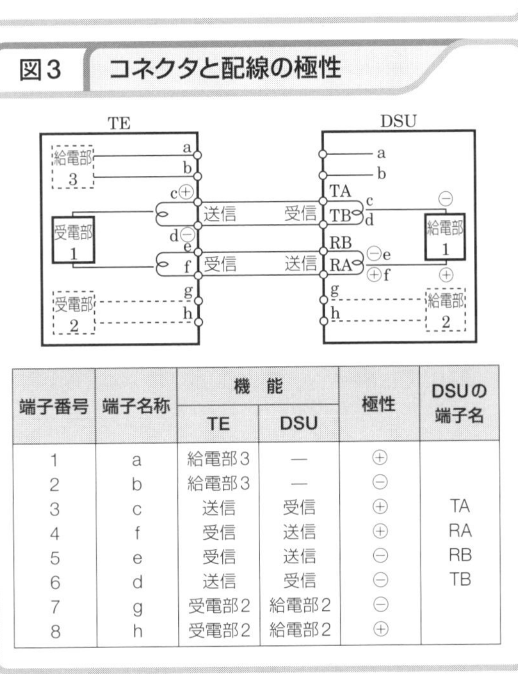

端子番号	端子名称	機能		極性	DSUの端子名
		TE	DSU		
1	a	給電部3	—	⊕	
2	b	給電部3	—	⊖	
3	c	送信	受信	⊕	TA
4	f	受信	送信	⊕	RA
5	e	受信	送信	⊖	RB
6	d	送信	受信	⊖	TB
7	g	受電部2	給電部2	⊖	
8	h	受電部2	給電部2	⊕	

図4　電気的特性

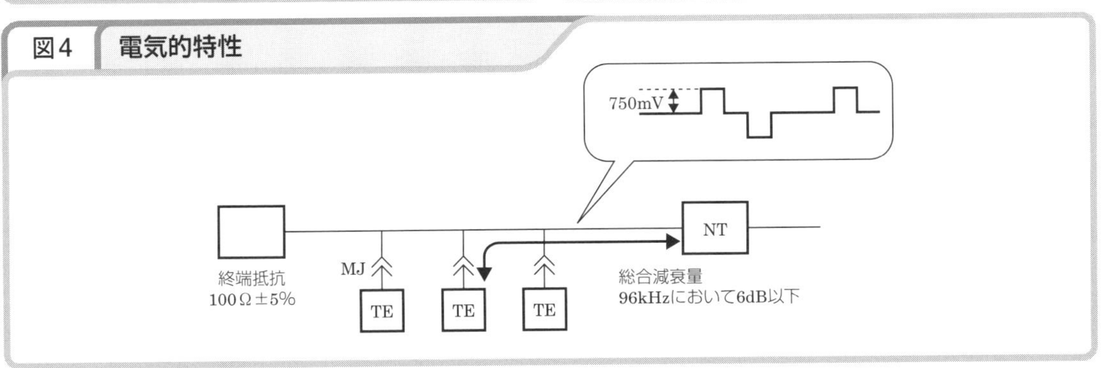

2-5 ISDN基本インタフェースにおける確認試験

1. ループバック試験

電気通信サービスにおいて障害が生じた場合、どの装置、あるいはどの回線で障害が発生したのかを調べるため、ループバック試験が行われる。ループバック試験は各装置で信号を折り返すことにより、どこまで信号が導通しているか、また、どこまで装置が正常に動いているかを判定できる。

ループバック試験には、電気通信事業者側から行うものと、ユーザ側から行うものがある。折り返された信号のレベルやデータの誤り率からその区間の障害を判定する。ループバック試験は測定を行う場所から順次近い点を選択し、障害区間の特定を行う。

ISDN基本ユーザ・網インタフェースにおいてはDSUがループバック試験機能を有している。DSUは、通常ユーザ宅に設置され、電気通信回線を終端している装置であり、電気通信事業者側からDSU内で信号を折り返すことにより、回線側の故障かどうかを判定することができる。回線が正常であれば、端末の障害であると推測できる。

2. ループバック試験の位置

ISDNの回線障害時の障害切り分けを容易に行うため、ITU-T勧告I.600シリーズで、各装置のループバック試験を用いた保守試験の原則が定められている。

図3は、保守に適したループバック試験の可能な位置を示している。信号を折り返す点を**ループバックポイント**といい、ループバック試験の起動・停止を行う場所を**制御ポイント**という。TTC標準では、必須のループバックポイントと望ましいループバックポイントが示されている。

これらのうち、DSU (NT1) で行うものは、ループバック2およびループバックCである。

(a)ループバック2

ループバック2は電気通信事業者の交換設備側から制御する試験であり、電気通信回線に障害があるかどうかを調べる。DSUで折り返される信号はISDNの基本ユーザ・網インタフェースにおいては2B+Dのチャネルの全ビットストリームとなる（全チャネルループバック）。この試験機能は保守管理上、最低限必要な必須の機能である。

(b)ループバックC

端末側から行う試験であり、端末側に障害があるかどうかを調べる。DSUで折り返される信号は、B1およびB2の指定したチャネルのレイヤ1の信号が返送される（部分的ループバック）。また、同時に2つのチャネルを指定することもできる。なお、ループバックCの機能は必須ではない。

DSU以外の各装置におけるループバック試験機能については、その機能があればそれぞれの装置ごとに障害箇所を判定することができるので望ましいが、基本的にはオプションになっている。

3. バス配線の終端抵抗数

ISDN基本ユーザ・網インタフェースのバス配線では、一般に、DSU側から最も遠い部分に、伝送信号に用いられるTA－TB間、RA－RB間のそれぞれに100Ω±5％以内（95～105Ω）の終端抵抗を内蔵したモジュラジャックを取り付ける。終端抵抗付きモジュラジャックは1つのバスに1つだけ取り付ける。誤って複数個取り付けると、バスの線路抵抗が低くなるため、DSUおよび端末から出力されるパルスを各装置が認識できなくなる。

DSUおよび端末をすべて取り外したときのDSU接続端子における抵抗の測定値がR〔Ω〕であったとすれば、バスに取り付けられた終端抵抗付きモジュラジャックの数は$n=\dfrac{100}{R}$〔個〕となる。

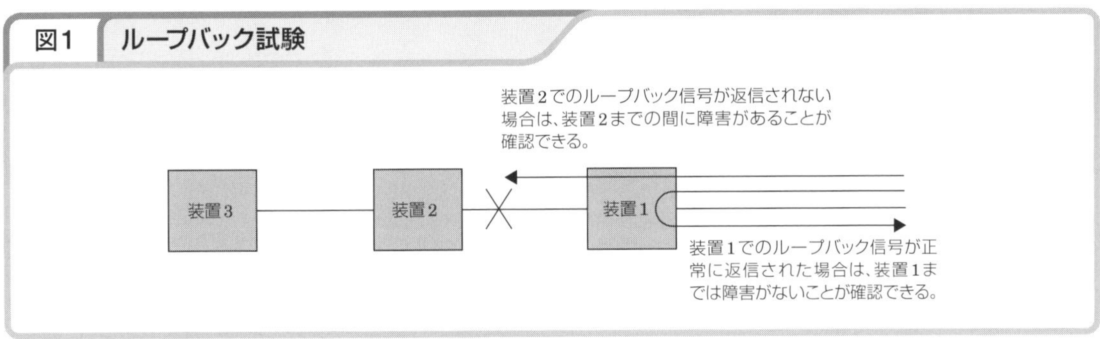
図1 ループバック試験
装置2でのループバック信号が返信されない場合は、装置2までの間に障害があることが確認できる。
装置3
装置2
装置1
装置1でのループバック信号が正常に返信された場合は、装置1までは障害がないことが確認できる。

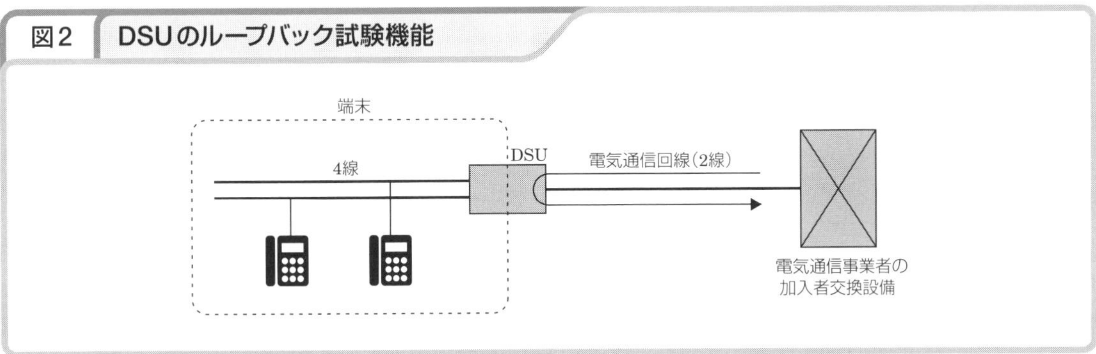
図2 DSUのループバック試験機能
端末
4線
DSU
電気通信回線(2線)
電気通信事業者の加入者交換設備

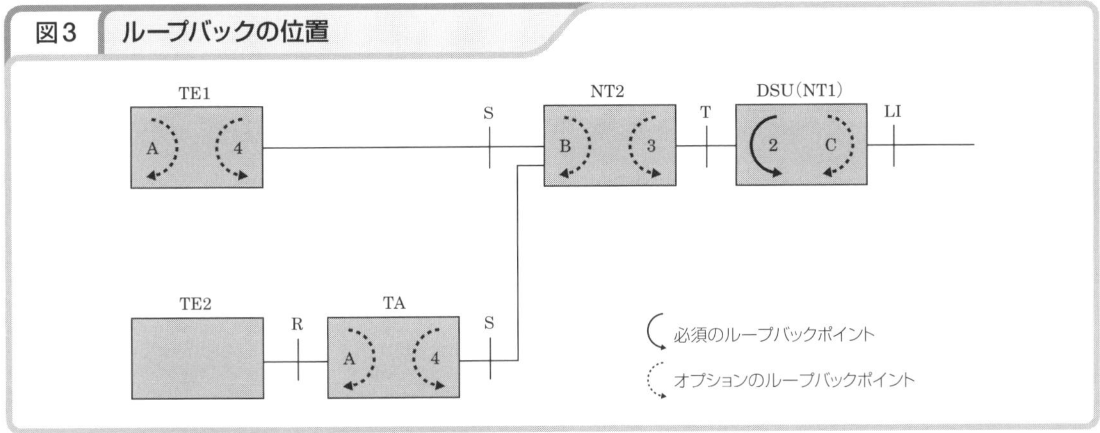
図3 ループバックの位置
TE1
A
4
S
NT2
B
3
T
DSU(NT1)
2
C
LI
TE2
R
TA
A
4
S
必須のループバックポイント
オプションのループバックポイント

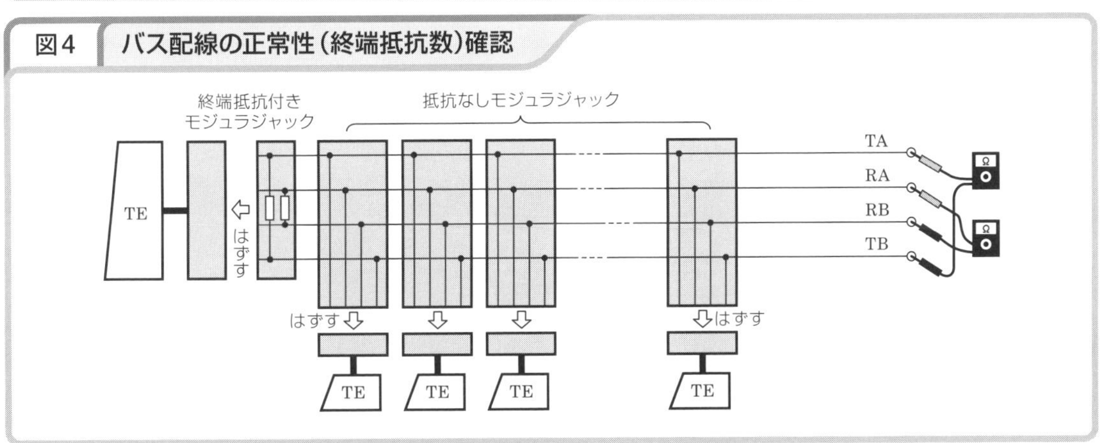
図4 バス配線の正常性(終端抵抗数)確認
終端抵抗付きモジュラジャック
抵抗なしモジュラジャック
TE
はずす
はずす
はずす
TA
RA
RB
TB
TE
TE
TE
TE

3 テスタ

3-1 アナログ式テスタ

ボタン電話装置、PBX等の設置工事において、電話機を取り付ける前に、**回路計(テスタ)**を用いて各種測定を行い、屋内線の断線、混線、絶縁不良などの故障判定をする。

回路計は、測定精度は低いが実用上は十分な性能であり、抵抗、電流、電圧等の測定が容易にでき、価格も安いので広く用いられている。複数の測定モードを1台の機器で実現していることから、マルチテスタ、あるいは**マルチメータ**などと呼ばれることもある。各種の測定モードは、切換スイッチにより選択できるようになっている。

回路計には、大別して、測定結果を指針で表示する**アナログ式テスタ**と、液晶ディスプレイ等に数値を表示する**デジタル式テスタ**がある。

1. アナログ式テスタの構成

アナログ式テスタは、表示装置のメータ指針が指し示す位置の値を、スケール板に印字されている目盛から目視で読み取る方式のテスタである。

(a)指示部

指示部は、スケール板(目盛板)とメータからなる。一般に、メータには、固定磁石のつくる磁界と可動コイルに流れる直流電流との間に生じる電磁力を利用して指針を回転させる**可動コイル形指示計器**が用いられている。可動コイル形指示計器は、目盛間隔が一定(平等目盛)であるため指示値が読み取りやすく、電池のような直流電源を用いた回路の電流測定に適している。何も測定していないときに指針が目盛板上の0の位置からずれていることがあるが、この場合は、零位調整器(コレクタ)をマイナスドライバ等で回して指針が0を指すように調整することができるようになっている。

(b)モード/レンジ切換スイッチ

測定モードおよび測定レンジを選択するためのスイッチ。操作するとメータに接続されている回路が切り換えられる。一般につまみを手で回すロータリ式のものが多く、電源スイッチを兼ねている場合もある。かつてはリード線をその都度抜き挿しして測定モードを切り換える方式のものが多かった。

(c)測定端子

測定リード(接触棒のついたリード線)のプラグを差し込む端子。通常、被覆が赤の測定リードを+端子に、黒の測定リードを−端子に接続する。

(d)ゼロオーム調整器

抵抗測定を行う際、つまみを回して0Ω位置を調整する。

2. アナログ式テスタの使用方法

アナログ式テスタでは、一般に、直流電圧、交流電圧、直流電流、直流抵抗、静電容量などを測定することができる。また、トランジスタの漏洩(えい)電流(I_{CEO})や直流電流増幅率(h_{FE})などを測定できるものもある。

(a)直流電圧の測定

直流電圧測定モードでは、電池や直流回路の電圧を測定できる。測定は、以下の手順で行う。

① 極性切換スイッチがある場合は+側にする。

② 赤い測定リードのプラグを測定端子の+に、黒い測定リードのプラグを測定端子の−に接続する。

③ モード/レンジ切換スイッチを操作して直流電圧測定モードの最適レンジを選ぶ(計測予測値のわからない値を測定する場合、**最初に最大レンジで測定**してから順次適切なレンジに切替えて測定するようにする。以下同様。)。

④ 被測定回路(測定しようとする回路)に**並列**になるように−側に黒の測定ピン(測定リード先端の金属部分)を、+側に赤の測定ピンをあてる。

⑤ メータの指示を読む(V・A目盛を使用)。もし指針が−側(左)に振り切れたら、極性切換スイッチを−側に切り換えて指示を読み、マイナ

ス何ボルトと記録する。極性切換スイッチがない場合は最初に戻り、測定リードの赤と黒を挿し替えて測定する。

⑥　被測定回路から測定ピンを離す。

⑦　測定リードを測定端子からはずす。

⑧　切換スイッチをOFFにする。

(b)交流電圧の測定

交流電圧測定モードでは、正弦波交流の電圧を測定できる。測定は、以下の手順で行う。

①　極性切換スイッチがある場合は＋側にする。

②　赤い測定リードのプラグを測定端子の＋に、黒い測定リードのプラグを測定端子の－に接続する。

③　モード／レンジ切換スイッチを操作して交流電圧測定モードの最適レンジを選ぶ。

④　被測定回路と**並列**になるように測定点に測定ピンをあてる。

⑤　メータの指示を読む（V･A目盛を使用）。

⑥　被測定回路から測定ピンを離す。

⑦　測定リードを測定端子からはずす。

⑧　切換スイッチをOFFにする。

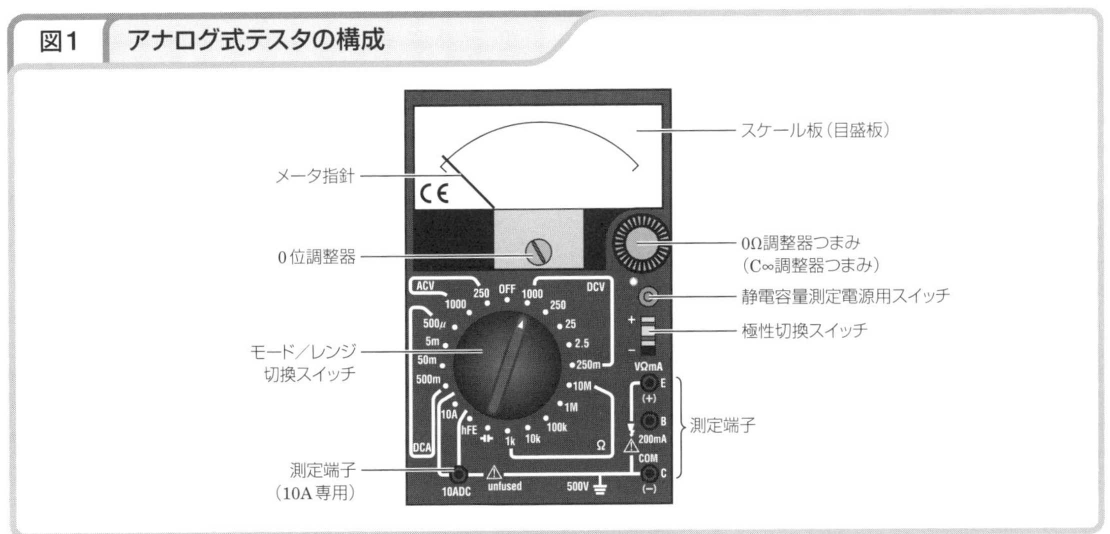

図1　アナログ式テスタの構成

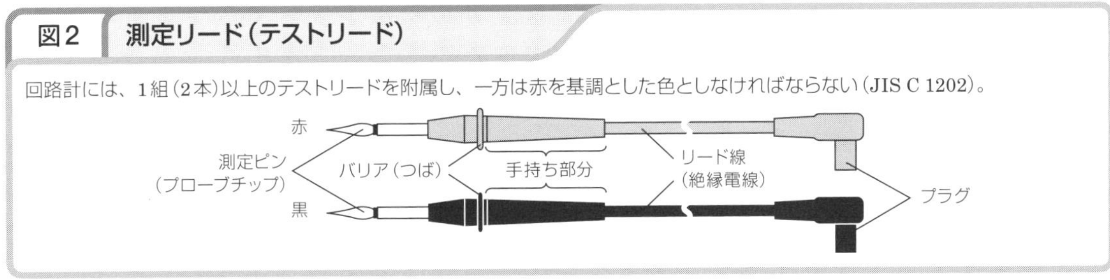

図2　測定リード（テストリード）

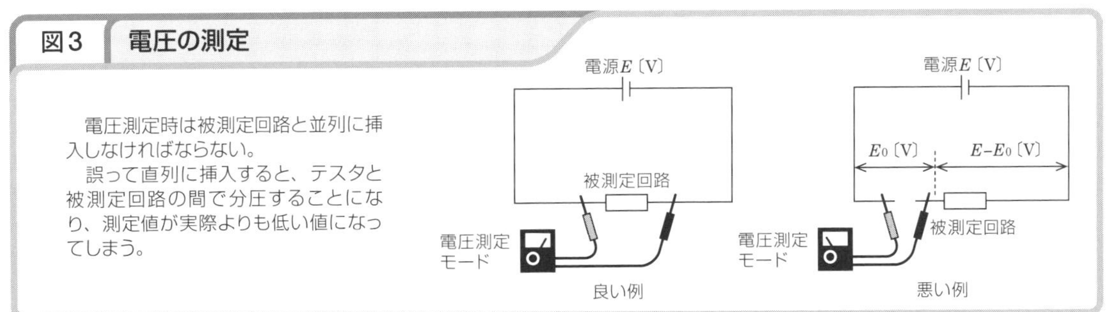

電圧測定時は被測定回路と並列に挿入しなければならない。
誤って直列に挿入すると、テスタと被測定回路の間で分圧することになり、測定値が実際よりも低い値になってしまう。
電源E〔V〕
被測定回路
電圧測定
モード
良い例
電源E〔V〕
E0〔V〕
E−E0〔V〕
被測定回路
電圧測定
モード
悪い例

図3　電圧の測定

(c)直流電流の測定

直流電流測定モードでは、直流回路の電流を測定できる。測定は、以下の手順で行う。

① 極性切換スイッチがある場合は＋側にする。

② 赤い測定リードのプラグを測定端子の＋に、黒い測定リードのプラグを測定端子の－に接続する。

③ モード／レンジ切換スイッチを操作して直流電流測定モードの最適レンジを選ぶ。

④ 被測定回路と**直列**になるように－側に黒の測定ピンを、＋側に赤の測定ピンをあてる。電流計は測定結果に与える影響を小さくするため抵抗値を低く設計してあり、誤って並列にしてしまうと電流計に大電流が流れることになり、ヒューズが切れることがあるので注意する。

⑤ メータの指示を読む(V･A目盛を使用)。もし指針が－側(左)に振り切れたら、極性切換スイッチを－側に切り換えて指示を読み、マイナス何アンペアと記録する。極性切換スイッチがない場合は最初に戻り、測定リードの赤と黒を挿し替えて測定する。

⑥ 被測定回路から測定ピンを離す。

⑦ 測定リードを測定端子からはずす。

⑧ 切換スイッチをOFFにする。

(d)抵抗の測定

抵抗測定モードでは、抵抗器および回路の抵抗値を測定したり、回路や部品の導通を検査したりできる。測定は、以下の手順で行う。

① 極性切換スイッチがある場合は＋側にする。

② 赤い測定リードのプラグを測定端子の＋に、黒い測定リードのプラグを測定端子の－に接続する。

③ モード／レンジ切換スイッチを操作して抵抗測定モードの最適レンジを選ぶ。

④ 赤と黒の測定ピンどうしを接触させ短絡する。

⑤ ゼロオーム調整器のつまみを回して指針が指す位置をΩ目盛の0Ωに合わせる。

⑥ 短絡していた測定ピンを離し、被測定回路の両側にあてる。抵抗を測定する場合、2本の測定ピンに測定者の指が触れていると、抵抗器および人体の抵抗が並列接続され、測定誤差を大きくする原因となる場合があるので注意する。

⑦ メータの指示を読む(Ω目盛を使用)。

⑧ 被測定回路から測定ピンを離す。

⑨ 測定リードを測定端子からはずす。

⑩ 切換スイッチをOFFにする。

なお、抵抗器に電圧が印加された状態で抵抗値の測定を行ってはならない。

(e)静電容量の測定

静電容量を測定する場合は、被測定回路に交流電圧を印加する必要がある。電源内蔵式の静電容量測定用テスタでは、電源として電池を使用しているので、電池の直流電圧から発振回路により800～900Hz程度の交流電圧をつくり、これを測定用電源として被測定回路の測定端子に加え、静電容量を測定する。測定は、以下の手順で行う。

① 極性切換スイッチがある場合は＋側にする。

② 赤い測定リードのプラグを測定端子の＋に、黒い測定リードのプラグを測定端子の－に接続する。

③ モード／レンジ切換スイッチを操作して静電容量測定モードの最適レンジを選ぶ。

④ 静電容量測定電源用スイッチをONにする。

⑤ 赤と黒の測定ピンどうしを接触させ短絡する。

⑥ C∞調整器のつまみ(直流抵抗測定のゼロオーム調整器のつまみと共通の場合が多い)を回して指針が指す位置をC目盛の∞に合わせる。

⑦ 短絡していた測定ピンを離し、被測定回路の両側にあてる。

⑧ メータの指示を読む(C目盛を使用)。

⑨ 被測定回路から測定ピンを離す。

⑩ 静電容量測定電源用スイッチをOFFにする。

⑪ 測定リードを測定端子からはずす

⑫ 切換スイッチをOFFにする。

(f)トランジスタの直流電流増幅率の測定

トランジスタの直流電流増幅率測定モードでは、トランジスタの直流電流増幅率(h_{FE})のおおよその値を計測できる。測定は、以下の手順で行う。

① 赤い測定リードのプラグを測定端子の＋に、黒い測定リードのプラグを測定端子の－に接続する。
② ワニ口クリップ付きのリード線をBASE測定端子に接続する。
③ モード／レンジ切換スイッチを操作して直流電流増幅率（h_{FE}）測定モードを選ぶ。
④ 測定対象がnpn形トランジスタの場合は極性切換スイッチを＋側に、pnp形トランジスタの場合は－側にする。
⑤ 赤と黒の測定ピンどうしを接触させ短絡する。
⑥ ゼロオーム調整器のつまみを回して指針が指す位置をΩ目盛の0Ωに合わせる。
⑦ 短絡していた測定ピンを離す。
⑧ トランジスタのベース端子をワニ口クリップではさむ。
⑨ トランジスタのエミッタ端子に赤の測定ピンを、コレクタ端子に黒の測定ピンを接触させる。
⑩ メータの指示を読む（h_{FE}目盛を使用）。
⑪ 被測定物からワニ口クリップおよび測定ピンをはずす。
⑫ 測定リードを測定端子からはずす。
⑬ 切換スイッチをOFFにする。

3. アナログ式テスタの誤差

テスタにより電圧や電流、抵抗などを測定した場合、真値がそのまま表示されることは極めてまれであり、必ずといっていいほど誤差を生ずる。計器や附属品の標準状態における誤差を**固有誤差**といい、JIS C 1202において、アナログ式テスタの**電圧または電流**測定時における固有誤差は**最大目盛値に対するパーセント**で規定され、**抵抗**測定時における固有誤差は**目盛の長さに対するパーセント**で規定されている。たとえば、直流電流測定レンジの固有誤差が±3％のアナログ式テスタを用いて真値が5mAの直流電流を最大目盛値が10mAの測定レンジで測定した場合、指針が示す測定値の範囲は、

$$5 \pm 10 \times 0.03 = 5 \pm 0.3〔mA〕$$

より、4.7〔mA〕以上5.3〔mA〕以下となる。

図4　直流電流の測定

電流測定時は被測定回路と直列に挿入しなければならない。

誤って並列に挿入すると、テスタに大きな電流が流れる。

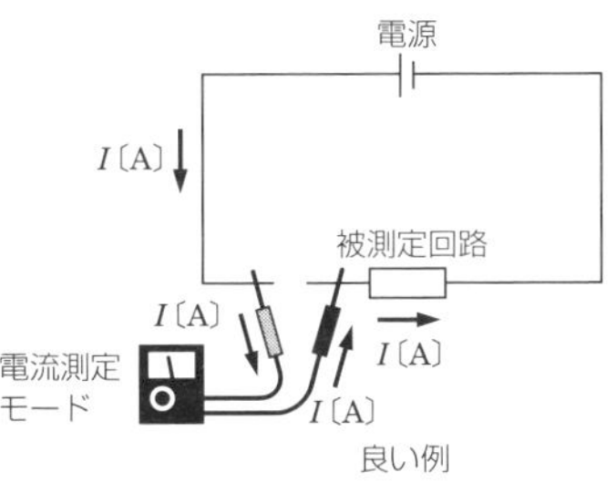

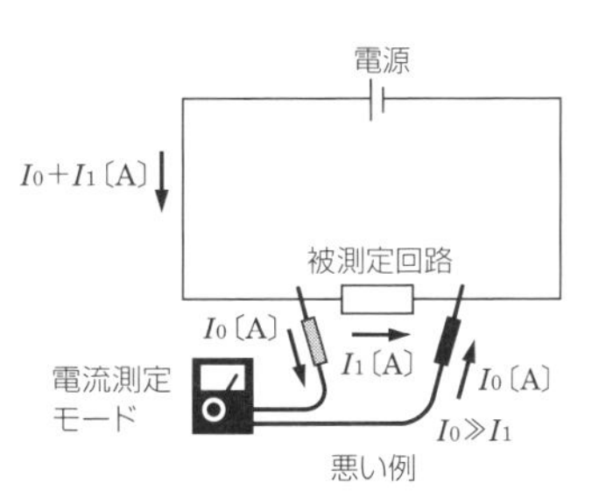

図5　アナログ式テスタの測定値の許容範囲

$$\text{測定値の許容範囲＝真値±最大目盛値×}\frac{\text{固有誤差}}{100}$$

真値とは、測定対象における実際の値をいう。また、固有誤差とは、許容される誤差の限度をいい、電圧および電流測定では最大目盛値に対する比〔%〕、抵抗測定では目盛の長さに対する比〔%〕で表す。

表1　アナログ式テスタの階級

階級			AA級	A級
固有誤差	直流電圧 直流電流	最大目盛値に対する比	±2%	±3%
	交流電圧		±3%	±4%
	抵抗	目盛の長さに対する比	±3%	±3%
測定範囲の数			20以上	10以上
目盛の長さ			70mm以上	40mm以上
回路定数	直流電圧		20kΩ/V以上	10kΩ/V以上
	交流電圧		9kΩ/V以上	4kΩ/V以上

3-2 デジタル式テスタ

工事に必要な電流、電圧、絶縁抵抗等の測定には、従来、指針を読むアナログ式テスタが用いられていたが、最近は液晶パネルやLEDで数字を表示するデジタル式テスタが普及している。

デジタル式テスタはアナログ式テスタに比べて以下のような特徴があるため、動作電源が必ず必要である、測定値が絶えず変動する場合表示がちらついて読み取れなくなる、オペアンプ回路の周波数特性により高周波領域では測定ができないなどの短所があるものの、現在の主流になっている。

- ・測定確度が高い。
- ・指示を直読でき、極性表示もされるため、読取りが簡単で個人差が出にくい。
- ・電圧測定モードにおける内部抵抗(入力抵抗)が高く、電圧感度が高い。また、レンジごとに変化せず一定であることから、低電圧レンジでは被測定回路へ与える電気的な影響が少ないため、半導体回路等の測定に適している。

1. デジタル式テスタの構成

(a)表示部

電力消費の少ない液晶表示器を用いたものと、暗い場所でも見やすいLED表示器を用いたものがある。携帯形のテスタでは4桁表示のものが普及している。機種によっては、測定値だけでなく、現在の機能モードや電池の消耗をアイコンで表示する場合もある。

(b)切換スイッチ

測定モードおよび測定レンジを選択するためのスイッチで、電源スイッチを兼ねている場合もある。操作するとメータに接続されている回路が切り換えられる。一部プッシュボタン式のものがみられるが、一般につまみを手で回すロータリ式のものが多い。

また、オートレンジ式といわれるデジタル式テスタでは、切換スイッチで測定モードのみ選択すればよく、測定レンジは測定量の大きさに応じてリレーが動作することにより自動的に切り替わる。

(c)測定端子

測定リード(接触棒のついたリード線)のプラグを差し込む端子。通常、被覆が赤の測定リードを測定端子(一般に複数個ある)に、黒の測定リードを共通端子(COM)に接続する。

(d)測定機能選択ボタン

このボタンを押すことにより、電流測定モードにおける直流／交流の切換え、抵抗測定モードにおける抵抗測定／導通確認／静電容量測定／ダイオードテストの切換え、温度測定モードにおける摂氏／華氏表示の切換え等ができる。

(e)データホールド機能ボタン

このボタンを押すと、その時点における表示値が維持される。この機能をデータホールド機能といい、入力が変動しても表示値は変化しない。再び押すとデータホールドは解除される。

(f)リラティブ測定(相対値測定)機能ボタン

このボタンを押すと、その時点における表示値が記憶され、以降は測定値から記憶された値を差し引いた値が表示される。この機能をリラティブ測定機能といい、抵抗測定レンジでは、ゼロオーム調整用として利用することができる。再び押すとリラティブ測定機能は解除される。

(g)レンジホールド機能ボタン

オートレンジ式のデジタル式テスタでは、測定レンジ設定が自動的に行われるが、測定しようとする電圧や電流など大きく変化するとそれに応じて意図しないレンジ切換えが起きる問題がある。そこで、このボタンを押すと、測定レンジ設定は手動に切り替わり、一定に固定することができる。この機能をレンジホールド機能といい、測定値が測定レンジの桁上がりまたは桁下がり付近にあるときなど、測定値の変動により測定レンジが頻繁に切り替わり、表示が不安定となるような場合に有効である。測定レンジが手動の状態ではこのボタンを押す度に測定レンジが移動し、長押しすればオートレンジに復帰する。

2. デジタル式テスタの使用方法

デジタル式テスタでは、一般に、直流電圧、交流電圧、直流電流、交流電流、直流抵抗、静電容量、周波数などを測定できる。

測定に先立って、必ず始業点検を行う。この際、本体や附属品の外観に破損部分はないか、電池は消耗していないか、赤と黒の測定ピンどうしを接触させて導通するかなどをチェックする。

(a)直流電圧の測定

直流電圧測定モードでは、電池や直流回路の電圧を測定できる。測定は、以下の手順で行う。

① 赤い測定リードのプラグを測定端子(V)に、黒い測定リードのプラグを共通端子(COM)に接続する。

② 切換スイッチおよび測定機能選択ボタンを操作して直流電圧測定モードの最適レンジを選ぶ。オートレンジ式の場合、最適レンジは③の際に自動的に選択される。

③ 被測定回路と**並列**になるように、－側に黒の測定ピンを、＋側に赤の測定ピンをあてる。

④ 表示部の表示値を読む。測定ピンの接続を誤って極性が逆になった場合、表示値には－(マイナス)がついている。

⑤ 被測定回路から測定ピンを離す。

(b)交流電圧の測定

交流電圧測定モードでは、正弦波交流の電圧を測定できる。交流電圧レンジの回路は、直流電圧レンジの回路に整流回路が付加された構成になっている。この整流回路は、帰還ループを持つ演算増幅器で構成され、アナログ式テスタの整流回路として比較して入力対出力の直線性が良い。

デジタル式テスタの交流検波方式には、正の半周期の平均値を表示する平均値方式と、実効値を表示する実効値方式がある。平均値方式のデジタル式テスタは、正弦波波形にひずみが生じていると、実効値検波方式のデジタル式テスタに比べて

図1　デジタル式テスタの構成

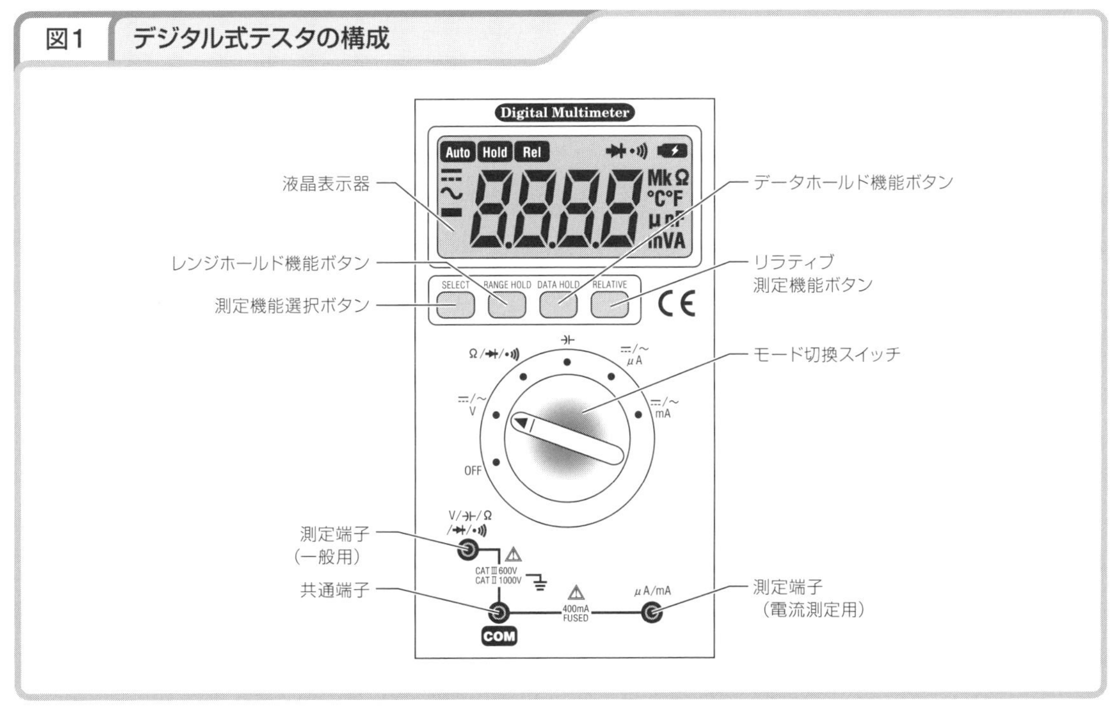

指示誤差が大きくなる。

交流電圧の測定は、以下の手順で行う。

① 赤い測定リードのプラグを測定端子(V)に、黒い測定リードのプラグを共通端子(COM)に接続する。

② 切換スイッチおよび測定機能選択ボタンを操作して交流電圧測定モードの最適レンジを選ぶ。オートレンジ式の場合、最適レンジは③の際に自動的に選択される。

③ 被測定回路と**並列**になるように測定点に測定ピンをあてる。

④ 表示部の表示値を読む。

⑤ 被測定回路から測定ピンを離す。

(c)抵抗の測定

抵抗測定モードでは、抵抗器および回路の抵抗を測定できる。このとき、抵抗器に電圧が印加された状態で行ってはならない。測定は、以下の手順で行う。

① 赤い測定リードのプラグを測定端子(Ω)に、黒い測定リードのプラグを共通端子(COM)に接続する。

② 切換スイッチおよび測定機能選択ボタンを操作して抵抗測定モードの最適レンジを選ぶ。オートレンジ式の場合、最適レンジは③の際に自動的に選択される。

③ 被測定回路の測定点に測定ピンをあてる。

④ 表示部の表示値を読む。

⑤ 被測定回路から測定ピンを離す。

(d)静電容量の測定

フィルムコンデンサのような漏れ電流の小さいコンデンサの静電容量を測定できる。電解コンデンサのような漏れ電流の大きいコンデンサの静電容量を測定した場合は誤差が大きくなる。被測定回路に交流電流を流すため、コンデンサの両端に電圧が印加された状態で測定を行ってはならない。測定は、以下の手順で行う。

① リラティブ測定機能を解除する。

② 赤い測定リードのプラグを測定端子(⊣⊢)に、黒い測定リードのプラグを共通端子(COM)に接続する。

③ 切換スイッチおよび測定機能選択ボタンを操作して静電容量測定モード(⊣⊢)の最適レンジを選ぶ。オートレンジ式の場合、最適レンジは④の際に自動的に選択される。

④ 被測定回路の測定点に測定ピンをあてる。

⑤ 表示部の表示値を読む。

⑥ 被測定回路から測定ピンを離す。

(e)導通チェック

導通チェックモードでは、配線が断線していないかを以下の手順で確認できる。

① 赤い測定リードのプラグを測定端子(•)))に、黒い測定リードのプラグを共通端子(COM)に接続する。

② 切換スイッチおよび測定機能選択ボタンを操作して導通チェックモード(•)))を選ぶ。

③ 被測定回路または導線の測定点に測定ピンをあてる。

④ ブザー音が聞こえれば導通、聞こえなければ断線している。

⑤ 被測定回路から測定ピンを離す。

(f)ダイオードテスト

ダイオードテストモードでは、ダイオードの良否を以下の手順で確認できる。

① 赤い測定リードのプラグを測定端子(→+)に、黒い測定リードのプラグを共通端子(COM)に接続する。

② 切換スイッチおよび測定機能選択ボタンを操作してダイオードテストモード(→+)を選ぶ。

③ 被検査ダイオードのカソード側に黒の測定ピンを、アノード側に赤の測定ピンをあてる。

④ 表示部にダイオードの順方向電圧降下が表示されていれば正常、0VまたはOLが表示されていれば不良とみなす。

⑤ 被検査ダイオードのカソード側に赤の測定ピンを、アノード側に黒の測定ピンをあてる。

⑥ 表示部にOLが表示されていれば正常、他の表示であれば不良とみなす。

⑦ 被測定回路から測定ピンを離す。

(g)直流電流の測定

直流電流測定モードでは、直流回路の電流を測定できる。電流測定ではテスタの内部抵抗により電流が小さくなり、特に低抵抗回路の場合影響が大きい。測定は、以下の手順で行う。

① 赤い測定リードのプラグを電流用測定端子（μA／mA）に、黒い測定リードのプラグを共通端子（COM）に接続する。
② 切換スイッチおよび測定機能選択ボタンを操作して直流電流測定モード（⎓）の最適レンジを選ぶ。オートレンジ式の場合、最適レンジは③の際に自動的に選択される。
③ 被測定回路と**直列**になるようにして、－側に黒の測定ピンを、＋側に赤の測定ピンをあてる。
④ 表示部の表示値を読む。
⑤ 被測定回路から測定ピンを離す。

(h)交流電流の測定

アナログ式テスタでは交流電流を測定することは困難であるが、デジタル式テスタでは容易に測定できる。測定は、以下の手順で行う。

① 赤い測定リードのプラグを電流用測定端子（μA／mA）に、黒い測定リードのプラグを共通端子（COM）に接続する。
② 切換スイッチおよび測定機能選択ボタンを操作して交流電流測定モード（～）の最適レンジを選ぶ。オートレンジ式の場合、最適レンジは③の際に自動的に選択される。
③ 測定ピンを被測定回路と**直列**になるようにあてる。
④ 表示部の表示値を読む。
⑤ 被測定回路から測定ピンを離す。

3. デジタル式テスタの測定誤差

デジタル式テスタでは、メーカが保証する確度（誤差）の計算式が測定レンジごとに定められており、取扱説明書等に記載されている。確度の表し方には、rdg（reading；読取り値）およびRNG（range；レンジ）を用いる方法と、rdgおよびdgt（digit；最下位桁の数字）を用いる方法があるが、一般には後者が多く用いられている。

いま、直流400.0Vレンジで分解能が0.1V、測定確度±（0.9％rdg＋2dgt）のデジタル式テスタの読取り値が100.0Vであったとすれば、測定誤差は、

$$\pm(0.9\%\mathrm{rdg}+2\mathrm{dgt})$$
$$=\pm(0.009\times100.0+2\times0.1)$$
$$=\pm(0.9+0.2)=\pm1.1\,[\mathrm{V}]$$

であり、このとき真値は98.9V以上101.1V以下であったと考えられる。

4. クランプメータ

直流回路を開く（切断する）ことなく通電状態のままで直流電流を測定する場合、測定器としてクランプメータを用いる方法がある。

5. 絶縁抵抗計

絶縁抵抗計は、直流電圧を利用して被測定物の絶縁抵抗を測定できる。ICやLSIを使用した機器を測定する場合、定格電圧の高い絶縁抵抗計を使用するとICやLSIが故障することがある。

図2　抵抗測定時の注意点

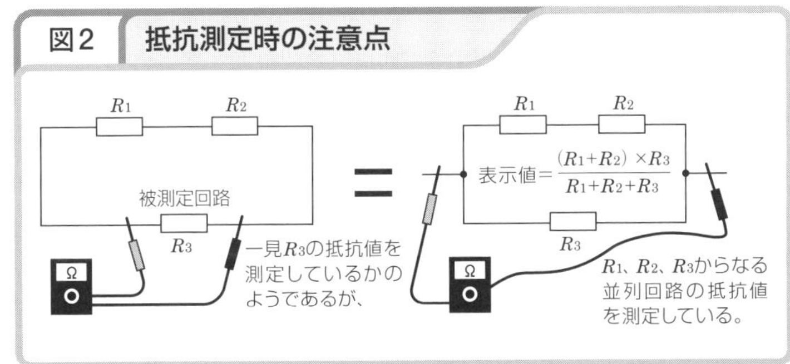
R_1
R_2
被測定回路
R_3
一見R_3の抵抗値を測定しているかのようであるが、
＝
表示値＝$\frac{(R_1+R_2)\times R_3}{R_1+R_2+R_3}$
R_1、R_2、R_3からなる並列回路の抵抗値を測定している。

図3　クランプメータ

4 LANの設計・配線工事と工事試験

4-1 平衡配線施工技術

1. メタリックケーブルのLAN

LAN（Local Area Network）は、1980年に米国で標準化を推進するためにIEEE802委員会が設置され、標準化が進められた。このうち、めざましい普及と発展を遂げたイーサネットは当初、バス形の配線形態で開発され、後にスター形に改良されて普及し、現在に至っている。スター形の配線に採用されている4対（8心）の**ツイストペアケーブル**（平衡対ケーブル）は、従来の同軸ケーブルに比べて拡張性、施工性、高速性、柔軟性、コストの面で利点がある。構造的にはシールド（遮蔽（へい））のないものを**UTP**と総称する。その他表1のようなケーブルがあり、必要に応じて選択して使用する。

伝送性能の区分としてケーブル、コネクタ、パッチコードなどの配線部材は表2のように「**カテゴリ**」という言葉で表し、数字で区分する。

カテゴリ別に挿入損失、漏話減衰、反射減衰、伝搬遅延などの特性パラメータが規格で定められている。また、その他の仕様として、特性インピーダンスは**100Ω**に統一され、直流抵抗値なども規格化されている。

2. 配線と成端

(a)水平配線と幹線配線

LANシステムでは、構造化配線が規格化されている。メーカ互換性および製品の相互互換性を提供しており、構内のすべての通信サービスをサポートできる。また、多様な商業環境への適応性があり、設計が容易で拡張性に優れている。さらに、伝送性能の恒常化に対応でき、情報コンセントなどの迅速な移設・増設・変更を実現している。

この構造は、**水平配線**と**幹線配線**から成り立ち、すべての配線を構成する。水平配線構成に**パーマネントリンク**がある。パーマネントリンクとは、配線盤間またはフロア配線盤と端末機器アウトレットとの間に敷設された伝送路であり、両端の接続部を含むが機器や装置接続のコードを含まないもので、全長**90m以下**とされている。また、**チャネル**とはパーマネントリンクに機器や装置接続のコードを含めたもので**全長100m以下**となっている。

(b)成端

一般に、パーマネントリンクでは、水平ケーブルの両端が**8極8心コネクタ**[*1]で成端（ケーブルの端に接続器具を取り付けること）される。コネクタのピン配列は、ANSI/TIA-568で規定されており、T568A規格とT568B規格の2つの規格が存在する。主にPCとスイッチングハブの間など、PCとPC以外のネットワーク機器を結ぶために使われる**ストレートケーブル**を作成する場合は、両端のコネクタを同一規格で結線する。たとえば、一方がT568Aであれば、他方もT568Aとする。また、PC同士を接続する場合など、同じ種類の機器を直接結ぶために使われる**クロスケーブル**を作成する場合は、両端のコネクタが相異なる規格、つまり一方がT568Aであれば他方をT568Bで結線する。

ANSI/TIA-568におけるピン配列とそれぞれのピンに接続される心線の被覆の色は、T568AとT568Bで異なっており、図1および図2のようになる。心線の色分けは、ツイストペア（撚（よ）り線対）を構成する2本1組（ペア）でなされたもので、片方の線の被覆には白のストライプが入っている。心線ペアには番号が付与されており、ペア1は青色対、ペア2は橙色対、ペア3は緑色対、ペア4は茶色対である。

心線とピンの接続には、絶縁体突刺接続（IPC）タイプまたは金属スリット間に電線を押し込むことにより、絶縁被覆を取り除いて接続する絶縁体**圧接接続（IDC）**タイプのものを用いることが望ましい。次の①～⑥は、出荷時にケーブルの片側だけにコネクタが取り付けられている、いわゆる**ピッグテール型**のUTPケーブルに、コネクタ（RJ-45モジュラプラグ）を取り付ける手順を説明したものである。

①UTPケーブルの外被を剥ぐ

ケーブルストリッパで、UTPケーブルの外被を2～3cm程度剥ぎ取る。その際、心線の被覆は剥ぎ取らないようにする。また、心線そのものを傷つけないように注意する。

②撚り対線の撚りを戻し、長さを揃える

撚り対線の先端の撚り（ねじれ）をほどいた後、必要に応じ、ニッパを使って長さを揃える。JIS X 5150-1において、接続器具は、終端から接続器具までのケーブル要素の撚り戻し長さが**できるだけ短く**なるように設計することが望ましいとされており、具体的には、米国規格において、カテゴリ5e以上のUTPケーブルでは、撚り戻し長を約**13mm以下**とするよう規定（カテゴリ6以上の場合6mm以下を推奨）されている。撚りを戻す部分が長いほど、**近端漏話が大きくなる**。

③心線をモジュラプラグに挿入する

UTPケーブルの心線を、決められたピン配列に従って、モジュラプラグの端子穴に挿入する。必要以上に力を加えないように注意しながら、突き当たるまでしっかり押し込む。

表1　ケーブル構造

U/UTP	非シールドツイストペア
F/UTP	一括ホイルシールドツイストペア
F/FTP	一括ホイル＋各対ホイルシールドツイストペア
SF/FTP	編組＋一括ホイル＋各対ホイルシールドツイストペア

表2　配線部材の伝送性能区分

カテゴリ3	16MHzの性能要件を満足する配線部材
カテゴリ5	100MHzの性能要件を満足する配線部材
カテゴリ6	250MHzの性能要件を満足する配線部材
カテゴリ6A	500MHzの性能要件を満足する配線部材
カテゴリ7	600MHzの性能要件を満足する配線部材
カテゴリ7A	1GHzの性能要件を満足する配線部材
カテゴリ8	2GHzの性能要件を満足する配線部材

数字が大きいほど性能が良い。

図1　T568Aのピン配列

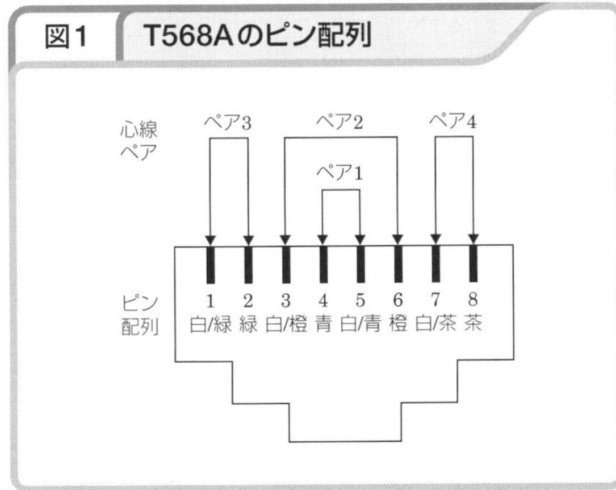

図2　T568Bのピン配列

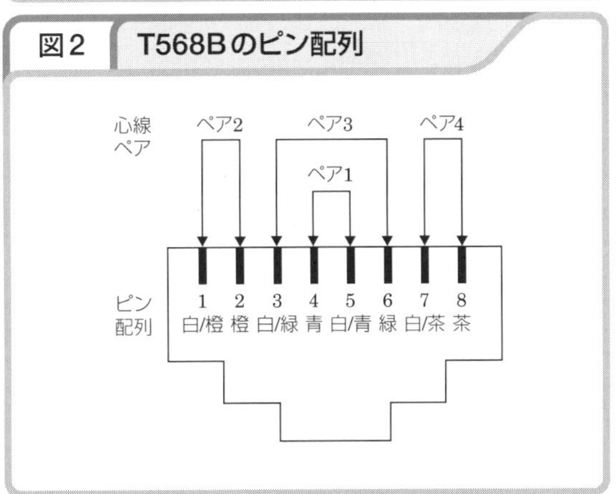

＊1　**コネクタ**：プラグやジャック、アダプタなど、配線の接続に用いる器具をいう。撚り対線（ツイストペアケーブル）によるLAN配線用には、一般にRJ-45モジュラコネクタ（ISO/IEC8877準拠の8極8心コネクタ）を用いる。

④**モジュラプラグを専用工具に差し込み圧接する**

手順③で挿入したUTPケーブル心線が抜けてしまわないように注意しながら、モジュラプラグを専用工具に差し込み、圧接する。モジュラプラグ製品によっては、専用工具が不要で、手で圧接できるものもある。

⑤**成端の状況を確認する**

正しく成端できているかどうか、目視により確認する。確認のポイントは次のとおりである。

- すべての心線が奥までしっかり差し込まれていること。
- ピン配列に誤りのないこと(色およびストライプで確認可能)。
- ピンの金属針が心線に刺さっていること。

⑥**ケーブルの導通状態を確認する**

成端作業が完了したら、ケーブルテスタを用いて、ケーブルの導通状態を確認する(図6)。

(c)平衡配線設備の伝送性能

平衡配線設備の伝送性能はJIS X 5150-1では表3のように区分され、「**クラス**」という言葉にアルファベットをつけて表す。チャネルの性能パラメータごとにその要件を適用するクラスが異なり、たとえば、**反射減衰量の要求事項は、クラスC、D、E、E**$_{\mathrm{A}}$**、F、F**$_{\mathrm{A}}$**、BCT-B、Ⅰ、Ⅱにだけ適用**される。なお、ANSI/TIAでは配線用部材と同じ「カテゴリ」を用いている。

3. 施工ポイント

(a) 平衡ケーブルの整理

施工後の**最小曲げ半径**は、製造業者の取扱説明書によって決定し、取扱説明書が存在しない場合、4対までの平衡ケーブルでは**50mm以上**とする。

(b) ケーブル成端作業

ケーブルをモジュラプラグで成端する際に、心線の撚り戻し長が大きいと、ツイストペアケーブルの基本性能である**電磁誘導を打ち消し合う機能**が低下して**近端漏話**が大きくなる、**特性インピーダンスが変化**して反射減衰量の規格値外れなどの原因となるなど、伝送性能に及ぼす影響が大きくなるので、心線の撚り戻し長はできるだけ小さくする。また、リバースペア、クロスペア、スプリットペアなどの結線の配列違い(図7)により、漏話特性が劣化したり、PoE機能が使えなくなったりすることがある。

(c) ケーブル余長処理

平衡ケーブルによる配線では、一般に、ケーブル端末の多少の延長・移動を想定して施工されるが、機器・パッチパネルが高密度で収納されるラック内などでは、小さな径のループおよび過剰なループ回数の余長処理を行うと、ケーブル間の同色対どうしで**エイリアンクロストーク**が発生しトラブルの原因になることがある。

図3 UTPケーブルの外被を剥ぐ

・外被を剥ぐ

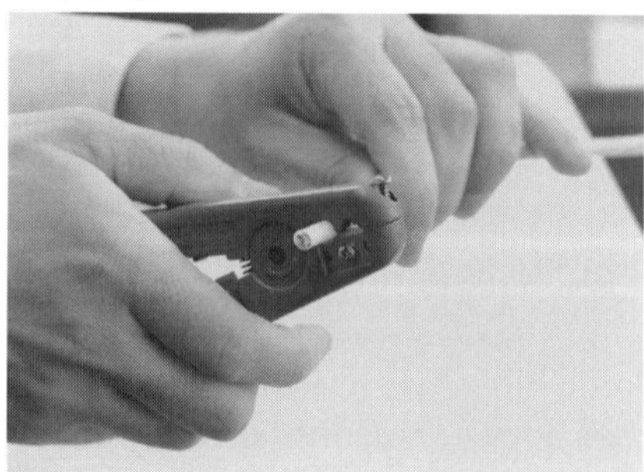

・外被を剥ぎ取った状態

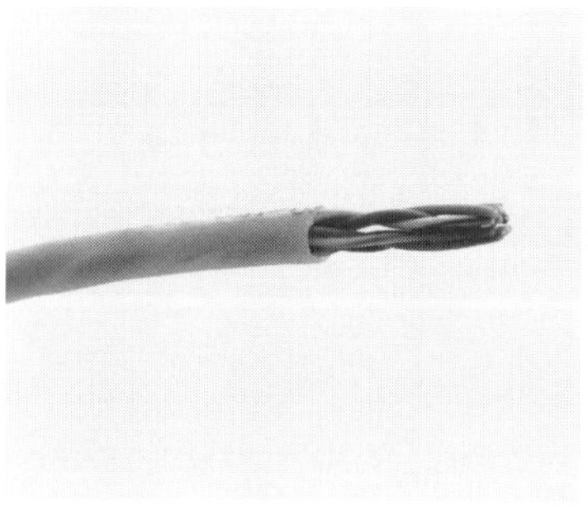

図4　心線の先端を切りそろえる

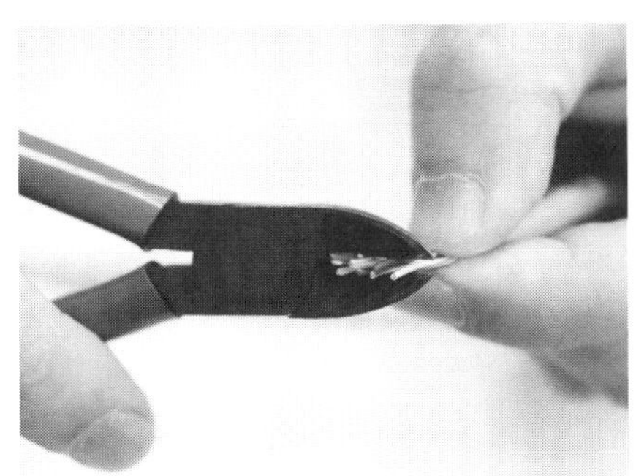

・心線の先端の撚りをほどき、ニッパで長さを切り揃える。
・撚りをほどいた（戻した）部分はなるべく短くする。

図5　専用工具でかしめる

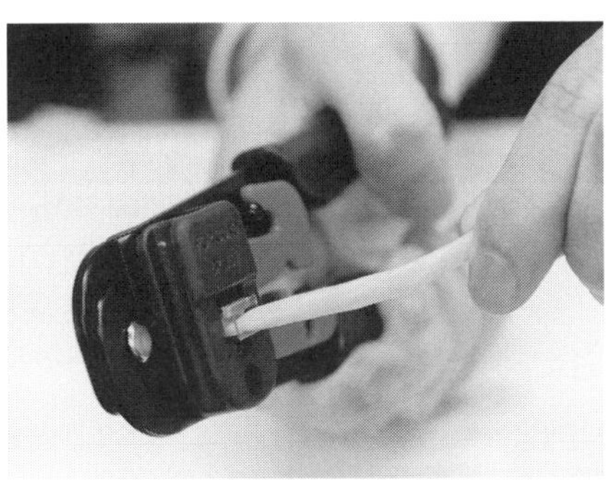

・心線の先端を決められたピン配列通りにコネクタの端子穴に挿入し、専用工具などを用いて圧接する。
・圧接が完了したら、目視で確認する。

図6　導通状態の確認

・ケーブルテスタ

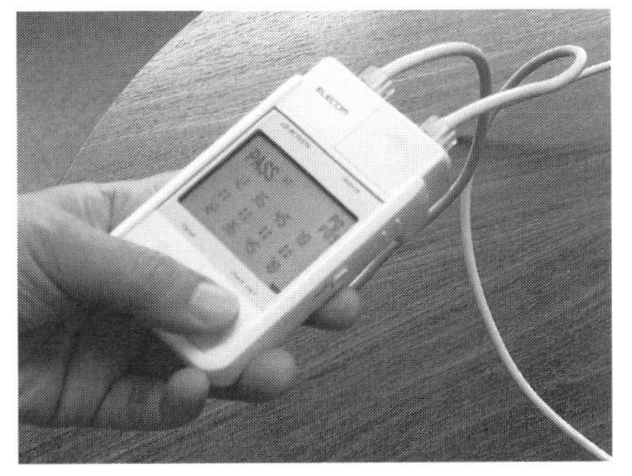

表3　平衡配線設備の伝送性能区分

区分	伝送性能	区分	伝送性能
クラスA	100kHzまで	クラスE_A	500MHzまで
クラスB	1MHzまで	クラスF	600MHzまで
クラスC	16MHzまで	クラスF_A	1GHｚまで
クラスD	100MHzまで	クラスBCT-B	1GHzまで
クラスE	250MHzまで	クラスⅠおよびⅡ	2GHzまで

アルファベットの順番が遅いほど性能が良い。
※ANSI/TIAでは「カテゴリ」を用いる。

図7　結線の配列違い

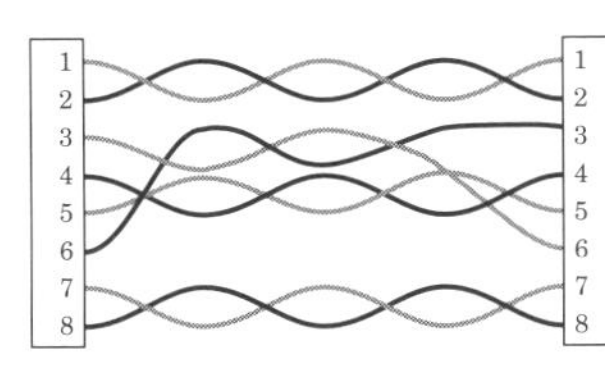

3－6ペアを相手側で6－3と結線している

リバースペアの例

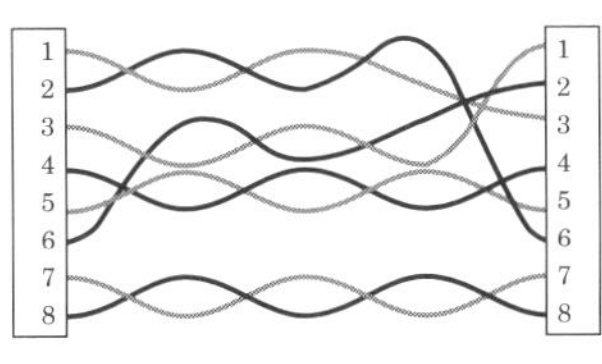

1－2ペアを3－6ペアに結線している

クロスペアの例

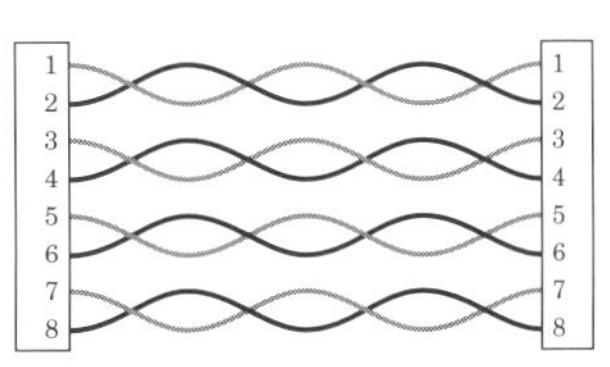

撚り対のペアが1･2、3･6、4･5、7･8になっていない

スプリットペアの例

4-2 汎用情報配線設備規格(平衡配線)

1. オフィス施設の配線システム

JIS X 5150-2：2021汎用情報配線設備―第2部：オフィス施設は、2017年に発行されたISO/IEC 11801-2：2017を翻訳したもので、音声、データ、テキスト、画像、動画などの広範囲のサービスを使用できる配線を想定している。適用範囲は、単一または複数のビルで構成されたオフィス施設で用いる汎用配線設備で、平衡配線設備と光ファイバ配線設備を含む。図1にその構造を示す。

(a)構内幹線配線サブシステム

構内配線盤(CD)からビル内配線盤(BD)までの施設をいう。これには、構内幹線ケーブル、ビル内引込み設備内の配線要素、構内配線盤内およびビル内配線盤内のジャンパおよびパッチコード、構内幹線ケーブルに終端される接続器具が含まれる。

(b)ビル幹線配線サブシステム

ビル内配線盤からフロア配線盤(FD)までの施設をいう。これには、ビル幹線ケーブル、ビル内配線盤とフロア配線盤の両方のジャンパおよびパッチコード、両方の配線盤においてビル幹線ケーブルが終端される接続器具が含まれる。

(c)水平配線サブシステム

フロア配線盤からそれに接続された通信アウトレット(TO)までの施設をいう。このサブシステムには、水平ケーブル(分岐点(CP)が存在している場合は水平ケーブルおよびCPコード)、フロア配線盤内のジャンパおよびパッチコード、通信アウトレットにおける水平ケーブルの機械的な終端、フロア配線盤における水平ケーブルの接続器具を含んだ機械的な終端(たとえば図2のようなインタコネクタや図3のようなクロスコネクト)、任意に追加できる分岐点、通信アウトレットなどで構成される。

- **ワークエリアコードおよび機器コード**

ワークエリアコードは通信アウトレットを端末設備装置に接続するコードをいう。ワークエリアは、事務室など、複数の利用者がPC、IP電話機といった通信端末機器を扱う建物内のスペースをさす。また、機器コードは、配線設備内において配線サブシステムの一端を伝送機器に接続するコードをいう。これらはアプリケーションの一部であって、配線サブシステムには含まれない。

2. 水平配線設備の設計

水平配線設備は、既存のアプリケーションのみならず新規のアプリケーションも最大限サポートし、長期間使用可能となるように設計するのが望ましい。これにより、設備が更新されるまでの間のワークエリアの中断や再配線工事によるコストの増加を最小限に抑えることができる。

(a)チャネル

任意のアプリケーション固有の2台の機器間を接続する伝送路をいう。具体的には、LANスイッチやハブなどの機器(EQP)と端末機器(TE)との間の伝送経路を指し、2つ以上のサブシステムを接続して構成してもよい。図1の基本配線構成の場合、最大チャネル長さは水平配線で**100m**、水平配線＋ビル幹線＋構内幹線で**2,000m**としなければならない。

(b)パーマネントリンク

敷設されたケーブルの両端の接続器具を含む、敷設された配線サブシステムの伝送経路をいう。水平配線では通信アウトレットとフロア配線盤との間の伝送路である。これには、ワークエリアコード、機器コード、パッチコードおよびジャンパは含まれないが、通信アウトレット、水平ケーブル、分岐点、フロア配線盤での水平ケーブルの終端といったリンクの両端の接続は含まれる。

図1　汎用配線システムの構造

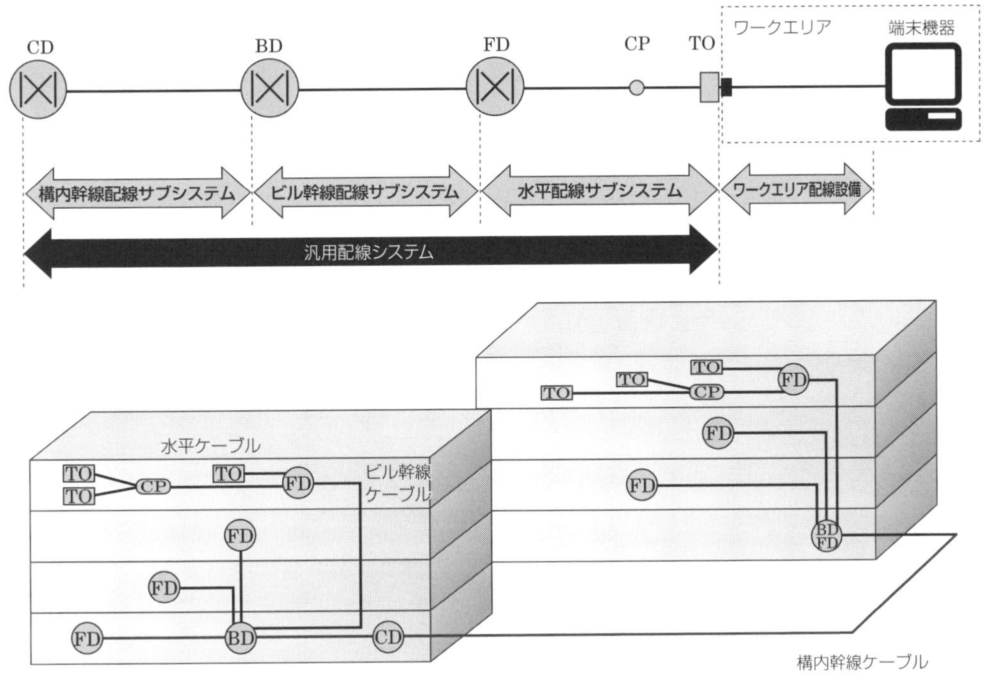

CD　BD　FD　CP　TO　ワークエリア　端末機器

構内幹線配線サブシステム　ビル幹線配線サブシステム　水平配線サブシステム　ワークエリア配線設備

汎用配線システム

水平ケーブル　ビル幹線ケーブル　構内幹線ケーブル

TO　CP　FD　BD　CD

図2　インタコネクトの例

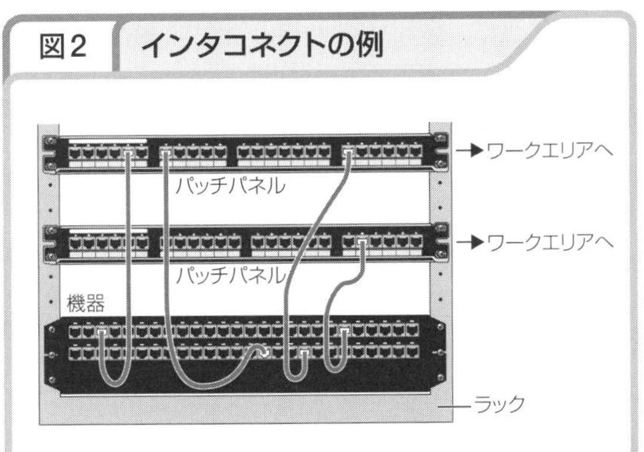

図3　クロスコネクトの例

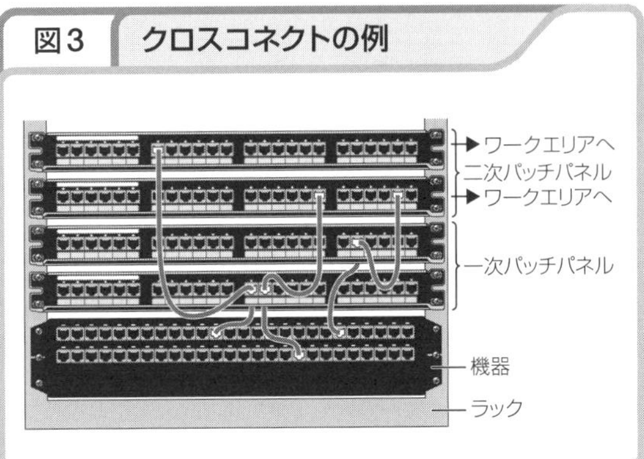

図4　チャネル、パーマネントリンクおよびCPリンク

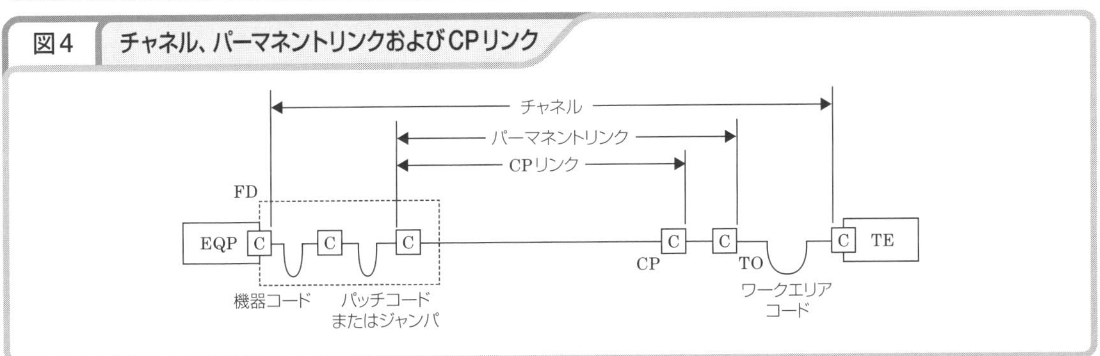

(c)フロア配線盤(FD)

配線サブシステムと他の配線サブシステムまたは伝送機器との終端・接続を可能にする機能要素を**配線盤**というが、配線盤のうち、水平ケーブルと他の配線サブシステムまたは機器とを接続するために用いるものをフロア配線盤(FD)という。FDは各フロアに最低1個は接地しなければならず、かつ、床面積が1,000m^{2}を超える場合にはフロアの床面積**1,000m^{2}ごとに最低1個**設置することが望ましい。ただし、ロビーなど床面積当たりの人数が少ない場合は、隣接階に設置されているフロア配線盤からサービスを提供してもよい。また、複数の配線盤の機能を1つに統合してもよい。フロア配線盤の設計は、パッチコードまたはジャンパ、および機器コードの長さを**最小限**に抑え、運用中に設計長さが維持されることが望ましい。

(d)通信アウトレット(TO)

端末機器にインタフェースを提供する接続器具をいい、通常はワークエリアに配置する。汎用配線設備の設計では、利用可能なフロア全体に設置することが望ましい。高密度に配置すると、配線設備の変更に柔軟に対応可能になる。それぞれの個別のワークエリアに、**少なくとも2つ**設置しなければならない。

● **単一利用者TO組立品(TO組立品)**

汎用配線設備の一般的な施工では、1組の通信アウトレット(TO)は単一のワークエリアをサポートする。配線形態は平衡配線設備では図5に示すオプションから選択しなければならない。このようなTOの場合、単一利用者TO組立品(TO組立品)という。なお、ワークエリアコードの長さは最小限にすることが望ましい。

● **複数利用者TO組立品(MUTO組立品)**

いくつかの通信アウトレット(TO)を1か所にまとめたものをいう。オープンオフィス環境では、1組のTOは、複数のワークエリアに対応させてもよい。配線形態は図5に示すオプションから選択しなければならない。このようなTOの組を、複数利用者TO組立品(MUTO組立品)という。

複数利用者TO組立品を用いる場合、各ワークエリアグループが少なくとも1つの複数利用者TO組立品によって機能を提供するように開放型ワークエリアに配置しなければならない、**最大で12**のワークエリアに対応するように制限することが望ましい、建物の柱または恒久的な壁面のような恒久的で利用者がアクセスしやすい場所に配置することが望ましい、閉塞した場所に取り付けてはならない、ワークエリアコードの長さはワークエリアでのケーブルの管理を確実にするために制限することが望ましい、という追加要件を満たさなければならない。

(e)分岐点(CP)

フロア配線盤(FD)と通信アウトレット(TO)との間の水平配線サブシステム内にある接続点をいう。FDとTOの間の水平配線設備に分岐点を設置すると、TOを再配置する柔軟性が必要なオーぷのふぃすスペースで役立つ。FDと任意のTOとの間に1つの分岐点を設置してもよい。FDとCPとの間の配線で、両端の接続器具を含むパーマネントリンクの一部を**CPリンク**という。CPは受動的な接続器具のみで構成しなければならず、クロスコネクト接続として使ってはならない。

また、満たす必要のある追加要件として、各ワークエリアグループが**少なくとも1つ**のCPによって提供されるように配置しなければならない、**最大で12**のワークエリアに対する対応に制限することが望ましい、アクセスしやすい場所に配置することが望ましい、管理システムの一部でなければならない、がある。

(f)水平配線のチャネル長

適用される一般制限事項として、**チャネル**の物理長さは**100m**を超えてはならないこと、**水平ケーブル**の物理長さは**90m**を超えてはならないこと、パッチコード、機器コードおよびワークエリアコードの合計長さが**10mを超える**場合は表1に掲げる**水平リンク長さ**の式に従って水平ケーブルの許容物理長さを減らさなければならないこと、**分岐点**はフロア配線盤から**少なくとも15m**離れた位置に置かなければならないこと、が必須の要件となっている。

また、望ましい要件としては、複数利用者TO組立品を用いる場合には**ワークエリアコード**の長さは**20mを超えないこと、パッチコードまたはジャンパ**の長さは**5mを超えないこと**、がある。

(g)水平配線設備のインピーダンス

チャネルの公称差動モードインピーダンスは**100Ω**とする。これは適切な設計および配線部材の適切な選択によって、各配線部材の個別の公称インピーダンスに関係なく達成される。

図5　水平配線設備モデル

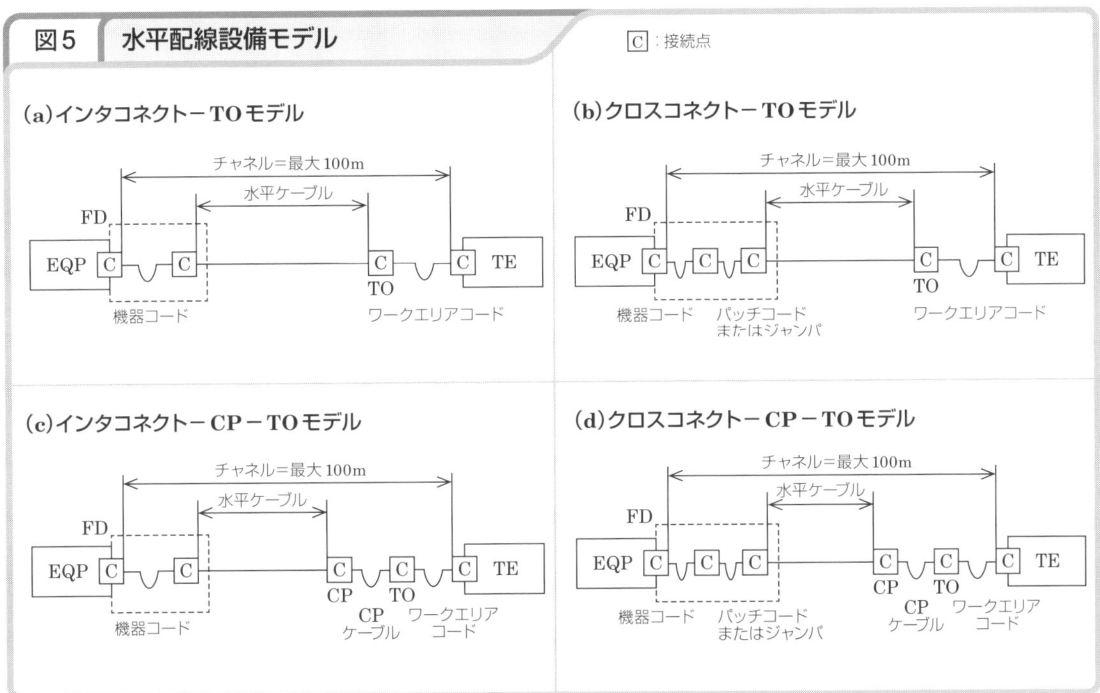

表1　水平リンク長さの式

モデル	クラスEおよびE_Aチャネル	クラスFおよびF_Aチャネル
インタコネクト－TO	$l_h = 104 - l_a \times X$	$l_h = 105 - l_a \times X$
クロスコネクト－TO	$l_h = 103 - l_a \times X$	$l_h = 103 - l_a \times X$
インタコネクト－CP－TO	$l_h = 103 - l_a \times X - l_c \times Y$	$l_h = 103 - l_a \times X - l_c \times Y$
クロスコネクト－CP－TO	$l_h = 102 - l_a \times X - l_c \times Y$	$l_h = 102 - l_a \times X - l_c \times Y$

記号説明　l_h：水平ケーブルの最大長さ〔m〕
l_a：パッチコード/ジャンパ、機器コードおよびワークエリアコードの長さの総和〔m〕
l_c：CPケーブルの長さ〔m〕
X：水平ケーブルの挿入損失〔dB/m〕に対するコードケーブルの挿入損失〔dB/m〕の比
Y：水平ケーブルの挿入損失〔dB/m〕に対するCPケーブルの挿入損失〔dB/m〕の比

注記：20℃を超える運用温度では、l_hの値は次のとおり。
a)スクリーン付平衡ケーブルでは、20℃～60℃で1℃当たり0.2％減じる。
b)非スクリーン平衡ケーブルでは、20℃～40℃で1℃当たり0.4％減じる。
c)非スクリーン平衡ケーブルでは、40℃～60℃で1℃当たり0.6％減じる。
これらはデフォルト値であり、ケーブルの実際の特性が不明な場合に用いることが望ましい。
計画した運用温度が60℃を超える場合は、製造業者または提供者の情報を参照しなければならない。

3. 幹線配線

幹線配線サブシステムには、構内幹線配線サブシステムとビル幹線配線サブシステムの基本配線構成が含まれる。

(a)部材の選択

幹線配線サブシステムの平衡配線設備で使用する平衡部材は、必要なチャネル長およびサポートするアプリケーションのクラスによって選択しなければならない。各部材は、次の(b)に示す配線範囲を用いて、カテゴリ5部材がクラスD、カテゴリ6_A部材またはカテゴリ8.1部材がクラスE_A、カテゴリ7部材がクラスF、カテゴリ7_A部材またはカテゴリ8.2部材がクラスF_Aの平衡配線性能をサポートする。

(b)配線範囲

チャネルは、パッチコードまたはジャンパ、および機器コードを構成する追加のコードを含み、これらのコード内の可とうケーブルは幹線ケーブルで用いられるケーブルよりも高い挿入損失をもつ。これらの挿入損失の高いケーブルに適用させるために、所与のクラスのチャネルの範囲内で用いるケーブル長は、表2に掲げる**幹線リンク長の式**によって決定しなければならない。

(c)平衡配線性能の制限事項

クラスD、E、E_A、FおよびF_Aには、次の一般制限事項が適用される。

・チャネルの物理長は**100m**を超えてはならない
・チャネル内で4つの接続点がある場合には、幹線ケーブルの物理長は**少なくとも15m**にすることが望ましい。

4. 平衡配線設備の伝送性能

(a)性能クラス

平衡配線設備の伝送性能は、いくつかの段階に分類されており、ISO/IEC11801-1(JIS X 5150-1)で規定されたものとANSI/TIA-568.2-Dで規定されたものがある。表3のように、ISO/IEC規格およびJISでは、配線設備性能(配線システム性能)を**クラス**と呼び、部材性能(配線要素性能)を**カテゴリ**と呼んでいる。一方、ANSI/TIA規格では、配線システム性能、配線要素性能とも、**カテゴリ**という名称で統一している。

なお、クラスⅠおよびクラスⅡは、データセンタ配線など配線設計文書の特定の部分で説明されている平衡配線設備に対する追加クラスである。また、クラスⅠ配線性能をサポートするカテゴリ8.1部材はカテゴリ6_Aの仕様をもとに開発したものであるため、これを平衡配線設備に使用したときの各配線クラス配線長さはカテゴリ6_A部材を使用した場合と同じになる。同様に、クラスⅡ配線性能をサポートするカテゴリ8.2部材はカテゴリ7_Aの仕様をもとに開発したものであるため、これを平衡配線設備に使用したときの配線長さはカテゴリ7_A部材を使用した場合と同じになる。

(b) 3dB/4dBルール

平衡配線設備の伝送性能特性としては、挿入損失が3.0dB未満または4.0dB未満となる周波数範囲であれば、データを送受信するうえで十分な*SN*比を確保できるとされている。JIS規格による平衡配線の性能測定では、挿入損失の測定結果が規定値以下となる周波数範囲においては、反射減衰量に関する特性、対間近端漏話および電力和近端漏話に関する特性について、**3dB/4dBルール**といわれる判定方法が適用され、その試験結果の値は参考とされる。

3dB/4dBルールでは、**挿入損失が3.0dB未満の**周波数における**反射減衰量**(*RL*)の値は参考とし、その周波数範囲の部分で試験結果が不合格となっても合格とみなすことができるとしている。また、**挿入損失が4.0dB未満となる**周波数における**対間近端漏話**(*NEXT*)および電力和近端漏話(*PS NEXT*)の値は参考とし、その周波数範囲の部分で試験結果が不合格となっても合格とみなすことができるとしている。

なお、ANSI/TIA規格では4dBルールを規定しておらず、合否判定は挿入損失の測定値にかかわらず規格値通りに行う。

図6 幹線配線モデル

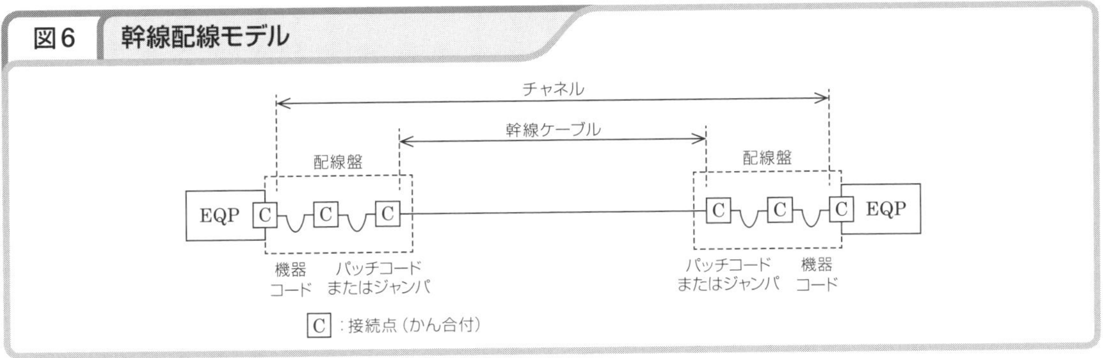

表2 幹線リンク長の式

部材カテゴリ	クラスA	クラスB	クラスC	クラスD	クラスE	クラスE_A	クラスF	クラスF_A
5	2000	l_b＝250－l_a×X	l_b＝170－l_a×X	l_b＝105－l_a×X	－	－	－	－
6	2000	l_b＝260－l_a×X	l_b＝185－l_a×X	l_b＝111－l_a×X	l_b＝102－l_a×X	－	－	－
6_Aまたは8.1	2000	l_b＝260－l_a×X	l_b＝189－l_a×X	l_b＝114－l_a×X	l_b＝105－l_a×X	l_b＝102－l_a×X	－	－
7	2000	l_b＝260－l_a×X	l_b＝190－l_a×X	l_b＝115－l_a×X	l_b＝106－l_a×X	l_b＝104－l_a×X	l_b＝102－l_a×X	－
7_Aまたは8.2	2000	l_b＝260－l_a×X	l_b＝192－l_a×X	l_b＝117－l_a×X	l_b＝108－l_a×X	l_b＝107－l_a×X	l_b＝102－l_a×X	l_b＝107－l_a×X

記号説明 l_b：幹線ケーブルの最大長〔m〕
l_a：パッチコードまたはジャンパ、および機器コードの長さの総和〔m〕
X：幹線ケーブルの挿入損失〔dB/m〕に対するコードケーブルの挿入損失〔dB/m〕の比

20℃を超える運用温度では、l_bの値を次のとおり減じる。
a)スクリーン付平衡ケーブルでは、20℃～60℃で1℃当たり0.2%減じる。
b)非スクリーン平衡ケーブルでは、20℃～40℃で1℃当たり0.4%減じる。
c)非スクリーン平衡ケーブルでは、40℃～60℃で1℃当たり0.6%減じる。
これらは既定値であり、ケーブルの実際の特性が不明な場合に用いることを推奨する。
計画した運用温度が60℃を超える場合には、製造業者または供給業者の情報を参考にしなければならない。
チャネルに含まれる接続数が図3・5に示すモデルとは異なる場合、*NEXT*、*RL*および*ACR-F*性能は、検証した方がよい。

注記：チャネルに含まれる接続数が図3・5に示すモデルとは異なる場合、固定ケーブル長は、カテゴリ5のケーブルでは1接続当たり2mを減じ、カテゴリが6、6_A、7および7_Aのケーブルでは1接続当たり1mを減じる（モデルより接続数が多い場合）または増やす（モデルより接続数が少ない場合）。

表3 平衡配線の分類

最大周波数	JIS X 5150-1：2021（ISO/IEC11801-1：2017）		ANSI/TIA-568.2-D：2017	
	配線設備性能	部材性能	配線システム性能	配線要素性能
250MHz	クラスE	カテゴリ6	カテゴリ6	カテゴリ6
500MHz	クラスE_A	カテゴリ6_A	カテゴリ6_A	カテゴリ6_A
600MHz	クラスF	カテゴリ7	規定なし	規定なし
1GHz	クラスF_A	カテゴリ7_A	規定なし	規定なし
2GHz	クラスⅠ、Ⅱ	カテゴリ8.1、8.2	カテゴリ8	カテゴリ8

4-3 光ファイバ施工技術

1. プラスチック系光ファイバ

通信用に用いられる光ファイバは、誘導体の種類によりいくつかの種類があり、代表的なものとして、二酸化けい素(SiO_2)を主成分とした**石英系光ファイバ**(SOF：Silica Optical Fiber)や、アクリル樹脂またはフッ素樹脂を主成分とした**プラスチック系光ファイバ**(POF：Plastic Optical Fiber)などがある。建物内など利用者が直接触れるおそれのある場所での配線には、石英系光ファイバに比べて透明度が低いため伝送可能距離が短いものの、曲げによる破断が起こりにくく取扱いが容易で、開口数(*NA*：Numerical Aperture)*1が大きいため光源との結合効率が高いなどの特長をもつプラスチック系光ファイバが用いられている。

プラスチック系光ファイバは、アクリル樹脂系POFとフッ素樹脂系POFの2種類に大別される。

(a)アクリル樹脂系POF

コアの主原料にポリメタクリル酸メチル樹脂(PMMA)を使用した光ファイバ。石英系光ファイバと比較して、一般に口径が大きく、伝送距離は短いが、端面などの取扱いが容易であることなどから、住戸内の配線に適用される。

(b)フッ素樹脂系POF

コアの主原料にフッ素樹脂を使用した光ファイバ。アクリル樹脂系POFと比較して、一般に口径数は小さいが、伝送損失が小さいため、主にビル内幹線に適用される。

2. 光ファイバの接続

光ファイバ心線の接続方法には、融着接続、メカニカルスプライス、および光コネクタ接続がある。光ファイバの接続においては、光ファイバのコアの中心軸に折れ曲がり(角度ずれ)や**軸ずれ**がなく、端面を密着させることが重要である。突き合わされる2本の光ファイバのコアの重なりがずれると、ずれた部分から光が外部に漏れることにより損失が生ずる。また、光ファイバ端面に空隙(げき)があると、空気との屈折率の違いにより接続点で光反射が起こるが、これを防ぐ方法には、溶融一体化、完全密着、間隙を光ファイバと同じ屈折率の整合剤で充填することなどがある。

(a)融着接続法(JIS C 6841)

図2のように光ファイバの端面を融かして接続する方法で、**融着接続機**などの特別な装置やその**電源**が必要になる。この方法の特徴は、接続面が融けて端面が整形され、同時に気泡の発生も抑制されることである。また、軸が多少偏心(ずれ)しても表面張力により軸の中心が自動的に合う作用が働き、信頼性の高い接続が可能となる。

接続手順としては、まず、光ファイバの被覆を完全に除去し、光ファイバを軸に対し**90°**の角度で切断する。次に、電極間放電等により端面を溶かして接続する。さらにスクリーニング試験を行い、問題がなければ接続部に光学的な変化や機械的な劣化が生じない方法で補強を施す。

(b)メカニカルスプライス法

図3のように光ファイバ端面の突合せ固定が可能な専用の接続部品を用いて機械的に接続する方法で、メカニカルスプライス工具が必要になるが、融着接続機のような**特別な装置や電源などは不要**である。光ファイバを上下のプラスチック基板間へ挿入することで位置合わせが行われ、クランプスプリングによって把持力を与える機構を有している。接続部品の内部には、光ファイバの接合面で発生する反射を抑制するための**整合剤**があらかじめ充填されている。

(c)コネクタ法

装置や配線盤の成端など、光ファイバの**着脱が頻繁に行われる箇所**に使用される接続方法である。光コネクタをあらかじめ光ファイバに装着しておけば、短時間に接続が可能となる。

一般に、コアの中心を位置決めして固定する**フェルール型光コネクタ**が用いられ、光ファイバ心線1心どうしを接続する単心型コネクタではスリーブかん合方式により、1つのコネクタに2心以上の心線を収容する多心型コネクタではピンかん合方式により接続する。

スリーブかん合方式では、光ファイバを円筒フェルールの中心坑にそれぞれ挿入し、固定する。そして、フェールール端面を研磨する。最後に、図4のようにフェルール同士を**割りスリーブ**内で突き合わせる。光ファイバ心線はコネクタ内のバネ圧により軸方向に押圧締結される。この方式では、フェルールの突き合わせに割りスリーブをガイドにすることで、精度良く接続することができる。

ピンかん合方式では、一般に図5のように**MT（Mechanically Transferable Splicing）コネクタ**を用いて接続する。MTコネクタでは、フェルールどうしの突き合わせにガイドピンを用いる。

図1　光ファイバの材料による分類

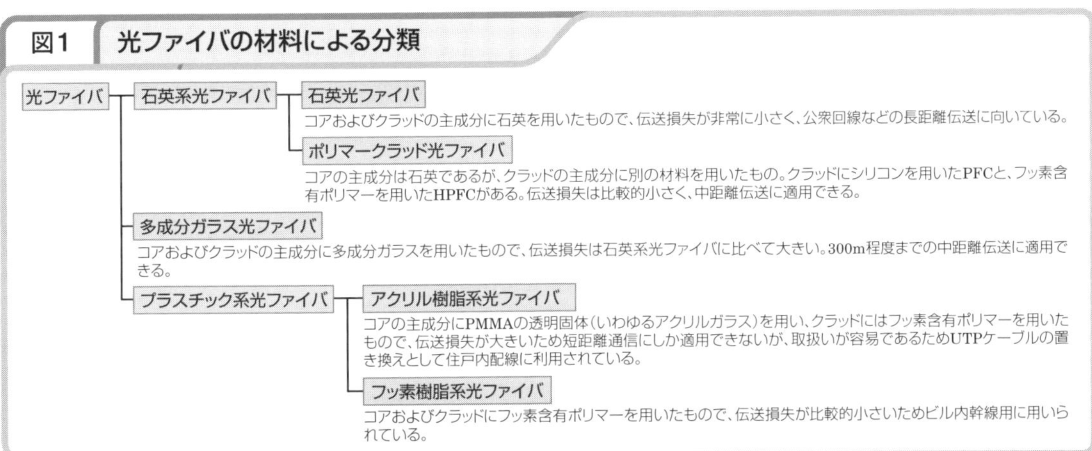

光ファイバ
石英系光ファイバ
石英光ファイバ
コアおよびクラッドの主成分に石英を用いたもので、伝送損失が非常に小さく、公衆回線などの長距離伝送に向いている。
ポリマークラッド光ファイバ
コアの主成分は石英であるが、クラッドの主成分に別の材料を用いたもの。クラッドにシリコンを用いたPFCと、フッ素含有ポリマーを用いたHPFCがある。伝送損失は比較的小さく、中距離伝送に適用できる。
多成分ガラス光ファイバ
コアおよびクラッドの主成分に多成分ガラスを用いたもので、伝送損失は石英系光ファイバに比べて大きい。300m程度までの中距離伝送に適用できる。
プラスチック系光ファイバ
アクリル樹脂系光ファイバ
コアの主成分にPMMAの透明固体（いわゆるアクリルガラス）を用い、クラッドにはフッ素含有ポリマーを用いたもので、伝送損失が大きいため短距離通信にしか適用できないが、取扱いが容易であるためUTPケーブルの置き換えとして住戸内配線に利用されている。
フッ素樹脂系光ファイバ
コアおよびクラッドにフッ素含有ポリマーを用いたもので、伝送損失が比較的小さいためビル内幹線用に用いられている。

図2　融着接続法

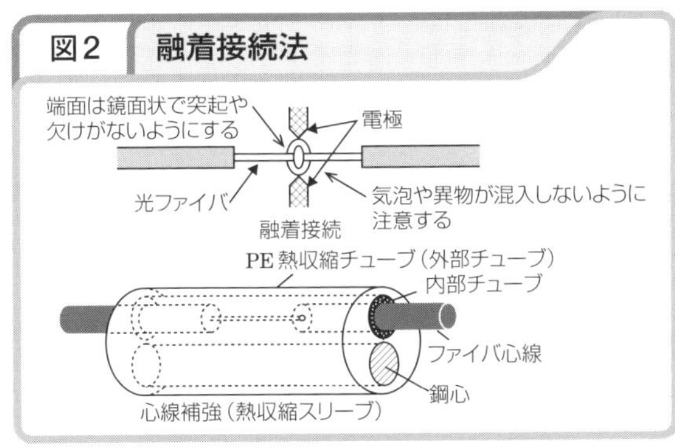

図3　メカニカルスプライス法

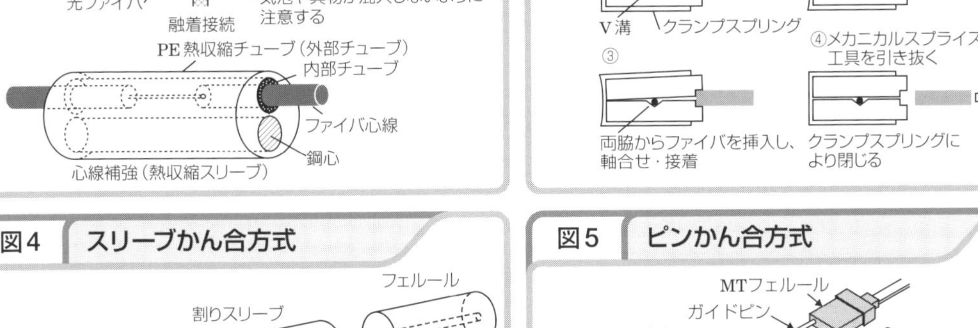

図4　スリーブかん合方式

図5　ピンかん合方式

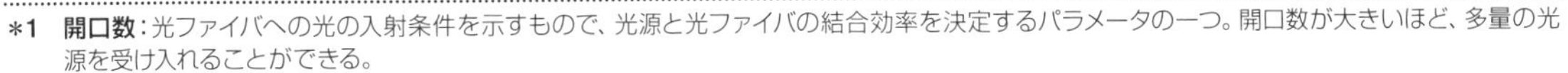

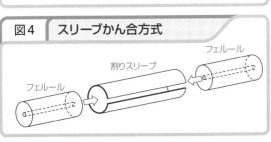

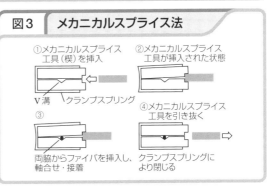

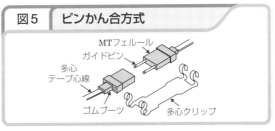

*1　**開口数**：光ファイバへの光の入射条件を示すもので、光源と光ファイバの結合効率を決定するパラメータの一つ。開口数が大きいほど、多量の光源を受け入れることができる。

4-4 光コネクタ施工技術

1. 光コネクタの種類

表1は、情報配線に用いられることの多い光コネクタを示したものである。

このうち、**SC(Single Coupling)コネクタ**は、単心用光コネクタとして最も普及している。フェルールを収容するハウジングはプラスチック製で、着脱が簡単なスライドロック構造のプッシュオン形締結構造となっている。

また、近年、光ファイバ利用の拡大とともに、SCコネクタの従来の接続方法に加え、コネクタ内にメカニカルスプライス機構を有し、取付け作業を現場で容易に行える**外被把持型現場組立光コネクタ**が利用されることが多くなっている。外被把持型現場組立光コネクタは、コネクタプラグとコネクタソケットからなり、これらは光アダプタを介することなく直接接続することができる。代表的な物品としては、ドロップ光ファイバケーブルとインドア光ファイバケーブルの接続や屋内配線におけるインドア光ファイバケーブル同士の心線接続に用いる**FA(Field Assembly)コネクタ**や、架空光ファイバケーブルとドロップ光ファイバケーブルの架空用クロージャ内での心線接続に用いる**FAS(Field Assembly Small-sized)コネクタ**などがある。

2. 光コネクタの挿入損失測定

光ファイバの接続に光コネクタを使用したときの損失測定方法は、JIS C 61300-3-4において供試品の端子の形態別に表2のように規定されている。光パワーメータを用いて表中のそれぞれの測定方法により測定したP_1(測定系に供試品がある状態の光パワー)とP_0(測定系に供試品がない状態の光パワー)の2つの光パワーから、次式に従い損失A〔dB〕を計算する。

$$A = -10\log_{10}\left(\frac{P_1}{P_0}\right) - \alpha\ \text{〔dB〕}$$

(a)カットバック法

供試品がタイプ1および2の場合は、供試品の一方の光ファイバをテンポラリジョイント(TJ)によって光源(S)に接続し、他方の光ファイバを光パワーメータ(D)の光検出器に接続してP_1を測定する。次に、光ファイバをカットポイント(CP)で切断し、切断した供試品の光ファイバをDに接続してP_0を測定する。タイプ3の場合は、供試品の光コネクタプラグを基準アダプタ(RA)を介してピッグテール付き基準プラグ(RP)に接続し、タイプ1と同様の方法で測定する。

(b)置換法

P_1を測定する際には供試品を接続し、P_0を測定する際には供試品の代わりに置換用光ファイバコードを接続して測定する。供試品がタイプ4、5、7、8の場合に代替測定法で用いられる。

(c)挿入法(A)

供試品がタイプ2の場合に用いられる。まず、TJとDの光検出器の間に規定長の光ファイバを接続してP_0を測定する。次に、光ファイバを切断し、融着または現場取付形光コネクタを取り付けてP_1を測定する。

(d)挿入法(B)

供試品がタイプ5および6の場合は、TJに接続した光ファイバのRPにDの光検出器を接続してP_0を測定する。次に、RAと供試品を接続してP_1を測定する。

(e)挿入法(C)

供試品がタイプ4および5の場合は、まず、測定用光ファイバコードをDの光検出器とTJからの光コードとの間に接続してP_0を測定する。P_1を測定する場合は、供試品と別のRAを追加する。

表1　主要な光コネクタ

名称	規格	締結構造
FCコネクタ	JIS C 5970 F01形単心	M08ねじ
SCコネクタ	JIS C 5973 F04形	スライドロック構造のプッシュオン型
MTコネクタ	JIS C 5981 F12形多心	クランプスプリング
MUコネクタ	JIS C 5983 F14形	スライドロック構造のプッシュオン型またはプラグイン型
LCコネクタ	ANSI/TIA/EIA-604-10	スライドロック構造のプッシュオン型
STコネクタ	JIS C 5978 F09形単心	バヨネット型

図1　FASコネクタとFAコネクタの使用場所

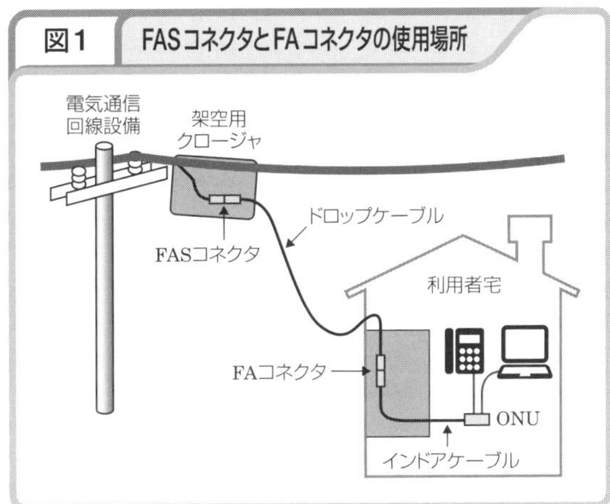

表2　光コネクタの挿入損失測定方法

タイプ	供試品の端子の形態	測定方法	
		基準測定法	代替測定法
1	光ファイバ対光ファイバ（光受動部品）	カットバック	OTDR
2	光ファイバ対光ファイバ（融着または現場取付形光コネクタ）	挿入（A）	カットバックまたはOTDR
3	光ファイバ対プラグ	カットバック	OTDR
4	プラグ対プラグ（光受動部品）	挿入（B）	挿入（C）、置換またはOTDR
5	プラグ対プラグ（光パッチコード）	挿入（B）	挿入（C）、置換またはOTDR
6	片端プラグ（ピッグテール）	挿入（B）	OTDR
7	レセプタクル対レセプタクル（光受動部品）	挿入（C）	置換またはOTDR
8	レセプタクル対プラグ（光受動部品）	挿入（C）	置換またはOTDR

図2　光コネクタの試験方法

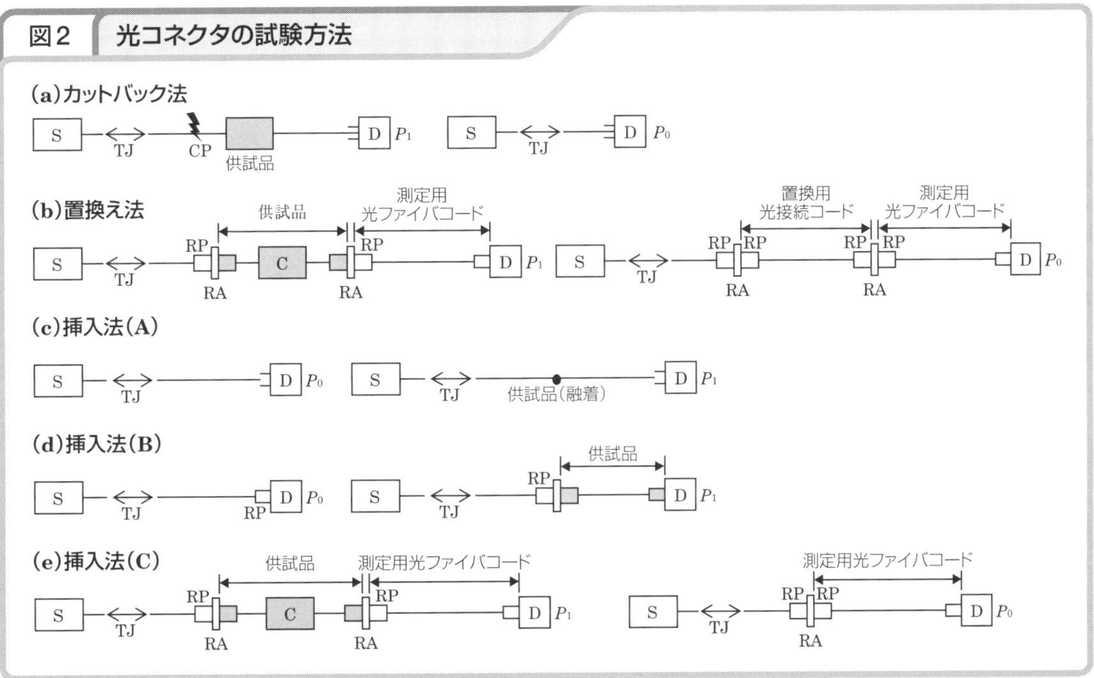

4-5 光配線施工技術

光ケーブルの敷設に関する事項は、光産業技術振興協会(OITDA)が技術資料として策定している**OITDA/TP 11/BW**で規定されている。

1. 光ケーブルの許容曲げ半径

光ケーブルに一定以上の側圧が加わると、伝送損失が増加する。このため、敷設中および敷設後において過度の側圧が加わらないよう、**許容曲げ半径**がそれぞれ定められている。許容曲げ半径は、**敷設中**はケーブル**外径の10～20倍**、**最終固定時**はケーブル**外径の6～10倍**とされている。ただし、ケーブルの構造によって異なる場合があるため、仕様書を参照する必要がある。

2. 光ケーブルの敷設作業

(a)敷設準備作業

安全かつ効率的に敷設するために、あらかじめ設計図により現場確認を行い、顧客との折衝、**光ケーブルドラム**の設置場所の確認、材料の算出などをしておく。

光ケーブルドラムは、床を傷つけないよう**シート**などを敷き、その上に設置する。設置場所の搬入口が狭くて搬入できないときは、光ケーブルをドラムから外し、**8の字取り**を行って巻き取り搬入する。

(b)牽引端の作成

光ケーブルを配管またはダクトに敷設するのに、光ケーブルの**牽引端**(けんいん)にロープを連結して牽引する方法がある。牽引端がついていない場合は、牽引張力および光ケーブルの構造に応じて牽引端を作成する。

● 牽引張力が小さい場合

光ケーブルの中心にテンションメンバが入っており鋼線であれば、**鋼線を折り曲げて巻き付ける**(図2-1)。テンションメンバが入っていないか、テンションメンバが樹脂製の場合は、ロープをケーブルに巻き付ける(図2-2)。

● 牽引張力が大きい場合

光ケーブルの中心にテンションメンバが入っている場合は、図3-1のような**現場付プーリングアイ**を取り付ける。また、テンションメンバが入っていない光ケーブルの場合は図3-2のような**ケーブルグリップ**を取り付ける。

(c)牽引

牽引する方向は現場の状況に応じて決める。通常は光ケーブルを引き上げる方向とする。牽引速度は、**安全性**を考慮して**20m/min以下**を目安とする。また、牽引時に強い張力がかかるときには、光ケーブル牽引端と牽引用ロープの間に**撚り返し金物**を取り付けて、光ケーブルのねじれ防止を図る。

(d)固定

光ケーブルの種類によっては、長くなると自重によりシースおよびケーブルコアにずれが生じることがある。このため、傾斜および垂直ラックに長さが**40m**以上の光ケーブルを敷設する場合は、許容曲げ半径以上の**円形固定方法による中間止め**や**蛇行敷設**を行う(図4)。

水平ラック上では**5m以下**の間隔、**垂直ラック**上では**3m以下**の間隔で縛りひもなどを使って固定する。この際、ケーブルに食い込むほど**きつく縛らない**ように注意する。

(e)余長収納

光ファイバの接続部には、再接続や張力の除去などのために**1～2m程度**の**余長**が必要になる。接続部を収納する**配線盤**には、**接続部収納用品**および**余長収納用品**が必要になる。

(f)余長収納

光ケーブルの配線に用いられる設備には、ケーブルラックや金属ダクト、電線管などがある。

図1　光ケーブルドラムの設置と8の字取り

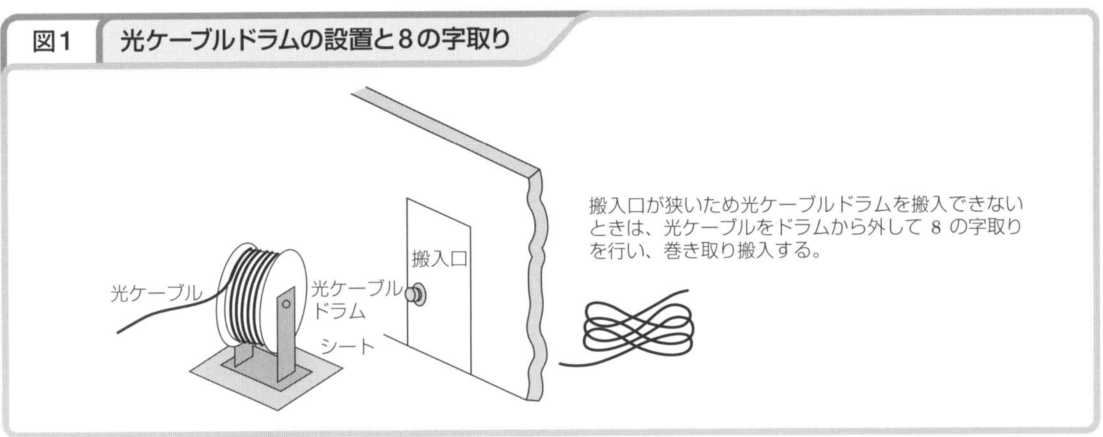

図2　張力が小さい場合の牽引端の取付け

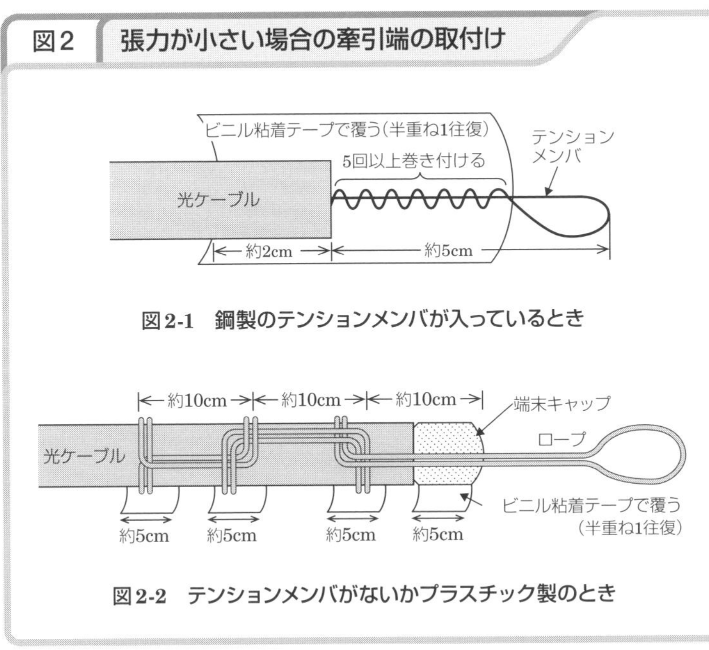

図2-1　鋼製のテンションメンバが入っているとき

図2-2　テンションメンバがないかプラスチック製のとき

図4　円形固定方法

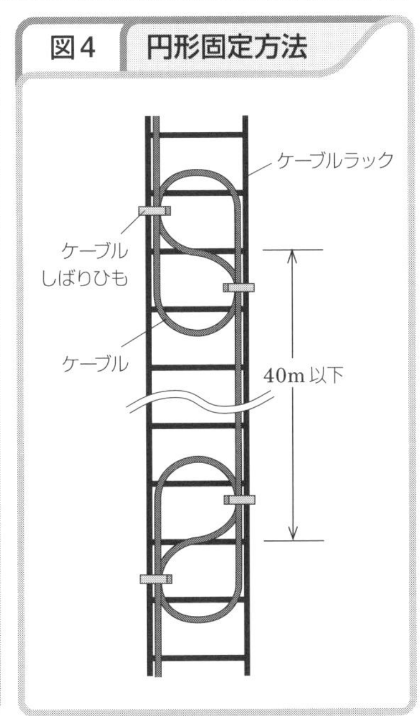

図3　張力が大きい場合の牽引端の取付け

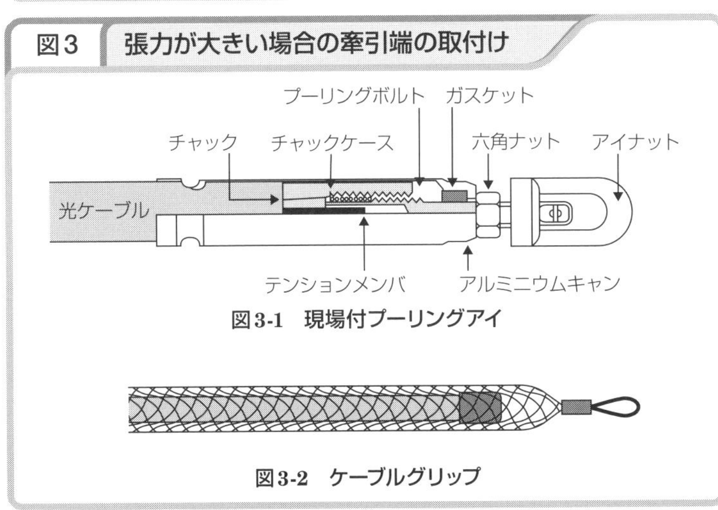

図3-1　現場付プーリングアイ

図3-2　ケーブルグリップ

図5　金属ダクト

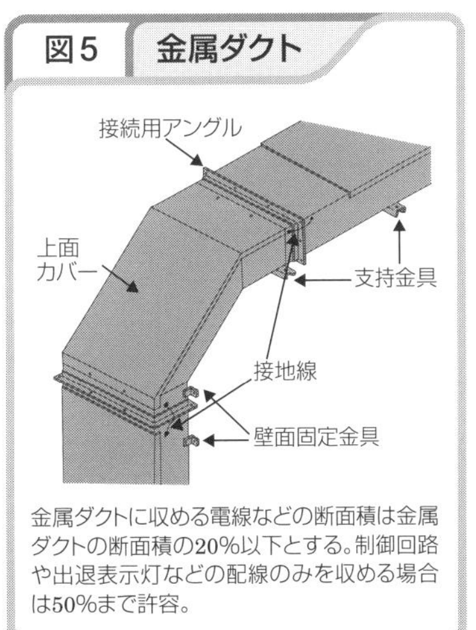

金属ダクトに収める電線などの断面積は金属ダクトの断面積の20%以下とする。制御回路や出退表示灯などの配線のみを収める場合は50%まで許容。

4-6 光配線工事試験

1. 光ファイバ損失試験方法

光ファイバの損失試験方法は、JIS C 6823で規定されている。それには、光パワーメータを用いる**カットバック法**および**挿入損失法**、光パルス試験器を用いる**OTDR法**、シングルモード光ファイバのみに適用され損失波長係数を3～5程度の少数の波長で測定した損失と特性行列から求める**損失波長モデル**の4種類がある。

(a)カットバック法

光ファイバ損失から直接測定できる唯一の試験方法である。図1のように、入射地点近くで切断した光ファイバから放射される光パワー$P_1(\lambda)$と光ファイバ末端から放射される光パワー$P_2(\lambda)$を入射条件を変えずに光ファイバの2つの地点で測定する。

(b)挿入損失法

原理的にはカットバック法と同様であるが、基準入力レベル$P_1(\lambda)$を励振(れいしん)装置の出力から放射される光パワーとしているところが異なる。精度はカットバック法よりも低いものの、被測定光ファイバおよび両端に固定される端子に対して**非破壊**で損失試験を行える利点がある。光ファイバ**長手方向での損失の解析に使用することはできない**が、事前に$P_1(\lambda)$を測定しておけば、温度や外力など**環境条件の変化に対し連続的な損失変動を測定できる**。

(c)OTDR法

OTDR(Optical Time Domain Reflectometer)法は、光ファイバの単一方向からの測定で、光ファイバの異なる箇所から先端までの**後方散乱光**パワーおよび**フレネル反射光**を測定する。

後方散乱光とは、光ファイバに光パルスを入射して伝搬させるとコア内の微小な屈折率のゆらぎによって生ずるレイリー散乱光の一部が入射端に戻ってくる現象をいう。また、フレネル反射光とは、光ファイバの破断点で急峻な屈折率の変化があるために生じる反射現象をいう。

後方散乱光およびフレネル反射光は破断点までの距離に比例した時間を経過した後に入射端に戻ってくるので、光ファイバの**長さ**、**損失値**および破断点の**位置**を測定することが可能である。

OTDRによる測定波形のグラフは、一般に、横軸に入力端からの距離、縦軸にOTDR信号レベル〔dB〕が表示され、近端(入力端)、遠端(終端)および光コネクタで接続された箇所は、**山型**のフレネル反射が観測される。ただし、入力端付近にはデッドゾーンといわれる測定不能箇所があるので注意を要する。また、融着接続点や曲げにより損失が生じている部分では右下がりの**段差**状になる。

(d)損失波長モデル

3つから5つ程度の指定した波長で直接測定した離散値をもとに、行列とベクトルを用いて計算し、損失波長特性全体の損失係数を予測する方法である。

2. 光導通試験

光導通試験では、被測定光ファイバを伝送器と受信器との間に接続する。そして、光ファイバの一端から光を注入し、その結果生じる他端での出力パワーを測定する。もし損失の増加(dB)が規定値を超えていれば、その光ファイバは破断しているものとみなす。

図3は、光導通試験装置の一般的な構成を示したものである。伝送器内には安定化直流電源で駆動される光源がある。これは、大きな放物面を持つ白色光源やLEDなどから成る。また、受信器は、光検出器、増幅器、表示器などで構成される。伝送器および受信器の両端部には、光ファイバの位置合わせをするための装置が設置される。

図1　カットバック法

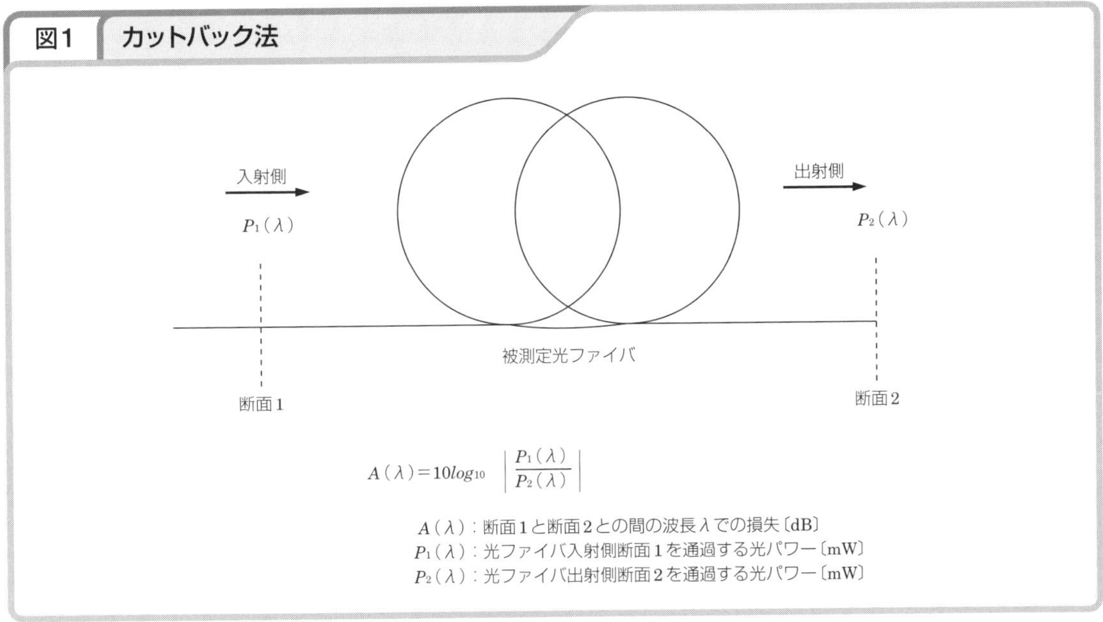

図2　OTDR法による不連続点での測定波形

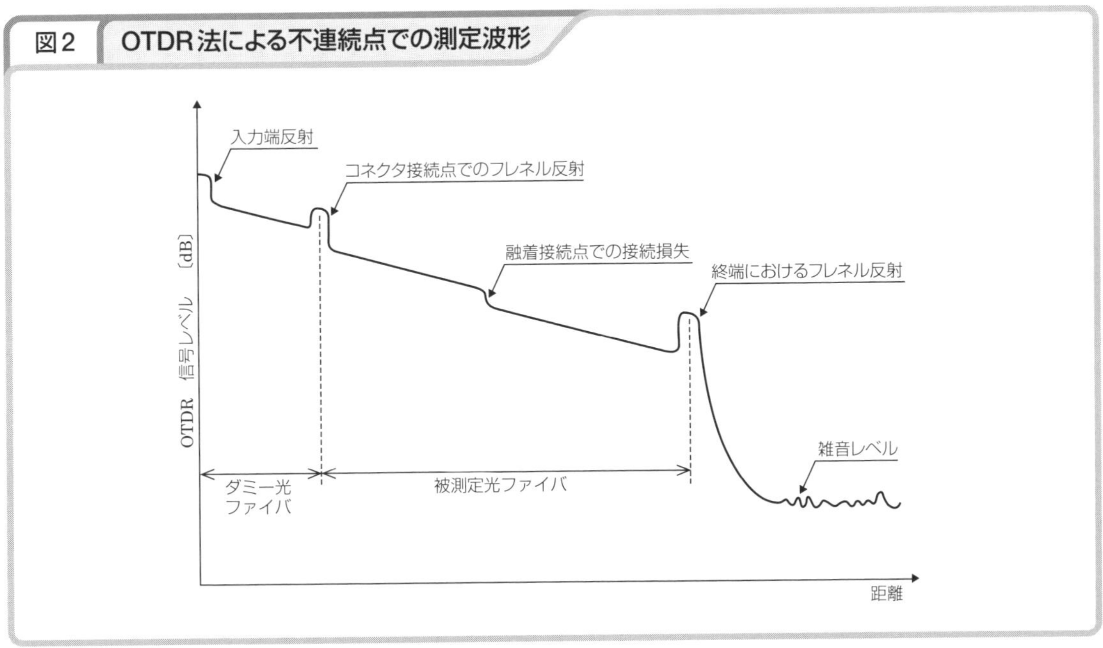

図3　光導通試験装置

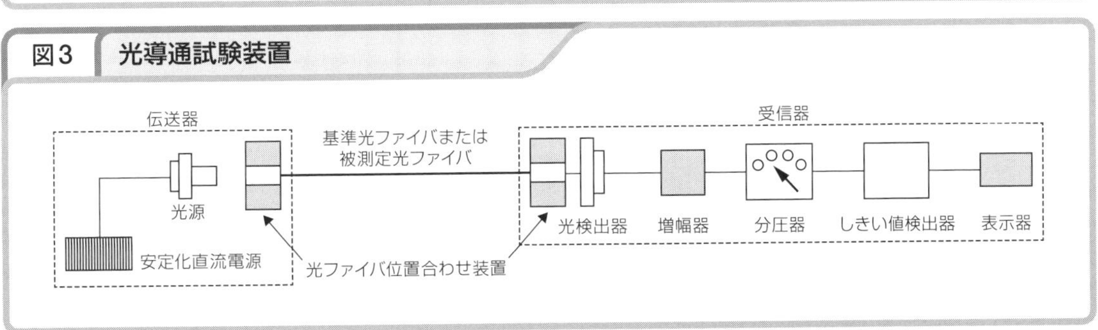

4-7 LANの工事試験

1. pingコマンドを用いた疎通試験

ネットワークのトラブルシューティングや確認に、GUI (Graphical User Interface)ではなくCLI (Command Line Interface)によるコマンドラインツールを利用することがある。このうち、LANに接続されたホストコンピュータがTCP/IPネットワークおよびネットワークリソースに接続できるかどうかを確認する場合、ICMPのエコー要求メッセージを送信し、エコー応答メッセージを受信するが、この動作を行う最も基本的なコマンドは**ping**で、接続が正常かどうか確認したいホストコンピュータのIPアドレスまたはURLを指定して実行する。このとき送信するデータのサイズは、Windowsの場合**32バイト**、MacOSやLinuxなどでは**56バイト**がデフォルトとなっており、-lオプションで数値を指定することにより変更が可能である。

図1は、Windowsのコマンドプロンプトでの実行例であり、接続が正常であれば、図1 (a)のように、また、接続が正常でなければ図1 (b)のように表示される。

なお、pingコマンドを実行する端末自身の接続の正常性を確認することもでき、この場合は、**ループバックアドレス**(127.0.0.1)を指定して実行する。

2. tracertコマンドによるIP経路確認

Windowsのコマンドプロンプト上でIPの経路を確認する場合には、**tracert**コマンドを用いる。これは、MacOSやLinuxなどではtracerouteコマンドという名称になっている。tracertコマンドは、IPパケットのTTLフィールドを利用し、ICMPメッセージ(Time Exceeded)を用いることでパスを追跡して、図2のように、通過する各ルータと各ホップの往復時間(RTT)に関するコマンドラインレポートを出力する。

3. ipconfigコマンドによる設定情報確認

Windowsのコマンドプロンプト上でTCP/IP設定情報を確認するときは、**ipconfig**コマンドを用いる。ipconfigコマンドは、ホストコンピュータの構成情報であるIPアドレス、サブネットマスク、デフォルトゲートウェイなどのコマンドラインレポートを出力する。MacOSやLinuxでは同様の機能をもつコマンドとしてifconfigコマンドが用いられる。

ipcofigコマンドは、現在利用しているIPアドレスが正しいかどうかを確認するのによく使われる。固定IPアドレスを利用していると、手入力によるIPアドレスのタイプミスや重複が起こりやすいため、確認作業は重要である。

ipconfigコマンドを実行してIPアドレス等の設定ミスを発見したときは、再設定を行う。

4. レイヤ2スイッチのLEDランプ表示によるLAN配線確認

レイヤ2スイッチには、電源LEDなどのほかに、接続ポートごとに数個程度の状態表示用LEDランプが用意されている。これらの表示状況から、LANの故障や誤接続の有無などを判断できる。たとえば、通信が不能になったとき、リンクランプやコリジョンランプが異常な点滅をしていればブロードキャストストームが発生していると判断し、IEEE802.1Dに規定するSTP (スパニングツリープロトコル)を適用するなどの対処が可能になる。

一般に、10BASE-Tおよび100BASE-TXに対応したレイヤ2スイッチは、表1のようなLEDランプを有している場合が多い。たとえば、**LINK (リンク)ランプ**が点灯していれば、LANポートがLANケーブルと正しく接続され、通電していることを意味する。しかし、消灯していれば、LANケーブルが不良であったり、LANポート自体が故障している、あるいは接続相手先装置が正常でないことがある。

アクティビティランプは、レイヤ2フレームの転送状態を示すランプで、すぐ脇にACTIVITY、Act.などと印字されている。点灯または点滅している場合はフレームが正常に転送されている。

通信速度ランプは、出入りする信号の速度を示すランプで、すぐ脇にSPEED、100M、10/100Mなどと印字されている。目的の速度に対応するランプが消灯している場合は、相手先の機器とその速度で通信できていないことになる。

DUPLEX(全二重/半二重)ランプは、現在利用している伝送方式を表示するランプである。

コリジョンランプは、コリジョン(データ衝突)の発生を知らせるランプで、コリジョンが発生している場合に赤色のLEDが点灯する。

図1　pingコマンド実行例

(a) 接続が正常な場合

```
Microsoft Windows [Version 10.0.22621.521]
(c) Microsoft Corporarion. All rights reserved.

C:¥Users¥rictelecom>ping 172.16.0.1

172.16.0.1 に ping を送信しています 32 バイトのデータ:
172.16.0.1 からの応答: バイト数 =32 時間 <1ms TTL=128
172.16.0.1 からの応答: バイト数 =32 時間 =1ms TTL=128
172.16.0.1 からの応答: バイト数 =32 時間 <1ms TTL=128
172.16.0.1 からの応答: バイト数 =32 時間 =1ms TTL=128

172.16.0.1 の ping 統計:
    パケット数: 送信 = 4、受信 = 4、損失 = 0 (0% の損失)、
ラウンド トリップの概算時間 (ミリ秒):
    最小 = 0ms、最大 = 1ms、平均 = 0ms

C:¥Users¥rictelecom>_
```

(b)接続が正常ではない場合

```
C:¥Users¥rictelecom>ping 202.247.3.4

202.247.3.4 に ping を送信しています 32 バイトのデータ:
要求がタイムアウトしました。
要求がタイムアウトしました。
要求がタイムアウトしました。
要求がタイムアウトしました。

202.247.3.4 の ping 統計:
    パケット数: 送信 = 4、受信 = 0、損失 = 4 (100% の損失)、

C:¥Users¥rictelecom>_
```

図2　tracertコマンド実行例

```
Microsoft Windows [Version 10.0.22621.521]
(c) Microsoft Corporarion. All rights reserved.

C:¥Users¥rictelecom>tracert 172.16.0.1

LOCAL01 [172.16.0.1] へのルートをトレースしています
経由するホップ数は最大 30 です:

  1    <1 ms    <1 ms    <1 ms  LOCAL01 [172.16.0.1]

トレースを完了しました。

C:¥Users¥rictelecom>_
```

図3　ipconfigコマンド実行例

```
Microsoft Windows [Version 10.0.22621.521]
(c) Microsoft Corporarion. All rights reserved.

C:¥Users¥rictelecom>ipconfig

Windows IP 構成


イーサネット アダプター イーサネット:

   接続固有の DNS サフィックス . . . . .: shikaku.local
   IPv4 アドレス . . . . . . . . . . . .: 172.16.100.12
   サブネット マスク . . . . . . . . . .: 255.255.255.0
   デフォルト ゲートウェイ . . . . . . .: 172.16.2.254

C:¥Users¥rictelecom>_
```

表1　レイヤ2スイッチのLEDランプ例

LEDランプ	LED表示例	意　味
LINK(リンク)	点灯：接続有り 消灯：接続無し	LANポート(RJ-45)が正しくLANケーブルと接続され通電していることを意味する。
ACTIVITY(動作)	点灯：通信中 消灯：通信無し	LANポートで信号を送受信した瞬間に点灯し、データ通信中に点滅する。
SPEED(通信速度)	点灯(緑：100Mbit/s) (オレンジ：10Mbit/s) 消灯：接続無し	現在利用している速度(10BASE-Tや100BASE-TX)を意味する。
DUPLEX(全二重／半二重) (製品によっては、半二重通信時に発生するコリジョンLEDも兼用する。)	点灯(緑：全二重) (オレンジ：半二重) 消灯：接続無し	現在利用している伝送方式(全二重方式や半二重方式)を意味する。

4-8 IPボタン電話装置およびIP-PBXの設計・工事

1. IPボタン電話装置およびIP-PBXの配線

IP電話は、デジタル符号化した音声データや呼制御データをIPパケットに格納して送受信するVoIP（Voice over Internet Protocol）技術を利用した音声通話システムである。IPボタン電話装置およびIP-PBXは、IP電話に対応した装置である。

IPボタン電話装置は、小規模のネットワークで使用する簡易のIP-PBXであり、機能についてもIP-PBXと大きな差はない。これらの装置は、IP-VPNなどの外部のIPネットワークやISDNなどの加入者線を通じた外線からの着信機能や、外線への発信機能に加え、内線相互通話機能、保留機能、転送機能など豊富な機能を持っている。

IPボタン電話装置およびIP-PBX、そしてIP電話の端末機器であるIP電話機の配線は、基本的にはLANシステムと同じである。一般にルータやスイッチングハブを使用したスター型のトポロジであり、RJ-45という8ピンのモジュラコネクタで成端されたUTPケーブルを使用する。IP電話機は、一般に**PoE**（Power over Ethernet）機能対応製品となっており、このPoE機能により、データ信号のやりとりだけでなく電力の供給もUTPケーブルを介して行われる。このとき、IP電話機を接続するスイッチングハブには、PoE給電スイッチなどと呼ばれる電力供給機能（1ポートにつき15.4Wまで）をもつものが使用される。

IP電話システムで使用するIP電話機は、ハブ機能を持つものが多い。ハブ機能付きのIP電話機を使用すると、スイッチングハブに接続されたデスク上のIP電話機のPC接続ポートに、ストレートケーブルでPCを接続することができ、配線を簡単に行うことができる。

しかし、IP電話機のPC接続ポートに接続されたケーブルをPCに接続せずにスイッチングハブに接続すると、スイッチングハブとハブ機能を持つIP電話機とがループする配線となる。このような誤った配線を行うと、ネットワーク中にブロードキャストフレームが大量に発生する**ブロードキャストストーム**が生じてネットワークの負荷が過大になり、使用できなくなるので注意が必要である。

2. IPボタン電話装置およびIP-PBXの設計・工事を行う際の留意点

IPボタン電話装置およびIP-PBX、そして端末機器であるIP電話機の配線で使用するUTPケーブルは、外部からの電磁波の干渉を受けやすい。そのため、IPボタン電話装置の主装置やIP-PBXの設置工事にあたっては、これら**電磁雑音**を発生するおそれのある機器から離れた場所に設置する必要がある。

高周波ミシンや電気溶接機などの機器は、人工的な電磁雑音を発生することがある。これらの不要電磁波は、場所によってはIPボタン電話装置を構成する電子回路、有線ケーブル、無線ネットワークに悪影響を与え、異常動作や通話雑音の原因になる。

また、IPボタン電話装置やIP-PBXの電源系統および接地系統の配線は、特に空調機器に使用される電動機からの誘導ノイズを発生しやすいため、別系統の配線で施工する。これらを同一系統にすると、誘導ノイズがIPボタン電話装置などに回り込み、誤作動や機器の故障、通話品質の低下を引き起こす場合が多いため、別系統の配線で施工する必要がある。

3. 各種システムデータの設定

IPボタン電話装置の工事における各種システムデータの設定は、初期データ設定モードとシステムデータ設定モードに大別される。**初期データ設**

定モードでは、IPボタン電話装置の機器の構成情報、IPアドレス情報などがシステムデータとして設定される。一方、**システムデータ設定モード**では、接続される内線電話機の種別、各種サービスの種別、加入者線の種類などが設定される。

各種システムデータの設定には、**システムデータ電話機**から設定する方法と、**遠隔保守用PC**から設定する方法がある。たとえば、IPボタン電話装置にIP多機能電話機とデジタル多機能電話機を併設できるハイブリッドタイプでは、主装置への各種システムデータの設定を、主装置に直接接続されたシステムデータ電話機から行う方法と、LANなどを介して主装置に接続された遠隔保守用PCから行う方法をとる機種が多い。また、IP多機能電話のみ接続できるタイプでは、遠隔保守用PCから設定する方法をとる機種が多い。一般に、遠隔保守用PCからのシステムデータの変更中は、ボタン電話機からのシステムデータの変更はできないようになっている。

なお、システムデータの変更をシステムの処理動作に反映させるためには、システムを**再起動**する必要がある。

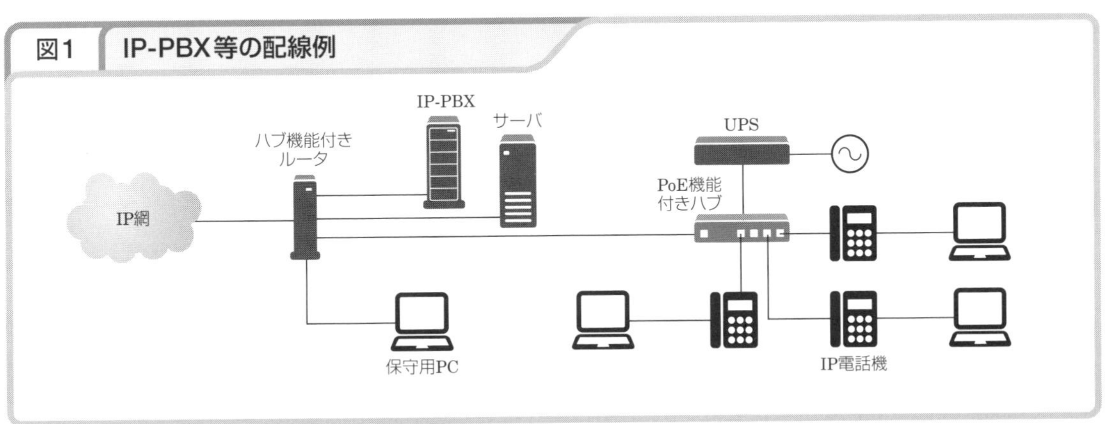

図1　IP-PBX等の配線例

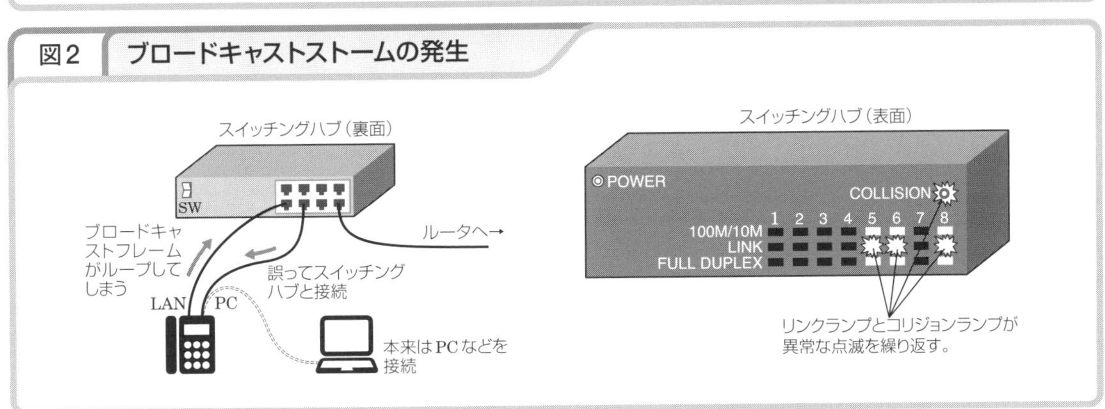

図2　ブロードキャストストームの発生

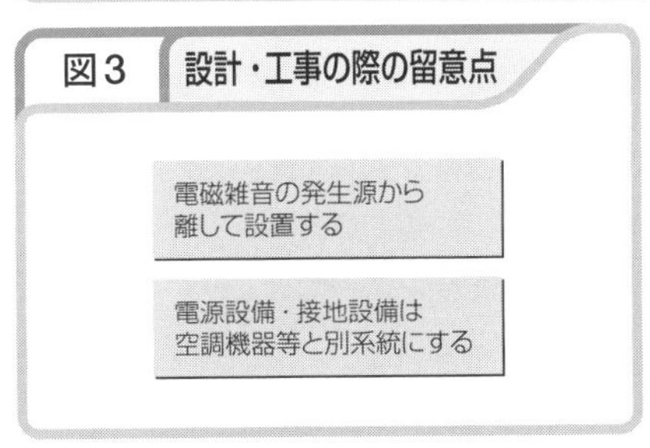

図3　設計・工事の際の留意点

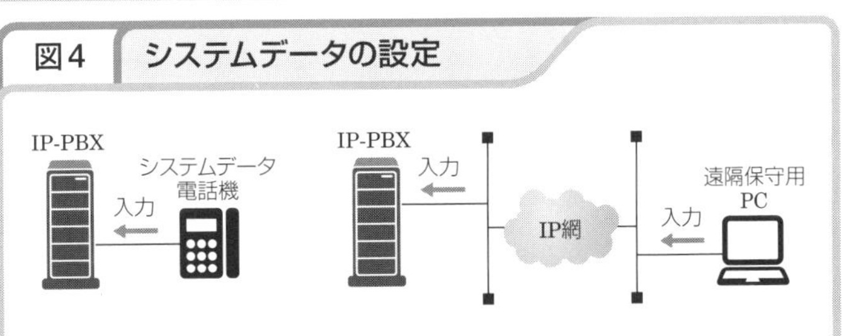

図4　システムデータの設定

5 施工管理・安全管理

5-1 施工管理技術(1)

1. 施工計画

発注者から工事の依頼を受けた後、工事に着手する前に**施工計画**を行う。施工計画によって、契約時点よりも工事の内容(工期、工数、必要部品など)がいっそう明確になり、また、工事費も見積もり時点より確度が高くなる。ただし、契約の方式が出来高払いでなく請負契約の場合には、契約した工事費の見直しや変更は難しいので、契約時点で工事費を見積もるに当たっては、不測の事態に対処するため余裕分として若干の予備費をみておかなければ赤字になるおそれがある。

(a)施工計画の手順

施工計画は、次の手順で行う。

①契約条件を理解し、現地調査を行う

まず、施工にあたって、契約書や要求仕様書などの契約条件を確認し、発注者の要望をよく理解する。施工前に現地で手戻りなどが生じないように現地調査を行い、必要な部品、工具や足場など、養生に必要なものを確認する。

②施工計画の基本方針を決める

次に、施工計画の基本方針を定めて、大まかな作業項目と日程を決定した後、関係箇所や部品、作業員の手配を行う。

③仮設備の計画を立てる

工事の規模にもよるが、現場事務所や作業員詰所などが必要な場合には、工事現場に必要な仮設備の概略計画を立てる。

④工程の詳細計画を立てる

最後に、基本方針で定めた概略計画に基づいて、日、週単位の作業計画から時間単位の工程の詳細計画を立案する。

(b)施工計画書

施工計画書は、工事図面とともに重要図書の1つであり、図2に挙げたような事項に用いられる。

(c)総合工程表

工事全体を把握するための重要な図書としては、施工計画書のほかに、**総合工程表**が挙げられる。総合工程表は、作業の進捗を大局的に把握するために見積もり段階で作成し、**すべての工事**を記載する。電気通信設備の主要工事だけでなく付随作業である仮設工事や清掃作業も記載し、作業工程の視覚化を図る。なお、その際、他の関連設備工事と作業順序を調整して、複数の工事や作業が、日程的・場所的に輻輳(ふくそう)しないように留意する。

策定に当たっては、1日平均作業量、必要作業量および作業可能日数、また、屋外の作業がある場合は天候も考慮に入れる。こうすることで、無理がない余裕のあるものとなる。総合工程表ですべての作業を明確化することにより、手戻りや手待ちのない経済的な人員配置が可能になる。

2. 作業手順書

端末設備等に係る工事などを行う場合は、**作業手順書**を必ず作成する。これは、技術標準や作業標準を実際の作業の中で実現するために作成するもので、工事を安全に行い、かつ、工事の品質を安定に保ちつつ能率的に作業を進めるのにも役立つ書類であり、必ず作業者**全員**が理解したうえで、この作業手順書に基づき作業を実施する必要がある。工事の全体を表すのが望ましいが、作業場所や工期によって工事を区分できる場合には、該当工事だけの作業手順を示すこともある。

3. 工程管理

JIS Z 8101によれば、**工程管理**とは、工程(プロセス)の出力である製品またはサービスの特性のばらつきを低減し、維持する活動をいい、その活動過程で、工程の改善、標準化、および技術蓄積を進めていくものとされている。工程管理の主な役割は図3のとおりであり、請負者は、計画した工期内に工事が円滑に完了するよう、工程管理を行う。

(a) PDCAサイクル

図3の事項を簡単に言うと、QCD（Quality＝品質、Cost＝コスト、Delivery＝納期）およびS（Safety＝安全）の管理である。これは、品質管理でいうところの**PDCA**（Plan＝計画、Do＝実施、Check＝評価、Act＝改善）**サイクル**と同じ手順で実施される。工程管理は、一般に、このPDCAサイクルに沿って図4の手順で実施される。

図1　施工計画の作成手順

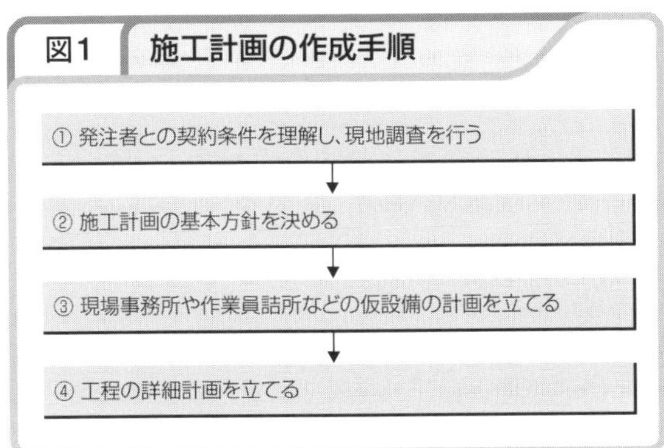
① 発注者との契約条件を理解し、現地調査を行う
② 施工計画の基本方針を決める
③ 現場事務所や作業員詰所などの仮設備の計画を立てる
④ 工程の詳細計画を立てる

表1　PDCAサイクル

段階	意味	説　明
Plan	計画	過去の実績や将来の予測などをもとにして業務計画を作成する。
Do	実施	計画に沿って業務を行う。
Check	評価	工事の実施が計画に沿っているかどうかを確認する。
Act	改善	実施が計画に沿っていない部分を調べて改善を行う。

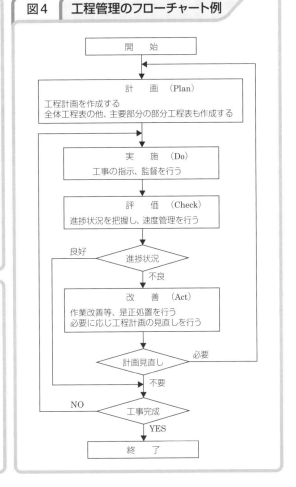

図2　施工計画書の用途

・契約
・作業量（工数、人件費）の見積もり
・作業の順序、段取り
・全体計画の策定
・計画と実績の差異の検証
・アローダイアグラム（PERT図またはネットワーク式工程表ともいう）などの前段階として、作業順序と待ち時間の確認
・発注者、設計者、および監督員への施工計画の説明および調整
・現場担当者および作業員への作業内容、作業方法の説明および理解

図3　工程管理の役割

・納期遵守
・生産期間短縮
・設備および人員の稼働率向上
・生産活動安定化
・操業度維持、生産量達成
・仕掛量適正化と低減

図4　工程管理のフローチャート例

開　始
計　画　（Plan）
工程計画を作成する
全体工程表の他、主要部分の部分工程表も作成する
実　施　（Do）
工事の指示、監督を行う
評　価　（Check）
進捗状況を把握し、速度管理を行う
進捗状況（良好／不良）
改　善　（Act）
作業改善等、是正処置を行う
必要に応じ工程計画の見直しを行う
計画見直し（必要／不要）
工事完成（NO／YES）
終　了

JIS Q 9024では、問題解決および課題達成のプロセスにおいてPDCAサイクルを回す手順が、図5のように規定されている。ここで、**問題解決プロセス**とは、顕在化した問題(計画に無理があったなど設定してある目標と現実とのギャップをいう)について、ボトムアップで、現存するプロセスを一つひとつ改善する活動を積み重ねていくことによって行う問題の解決方法である。また、**課題達成プロセス**とは、潜在的な課題(現在は問題化してはいないものの、放置しておけば将来的に大きな問題となるであろう事柄)について、トップダウンで、現存するプロセスの変更と改善、または新規プロセスを導入することによって行う課題の達成方法である。この手順は循環的であり、どこから始めてもかまわないが、一般的には計画から入るPDCAサイクル、もしくは評価から入るCAPDサイクルが一般的である。

PDCAの4段階を順次行って1周したら、最後のActを次のPDCAサイクルにつなげ、図6のような螺旋(らせん)を描くようにサイクルを継続させる。このようにして、継続的に業務改善を行っていく。この螺旋状のしくみを、**スパイラルアップ**(spiral up)という。

(b)施工速度とコストおよび品質

工程管理は、原価(コスト)、品質、納期、安全などを確保するために、無理が生じない適切な施工速度を総合工程表に沿って維持することを目的とする。不測の事態に備えて弾力的に運用できる予備日を設けるようにすることも重要である。

●採算速度と経済速度

施工計画を立案するにあたって、適切な施工速度を策定するためのめやすとして、採算速度と経済速度を考慮する必要がある。

採算速度とは、損益分岐点の施工出来高を常に上回る出来高をあげる速度をいう。これは、必要な人工(マンパワー)を全工期にわたって均一化することで、施工の段取り待ち・機械待ちによる工事者、機械などの損失時間を最小にするようにして得られる。

ここで、**損益分岐点**とは、一期間における総原価(固定原価+変動原価)と売上高が等しく、事業・製品の損益が均衡する売上高または営業量水準となる点をいう。また、**固定原価**は施工出来高に関係なく一定量(金額)発生する原価をいい、**変動原価**は施工出来高に比例する原価をいう。したがって、施工出来高と工事原価の関係は図7のように表される。施工出来高をX、固定原価をF、変動原価をaX(aは比例定数)とすれば、損益分岐点は、工事原価$Y=F+aX$と施工出来高$Y=X$の交点となり、このときの施工出来高X^*で収支が等しくなる。施工出来高X^*における施工速度を**最低採算速度**というが、常に採算のとれる状態にあるためには、施工出来高をX^*以上にあげることが必要であり、X^*を下回る場合は損失となる。

経済速度とは、工事原価が最小となる経済的な施工速度をいう。同種の工事を同時に行い、極端な工期短縮や段取り・機械待ちを行わないことにより、工事原価を最小にすることができる。

図8は、工程、原価および品質の一般的関係を表したものである。一般に、工程を速くするほど原価は安くなっていくが、ある限度(経済速度)以上に速くすると突貫工事となり、工程を速くすれば原価が増大していくようになる。最も経済的に工事を実施するためには、突貫工事を避け、経済速度において最大限の施工量を達成するよう留意する。

ただし、原価が最小になりさえすればよいわけではなく、施工の品質も考慮する必要がある。図8より、工程を速くすれば品質は悪くなり、工程を遅くすれば品質は良くなることがわかる。また、品質を良くしようとすると、それに伴って、原価は高くなり、原価を安くしようとすると品質は悪くなる。

●直接費と間接費

端末設備の工事にかかる経費には、直接費と間接費がある。**直接費**は、材料費、機械経費、労務費など工事のために直接消費される費用である。施工速度を速めると、短期に人工を投入することになるため労務費が増加し、一般に、直接工事費は増加する。一方、**間接費**は、直接費以外の工事費であり、一般に共通仮設備、現場管理費、減価償却費、事務経費がこれに該当する。間接工事費は工期に比例して増加するため、施工速度を速めて工期を短縮すると、間接工事費は一般に減少する。直接費と間接費を合計したものを**総費用(工事原価)**といい、施工計画では総費用が最小になるように最適な工期を決定する。

図9は、一般的な**工期・建設費曲線**を示したものである。図中、**ノーマルタイム**とは、直接費が最小になるような施工速度で工事を行った場合にかかる時間である。ここから左に行くほど施工速度を速め工期を短縮したことになるが、施工速度を速めると時間当たりの金額が高くなるため費用は増大する。また、右に行くほど工期を長くとったことになるが、この場合は手待ちが長くなるだけで費用は増大する。このノーマルタイムで施工したときにかかる直接費を**ノーマルコスト**という。一方、**クラッシュタイム**とは、これ以上どんなに直接費を追加しても工期を短縮できない最少限の時間をいう。クラッシュタイムに達したときの直接費を**クラッシュコスト**という。

総費用曲線は、間接費と直接費を合計した総費用と工期の関係を表し、この曲線上で総費用が最小となる点における時間が最適工期となる。

図5　問題解決・課題達成のプロセス

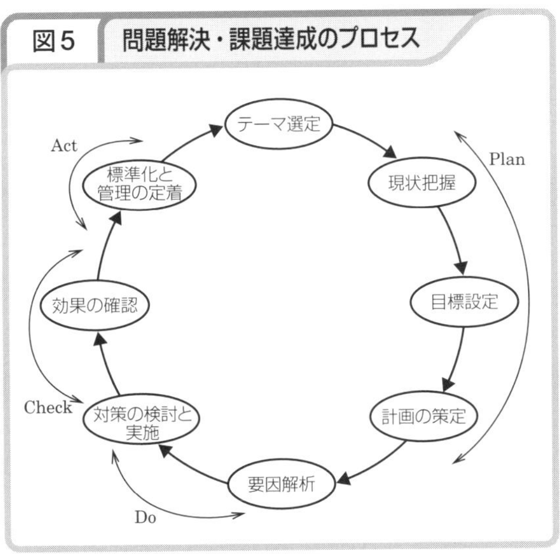

図6　スパイラルアップ

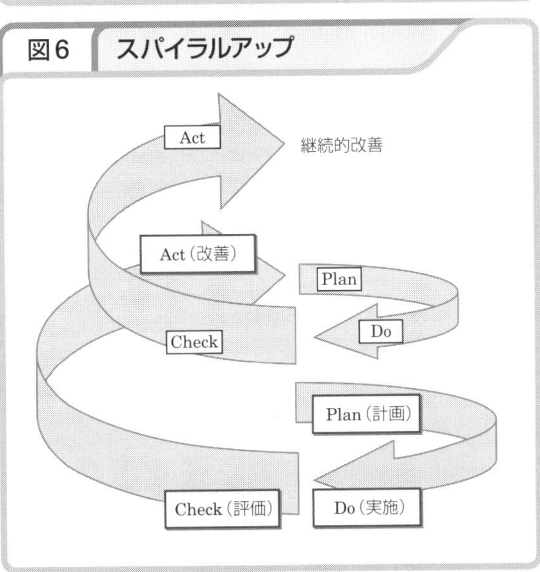

図7　施工出来高と工事原価

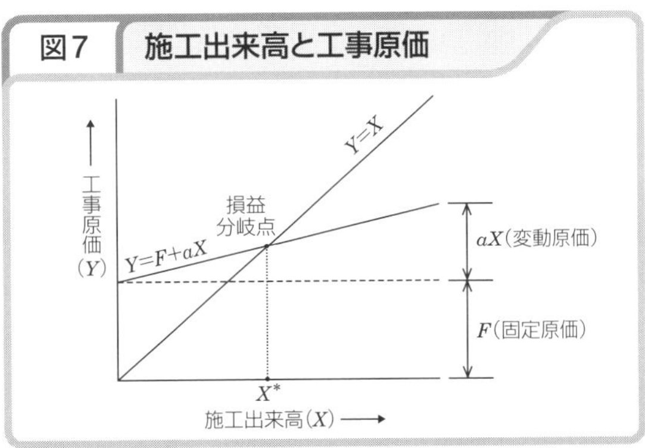

図8　工程、原価、品質の関係

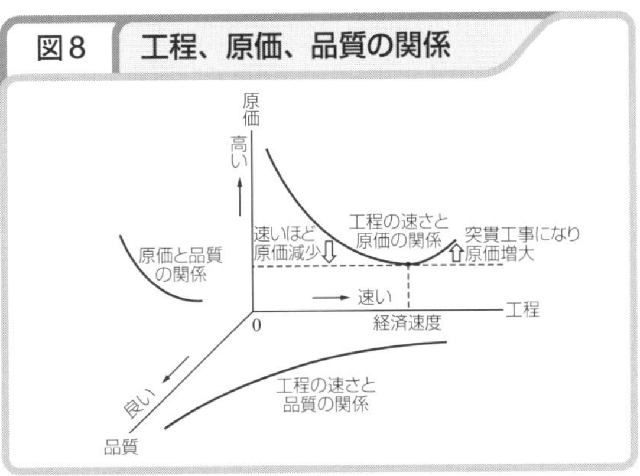

図9　工期・建設費曲線

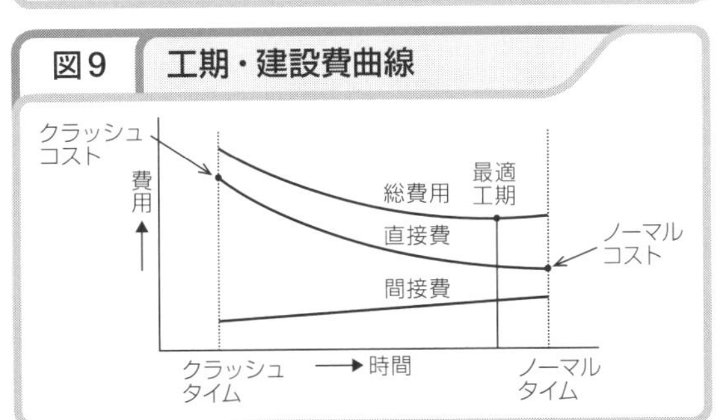

5-2 施工管理技術(2)

1. 継続的改善のための技法

継続的な改善の実施に当たって、正確な状態を把握するためのデータを収集する必要がある。データには数値データと言語データがあり、状態の把握には効果的で効率的な技法を用いることが望ましく、各種の技法がJIS Q 9024に示されている。

(a)数値データに対する技法

数値データに基づいて、差異、傾向、変化に対し統計的解釈を行うための技法には、パレート図、グラフ、チェックシート、ヒストグラム、散布図、管理図、マトリックス・データ解析、層別などがある。

● パレート図

図1のように、項目別に層別して、出現頻度の大きさの順に並べた棒グラフと、その累積和を示した折れ線グラフで構成される。不良、欠点などを原因別、状態別、位置別などで層別した結果を示すために用いる。これにより、改善すべき問題が全体に与える影響および改善による効果を確認できる。

● グラフ

図2のように、データの大きさを図形で表して理解しやすくした図であり、内訳を表すのに用いる円グラフや棒グラフ、大小比較をするのに用いる棒グラフ、推移を表すのに用いる折れ線グラフやレーダーチャートやガントチャートなどがある。

● チェックシート

計数データを収集する際に、分類項目のどこに集中しているかを見やすくした表、または図である。層別データの記録用紙としてパレート図や特性要因図などに用いるデータを提供したり、作業の点検漏れを防止するために用いることもできる。一般に、次の手順で作成する。

①データの分類項目を決定する。
②記録ヒストグラム用紙の形式を決定する。
③期間を定めてデータを収集する。
④データ用紙にマーキングする。
⑤必要事項(目的、データ数、期間、作成者など)を記入する。

● ヒストグラム

図4のように、データの存在する範囲をいくつかの区間に分け、各区間を底辺とし、その区間に属するデータの出現度数に比例する面積を持つ柱(長方形)を並べたもので、母集団の分布の形などを把握するためなどに用いられる。

● 散布図

2つの特性を横軸と縦軸とし、観測値を打点して作るグラフである。通常、2つの特性の相関関係を見るために使用する。図5のように、X(横軸)の値が増えるとY(縦軸)の値も増える傾向にあるとき、XとYは正の相関関係にあるという。また、Xの値が増えるとYの値が減る傾向にあるとき、XとYは負の相関関係にあるという。このように相関関係があるときは、Xを管理すればYも管理することが可能である。しかし、相関関係にない場合は、Yに影響を与えるX以外の要因を探し出す必要がある。

● 管理図(シューハート管理図)

連続したサンプル(標本)の統計量の値を特定の順序で打点し、その値によりプロセスの管理を進め、変動を低減し、維持管理するための図で、図6のように上側管理限界線(UCL)や下側管理限界線(LCL)などを持ち、工程が安定した状態にあるかどうかなどの調査に使用する。UCLおよびLCLは一般に中心線(CL)の上下3σに設置される。

● マトリックス・データ解析

多変量解析の一手法で、多次元の数値データの次元数を変数同士の相関をもとに縮約し、散布図などに表し直観的にわかりやすくするものである。主成分分析ともいわれる。通常、大量にある数値データを解析して項目を集約し、評価項目間の差を明確に表すために使用する。

図1　パレート図の例

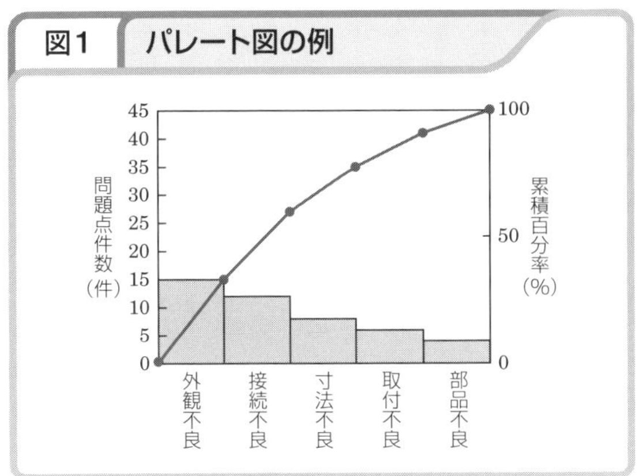

図2　グラフの例

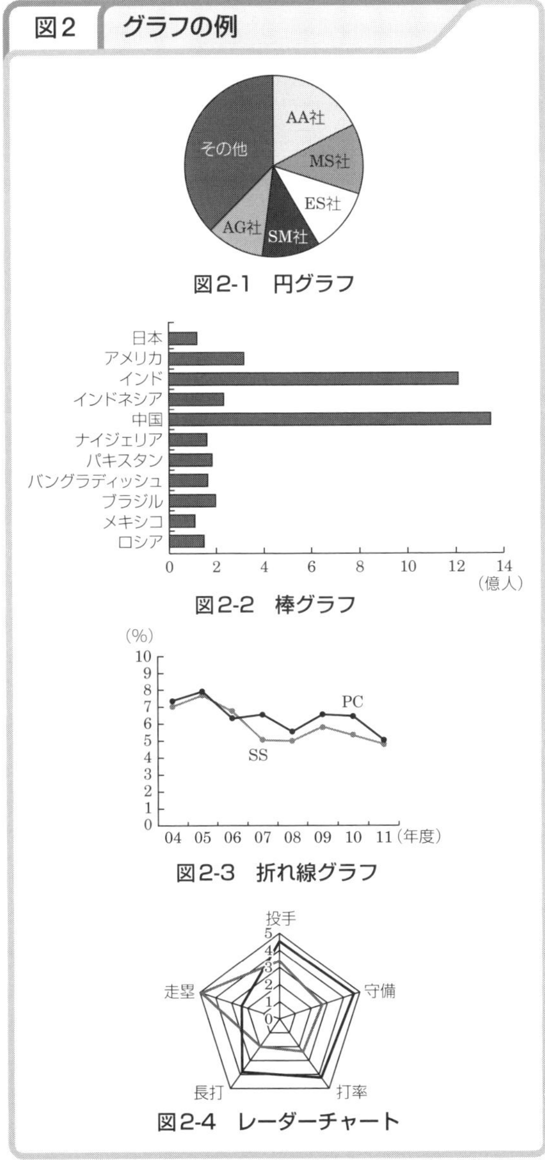

図2-1　円グラフ

図2-2　棒グラフ

図2-3　折れ線グラフ

図2-4　レーダーチャート

図3　チェックシートの例

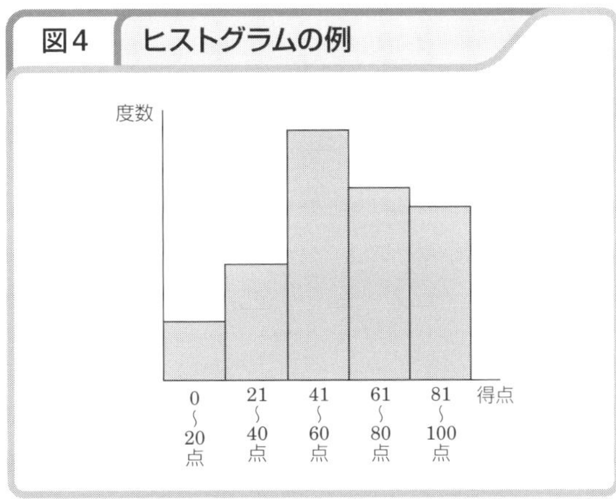

工事名	○○○○○		日付	20XX年4月1日
工程名	□□□□			
確認方法	△△△△△△法		作成者	陸照込
項目＼時刻	10:00	12:00	14:00	16:00
チェック項目1	止	正	下	正
チェック項目2	丅	丅	一	下
チェック項目3	正丅	丅	正正正一	正正
チェック項目4	正	正止	正下	正一
チェック項目5	丅	正一	下	
合計	20	24	31	24

図4　ヒストグラムの例

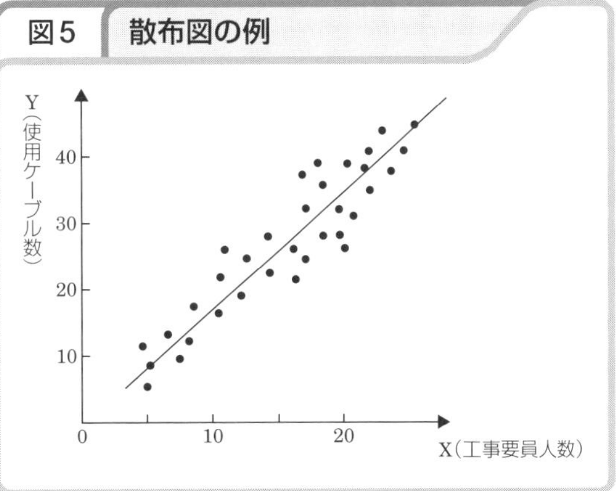

図5　散布図の例

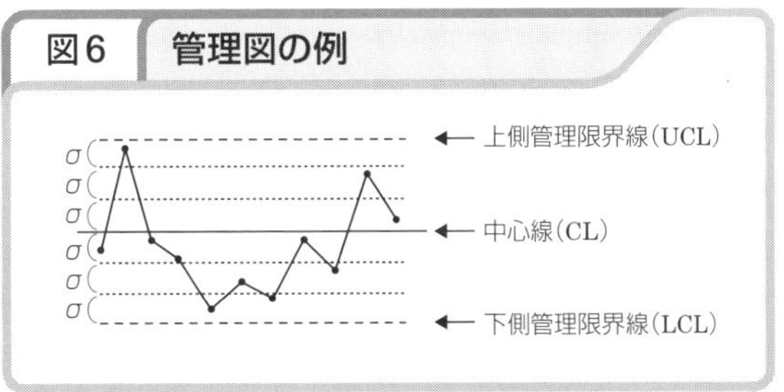

図6　管理図の例

● 層別

収集したデータをある共通点によりいくつかのグループに分類し、グループ間の特性発生の違いを見いだして、ばらつきの原因系を分析するのに用いる技法である。パレート図、ヒストグラム、散布図などと組み合わせると効果が高い。

(b)言語データに対する技法

言語データに基づいて、問題の形成、原因の探索、最適手段の追求、施策の評価、対策の立案、実行計画などを解析する技法には、特性要因図、連関図、系統図、マトリックス図、親和図、アローダイアグラム、PDPCなどがある。

● 特性要因図

特定の結果(特性)とそれに影響を及ぼしている原因との関連を系統的に整理し、わかりやすく図示したもので、図7のような形状から一般に魚の骨ともいわれている。原因の発見およびその対策を策定する際などに有効である。

● 連関図

図8のような複雑な原因の絡み合う問題について、その因果関係を論理的につないだ図であり、問題の因果関係を解明し、解決の糸口を見いだすことに使用する。いくつかの問題点とその要因間の因果関係を矢印でつないで表した図を問題解決の手段として活用していく方法を用いている。

● 系統図

目的を設定し、目的に到達する手段を系統的に展開した図である。問題(目的、目標などの事象)を着目点(手段)で幾度も枝分かれさせながらその全容を明らかにし、やがて問題解決の手段・方策に到達していくために用いられる。

● マトリックス図

対になる要素を見つけ出し、これらの要素を行と列に配置し、その交点に各要素間の関連の有無などを表示することで、交点から着想のポイントを得て問題解決を効果的に進めていく方法を用いている。

● 親和図

混沌とした問題について事実、意見、発想を言語データでとらえ、これらの相互の親和性によって統合し、解決すべき問題を明確に表した図である。

● アローダイアグラム

必要な各作業をその従属関係に従ってネットワークで表した矢線図である。PERTといわれる日程計画および管理の技法で使用される。

● PDPC(プロセス決定計画図)

目標達成のための実施計画が、想定されるリスクを回避して望ましい目標に至るまでのプロセスをフロー化した図である。各種の結果が想定される問題について、望ましい結果に至るプロセスを決めるために用いる。

2. 各種工程管理図表

工程管理図表には、横線式工程表、曲線式工程表、アローダイアグラムなどがある。これらは、工事の規模や種類によって採用される。

(a)横線式工程表

工程の進度を横線棒グラフで表した図表をいい、必要な日数の検討などに用いるバーチャートと、進行度合いの検討などに用いるガントチャートがある。PMBOK(ピンボック)[*1]では、バーチャートとガントチャートは同じものとして扱われている。

● バーチャート

図10のように、縦軸に工事を構成する作業を列記し、横軸に各作業の工期(日数)をとって、各作業の工期を開始日から完了日まで横棒で記入した図表である。作成は比較的簡単である。横軸に日数をとるため、各作業の所要日数がわかり、さらに作業の流れが左から右に移行していることから、作業間の関連を大まかに把握することができる。ただし、全体の工期に影響する作業がどれであるかはつかみにくい。短期工事、単純工事向きである。

● ガントチャート

図11のように、縦軸に工事を構成する作業を列記し、横軸に各作業の完了時点を100%とした達成度を横棒で記入した図表である。作成は比較的簡単で、各作業の現時点における進行状態(達成度合い)がひとめでわかる。ただし、各作業に必要な日数はわからず、どの作業が全体の工期に影響

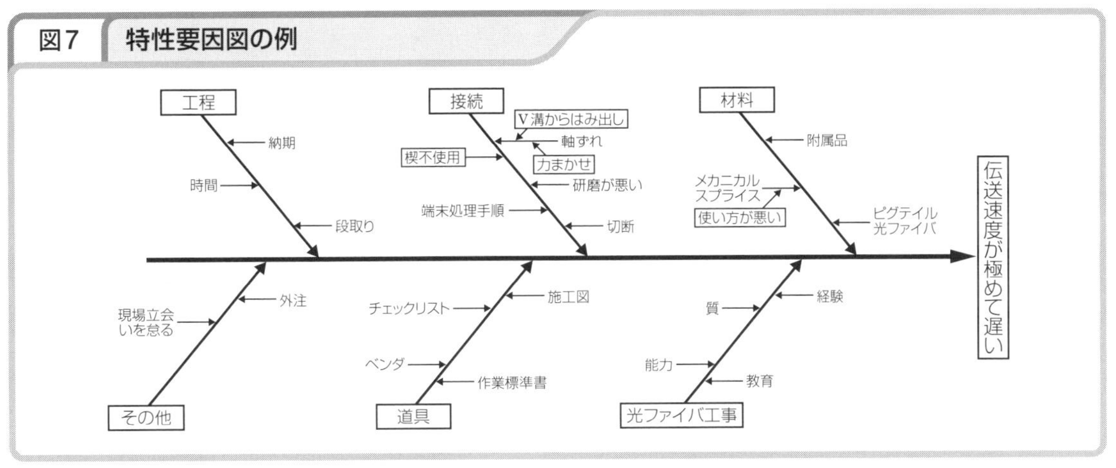

図7　特性要因図の例

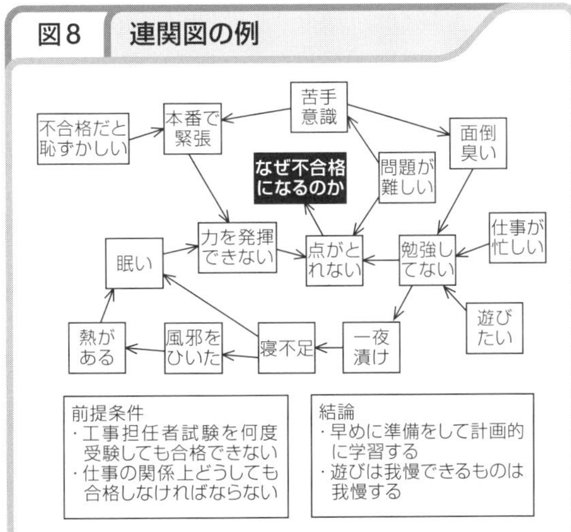

図8　連関図の例

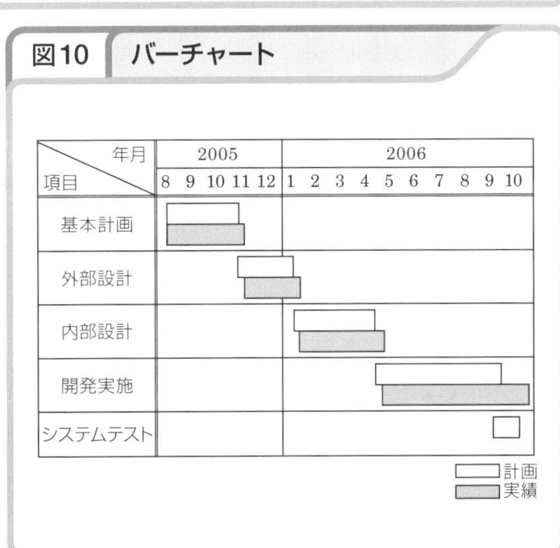

図10　バーチャート

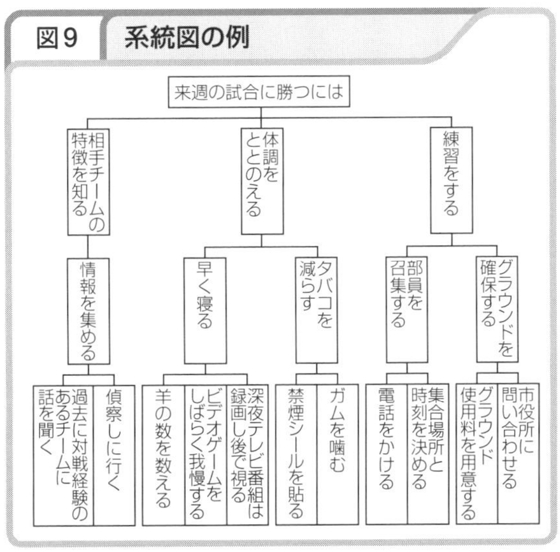

図9　系統図の例

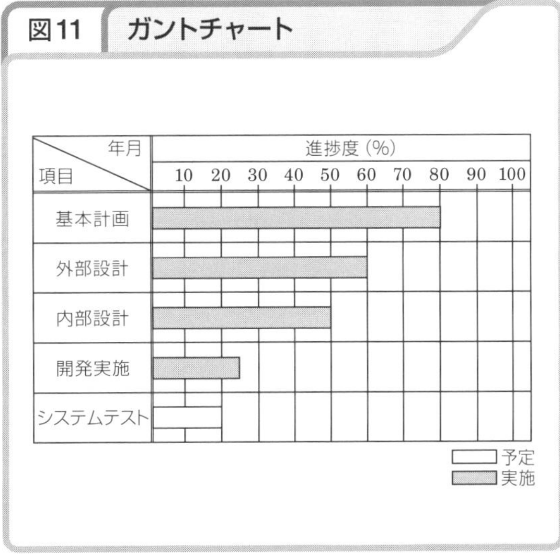

図11　ガントチャート

＊1　PMBOK（ピンボック）：米国のPMIが策定し事実上の世界標準となっているプロジェクトマネジメントの知識体系。

を与えるかも不明である。

(b)曲線式工程表

縦軸に工事出来高または施工量の累計をとり、横軸に工期の時間経過をとって、出来高の進捗状況をグラフ化して示すものが一般的である。曲線式工程表には、斜線式工程表、グラフ式工程表、出来高累計曲線、工程管理曲線(バナナ曲線)などがある。

● 斜線式工程表

トンネル工事のように工事区間が線状に長く、しかも進行方向が一定の方向にしか進捗できない工事によく用いられ、各工種の作業は1本の線で表現し、作業期間、着手地点、作業方向、作業速度などを示すことができる図である。作業間の関連を大まかに把握することができるが、どの作業が全体の工期に影響するかはわからない。斜線式工程表は、**座標式工程表**ともいわれる。

● グラフ式工程表

縦軸に出来高または工事作業量比〔%〕をとり、横軸に工期(日数)をとって、作業ごとの工程を線で表した図である。作業間の関連やどの作業が全体の工期に影響するかはわからないものの、予定と実績との差を直視的に比較するのに便利であり、また、どの作業が未着工か、施工中か、完了したかなど、進捗状況がわかりやすい。

● 出来高累計曲線

縦軸に工事出来高または施工量の累計〔%〕をとり、横軸に工期の時間的経過〔%〕をとって、各暦日の全体工事に対する出来高比率を求め，これを累計して全体工事をグラフで表した図である。毎日の出来高が一定であればグラフは直線状になるが、現実には種々の要因により日ごとに差異が生じるため、一般に図14-1のような緩やかなS字形の曲線を描く。作成がやや難しく、工事の進捗度合いはわかりやすいが、作業間の関連、各作業に必要な日数、どの作業が全体の工期に影響を及ぼすかについては不明である。

出来高累計曲線は主に工事の遅延の有無を査定するのに利用される。工事開始に先立ち予定出来高の曲線(**予定工程曲線**)を作り、工事の進捗に従って定期的に実績を調査して実施出来高の曲線(**実施工程曲線**)を書き入れ、予定工程曲線と実施工程曲線を比較して工事の進行度合い(進み・遅れ)を判断する。進捗状況の確認の結果、工程の遅延が判明したときは、直ちに遅延原因を調査し、他の工程に与える影響などを考慮した工事促進の処置をとる。工事の進行度合いの程度については、一般に、次の工程管理曲線によって管理することが望ましい。

● 工程管理曲線

縦軸に工程進捗率(出来高)〔%〕をとり、横軸に時間経過率〔%〕をとって、工程として安全な時間的完成率の範囲を示したもので、管理の目的、過去の工事実績などを考慮して設定されている。工程の進みの適正限界を示す**上方許容限界曲線**および遅れの適正限界(遅れを取り戻すのに突貫工事にならない限度)を示す**下方許容限界曲線**からなり、図14-2のように上・下の許容限界曲線で囲まれた部分が果物のバナナのような形状をしているところから、**バナナ曲線**とも呼ばれる。

出来高累計曲線は上・下の許容限界許容曲線の間で推移していくことが望ましい。予定工程曲線が上・下の許容限界許容曲線を越える場合は、不合理な施工計画と考えられるから、主工事の位置を左右にずらして調整する。実施工程曲線が上方許容限界曲線を越えた場合は、工程が予定よりも進み過ぎており、過剰に機材や人員を投入しているなど、無理、無駄が生じていることが多く、品質悪化やコスト高につながるので、直ちに対策を講ずる必要がある。また、実施工程曲線が下方許容限界を越えた場合、そのままにしておくと後に突貫工事を余儀なくされるので、施工計画を抜本的に見直さなければならない。さらに、実施工程曲線が上・下の許容限界曲線に接近している場合にも、早めに対策を講じる必要がある。

以上のことを念頭に、図14-3の具体例で考えてみる。いま、工程Aから工程Eまでの5つの工程があり、それぞれの実施工程曲線が図の実曲線で示したとおりであるとすると、実施工程曲線の状況から対策を講ずる必要がある工程は、工程A、B、CおよびEである。工程Dは実施工程曲線が上方許容限界曲線と下方許容限界曲線の間にあり、上・下どちらの許容限界曲線にも接近していないので、現在のところ対策を講ずる必要はないと判断することができる。ただし、将来的に状況が変わることもあるので、調査を怠らないようにする。

なお、施工計画を策定するにあたって、予定工程曲線が上方・下方許容限界曲線内にあるときは、工程の中期(S字曲線の中央部)をできるだけ緩やかな勾配になるよう、初期および終期の工程を合理的な計画に調整することが望ましい。

図12　斜線式工程表

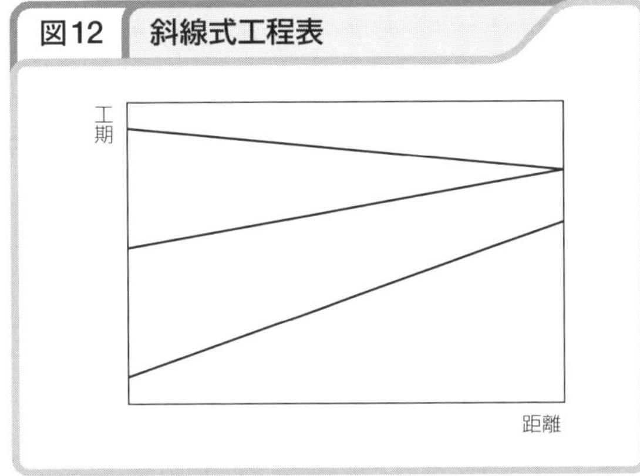

図13　グラフ式工程表

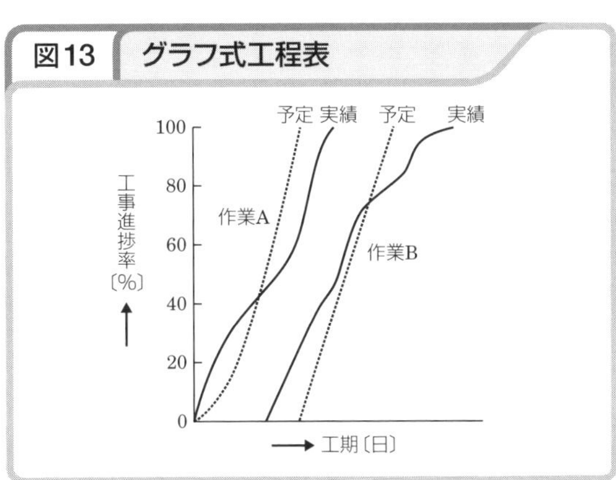

図14　実施工程曲線と工程管理曲線

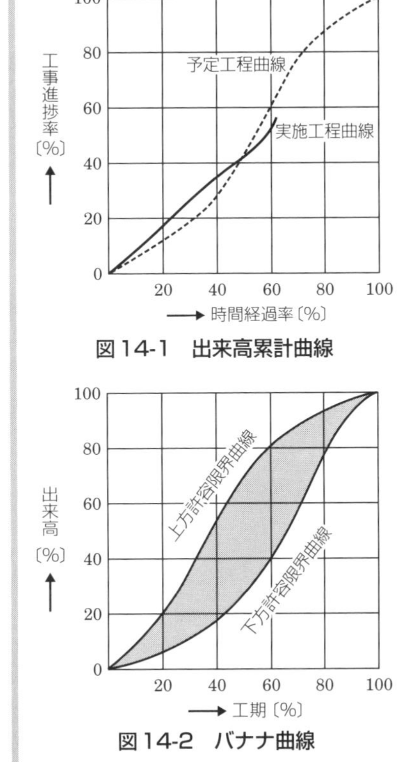

図14-1　出来高累計曲線

図14-2　バナナ曲線

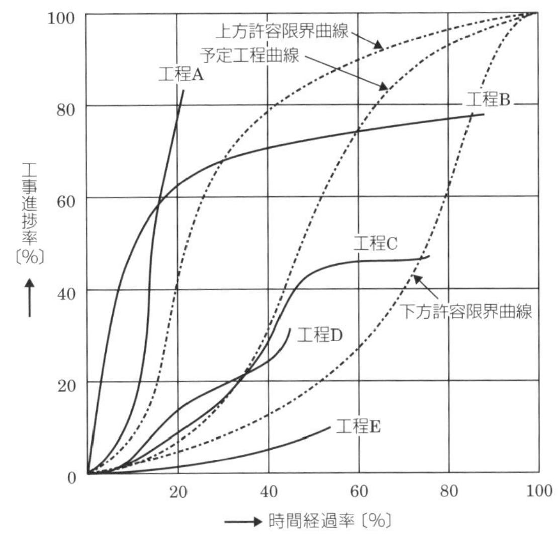

・工程Dは上・下の許容限界曲線の間で推移しており、現在のところ順調な推移といえる。
・工程Aは上方許容限界曲線を越えているので、無理や無駄が生じているおそれがある。
・工程B、C、Eは下方許容限界曲線を越えているので施工計画の抜本的な見直しをしなければならない。

図14-3　実施工程曲線の評価

(c)アローダイアグラム

工程管理に用いられるツールの1つで、PERT図または**ネットワーク式工程表**ともいわれる。工事全体を個々の独立した作業(アクティビティ)に分解し、これらの作業を実施順序に従って矢線で表すことにより、全体工事の中で各作業がどのような相互関係にあるのかを明確にし、作業の流れを視覚的に理解できるようにしたものである。

● アローダイアグラムの特徴

アローダイアグラムには、次のような特徴がある。

・複雑な作業の手順が明確に図示されるため、作業担当者間で細部にわたる具体的な情報伝達が容易になる。

・1つの作業の遅れが他の作業に及ぼす影響や工事全体への影響が明確になるので、どの作業を重点管理すべきかがわかる。

・各作業の出来高の進捗状況、連係関係が明確で、工程の全体がわかりやすく、段取り等の準備が円滑にできる。

・計画段階でクリティカルパスがわかる。

● クリティカルパス

クリティカルパス(最長経路)とは、工事の開始点から終了点に至る多くの経路(パス)のうち、**最も長い時間(日数)**を要する経路をいい、この経路の所要日数を短縮することにより全体の計画日程を短縮できる。クリティカルパスは1つとは限らず、**2つ以上の場合もある**。クリティカルパスは全体工程の中で最も重要な位置を占めるため、この経路に速やかに着手できるように、複数の前工程を重点的に管理することが求められる。万一、**クリティカルパス上の作業に遅れが生じると、工程全体の遅れを招く**ことになる。

なお、クリティカルパス以外の経路についても、十分に工程管理を行い、個々の工期を遵守する必要がある。クリティカルパス上の作業時間(実数)を短縮した結果、他の経路が新たなクリティカルパスになることもある。

● アローダイアグラムの作成

アローダイアグラムにおいて、作業は実線の矢線(アロー)で示す。矢線の尾部は作業の開始、頭部(矢)は作業の終了を意味する。**矢線の長さは作業に要する時間とは無関係**である。また、作業の開始時点・終了時点を**結合点(イベント)**といい、◯で表す。◯の中には一般に結合点番号(イベント番号)を記入する。この**イベント番号は同じものが2つ以上あってはならない**ことになっている。ある機械を組み立てるのにすべての部分が揃わなければ組立て作業を開始することができないように、**結合点に入ってくる作業がすべて完了した後でなければ、その結合点から出る作業には着手できない**。

アローダイアグラムでは、同じ始点と終点の結合点番号で示される作業を2つ以上存在させると進捗管理が難しくなるため、別の結合点を用意して一方の作業の行き先とし、行き先の結合点を破線の矢線で示される補助的な仮想作業(**ダミーアロー**)で結ぶ。この破線の矢線は作業と作業の依存関係のみを示し、実際の作業ではないため、所要時間(日数)は0である。

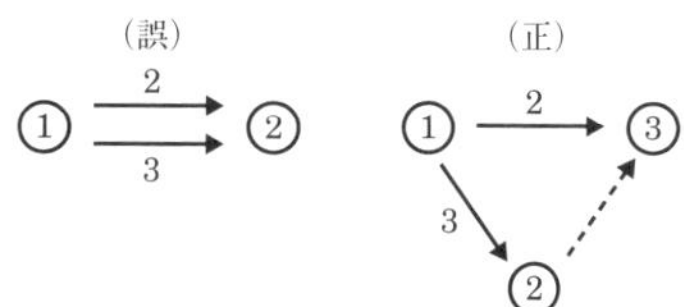

アローダイアグラムは、一般に、次の手順で作成する。

ⓐ 結合点を書き、矢線を引き、結合点の番号を記入する。

ⓑ 最早結合点日程を計算する。

ⓒ 最遅結合点日程を計算する。

ⓓ 余裕時間を計算する。

ⓔ クリティカルパスを表示する。

● 最早結合点時刻と最遅結合点時刻

最早結合点日程とは、各結合点における**最早結合点時刻(日数)**の日程をいう。最早結合点時刻(日数)とは、全工程の開始からその結合点(イベント)に先行する作業が終了するまでに要する最短の時間(日数)、つまり、その結合点から始まる作業を最も早く開始できる時刻(日数)をさし、直前の結合点の最早結合点時刻に作業時間を加えたものになる。なお、複数の経路が合流する結合点では、各経路の到達時刻(日数)のうち最も大きい(遅い)値が最早結合点時刻(日数)となる。

最遅結合点日程とは、各結合点における**最遅結合点時刻(日数)**の日程をいう。最遅結合点時刻(日数)とは、後続する作業すべてに遅れが生じないように、先行作業を完了しておかなければならない最も遅い時刻(日数)をさし、直後の結合点の最遅結合点時刻から作業時間を引いたものになる。なお、複数の経路に分岐する結合点では、それぞれの経路について計算し最も小さい(早い)値が最遅結合点時刻(日数)となる。

● トータルフロートとフリーフロート

余裕時間(フロート)とは、工程に影響を及ぼさない範囲で許容される遅延時間をさし、全余裕時間や自由余裕時間などがある。**全余裕時間(トータルフロート)**は、その作業の完了が遅れても全工程には遅れが生じない遅れの限度をいう。ある作業の全余裕時間は、終点の最遅結合点時刻から始点の最早結合点時刻と所要時間を引いたものである。また、**自由余裕時間(フリーフロート)**は、それに続く作業の開始に遅延が生じない遅れの限度をいい、終点の最早結合点時刻から始点の最早結合点時刻と所要時間を引いたものである。

表1　アローダイアグラムの基本ルール

記　号	名　称	説　明
———→	作業	時間を必要とする要素作業を示す。
○	結合点	作業と作業の区切りで、作業の終了時点、および次の作業の開始時点を示す。 結合点に入ってくるアロー(作業)が終了しなければ、結合点から出て行くアロー(作業)を開始できない。 したがって、複数の作業の終了がある場合には、すべての作業が完了しなければ、次の作業を開始できないことになる。
-------→	ダミー	所要時間ゼロで、単に作業の順序関係を示す。

図15　アローダイアグラムの計算

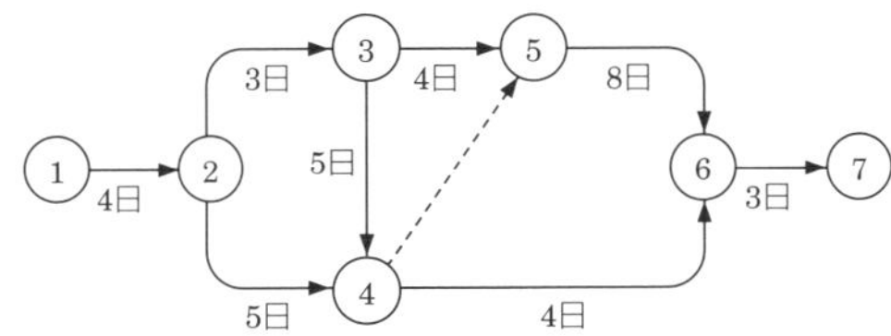

● クリティカルパス

すべての経路の所要日数を算出し、最も多いものを選ぶ。

①→(4日)→②→(3日)→③→(5日)→④→(0日)→⑤→(8日)→⑥→(3日)→⑦
23日

①→(4日)→②→(3日)→③→(4日)→⑤→(8日)→⑥→(3日)→⑦
22日

①→(4日)→②→(5日)→④→(0日)→⑤→(8日)→⑥→(3日)→⑦
20日

①→(4日)→②→(5日)→④→(4日)→⑥→(3日)→⑦
16日

● イベント番号⑤における最早開始日

イベント番号①から⑤に至る経路の所要日数を算出し、最も多いものを選ぶ。

①→(4日)→②→(3日)→③→(5日)→④→(0日)→⑤
12日

①→(4日)→②→(3日)→③→(4日)→⑤
11日

①→(4日)→②→(5日)→④→(0日)→⑤
9日

● イベント番号④における最遅結合点時刻

クリティカルパスが23日だから、イベント番号⑦には23日で到達しなければ工期の遅れとなる。⑥→⑦の作業には3日かかるので、イベント番号⑥にはその3日前の20日に到達していなければならない(イベント番号⑥の最遅結合点時刻は20日であるという)。そして、④→⑥の経路を考えれば、イベント番号④にはその4日前の16日に到達すればよいことになる。ところが④→⑤にダミーの矢印が出ているので、こちらも考慮しなければならない。④→⑤の作業は0日、⑤→⑥の作業に8日かかるので、イベント番号④にはイベント番号⑥の最遅結合点時刻の8日前すなわち12日に到達していなければならない。解答は、16日と12日を比較して小さい方の**12日**を選ぶ。

5-3 安全管理技術

1. 安全管理

安全管理とは、危険を予測し、その危険を事前に排除することにより、事故を予防することである。安全管理を効果的に実行するためには、工事現場での危険の発見を的確に行うことが重要である。たとえば、端末設備等の工事の実施作業における設備事故や人身事故を防止するため、職場や作業に潜む危険要因と、それが引き起こす事故等に関する危険ポイントについて確認する。すなわち、安全管理は危険管理そのものであるということができる。危険要因と危険ポイントの確認項目としては、現状の把握、本質および原因の追究、対策の設定、目標および行動計画の設定、工事の進捗管理等の環境要因の検討などが挙げられる。

安全管理の具体的な行動の一つに、**リスクアセスメント**がある。これは、一般に、潜在する危険および危険事象を確認し、利用可能なデータと経験、統計的分析などにより危険の発生確率を推定し、リスク(risk)を推定評価する分析作業が基本概念とされている。リスクアセスメントによってリスクの大きさを見積もり、大きいものから順に対策を講じていく。

2. 安全教育

職場において、作業者の安全を守るために、どのような危険があるのか、どのように行動すればよいのか、どのようなことを心がけていなければならないのか等を作業者が十分に認識できるよう、指導および教育を行う必要がある。これにより、作業における不安全行動の要因を除去し、危険が発生した際にも俊敏に対処できるようにしておかなければならない。

このような**安全教育**は、知識教育、技能教育、態度教育などに分けて行われる。

(a)知識教育

作業手順や機械・道具の使用方法、安全保護具の着用などを熟知させることにより、不安全行動を減らすことと、規則を遵守することが安全性を高めるのに必要であることを認識させるために行う。

(b)技能教育

技能訓練ともいい、作業の仕方を身につけさせるために行うものである。一般に、次のような手順による**仕事の教え方の4段階法**により行う。

①習う準備をさせる。
②作業を説明する。
③実際に行わせてみる。
④教えたあとをみる。

(c)態度教育

安全を最優先にする気風・気質を組織全体に浸透させるために行うものである。態度教育を行うにあたって、教える側にとって大切なのは、厳しい態度で臨むこと、自尊心を傷つけないこと、理由を明確にすることである。また、教えられる側は、ヒヤリとした体験やたとえ小さなものでも被災体験などを教訓として生かしていくことと、十分に意見交換を行うことが大切である。

3. 安全衛生活動

職場において、事故を防止するためには、安全衛生管理に係る自主的な活動を継続的に行う仕組みが必要である。この仕組みを**労働安全衛生マネジメントシステム**(**OSHMS**：Occupational Safety and Health Management System)といい、事業場における安全衛生水準の向上を図ることを目的として、事業者が一連の過程を定め、安全衛生に関する方針の表明、危険性または有害性等の調査およびその結果に基づき講ずる措置、安全衛生に関する目標の設定、安全衛生に関する計画の作成・実施・評価および改善の活動を自主的に行うものとされている。これは、経営トップの方針に基づく計画的かつ体系的な活動であり、リスクを評価しその大きいものから順に対策を講じ、PDCAサイクルにより安全衛生水準を段階的に向上していくものである。

OSHMSにおける日常的な安全衛生活動には、一般に、危険予知訓練(KY)、4S(整理・整頓・清掃・清潔)活動、ヒヤリ・ハット事例の収集およびこれに係わる対策の実施、作業開始時等のミーティング(TBM)、安全衛生パトロールなどがあり、これらの活動の実施にあたって関係部署の関係者が参画し、事業場および関係部署は活動状況を把握し評価しなければならない。

(a)危険予知訓練(KY)

職場の小単位で、現場の作業、設備、環境などをみながら、もしくはイラストを使用して、作業の中に潜む危険要因を摘出し、それに対する対策について話し合いを行うことにより、ヒューマンエラーによる作業事故や人身事故を防止するための活動である。作業にとりかかる前に短時間のミーティングを開き、その作業に潜む危険を話し合い、危険に気づく。そして、これらの危険への対策を決め、行動目標を立て、一人ひとりが指差し確認[*1]をしながら実践していくといったプロセスを日々実行する。一般には危険予知訓練(KYT)を行い、これによって得られた成果を実践していく。

危険予知訓練は、危険感覚を養うことを目的としている。端末設備等の施工にあたっては、人身事故や設備事故を防止するため、職場やグループごとに、作業工程における危険を予測し、解決するための教育・訓練を行う必要がある。そして、その基本手法に、**KYT基礎4ラウンド法**がある。これは、5名ないし6名程度の受講者が、イラストで書かれた作業現場の状況について話し合い、現状把握(第1)、本質追究(第2)、対策樹立(第3)、目標設定(第4)の4つの段階(ラウンド)を経て作業現場に潜む危険の発見や把握、解決方法について体験的に学習するものである。

図1　危険予知(KY)活動の事例

① 職場の小単位で、現場の作業状況を見ながら、作業の中に潜む危険要因の抽出と、その対策について話し合う。

② 作業の開始時に、職場の実態に合ったイラストやヒヤリ・ハットの事例を使い、安全対策の目標を定めてから作業に取りかかる。

③ 随時作業や非定常作業では、参加メンバや作業が不規則となるが、危険予知活動は必ず行う。

④ 日々のミーティングで短時間に行い、危険に対する感受性と作業を安全に遂行する能力を高める。

⑤ 工事責任者は、工事における設備事故等の発生を防止するため、ミーティングなどで当日の作業にあたっての危険要因事項の把握・確認等を行う。これにより、作業者の安全の確保を図る。

表1　KYT基礎4ラウンド法

ラウンド	内　容
第1　現状把握	イラストで描かれた作業現場の状況について、リーダーが全メンバーと本音で話し合い、職場・作業にどんな危険要因が潜んでいるか、事例を列挙させる。
第2　本質追究	第1ラウンドで挙がった危険要因の中から、関心の高いもの、重大事故につながるものおよび緊急に対策を要するものについて、2～3項目に絞り込みを行う。
第3　対策樹立	第2ラウンドで絞り込まれた危険要因についてどのように対処すべきか、具体的かつ実行可能な対策として意見を出し合う。
第4　目標設定	第3ラウンドで挙がった対策の中から重点実施項目を絞り込み、実施するための行動目標を設定する。

*1 **指差し確認**：一般に、対象物をきちんと指で指しながらはっきり声に出して行動するとミスが大幅に減少するといわれており、(公財)鉄道総合技術研究所が1994年に行った「指差し呼称の効果検定実験」によれば、何もしない場合に比べて、「呼称」のみして作業した場合は約60%の、「指差し」のみして作業した場合は約70%の、「指差し呼称」して作業した場合は80%を超えるミスを防止できるとされている。

危険予知活動には、危険に対する感受性を鋭くし、作業を安全に遂行する能力を高め、安全衛生推進へのやる気を向上させる効果がある。したがって、定常作業はもちろん、随時作業や非定常作業であっても、常に実施することが基本となる。

(b)ツールボックスミーティング(TBM)

端末設備等の工事現場の安全活動として、作業開始前に、安全などの打合せのために職場で開くミーティングをいう。職場の小単位のグループが短時間で仕事の範囲、段取り、各人ごとの作業の安全ポイントなどを打ち合わせる。

(c)4S活動(運動)

4Sとは、表2のように、整理・整頓・清掃・清潔の4つの事柄の読みをローマ字で表記したときの頭文字をとったものである。また、JIS Z 8141では、4Sに躾(しつけ)を加えて5Sとしている。

(d)安全パトロールと改善活動

人身事故や設備事故を防止するうえで必要な時期に、安全衛生管理者または工事施工・安全管理の責任者等が作業場所の安全点検・巡視(安全パトロール)を行う。設備、作業方法に危険のおそれがあるときは、直ちにその危険を防止するための必要な措置を講じなければならない。安全点検・巡視から改善までの作業は、一般に、次のような手順により行われる。

①安全点検・職場巡視の実施
②点検結果のまとめ
③問題点の洗い出しと評価(ランク付け)
④改善措置の実施および確認
⑤日常点検、臨時の巡視などによる再チェック
⑥一連の経過の記録、整理

4. 安全施工サイクル

厚生労働書の「元方事業者による建設現場安全管理指針」では、施工と安全管理が一体となった安全施工サイクル活動を展開することが定められている。「元方事業者による建設現場安全管理指針」は、建設現場等において元方事業者が実施することが望ましい安全管理の具体的手法を示すことにより、建設現場の安全管理水準の向上を促進し、建設業における労働災害の防止を図るためのものである。また、建設現場の安全管理は、元方事業者および関係請負人が一体となって進めることによりその水準の一層の向上が期待できることから、元方事業者が実施する安全管理の手法とともに、これに対応して関係請負人が実施することが望ましい事項も併せて示している。

安全施工サイクルとは、作業を安全に行うために、朝礼、作業前のミーティングから始まって作業終了時の確認までの節目節目に作業場所の巡視や打合せを盛り込んだ安全施工のサイクルをいう。これは、安全に関する1日のPDCAであり、一般には図2のような手順で行われる。「安全朝礼」および「安全工程ミーティング」をPlan(計画)、「作業開始前点検」をDo(実行)、「安全パトロール」、「作業中の指導・監督」および「安全工程打合せ」をCheck(評価)、「持ち場後片付け」および「終業時の確認」をAct(改善)と考えるとわかりやすい。このサイクルを毎日継続的に行い、繰り返すことにより、作業現場における問題点を改善し、安全を日常作業の中に定着させていくことが第1の目的とされる。

5. 墜落等による危険の防止策

職場における作業者の安全を確保するための法律に、労働安全衛生法がある。同法に基づく労働安全衛生規則においては、高所で作業をする場合における墜落等による危険の防止策について規定されている。

(a)作業床の設置等

高さが2m以上の箇所で作業を行う場合において墜落のおそれがあるときは、足場を組み立てる等の方法により作業床を設けなければならない。さらに、作業床の端および開口部には囲い等(囲い、手すり、覆いなどの防護設備)を設けなければならない。安全床や囲い等を設置することが困難な場合、また、作業の必要上囲い等を臨時に取り外す必要がある場合は、防網を張り、安全帯を使

用する等、墜落による危険を防止するための措置を講じなければならない。

(b)悪天候時の作業禁止

高さが2m以上の箇所で作業を行う場合において、強風、大雨、大雪等の悪天候のため、当該作業の実施について危険が予想されるときは、当該作業に従事させてはならない。強風とは10分間の平均風速が10m/s以上の風をいい、大雨とは1回の降雨量が50mm以上の降雨をいい、大雪とは1回の降雪量が25cm以上の降雪をいう。

(c)照度の保持

高さが2m以上の箇所で作業を行うときは、その作業を安全に行うため必要な照度を保持する。

(d)昇降するための設備の設置等

高さまたは深さが1.5mを超える箇所で作業を行うときは、安全に昇降するための設備等を設けることが作業の性質上著しく困難なときを除き、はしごや脚立など、当該作業の従事者が安全に昇降するための設備等を設け、これを使用する。脚立は、踏み面が作業を安全に行うため必要な面積を有するものを使用する。

表2　5S活動（運動）

活動	ローマ字読み	意　味
整理	Seiri	必要なものと不要なものを区分して、不要なものについては捨てるなどの処分をすること。
整頓	Seiton	必要なものを必要なときにすぐに使えるように、決められた場所に整然と置くこと。
清掃	Seisou	必要なものに付着した汚物を取り除くこと。
清潔	Seiketsu	整理、整頓、清掃の3Sを繰り返し、常にきれいな状態にしておくこと。
躾	Shitsuke	ルールを常に正しく守る習慣づけ。

図2　安全施工サイクル

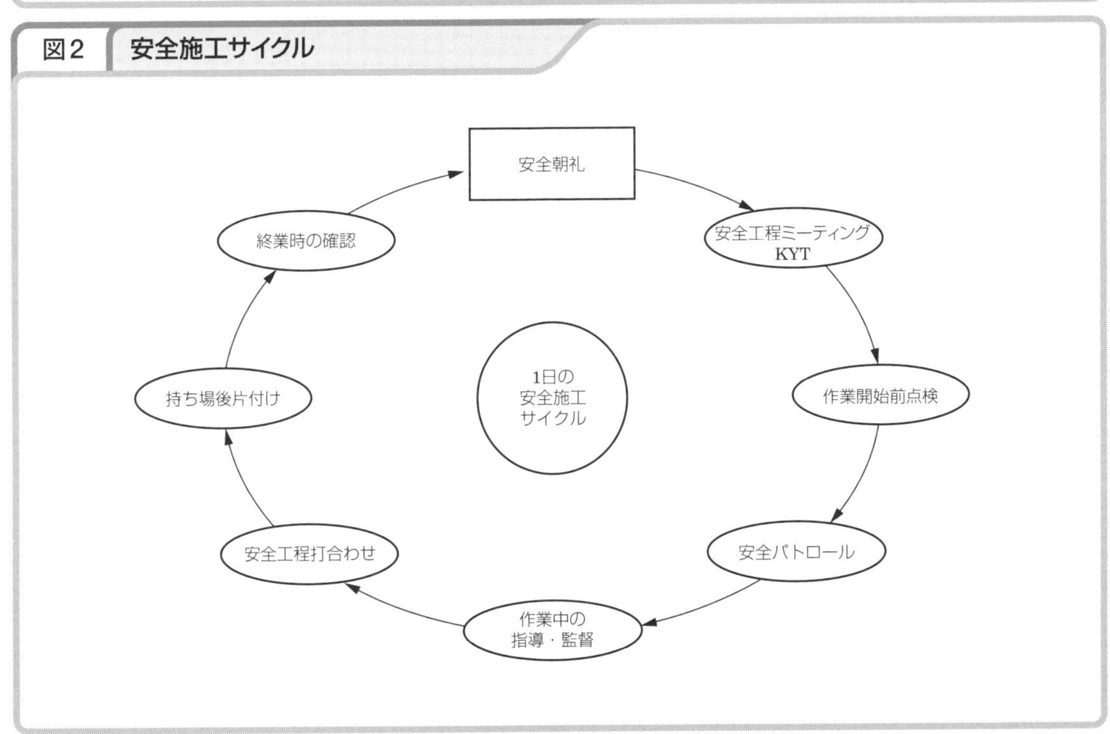

練 習 問 題

(解答は297頁)

参照

問1

次の各文章の［　　］内に、それぞれの［　　］の解答群の中から最も適したものを選び、その番号を記せ。

(1) アクセス系設備に用いられるメタリック平衡対ケーブルの特徴について述べた次の二つの記述は、［　　］。

☞218ページ
2 加入者線路用ケーブル

A CCPケーブルは、色分けによる心線識別を容易にするため着色したポリエチレンを心線被覆に用いており、一般に、架空区間に適用されている。

B PECケーブルは、ポリエチレンと比較して誘電率が小さい発泡ポリエチレンを心線被覆に用いており、一般に、地下区間に適用されている。

① Aのみ正しい　② Bのみ正しい
③ AもBも正しい　④ AもBも正しくない

(2) アクセス系設備に用いられるメタリック平衡ケーブルにおける漏話の軽減対策としては、平衡対間の静電結合及び電磁結合を小さくするために、各平衡対の［　　］方法がある。

☞220ページ
2 漏話対策

① 心線径を全区間で同一とする
② 心線径を接続区間ごとに変える
③ 心線を同一ピッチで撚り合わせる
④ 心線を異なるピッチで撚り合わせる
⑤ 心線の接続点間隔を広げる
⑥ 心線の接続点間隔を狭める

(3) 日本電線工業会規格(JCS)で規定されているエコケーブルの耐燃性ポリエチレンシース屋内用ボタン電話ケーブルを用いたデジタルボタン電話の配線工事などについて述べた次の二つの記述は、［　　］。

☞222ページ
1 屋内配線材料

A 多湿な状況下での配線工事において、ケーブルシース材料の潮解性によりケーブルの表面に水滴が生じた場合、ケーブルの電気的特性が劣化するため、早期に張り替える必要がある。

B ケーブルシースが黄色又はピンク色に変色する現象は、ピンキング現象といわれ、これによってケーブルシース材料が分解することはなく、材料物性に変化は生じない。

① Aのみ正しい　② Bのみ正しい
③ AもBも正しい　④ AもBも正しくない

(4)　ビル内などにおけるフロアダクト配線方式では、床スラブ内にケーブルダクトが埋め込まれており、一般に［　　　］センチメートル間隔で設けられた取出口から配線ケーブルを取り出すことができ、電気、電話及び情報用のダクトを有する3ウェイ方式などが用いられている。

［①　10　②　30　③　60　④　100　⑤　150］

☞224ページ
1　フロア配線工法

(5)　デジタル式PBXの設置工事において、主装置の筐体に取り付ける接地線は、一般に、［　　　］線を用いる。

［①　CV　②　IV　③　VCT　④　DV　⑤　OW］

☞224ページ
2　接地工法

(6)　JIS C 0303：2000構内電気設備の配線用図記号に規定されている、電話・情報設備のうちの内線電話機の図記号は、［　　　］である。

［①　T　②　T　③　t　④　t　⑤　PT］

☞225ページ
3　配線用図記号

(7)　デジタル式PBXの機能確認試験のうち、［　　　］試験では、被呼内線が話中のときに発呼内線が特殊番号などを用いて所定のダイヤル操作を行うことにより、被呼内線の通話が終了後、自動的に発呼内線と被呼内線が呼び出されて通話が可能となることを確認する。

①　コールピックアップ　②　コールパーク
③　コールトランスファ　④　内線アッドオン
⑤　内線キャンプオン

☞226ページ
2　内線キャンプオン試験

(8)　デジタル式PBXの設置工事終了後に行う機能確認試験について述べた次の二つの記述は、［　　　］。

A　アッドオン試験では、内線Aが内線B又は外線と通話中のとき、内線Aがフッキングなどの操作後、内線Cを呼び出し、内線Cとの通話を確認後、フッキングなどの操作により三者通話が正常に行われることを確認する。

B　コールトランスファ試験では、外線が空いていないときに特殊番号をダイヤルするなどの操作で外線を予約することにより、外線が空き次第、外線発信ができることを確認する。

①　Aのみ正しい　②　Bのみ正しい
③　AもBも正しい　④　AもBも正しくない

☞226ページ
3　アッドオン（3者通話）試験
☞228ページ
10　コールトランスファ試験

問2

次の各文章の[　　　]内に、それぞれの[　　]の解答群の中から最も適したものを選び、その番号を記せ。

(1) ISDN基本ユーザ・網インタフェースにおいて、ポイント・ツー・ポイント構成でのNTとTEとの間の最長配線距離は、TTC標準では[　　　]メートル程度とされている。

[① 100　② 200　③ 500　④ 1,000　⑤ 2,000]

☞230ページ
1 基本インタフェースの配線構造

(2) ISDN基本ユーザ・網インタフェースのポイント・ツー・マルチポイント構成において、バス配線上に2台のTAが接続され、各TAにはアナログ端末がそれぞれ2台ずつ接続されている場合、さらにバス配線上に追加して接続可能なISDN専用端末は、最大[　　　]台である。

[① 4　② 6　③ 8　④ 10　⑤ 12]

☞230ページ
1 基本インタフェースの配線構造

(3) ISDN基本ユーザ・網インタフェースにおいて、ポイント・ツー・ポイント配線構成の場合、配線ケーブルに接続されているジャックとISDN標準端末との間に使用できる延長接続コードは、最長[　　　]メートルである。

[① 1　② 3　③ 7　④ 10　⑤ 25]

☞230ページ
1 基本インタフェースの配線構造

(4) ISDN基本ユーザ・網インタフェースのバス配線では、一般に、ISO8877に準拠したRJ－45のモジュラジャックが使用され、端子配置においては、[　　　]送信端子として使用される。

① 1、2番端子がDSU側の、7、8番端子が端末機器側の
② 7、8番端子がDSU側の、1、2番端子が端末機器側の
③ 3、6番端子がDSU側の、4、5番端子が端末機器側の
④ 4、5番端子がDSU側の、3、6番端子が端末機器側の
⑤ 3、4番端子がDSU側の、5、6番端子が端末機器側の

☞230ページ
1 基本インタフェースの配線構造

(5) ISDN基本ユーザ・網インタフェースにおけるポイント・ツー・ポイント構成では、NTとTE間の線路(配線とコード)の96キロヘルツでの[　　　]は、6デシベルを超えてはならないとされている。

[① 雑音指数　② 総合減衰量　③ 近端漏話減衰量
④ 増幅利得　⑤ 遠端漏話減衰量]

☞230ページ
2 電気的特性

(6)　ISDN基本ユーザ・網インタフェースにおいて、バス配線の正常性(終端抵抗の数)確認を行うため、DSUと端末をすべて取り外してバス配線とモジュラジャックのみとし、DSUに接続されていた側から送信線(TA－TB間)の終端抵抗値を測定したところ25オームであった。

このことから、送信線には終端抵抗付きモジュラジャックが＿＿個、取り付けられていると判断できる。ただし、バス配線は正しく、測定値は終端抵抗のみの値とし、モジュラジャックには正規の終端抵抗が取り付けられているものとする。

[①　1　②　2　③　3　④　4　⑤　5]

☞232ページ
3　バス配線の終端抵抗数

問3

次の各文章の＿＿内に、それぞれの[　]の解答群の中から最も適したものを選び、その番号を記せ。

(1)　永久磁石で発生する磁界を利用する＿＿形のアナログ式テスタは、電流目盛の目盛間隔が一定(平等目盛)であるため指示値が読み取りやすく、電池などの直流電源を用いた回路の電流測定に適している。

[①　可動鉄片　②　熱　電　③　静　電
④　電流力計　⑤　可動コイル]

☞234ページ
1　アナログ式テスタの構成

(2)　直流電流の測定における固有誤差が±3パーセントのアナログ式テスタを用いて、5ミリアンペアの直流電流を最大目盛値が10ミリアンペアの測定レンジで測定した場合、指針が示す測定値の範囲は＿＿ミリアンペアである。

[①　4.7～5.3　②　4.85～5.15
③　4.97～5.03　④　4.985～5.015]

☞237ページ
3　アナログ式テスタの誤差

(3)　デジタル式テスタを用いて、直流200ボルトレンジ、分解能0.1ボルトで読取値が100.0ボルトであったとき、誤差の範囲が最も小さいテスタは、確度が＿＿のテスタである。ただし、rdgは読取値、dgtは最下位桁の数字を表すものとする。

[①　±(0.1% rdg + 6dgt)　②　±(0.2% rdg + 4dgt)
③　±(0.4% rdg + 3dgt)　④　±(0.6% rdg + 2dgt)
⑤　±(1.0% rdg + 1dgt)]

☞241ページ
3　デジタル式テスタの測定誤差

問4

次の各文章の＿＿内に、それぞれの[　]の解答群の中から最も適したものを選び、その番号を記せ。

(1) UTPケーブルをRJ－45のモジュラジャックに結線するとき、配線規格568Bでは、ピン番号8には＿＿色の心線が接続される。
[① 橙(だいだい)　② 青　③ 緑　④ 茶　⑤ 白]

☞242ページ
2　配線と成端

(2) コネクタ付きUTPケーブルを現場で作製する際には、＿＿による伝送性能に与える影響を最小にするため、モジュラプラグで終端することによって生ずる心線の撚(よ)り戻し長はできるだけ短くする注意が必要である。

[① ワイヤマップ　② 直流抵抗
③ 伝搬遅延　④ エイリアンクロストーク
⑤ 近端漏話]

☞242ページ
2　配線と成端

(3) UTPケーブルの配線は、一般に、ケーブルルートの変更などに伴うケーブル終端部の多少の延長・移動を想定して施工されるが、機器・パッチパネルが高密度で収納されるラック内などでは、小さな径のループ及び過剰なループ回数の余長処理を行うと、ケーブル間の同色対どうしにおいて＿＿が発生し、トラブルの原因となるおそれがある。

[① スプリットペア　② リバースペア
③ グランドループ　④ エイリアンクロストーク
⑤ パーマネントリンク]

☞244ページ
3　施工ポイント

問5

次の各文章の＿＿内に、それぞれの[　]の解答群の中から最も適したものを選び、その番号を記せ。

(1) JIS X 5150－2：2021オフィス施設の汎用配線設備の構造における複数利用者通信アウトレットについて述べた次の二つの記述は、＿＿。

A　複数利用者通信アウトレット組立品は、各ワークエリアグループが少なくとも一つの複数利用者通信アウトレット組立品によって機能を提供するように開放型ワークエリアに配置しなければならない。

B　複数利用者通信アウトレット組立品は、最大で15のワークエリア

☞246ページ
2　水平配線設備の設計

に対応するように制限することが望ましい。

[① Aのみ正しい　② Bのみ正しい
③ AもBも正しい　④ AもBも正しくない]

(2) JIS X 5150－2：2021のオフィス施設の平衡配線設備における水平配線設備の規格について述べた次の二つの記述は、[　　]。

☞246ページ
2　水平配線設備の設計

A　チャネルの物理長さは、100メートルを超えてはならない。また、水平ケーブルの物理長さは、90メートルを超えてはならない。

B　分岐点は、フロア配線盤から少なくとも15メートル離れた位置に置かなければならない。

[① Aのみ正しい　② Bのみ正しい
③ AもBも正しい　④ AもBも正しくない]

(3) JIS X 5150－2：2021では、図に示す水平配線設備モデルにおいて、クロスコネクト－TOモデル、クラスEのチャネルの場合、パッチコード又はジャンパ、機器コード及びワークエリアコードの長さの総和が15メートルのとき、水平ケーブルの最大長さは[　　]メートルとなる。ただし、運用温度は20〔℃〕、コードの挿入損失〔dB／m〕は水平ケーブルの挿入損失〔dB／m〕に対して50パーセント増とする。

☞246ページ
2　水平配線設備の設計

[① 77.5　② 78.5　③ 79.5　④ 80.5　⑤ 81.5]

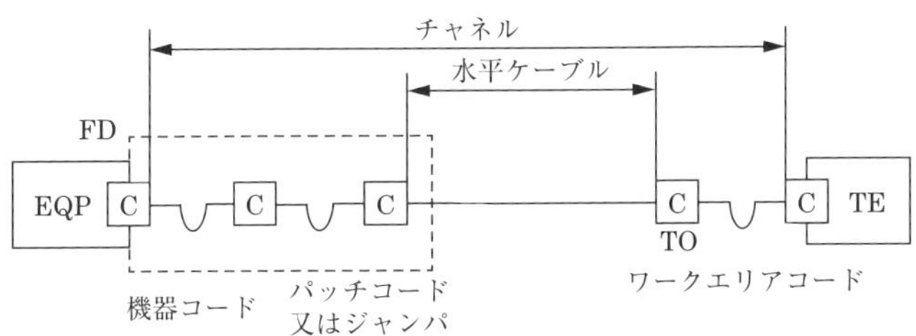

(4) JIS X 5150－1：2021では、図に示す幹線配線モデルにおいて、カテゴリ6部材を使ったクラスEのチャネルの場合、パッチコード又はジャンパ、及び機器コードの長さの総和が14メートルのとき、幹線ケーブルの最大長は、[　　]メートルとなる。ただし、運用温度は20〔℃〕、コードの挿入損失〔dB／m〕は幹線ケーブルの挿入損失〔dB／m〕に対して50パーセント増とする。

☞250ページ
3　幹線配線

[① 78　② 79　③ 80　④ 81　⑤ 82]

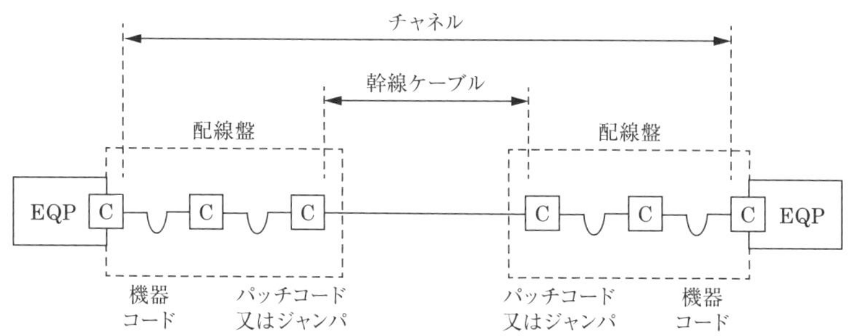

(5) JIS X 5150－1：2021の平衡配線設備の伝送性能において、挿入損失が3.0〔dB〕未満の周波数における [　　　] の値は、参考とすると規定されている。

☞250ページ
4　平衡配線設備の伝送性能

［① 対間近端漏話　② 反射減衰量　③ 不平衡減衰量
④ 遠端漏話　⑤ 伝搬遅延時間差］

問6

次の各文章の [　　　] 内に、それぞれの［　］の解答群の中から最も適したものを選び、その番号を記せ。

(1) 光コネクタのうち、テープ心線相互の接続に用いられる [　　　] コネクタは、専用のコネクタかん合ピン及び専用のコネクタクリップを使用して接続する光コネクタであり、コネクタの着脱には着脱用工具を使用する。

☞252ページ
2　光ファイバの接続

［① FA　② FC　③ MPO　④ DS　⑤ MT］

(2) 現場取付け可能な単心接続用の光コネクタであって、コネクタプラグとコネクタソケットの2種類があり、架空光ファイバケーブルの光ファイバ心線とドロップ光ファイバケーブルに取り付け、架空用クロージャ内での心線接続に用いられる光コネクタは、[　　　] コネクタといわれる。

☞254ページ
1　光コネクタの種類

［① MPO（Multifiber Push-On）
② MU（Miniature Universal-coupling）
③ FAS（Fileld Assembly Small-sized）
④ DS（Optical fiber connector for Digital System equipment）
⑤ ST（Straight Tip）］

(3)　光ファイバの接続に光コネクタを使用したときの挿入損失を測定する試験方法は、光コネクタの構成別にJISで規定されており、プラグ対プラグ(光受動部品)のときの基準試験方法は、[　　]である。

[① 挿入法(B)　② ワイヤメッシュ法
③ 置換え法　④ カットバック法
⑤ 伸張ドラム法]

☞254ページ
2　光コネクタの挿入損失測定

(4)　OITDA／TP 11／BW：2019ビルディング内光配線システムにおける、幹線系光ファイバケーブル施工時のけん引について述べた次の記述のうち、正しいものは、[　　]である。

① 光ファイバケーブルのけん引張力が大きい場合、中心にテンションメンバが入っている光ファイバケーブルはケーブルグリップを取り付け、けん引端を作製する。
② 光ファイバケーブルをけん引する場合で強い張力がかかるときには光ファイバケーブルけん引端とけん引用ロープとの接続により返し金物を取り付け、光ファイバケーブルのねじれ防止を図る。
③ 光ファイバケーブルのけん引速度は、布設の効率性を考慮し、1分当たり30メートル以下を目安とする。
④ 光ファイバケーブルのけん引張力が大きい場合、中心にテンションメンバが入っていない光ファイバケーブルは、現場付けプーリングアイを取り付ける。
⑤ 光ファイバのけん引張力が大きい場合、テンションメンバが鋼線のときは、その鋼線を折り曲げ、鋼線に3回以上巻き付け、ケーブルのけん引端を作製する。

☞256ページ
2　光ケーブルの敷設作業

(5)　電気設備の技術基準の解釈では、光ケーブル配線設備として用いられている金属ダクトにおいて、金属ダクトに収める電線の断面積(絶縁被覆の断面積を含む)の総和は、ダクトの内部断面積の[　　]パーセント以下であることとされている。ただし、電光サイン装置、出退表示灯その他これらに類する装置又は制御回路などの配線のみを収める場合は、50パーセント以下とすることができるとされている。

[① 10　② 20　③ 30　④ 40]

☞256ページ
2　光ケーブルの敷設作業

(6) JIS C 6823：2010光ファイバ損失試験方法に規定する測定方法のうち、光ファイバの単一方向の測定であり、光ファイバの異なる箇所から光ファイバの先端まで後方散乱光パワーを測定する方法は [　　] である。

[① カットバック法　② 挿入損失法
③ 損失波長モデル　④ OTDR法]

☞258ページ
1 光ファイバ損失試験方法

(7) JIS C 6823：2010光ファイバ損失試験方法に規定する挿入損失法について述べた次の二つの記述は、[　　]。

A 挿入損失法は、カットバック法よりも精度は落ちるが、被測定光ファイバ及び両端に固定される端子に対して非破壊で測定できる利点がある。そのため、現場での使用に適しており、主に両端にコネクタが取り付けられている光ファイバケーブルへの使用を目的としている。

B 挿入損失法は、測定原理から光ファイバ長手方向での損失の解析に使用することができ、入射条件を変化させながら連続的な損失変動を測定することが可能である。

[① Aのみ正しい　② Bのみ正しい
③ AもBも正しい　④ AもBも正しくない]

☞258ページ
1 光ファイバ損失試験方法

問7

次の各文章の [　　] 内に、それぞれの[　　]の解答群の中から最も適したものを選び、その番号を記せ。

(1) Wndowsのコマンドプロンプトを使ったコマンドについて述べた次の二つの記述は、[　　]。

A pingコマンドは、IPパケットのTTLフィールドを利用し、ICMPメッセージを用いることでパスを追跡して、通過する各ルータと各ホップのRTTに関するコマンドラインレポートを出力する。

B ipconfigコマンドは、ホストコンピュータの構成情報であるIPアドレス、サブネットマスク、デフォルトゲートウェイなどを確認する場合に用いられる。

[① Aのみ正しい　② Bのみ正しい
③ AもBも正しい　④ AもBも正しくない]

☞260ページ
2 tracertコマンドによるIP経路確認
3 ipconfigコマンドによる設定情報確認

(2) LAN工事でハブの増設などを行った際に、レイヤ2スイッチと増設したハブを誤接続して、接続にループができると、[　　　]がループ内を回り続け、レイヤ2スイッチのLEDランプのうち、一般に、リンクランプやコリジョンランプといわれるLEDランプが異常な点滅を繰り返して、通信が不能になることがある。

☞262ページ
1　IPボタン電話装置およびIP-PBXの配線

[① プリアンブル　② ユニキャストフレーム
③ マルチリンクフレーム　④ ブロードキャストフレーム
⑤ ポーズフレーム]

(3) IPボタン電話装置の工事における、一般的なシステムデータの設定などについて述べた次の二つの記述は、[　　　]。

☞262ページ
3　各種システムデータの設定

A　IPボタン電話装置の工事における各種システムデータの設定は、初期データ設定モードとシステムデータ設定モードに大別される。

B　IPボタン電話装置の工事における各種システムデータの設定には、システムデータ電話機から設定する方法と遠隔保守用パーソナルコンピュータから設定する方法がある。

[① Aのみ正しい　② Bのみ正しい
③ AもBも正しい　④ AもBも正しくない]

問8

次の各文章の[　　　]内に、それぞれの[　　]の解答群の中から最も適したものを選び、その番号を記せ。

(1) 施工管理の概要について述べた次の二つの記述は、[　　　]。

☞264ページ
3　工程管理

A　施工管理の一環として実施される品質管理、原価管理、安全管理などは、それぞれ独立した個別のものであり、相互に関連性を持たないものである。

B　当初に計画した工程と実際に進行している工程とを比較検討し、進捗に差異が生じてきているとき、その原因を調査し、取り除くことにより工事が計画どおりの工程で進行するように管理し、調整を図ることは、出来形管理といわれる。

[① Aのみ正しい　② Bのみ正しい
③ AもBも正しい　④ AもBも正しくない]

(2) 図－1～図－4は、施工管理における基本的な管理項目である工程、原価及び品質について、それぞれの関係をa、b及びcの曲線で示したものである。三つの管理項目の一般的な関係を示している図として正しいものは、［　　］である。

［① 図－1　② 図－2　③ 図－3　④ 図－4］

☞264ページ
3 工程管理

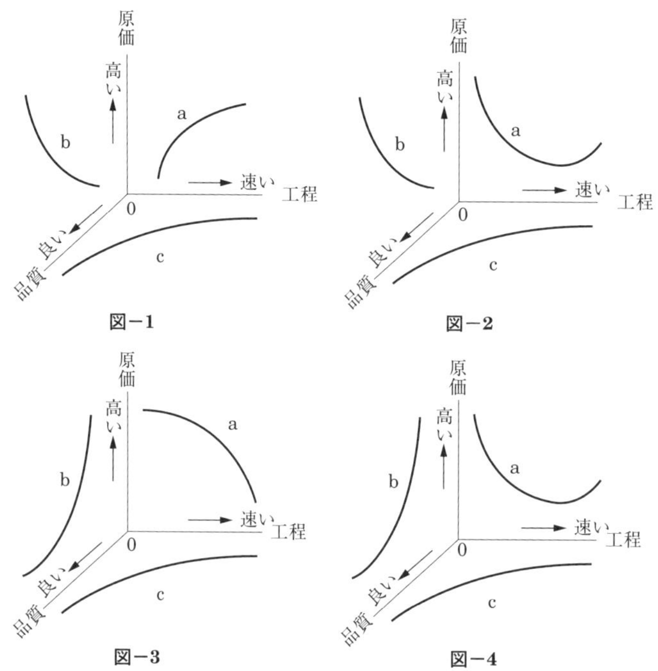

(3) JIS Q 9024：2003マネジメントシステムのパフォーマンス改善―継続的改善の手順及び技法の指針に規定されている、数値データを使用して継続的改善を実施するために利用される技法について述べた次の二つの記述は、［　　］。

A チェックシートは、作業の点検漏れを防止することに使用でき、また、層別データの記録用紙として用いて、パレート図及び特性要因図のような技法に使用できるデータを提供することもできる。

B 計測値の存在する範囲を幾つかの区間に分けた場合、各区間を底辺とし、その区間に属する測定値の度数に比例する面積を持つ長方形を並べた図は、帯グラフといわれる。

［① Aのみ正しい　② Bのみ正しい
③ AもBも正しい　④ AもBも正しくない］

☞268ページ
1 継続的改善のための技法

(4)　施工管理のためのツールの一つとして、アローダイアグラムが使われることがあるが、図に示すアローダイアグラムの結合点(イベント)番号3における最遅結合点時刻(遅くともこれまでには完了していなければならない時刻)は、□日である。

[①　5　②　6　③　7　④　8　⑤　10]

☞270ページ
2　各種工程管理図表

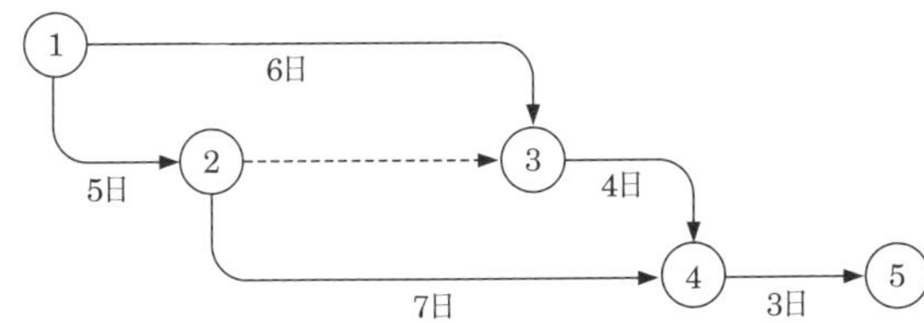

(5)　職場における安全活動などについて述べた次の二つの記述は、□。

A　チームでイラストシートや現場・現物で職場や業務に潜む危険を発見・把握・解決していく危険予知訓練(KYT)の基本手法である4ラウンド法は、第1ラウンドで現状把握、第2ラウンドで目標設定、第3ラウンドで本質追究、第4ラウンドで対策樹立の手順で進められる。

B　指差し呼称は、作業者の錯覚、誤判断、誤操作などを防止し、作業の正確性を高める効果が期待できるものであり、指差しのみの場合や呼称のみの場合と比較して、誤りの発生率をより低減できるといわれている。

[①　Aのみ正しい　②　Bのみ正しい
③　AもBも正しい　④　AもBも正しくない]

☞276ページ
3　安全衛生活動

(6)　労働安全衛生規則に規定されている、高さが2メートル以上の箇所での作業における墜落などによる危険の防止について述べた次の二つの記述は□。

A　屋内において、高さが2メートル以上の箇所で作業を行う場合、当該作業を安全に行うための必要な照度を保持できないときは、墜落を防止するための手すりなどを設けて作業を行うこととされている。

B　作業時に使用する脚立について、脚立の材料は、著しい損傷、腐食などがないものとし、また、脚立の踏み面は、作業を安全に行うため必要な面積を有することとされている。

[①　Aのみ正しい　②　Bのみ正しい
③　AもBも正しい　④　AもBも正しくない]

☞278ページ
5　墜落等による危険の防止策

練習問題　解答・解説

第1章　端末設備の技術

問1

(1)　①　Aのみ正しい
(2)　②　TDMA／TDD
(3)　③　キャリアセンス
(4)　④　AもBも正しくない
(5)　①　CNG
(6)　③　JPEG

解説

(1)　Bは、セーブダイヤルではなく、プリセットダイヤルである。

(4)　Aは、側音ではなく、音響エコーである。Bは、回線エコーではなく、側音である。

問2

(1)　⑤　タイムスロット
(2)　④　時分割ゲートスイッチ
(3)　③　AもBも正しい
(4)　(ア)③　2線－4線変換回路
　　(イ)⑥　復号器
(5)　②　ダイレクトインダイヤル
(6)　④　ボイス

問3

(1)　②　Bのみ正しい
(2)　①　Aのみ正しい
(3)　④　電話機本体

解説

(1)　ブリッジタップによるエコーを補償する等化器は、加入者線インタフェース部にある。

(2)　デジタル回線終端装置の機能はOSI参照モデルのレイヤ1に相当する。

問4

(1)　②　Bのみ正しい
(2)　①　プロキシ
(3)　③　VoIPゲートウェイ

解説

(1)　新たな機能の実現や外部システムとの連携が容易なのは、ソフトウェアタイプである。

問5

(1)　③　10GBASE－SW
(2)　⑤　64B／66B
(3)　②　6
(4)　①　Aのみ正しい
(5)　④　RTS

解説

(4)　6.9GHz帯は、無線LANで用いられている周波数帯域ではない。

問6

(1)　①　送信元MACアドレス
(2)　③　64バイトまでを受信した後、異常がなければ
(3)　③　AもBも正しい
(4)　①　350ミリアンペアの電流
(5)　②　Bのみ正しい

解説

(2)　有効フレームとは、受信フレームからプリアンブルと開始デリミタを除いた部分である。

(5)　PoEのType1およびType2の規格では、4対の心線のうち2対を使用して給電する方法のみ規定している。

問7

(1)　④　誘導雷
(2)　②　電磁エミッション
(3)　⑤　縦

第2章　総合デジタル通信の技術

問1

(1)　④　AもBも正しくない
(2)　②　交換、集線及び伝送路終端の機能がある。
(3)　①　Aのみ正しい
(4)　①　23B＋D

解説

(1)　S点は、NT2とTE1またはNT2とTAの間に位置しISDNユーザ・網インタフェースを提供する。R点は、非ISDN端末を接続するために規定された点で、TAを介してISDNに接続される。

(2)　伝送路終端は、NT1の機能である。

(3)　回線交換モードにおいて、呼制御用のシグナリング情報を伝送するのは、Dチャネルだけである。

問2

(1)　③　250
(2)　②　Bのみ正しい
(3)　④　T又はS
(4)　①　エコーチェック
(5)　④　L2線がL1線に対して正電位となるリバース
(6)　②　起動・停止
(7)　⑤　最大12回線の電話回線として利用できる。
(8)　②　Bのみ正しい
(9)　③　従属

解説

(2)　伝送路符号には負荷時間率100％のAMI符号が用いられ、誤り監視はCRC方式で行っている。

(7)　Dチャネルを同一回線上に設定しても1回線でBチャネルを23本とれるので、この場合は最大23回線の電話回線としての利用が可能である。

(8)　Aは、Dチャネルビットではなく、Fビットである。

問3

(1)　③　AもBも正しい
(2)　①　DLCI
(3)　③　AもBも正しい

問4

(1)　④　メッセージ種別
(2)　④　16キロビット／秒のD
(3)　②　Bのみ正しい

解説

(2)　呼制御はDチャネルで行い、基本ユーザ・網インタフェースのDチャネルの伝送速度は、16kbit/sである。

(3)　呼を中断するとそれまで使っていた呼番号は廃棄され、再開時に新たな呼番号が付与される。

第3章　ネットワークの技術

問1

(1)　③　TOS(Type of Service)
(2)　①　先頭8ビット
(3)　①　Aのみ正しい
(4)　②　Bのみ正しい
(5)　⑤　PMTUD(Path MTU Discovery)
(6)　④　UDP
(7)　⑤　アプリケーション

解説

(3)　IPv6のマルチキャストアドレスは先頭8ビットがすべて1で、これを16進数で表現するとffで始まる値になる。

(4)　IETFのRFC4443において、すべてのIPv6ノードが完全にICMPv6を実装しなければならないと規定されている。

問2

(1)　①　SS
(2)　②　Bのみ正しい
(3)　③　AもBも正しい
(4)　⑤　P2MPディスカバリ
(5)　③　帯域制御機能
(6)　④　データの透過性
(7)　②　01111110

解説

(2)　Aは、xDSLではなく、PON(PDS)である。xDSLは、既設の電話用メタリック伝送路を利用して高速デジタル伝送を実現する技術をいう。

問3

(1)　③　AもBも正しい
(2)　②　Bのみ正しい
(3)　⑤　L2ヘッダ
(4)　③　AもBも正しい

解説

(2)　一般に、転送速度は、ラベルスイッチングによるフレーム転送の方が、ルーティング処理によるパケット転送よりも速い。

第4章　トラヒック理論

問1

(1)　④　平均呼数
(2)　③　4
(3)　①　15.0
(4)　①　和
(5)　①　0.10

解説

(2)　調査表と呼量＝呼数×平均保留時間÷対象時間から、次式が成り立つ。

$$\frac{110 \times 5 + 120 \times 10 + 150 \times 7 + 200x}{20 \times 60} = 3.0$$

この方程式を解いて、$x = 4$〔呼〕。

(3)　9時00分～9時30分、9時30分～10時00分の各時間帯におけるトラヒック量は、

(9:00 ～ 9:30)　$180 \times 160 = 28{,}800$

(9:30 ～ 10:00)　$210 \times 120 = 25{,}200$

である。したがって、9時00分～10時00分の1時間におけるトラヒック量は、

$28{,}800 + 25{,}200 = 54{,}000$

このときの呼量は、

$$\frac{54{,}000}{1 \times 60 \times 60} = 15.0〔アーラン〕$$

(4)　呼が経由する3個の交換機の出線選択時の呼損率をそれぞれB_1、B_2、B_3とすれば、生起呼がどこかの交換機で出線全話中に遭遇する確率、すなわち、総合呼損率は、

$$B = 1 - (1 - B_1)(1 - B_2)(1 - B_3)$$

の式で表される。ここで、各交換機の呼損率に十分小さい数を、$B_1 = 0.02$、$B_2 = 0.03$、$B_3 = 0.05$のように与えてやると、

$$B = 1 - 0.98 \times 0.97 \times 0.95 = 0.09693$$

となる。また、

$$B_1 + B_2 + B_3 = 0.02 + 0.03 + 0.05 = 0.10$$

となるので、$B \fallingdotseq B_1 + B_2 + B_3$が成り立ち、各交換機の出線選択時の呼損率が十分小さければ、総合呼損率は各交換機の呼損率の和にほぼ等しいといえる。

(5)　12回線の出回線の平均使用率が70％である場合、運ばれた呼量は、

$$12 \times 0.7 = 8.4\text{〔アーラン〕}$$

である。また、交換機に加わった呼量は、

$$\frac{140 \times 120}{30 \times 60} = \frac{28}{3}$$

である。ここで、呼損率をBとすれば、

$$\frac{28}{3}(1 - B) = 8.4$$

が成り立ち、$B = 0.10$が求められる。

問2

(1)　③　**即時式不完全線群の方が大きい**
(2)　②　**Bのみ正しい**
(3)　③　$\dfrac{\dfrac{a^n}{n!}}{1+\dfrac{a}{1!}+\dfrac{a^2}{2!}+\cdots+\dfrac{a^n}{n!}}$
(4)　②　**Bのみ正しい**
(5)　④　$\dfrac{a \times (1-B)}{n}$
(6)　③　**0.32**
(7)　②　**Bのみ正しい**
(8)　⑤　**出線能率**
(9)　②　**低くなる**

解説

(2)　入回線数が無限で出回線数が有限であることを前提とする。

(4)　出線能率は、運ばれた呼量を出回線数で除することにより求める。記述Aは分子と分母が逆である。

(7)　40分間に120呼が運ばれ、平均回線保留時間が80秒であるとき、運ばれた呼量は、

$$\frac{120 \times 80}{40 \times 60} = 4.0\text{〔アーラン〕}$$

であるから、記述Aは誤り。

問3

(1)　③　**3**
(2)　②　**2**
(3)　⑤　**14.4**

解説

(1)　呼損率$B = 0.1$、出回線数$n = 4$のときの呼量は、表より、2.05アーランである。ここで、呼損率を0.01とするために出回線を増設したいのであるから、$B = 0.01$の列を下方に辿っていく。すると、$n = 7$の行ではじめて呼量2.05アーランをまかなえることがわかる。したがって、必要な出回線数は7回線であり、元々あった4回線を差し引いて、3回線の増設が必要であると判断できる。

(2)　現時点での応答待ちとなる確率は、

$$M(0) = \frac{15}{135 + 15} = 0.10$$

である。また、オペレータが$n = 5$〔人〕であるから、表より、呼量は2.31アーランである。ここで、応対待ちとなる確率$M(0)$を0.02以下とするためにオペレータを増員したいのであるから、$M(0) = 0.02$の列を下方に辿っていく。すると、$n = 7$の行ではじめて呼量2.31アーランをまかなえることがわかる。したがって、必要なオペレータの人数は7人であり、元々いた5人を差し引いて、2人の増員が必要であると判断できる。

(3)　このコールセンタの呼量aは、

$$a = \frac{16 \times 6 \times 60}{60 \times 60} = 1.6〔アーラン〕$$

であり、オペレータ席数$n = 4$より、使用率は、

$$\frac{a}{n} = \frac{1.6}{4} = 0.4$$

となる。ここで、$n = 4$の曲線を選び、使用率(a/n)が0.4のときのW/hをみると、

$$\frac{W}{h} = 0.04$$

である。したがって、平均待ち時間Wは、

$$W = 0.04h = 0.04 \times 6 \times 60 = 14.4〔秒〕$$

となる。

第5章　情報セキュリティの技術

問1

(1)　④　発病
(2)　②　Bのみ正しい
(3)　④　トロイの木馬
(4)　③　検疫ネットワーク

解説

(2)　Aは、システム領域感染型ではなく、ファイル感染型である。

問2

(1)　①　TCP
(2)　③　スマーフ
(3)　④　AもBも正しくない
(4)　⑤　入力データのサイズ
(5)　②　SQLインジェクション
(6)　③　ランサムウェア
(7)　②　ゼロデイ

解説

(3)　パケットスニッフィングとIPスプーフィングの説明が逆である。

(4)　バッファオーバフロー攻撃は、入力サイズをチェックして、入力バッファよりも大きいものを受け付けないようにすれば回避できる。

問3

(1)　②　Bのみ正しい
(2)　①　電子メール
(3)　③　IPsec
(4)　④　しきい値
(5)　③　AもBも正しい
(6)　⑤　シングルサインオン

解説

(1)　暗号化および復号の処理時間は、一般に、共通鍵暗号方式の方が公開鍵暗号方式よりも短い。

問4

(1)　①　Aのみ正しい
(2)　④　デジタル署名では、送信者の公開鍵が漏洩（えい）すると、なりすましやメッセージの改ざんの危険が発生する。
(3)　①　Aのみ正しい
(4)　②　Bのみ正しい
(5)　③　AもBも正しい
(6)　⑤　EAP
(7)　②　Bのみ正しい

解説

(1)　認証局は、申請者の公開鍵と申請者の情報を認証局の秘密鍵を用いて暗号化し、デジタル証明書を作成する。デジタル証明書を受け取った者は、証明書の正当性を認証局の公開鍵を用いて確認する。

(2)　公開鍵はそもそも外部に公開するものなので、漏洩しても危険が生じることはない。

(3)　Bは、アプリケーションゲートウェイ型ではなく、パケットフィルタリング型である。

(4) Aは、ホスト型ではなく、ネットワーク型である。ホスト型IDSは、ホスト上の処理を解析する。

(7) WEPでは通信の暗号化にRC4を用いている。暗号化鍵は固定で全ユーザが同じなので、解読されるリスクが高い。

問5

(1) ② **セキュリティポリシー文書の最上位である基本方針は、一般に、経営者や幹部だけに開示される。**
(2) ④ **生存していない個人に関する情報は、一般に、個人情報に該当しない。**

解説

(1) 基本方針は、組織内部の全員に周知し、外部にも公表するものである。

(2) 個人情報は、その内容から特定の個人を識別できる情報をさすので、防犯カメラの記録や、名刺情報、顧客番号は個人情報に該当する。これらは、趣味や価値観といった個人が秘密にしておきたい情報であるプライバシー情報とは異なる。故人を識別する情報は個人情報にはならないが、他の情報と突き合わせることによって生存している遺族を識別することができる場合は、個人情報として扱われる。

第6章　接続工事の技術および施工管理

問1

(1) ③ **AもBも正しい**
(2) ④ **心線を異なるピッチで撚り合わせる**
(3) ② **Bのみ正しい**
(4) ③ **60**
(5) ② **IV**
(6) ① **Ⓣ**
(7) ⑤ **内線キャンプオン**
(8) ① **Aのみ正しい**

解説

(3) ケーブル表面の水滴がケーブルの電気的特性に直ちに影響を及ぼすことはないので、ケーブルを早期に張り替える必要はない。

(8) Bは、コールトランスファ試験ではなく外線キャンプオン試験である。コールトランスファは呼の転送機能である。

問2

(1) ④ **1,000**
(2) ② **6**
(3) ⑤ **25**
(4) ④ **4、5番端子がDSU側の、3、6番端子が端末機器側の**
(5) ② **総合減衰量**
(6) ④ **4**

解説

(2) ISDN基本ユーザ・網インタフェースのポイント・ツー・マルチポイント配線構成では、バス配線にTE1とTAを合計8台まで接続できる。

(6) ISDN基本ユーザ・網インタフェースのバス配線では、DSUから最も遠い箇所のTA－TB間、RA－RB間に100Ωの終端抵抗をそれぞれ1個ずつ取り付ける。誤って複数個取り付けた場合、100Ωを取り付けた個数で割った値が測定される。

問3

(1) ⑤ **可動コイル**
(2) ① **4.7～5.3**
(3) ② **±(0.2% rdg＋4dgt)**

解説

(2) $5 + 10 \times (\pm 0.03) = 5 \pm 0.3$〔mA〕

(3) ①～⑤のテスタについてそれぞれ計算すると、

①：±(0.1×0.01×100＋6×0.1)＝±0.7
②：±(0.2×0.01×100＋4×0.1)＝±0.6
③：±(0.4×0.01×100＋3×0.1)＝±0.7
④：±(0.6×0.01×100＋2×0.1)＝±0.8
⑤：±(1.0×0.01×100＋1×0.1)＝±1.1

となり、②のテスタが最も誤差の範囲が小さい。

問4

(1) ④ 茶
(2) ⑤ 近端漏話
(3) ④ エイリアンクロストーク

問5

(1) ① Aのみ正しい
(2) ③ AもBも正しい
(3) ④ 80.5
(4) ④ 81
(5) ② 反射減衰量

解説

(1) 複数利用者通信アウトレット組立品は、最大で12のワークエリアに対応するように制限されるのが望ましい。

(3) $I_h = 103 - 15 \times 1.5 = 80.5$〔m〕

(4) $I_b = 102 - 14 \times 1.5 = 81$〔m〕

問6

(1) ⑤ MT
(2) ③ FAS(Fileld Assembly Small-sized)
(3) ① 挿入法(B)
(4) ② 光ファイバケーブルをけん引する場合で強い張力がかかるときには光ファイバケーブルけん引端とけん引用ロープとの接続により返し金物を取り付け、光ファイバケーブルのねじれ防止を図る。
(5) ② 20
(6) ④ OTDR法
(7) ① Aのみ正しい

解説

(4) ケーブルグリップは、光ファイバケーブルの中心にテンションメンバが入っていない場合に取り付ける。けん引速度は1分当たり20m以下を目安とする。現場付けプーリングアイは、光ファイバケーブルの中心にテンションメンバが入っている場合に取り付ける。テンションメンバが鋼線のときは、鋼線を折り曲げて鋼線に5回以上巻き付ける。

(7) 挿入損失法は、光ファイバ長手方向での損失の解析には使用できない。

問7

(1) ② Bのみ正しい
(2) ④ ブロードキャストフレーム
(3) ③ AもBも正しい

解説

(1) Aは、pingではなく、tracert(traceroute)である。pingは、ICMPのエコー要求／応答メッセージを用いてホストの接続の正常性を確認するコマンドである。

問8

(1)　④　**AもBも正しくない**
(2)　②　**図－2**
(3)　①　**Aのみ正しい**
(4)　④　**8**
(5)　②　**Bのみ正しい**
(6)　②　**Bのみ正しい**

解説

(1)　Aに挙げられている品質管理、原価管理、安全管理などは、相互に関連性をもっている。Bは、出来形管理ではなく、工程管理である。

(2)　一般に、品質をよくしようとすれば原価が高くなり、工程を速めるほど品質が悪くなり、原価は最も安くなる最適な工程があってそれより速めても遅くしても高くなっていく。

(3)　Bは、帯グラフではなく、ヒストグラムである。

(4)　イベント番号1からイベント番号4に至る経路は3つあり、それぞれ
　①→③→④：6＋4＝10〔日〕
　①→②→③→④：5＋0＋4＝9〔日〕
　①→②→④：5＋7＝12〔日〕
となり、イベント番号4における最早結合点時刻は12日である。イベント番号4における最早結合点時刻から③→④に要する4日を引いた値がイベント番号3における最遅結合点時刻で、12－4＝8〔日〕となる。

(5)　KYT基礎4ラウンド法の手順は、第1ラウンドが現状把握、第2ラウンドが本質追究、第3ラウンドが対策樹立、第4ラウンドが目標設定である。

(6)　高さが2メートル以上の箇所で作業を行う場合、当該作業を安全に行うための必要な照度を保持しなければならない。必要な保持できないときは、当該作業をさせてはならない。

索引

あ行

か行

さ行

た行

な行

索引

工事担任者
科目別テキスト　**わかる総合通信[技術・理論] 第2版**

2021年　3月　1日　第1版第1刷発行
2023年　4月　6日　第2版第1刷発行

編　者　株式会社リックテレコム
　　　　書籍出版部
発行人　新関卓哉
編集担当　塩澤　明
発行所　株式会社リックテレコム
〒113-0034　東京都文京区湯島3－7－7
　　　　電話　03 (3834) 8380 (代表)
　　　　URL　https://www.ric.co.jp/
　　　　振替　00160－0－133646

　　　　装丁　長久雅行
　　　　組版　㈱リッククリエイト
　　　　印刷・製本　三美印刷㈱

● 訂正等
本書の記載内容には万全を期しておりますが、万一誤りや情報内容の変更が生じた場合には、当社ホームページの正誤表サイトに掲載しますので、下記よりご確認ください。
＊正誤表サイトURL
https://www.ric.co.jp/book/errata-list/1

● 本書の内容に関するお問い合わせ
FAXまたは下記のWebサイトにて受け付けます。回答に万全を期すため、電話でのご質問にはお答えできませんのでご了承ください。
・FAX：03-3834-8043
・読者お問い合わせサイト：https://www.ric.co.jp/book/のページから「書籍内容についてのお問い合わせ」をクリックしてください。

製本には細心の注意を払っておりますが、万一、乱丁・落丁（ページの乱れや抜け）がございましたら、当該書籍をお送りください。送料当社負担にてお取り替え致します。

ISBN978－4－86594－356－6